清华大学水利工程系列教材

Introduction to River Me

Second Edition

河流动力学概论

（第2版）

邵学军 王兴奎 编著

Shao Xuejun Wang Xingkui

清华大学出版社

北 京

内容简介

本书系统地阐述了泥沙运动力学和河道演变的基本原理，并结合我国工程实际介绍了一些新的研究进展。全书共9章，内容包括：河流系统与人类活动、泥沙颗粒基本特性、床面形态与水流阻力、泥沙的起动与推移运动、悬移质运动和水流挟沙力、河道演变的基本原理、冲积河流的河型、数字河流、河流动力学研究展望。

本书可作为水利工程、港口航道工程、近海工程、环境水利、地质地理及市政工程等专业的本科生教材，也可供相关专业的设计、科研和教学人员参考。

图书在版编目(CIP)数据

河流动力学概论/邵学军，王兴奎编著．—2版．—北京：清华大学出版社，2013(2024.1重印)
清华大学水利工程系列教材
ISBN 978-7-302-32137-8

Ⅰ．①河…　Ⅱ．①邵…　②王…　Ⅲ．①河流－流体动力学－高等学校－教材　Ⅳ．①TV143

中国版本图书馆CIP数据核字(2013)第083128号

责任编辑：张占奎　洪　英
封面设计：傅瑞学
责任校对：王淑云
责任印制：杨　艳

出版发行：清华大学出版社
网　　址：https://www.tup.com.cn，https://www.wqxuetang.com
地　　址：北京清华大学学研大厦A座　　**邮　　编**：100084
社 总 机：010-83470000　　**邮　　购**：010-62786544
投稿与读者服务：010-62776969，c-service@tup.tsinghua.edu.cn
质量反馈：010-62772015，zhiliang@tup.tsinghua.edu.cn
印 装 者：天津鑫丰华印务有限公司
经　　销：全国新华书店
开　　本：203mm×253mm　　**印　张**：17.25　　**字　　数**：364千字
版　　次：2005年8月第1版　2013年5月第2版　　**印　　次**：2024年1月第8次印刷
定　　价：52.00元

产品编号：051562-03

第 2 版前言

本书第 1 版出版 7 年以来，承蒙读者厚爱，发行量超出了作者的想象。从本书正式出版前的试用阶段算起，清华大学水利水电工程系的三年级学生使用本书已有十几年了，不少刻苦钻研的学生几乎推敲了教材中的每一个公式推导和每一道例题、习题，提出了许多宝贵意见。同时，这一期间与河流相关的实际工程问题及研究成果也不断涌现，一些"悬疑"问题不断被攻克，本学科的专业知识得到了进一步的充实与提高。因此本书第 1 版有必要进行修订再版，在汲取大家的意见和研究工作进展的基础上，作者对第 1 版内容进行了补充和完善。

流域侵蚀、水沙运动、河道演变等过程存在明显的因果关系链，从现象上表现为水流在松散物质堆积成的地表上流过时，液体-固体颗粒之间互相作用所引发的一系列自然过程。本书就是依照这种逻辑，在第 1～7 章中依次讲述了流域侵蚀产沙、泥沙颗粒的物理性质、床面形态与动床水流阻力、泥沙的起动与推移运动、泥沙的悬移运动、河道演变的基本原理、冲积河流的河型等内容。目前，河流动力学的研究工作在针对各种局部自然过程进行机理分析、模拟及预测的同时，还逐渐开始使用模型集成的手段将研究成果在工程实际中加以应用，即第 8 章所讲述的内容。

从本书第 1 版使用后的反响看，读者普遍认为书中各部分内容并没有什么晦涩难懂之处，习题和例题也比较恰当，但纵观全书却从整体上感到本书的内容结构松散，不同章节之间也看不出有什么紧密的联系，在学习时不易抓住要点。之所以有这种感觉，主要是由于流域侵蚀、水沙运动、河道演变等自然过程的机理都极为复杂、琐碎，天然泥沙颗粒的物性又存在极大的差异，不能概化为连续介质，难以像分析流体运动那样建立一个精炼的本构方程，用一个贯穿始终的体系来描述流域-河流演变的全部过程。所以，河流动力学研究中重点是针对各局部的自然过程进行深入研究，剖析其过程机理，进行模拟和预测，在这一过程中对同一问题的研究又出现了不同的学派。这使得本书内容完全不同于水力学等经典力学分支学科的知识结构，本书各部分内容的联系是隐含而不是显式的，难免使初学者感觉头绪纷乱。为了帮助读者把握本书的整体结构，从流域过程因果关系链或研究方法的角度理解本书的基本内容，第 2 版特意增加了全书内容的框架图，把河流动力学经典理论各部分内容中所涉及的因果关系、逻辑关系或研究中的不同学派关系，形象地表达出来，作为使用本书的参考。

作者非常感谢清华大学出版社张占奎老师对本书出版的热情鼓励与多方面的帮助。本书第 2 版书稿第 8 章内容的修改得到了张尚弘博士的帮助，特此致谢。

书中涉及了流域过程的各种现象、研究方法、分析手段，限于作者水平，书中错漏在所难免，仍希望读者一如既往，不吝雅正。

作　者

2012 年 11 月于清华园

第1版前言

本书是为适应水利工程学科本科生必修课的教学需要而编写的，主要目的是帮助学生掌握泥沙运动和河道演变方面最基本的知识，并全面了解本学科的发展现状和研究前景。本书除了涵盖学科发展过程中的经典研究成果外，还引用了国内外文献中新发表的相关内容，以及本单位的最新科研成果。

本书共9章。第1章概述地球动力系统的概念，从人类活动对自然系统和水文过程所施加影响的角度，说明了河流动力学所涉及的各种复杂问题。第2章介绍泥沙颗粒的基本物理性质、颗粒在静水中的沉速、细颗粒特性和含沙水流的流变性质。第3章讨论冲积河流床面形态的形成、判别及其对水流阻力的影响，这是河流动力学与经典水力学在阻力计算上的不同之处。第4章和第5章分别阐述了推移质和悬移质泥沙运动的研究方法和输沙率计算理论，它们是泥沙运动力学研究中的核心部分。第6章和第7章介绍了河道演变的基本原理和冲积河流的河型研究，主要说明了天然冲积河流宏观形态的变化规律，以及外部条件(包括人类的生产活动和工程建设)对其演变过程所产生的巨大影响。第8章介绍了数字河流的总体思路和研究手段，及其在河流综合开发治理、水资源可持续利用决策方面的应用。第9章对河流动力学的发展趋势和研究前景进行了展望。本教材编写过程中参考的专著和引用的论文，一并列入参考文献中。

河流动力学虽已较为成熟，但仍在继续发展，涉及面较广。对于书中因编者水平所限而存在的疏漏或错误之处，诚恳希望广大读者予以批评指正。

本书为北京市高等教育精品教材立项项目，部分内容取自国家自然基金项目“坡面细沟流动的数值模拟方法研究”(批准号50179015)的研究成果。

作　者

2005年3月于清华大学

目 录

主要符号表

（注：括号内的数字表示该符号第一次出现的页码）

1. 英文符号

A_*—Einstein 推移质输沙率计算参数(95)

a—泥沙颗粒长轴长度(25)

B_*—Einstein 推移质输沙率计算参数(96)

b—泥沙颗粒中轴长度(25)

C—谢才系数(60)

C_D—圆球绕流阻力系数(36)

C_L—颗粒上举力系数(78)

c—泥沙颗粒短轴长度(25)

D—泥沙粒径(24)

D_i—第 i 级泥沙的粒径(28)

D_m—算术平均粒径(28)

D_{mg}—几何平均粒径(29)

D_n—等容粒径(24)

D_1,D_2—筛孔孔径(24)

D_{50}—中值粒径(28)

E_s—断面比能(53)

e_b—水流搬运推移质的效率(92)

e_s—水流搬运悬移质的效率(113)

F_d—颗粒绕流阻力(37)；水流拖曳力(76)

F_L—流体对颗粒的上举力(76)

Fr—水流 Froude 数(53)

f—Darcy-Weisbach 阻力系数(61)

g—重力加速度(27)

g_b—以干重计的推移质单宽输沙率(91)

g'_b—以水下重量计的推移质单宽输沙率(91)

g_d—单位面积上泥沙的沉积率(94)

g_s—单位面积上泥沙的冲刷率(95)；以干重计的悬移质单宽输沙率(110)

g'_s—以水下重量计的悬移质单宽输沙率(112)

g_t—以干重计的全沙单宽输沙率(116)

h—水深(53)；平均水深(55)

h_f—水头损失(61)

I_1,I_2—Einstein 悬移质输沙率数值积分中的参数(110)

J—坡降；下标 e、b、s 分别表示能坡、底坡和水面坡降(55)

J'—沙粒阻力所对应的能坡(69)

J''—沙波阻力所对应的能坡(69)

K—轻质沙起动参数(90)；修正系数(112)

K_b—Meyer-Peter 公式中的河床阻力系数(91)

K'_b—Meyer-Peter 公式中的沙粒阻力系数(91)

k_s—边界上的粗糙突起高度，又称边壁粗糙尺度或床面粗糙尺度(62)

L—跃移质跃长(91)

L_1—跃高点的长度(91)

m—群体沉速公式中的经验指数(41)

n Manning 糙率系数(61)

n_b—床面粗糙对应的 Manning 糙率系数(62)

n_w—边壁粗糙对应的 Manning 糙率系数(65)

P—湿周(65)；Einstein 理论中的概率(94)

P_b—湿周的河床部分(64)

P_w—湿周的河岸部分(64)

p_i—第 i 级粒径泥沙所占比例(28)

Q—流量(53)

R—水力半径(60)

R_b—与河床阻力对应的水力半径(67)

R'_b—与沙粒阻力对应的水力半径(67)

R''_b—与沙波阻力对应的水力半径(67)

Re—雷诺数；颗粒绕流雷诺数(36)

Re_*—沙粒剪切雷诺数(55)

S_e—流域出口控制点输出泥沙总量(11)

SF—泥沙颗粒形状系数(26)

S_m—垂线平均重量含沙量(112)

S_t—流域地表侵蚀的泥沙总量(11)

S_v—以体积比计的含沙量(41)

S_{va}—悬移质在高程 a 处的体积比含量(104)

S_w—重量含沙量(42)

U—沿水流运动方向的垂线或断面平均流速(45)

U_b—推移质平均纵向跃移速度(91);推移质颗粒总体的平均速度(92)

U_c—泥沙临界起动时的垂线平均流速(73)

U_L—垂线平均流速(93)

U_0—时均近底流速(78)

u—纵向脉动流速(102)

U_*—摩阻流速(48)

V—泥沙颗粒体积(24);垂向时均流速(102)

v—垂向脉动流速(102)

W'—泥沙颗粒的水下重力(76)

Z—悬浮指标(105)

2. 希腊文符号

α—动能修正系数(53)

γ—清水的容重(27)

γ_m—浑水的容重(42)

γ_s—泥沙颗粒的固体容重(24)

γ'_s—干容重(31)

δ—黏性底层的计算厚度(62)

ε_0—热力电位(35);综合粘结力系数(88)

ε_m—动量交换系数(104)

ε_s—悬沙湍流扩散系数,又称泥沙扩散系数(102)

ζ—电动电位(35)

Θ—Shields 数(55);无量纲剪切应力(70)

Θ'—沙粒引起的无量纲剪切应力(Shields 数)(70)

Θ''—沙波引起的无量纲剪切应力(Shields 数)(70)

Θ_c—泥沙起动时的临界 Shields 数(79)

κ—Kármán 常数(一般取为0.4)(48)

μ—清水的动力黏滞系数(37)

μ_a—表观黏度(44)

μ_e—有效黏度(45)

ν—清水运动黏滞系数(37)

Π—泥沙颗粒的圆度(26);流速垂线分布中的尾流强度系数(249)

σ_g—泥沙粒径分配的几何均方差(29)

τ—水流剪切应力(43)

τ_b—作用在河床上的剪切应力(河床阻力)(64)

τ'_b—床面沙粒阻力(67)

τ''_b—床面沙波形状阻力(67)

τ_c—泥沙起动临界剪切应力(79)

τ_w—作用在河岸或管壁的剪切应力(45)

τ_0—床面上的水流剪切应力(55)

Φ—Einstein 理论中的推移质输沙强度参数(93)

ϕ—泥沙粒径分级尺度(28)

φ—泥沙拣选系数(29);泥沙的水下休止角(33)

ρ—水的密度(27)

ρ_s—泥沙(固体、球体)密度(27)

χ—Einstein 统一流速公式中反映自光滑向粗糙边壁过渡的参数(62)

Ψ—Einstein 理论中的水流强度参数(67)

ψ—球度(26)

ψ_0—热力电位(35)

ω—泥沙(球体)的沉速(36);群体沉速(41)

ω_0—单颗粒泥沙在无限大的清水水体中的沉速(41)

本书内容框架图

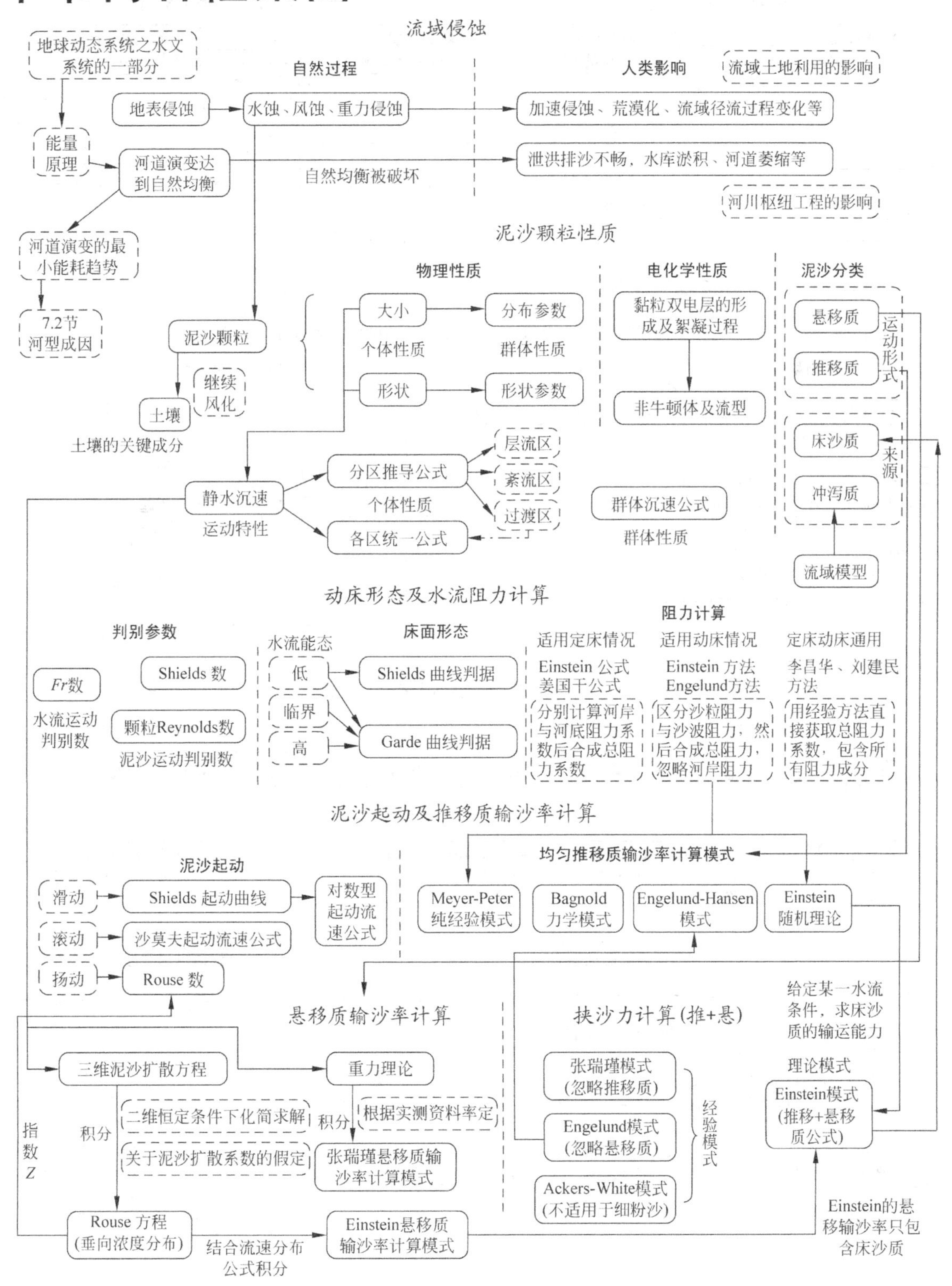

流域侵蚀
地球动态系统之水文系统的一部分
自然过程
人类影响
流域土地利用的影响
地表侵蚀
水蚀、风蚀、重力侵蚀
加速侵蚀、荒漠化、流域径流过程变化等
能量原理
河道演变达到自然均衡
自然均衡被破坏
泄洪排沙不畅，水库淤积、河道萎缩等
河川枢纽工程的影响
河道演变的最小能耗趋势
7.2节 河型成因
泥沙颗粒性质
物理性质
电化学性质
泥沙分类
大小
分布参数
个体性质
群体性质
形状
形状参数
黏粒双电层的形成及絮凝过程
非牛顿体及流型
悬移质
推移质
运动形式
床沙质
冲泻质
来源
流域模型
泥沙颗粒
继续风化
土壤
土壤的关键成分
静水沉速
运动特性
分区推导公式
个体性质
各区统一公式
层流区
紊流区
过渡区
群体沉速公式
群体性质
动床形态及水流阻力计算
判别参数
水流能态
床面形态
阻力计算
适用定床情况
适用动床情况
定床动床通用
Fr数
水流运动判别数
Shields 数
颗粒Reynolds数
泥沙运动判别数
低
临界
高
Shields 曲线判据
Garde 曲线判据
Einstein 公式
美国干公式
Einstein 方法
Engelund方法
李昌华、刘建民方法
分别计算河岸与河底阻力系数后合成总阻力系数
区分沙粒阻力与沙波阻力，然后合成总阻力，忽略河岸阻力
用经验方法直接获取总阻力系数，包含所有阻力成分
泥沙起动及推移质输沙率计算
泥沙起动
均匀推移质输沙率计算模式
滑动
滚动
扬动
Shields 起动曲线
沙莫夫起动流速公式
Rouse 数
对数型起动流速公式
Meyer-Peter 纯经验模式
Bagnold 力学模式
Engelund-Hansen 模式
Einstein 随机理论
悬移质输沙率计算
挟沙力计算（推+悬）
给定某一水流条件，求床沙质的输运能力
三维泥沙扩散方程
重力理论
二维恒定条件下化简求解
关于泥沙扩散系数的假定
积分
根据实测资料率定
张瑞瑾悬移质输沙率计算模式
指数 Z
Rouse 方程（垂向浓度分布）
结合流速分布公式积分
Einstein悬移质输沙率计算模式
张瑞瑾模式（忽略推移质）
Engelund模式（忽略悬移质）
Ackers-White模式（不适用于细粉沙）
经验模式
理论模式
Einstein模式（推移+悬移质公式）
Einstein的悬移输沙率只包含床沙质

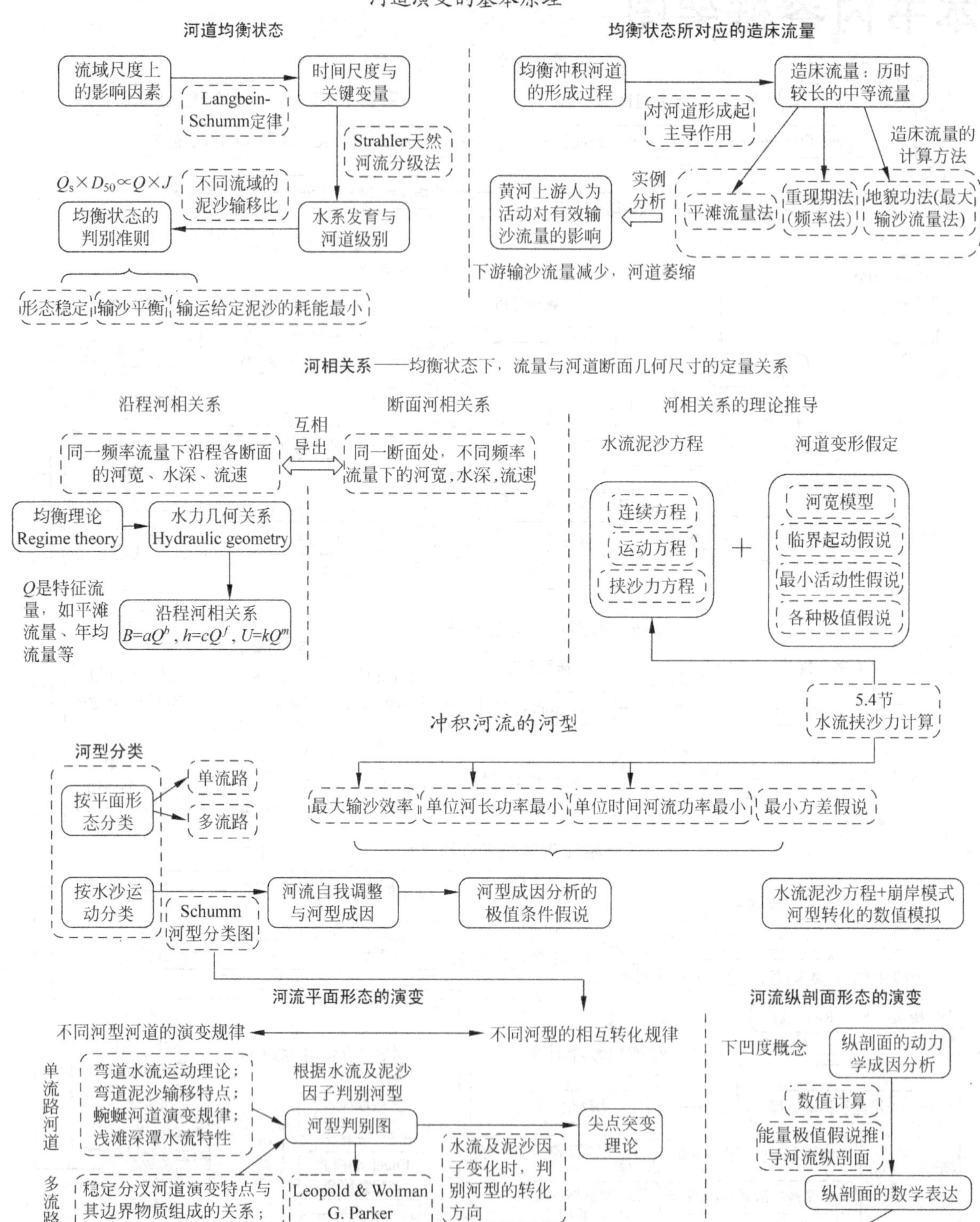

河道演变的基本原理
河道均衡状态
流域尺度上的影响因素
时间尺度与关键变量
Langbein-Schumm定律
Strahler天然河流分级法
$Q_s \times D_{50} \propto Q \times J$
不同流域的泥沙输移比
均衡状态的判别准则
水系发育与河道级别
形态稳定
输沙平衡
输运给定泥沙的耗能最小
均衡状态所对应的造床流量
均衡冲积河道的形成过程
造床流量：历时较长的中等流量
对河道形成起主导作用
造床流量的计算方法
实例分析
黄河上游人为活动对有效输沙流量的影响
平滩流量法
重现期法(频率法)
地貌功法(最大输沙流量法)
下游输沙流量减少，河道萎缩
河相关系——均衡状态下，流量与河道断面几何尺寸的定量关系
沿程河相关系
断面河相关系
河相关系的理论推导
互相导出
同一频率流量下沿程各断面的河宽、水深、流速
同一断面处，不同频率流量下的河宽，水深，流速
水流泥沙方程
河道变形假定
均衡理论 Regime theory
水力几何关系 Hydraulic geometry
连续方程
运动方程
挟沙力方程
+
河宽模型
临界起动假说
最小活动性假说
各种极值假说
Q是特征流量，如平滩流量、年均流量等
沿程河相关系 $B=aQ^b$, $h=cQ^f$, $U=kQ^m$
5.4节 水流挟沙力计算
冲积河流的河型
河型分类
按平面形态分类
单流路
多流路
最大输沙效率
单位河长功率最小
单位时间河流功率最小
最小方差假说
按水沙运动分类
Schumm 河型分类图
河流自我调整与河型成因
河型成因分析的极值条件假说
水流泥沙方程+崩岸模式河型转化的数值模拟
河流平面形态的演变
河流纵剖面形态的演变
不同河型河道的演变规律
不同河型的相互转化规律
单流路河道
弯道水流运动理论；弯道泥沙输移特点；蜿蜒河道演变规律；浅滩深潭水流特性
根据水流及泥沙因子判别河型
河型判别图
尖点突变理论
水流及泥沙因子变化时，判别河型的转化方向
多流路河道
稳定分汊河道演变特点与其边界物质组成的关系；游荡分汊河道演变特点与其水流及泥沙输运的关系
Leopold & Wolman G. Parker 钱宁(游荡指标) 尖点突变理论
下凹度概念
纵剖面的动力学成因分析
数值计算
能量极值假说推导河流纵剖面
纵剖面的数学表达
纵剖面的调整实例

第1章 河流系统与人类活动

把天然河流貌似复杂的运动过程进行详细的分解，就可以发现其运动过程是由水流、泥沙以及可动边界的各种运动和变化叠加而成的。对于河流在短时段内的演变过程，仍然可以采用经典的力学原理进行确定性的分析，将它的各种表象与其背后的动力原因建立明确的因果关系，从而对泥沙运动和河道演变进行正确的预测，以保证河流工程的安全性，维持正常的河流功能和生态体系。在地球动态系统中，河流的动力过程对地表面貌的形成和演化起着重要作用。同时，在地球的生态圈中，河流又是维护良好生态系统的一个关键环节。

分析与思考

1. 如何将复杂的河流运动分解为较简单运动的叠加？

1.1 河流、流域与地球的各种动态系统

1.1.1 动态系统与平衡的概念(Hamblin & Christiansen, 2004)

在太阳系和银河系已知的范围内，唯独地球表面上存在丰富的固态、液态和气态水，并受太阳能的驱动进行持续的水文循环。这主要是由于地球自身的体积、质量和与太阳的距离都很合适，从而能够保持适宜的表面温度和稳定的大气层-水圈。大量液态水的存在是地球有别于太阳系其他行星的主要特征。在地球上，地表大气层-水圈的动力过程与复杂的地质构造运动相叠加，产生了岩石风化、输运和沉积变质等过程，以及与这些过程相关的丰富多变的地质地貌现象。生物圈则是寄生于大气层和水圈的地球特有现象。所有这些现象，尚未在其他行星上发现。

从地质时间上来说，地球表面的面貌总是处于“年轻”状态，这是由于地球表面上水分和大气的运动不断侵蚀地球表面，消灭原有地貌、不断造就新的风化或沉积地貌。而在太阳系中其他具有固体岩石表面的行星(水星、金星、火星和月球)上，由于没有这种侵蚀作用，其表面上几乎完好地保留了地质历史上各种“古老”的遗迹，如火山锥(火星和金星)、陨石坑(水星和月球)。即使在地球上，大洋深处的

重点关注

1. 流水侵蚀对地球地貌的重大作用。

地表形态由于避免了风化和流水侵蚀作用,与暴露于大气层中的地表相比也显示出不同的特征。

地表上各种各样的物质运动可以区分成不同的自然系统来分别进行研究,称为“地质系统”。比如一条由火山熔岩流动形成的岩浆流、一条天然河流都可以看作一个自然系统(natural system)。如果在某个自然系统中存在能量和物质的运动、转换,则称之为动态系统(dynamic system)。在研究自然系统时,既可以用其天然边界(流域的分水岭、河流的河床、水面等)作为系统边界,也可根据研究目的而人为地划分边界。边界一旦划定,则边界之外的所有内容(物质、能量)都是外部环境(surroundings,environment),不是系统的组成部分。

重点关注

1. 自然系统与动态系统。
2. 封闭系统与开放系统。

在地质学中,如下两类系统是最重要的:①封闭系统(closed system),它与外部环境只有热量的交换;②开放系统(open system),它与外部环境既交换热量,又交换物质。日常地质现象中,处于冷却过程中的岩浆流就是一个封闭系统,因为其中的热量虽然在不断地流失,但它的物质并没有增加或减少。不过,大部分地质系统都属于开放系统,系统中的物质和能量通过边界与外部环境不断地进行交换。

地球本身是一个具有鲜明边界(大气层)的封闭系统,因为自从40亿年前的超大规模陨石轰击现象结束后,地球与外太空之间的物质交换是微乎其微的。但由于太阳能不断输入,地球表层的能量和物质总在不断地运动。地球内部的热能则引发地质构造运动(板块漂移,地壳的沉陷、隆起和褶皱),造成地震、火山喷发等现象。

分析与思考

1. 为什么说河流是自然界中最常见的开放系统?
2. 在什么情况下河流可以看作是封闭系统?
3. 什么是平衡状态?什么是亚稳定状态?

由干流、支流组成的河流水系是一种最常见的开放系统,河床、水面等组成了它的边界。降水或地下水的补给为系统提供物质,河水流向海洋或内陆湖泊则是系统向外部环境输出物质。只要有降水存在,系统就源源不断地得到物质、重力势能和动能的补充。作为整个水文循环系统的一部分,河流系统的能量归根结底来自太阳能。

在所有动态系统中,都存在着建立和维持平衡的趋势。所谓平衡状态(equilibrium)是指一种能量最低(lowest possible energy)的状态。自然界和工程中常见的一些地质现象,如滑坡、地震、火山喷发、洪水泛滥,都是相应的动态系统寻求平衡状态的一种表现。因此,这些现象都可以依据一定的动力学原理进行分析和预测。

平衡状态的一种判别方法是:对动态系统的微小扰动,不能使系统偏离稳定状态。实际上,即使作用在系统上外力的合力为零,系统的各种特征能够维持稳定不变,系统也不一定是稳定的,例如图1-1(a)所示的悬崖边上的一块巨石。而对于图1-1(b)所示山崖上一个浅凹坑里的巨石来说,虽然微小扰动不能使它偏离稳定,但是稍大一些的扰动就可使其失稳,这就是所谓的亚稳定(metastable)状态。失稳或对现有状态的偏离都需要消耗能量,因此上述状态都意味着所研究的系统中尚有能量可以消耗,或者说它仍有能力改变其现有的状态。

如果外力的各种扰动均不能引起系统失稳,例如图1-1(c)所示沟底上的巨石,则表明此时系统已处于能量最低的状态,不能提供任何能量来改变系统现有状态,称系统处于平衡状态。根据这一定义，可知系统达到平衡的过程，就是不断消耗能量，直至能量降至最低点的过程。

系统的变化趋势或变化方向是指系统将通过何种途径来改变自己的状态，以最终趋于平衡。一般来说，系统的变化总是使其能量不断传递给外部环境而减少，直至系统的总能量降至最低。例如，原则上说一个水系将不断侵蚀流域、改变其河谷比降，直至最后使流域内的所有地势夷平、高差消失、重力势能降至最低点，即达到了其平衡状态。当然绝对水平的地形一般是不会出现的。又如，河流动力学中多年的研究表明，平原河流比较稳定的平面形态是弯曲河道，因为此时由于河道的弯曲，使得流路较长，在整条河流两端高差不变的条件下，水力坡降最小(也就是单位河长上水流所提供的功率最小)。关于这一点，在第 7.2 节中还会详细讨论。

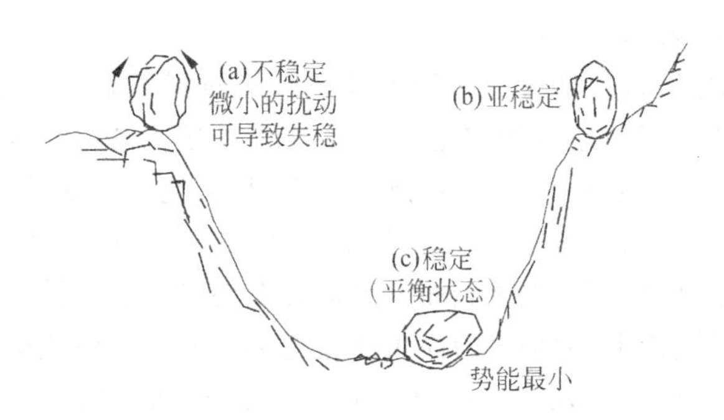

图 1-1　系统平衡状态的示意图

1.1.2　水文系统中的主要子系统

水文系统是地球上最大、最复杂的动态系统之一，其中包含了同样复杂的多个子系统，如图 1-2 所示。其中的主要子系统包括以下几种。

重点关注

1. 水文系统中的 7 个主要子系统。

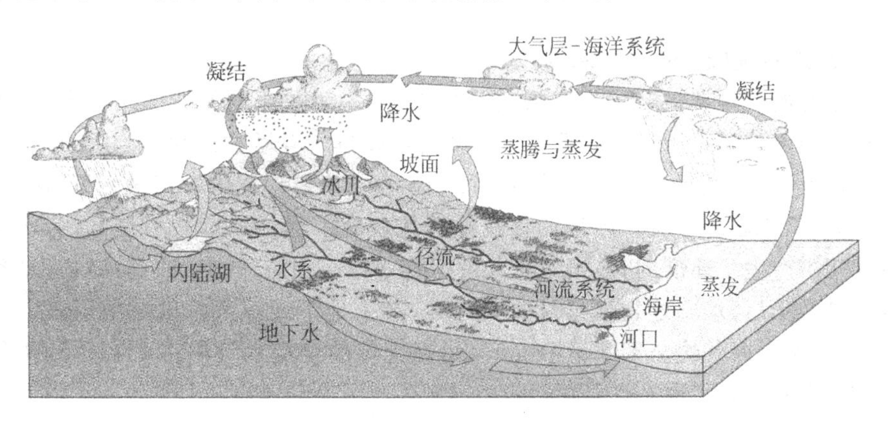

图 1-2　水文系统及其子系统

1) 大气层-海洋系统(atmosphere-ocean system)

海洋是液态水的巨大仓库，它与大气层中的气态水和空气运动一起形成气候系统(climate system)。能量和物质的运动体现为大气层中的对流、风暴、水的蒸发蒸腾、降水、洋流,太阳能对地表加热的不均匀性是这些运动的起因。地球上不同地点水文系统的特性,很大程度上取决于气候系统。

2) 坡面系统(slope systems)

地球表面大部分都不是水平的。以中国大陆为例,全部陆地面积中高原和丘陵地区占69%,盆地占19%,平原却仅占12%。地表上所有的坡面中,部分是地质构造运动(抬升、沉降、断裂)所形成,也有少量因波浪侵蚀、熔岩出露、冰川运动和陨石撞击而形成的,除此之外其余的大部分坡面都是因水流侵蚀而形成的,与河谷的边壁连为一体。坡面系统中最常见的现象是坡面上的物质在重力作用下沿坡面向下运动,如山体崩塌、滑坡、水力侵蚀等,成为流域侵蚀的一个重要来源。

3) 河流系统(river systems)

落在地表上的降水,大部分通过河流系统直接回到了海洋。在任一时刻,所有河流中的水体总体积仅占地球地表上全部水量的百万分之一(或,在除海洋以外的全部水量中占百万分之五)。尽管在任意一个瞬间,河流中容纳的水体体积很小,但由于河水流动很快(平均流速为3m/s),每年从河流中流过的水量(年径流量)是非常巨大的。正是由于这个原因,地球表面上的景观都是以流水侵蚀所造成的特征为主的。在所有的大陆陆地上,大部分的面积都通过某种方式与河流的坡面和河谷连为一体,形成一种汇流体系把径流最终排入大海。此外,河系提供了液态载体来把大量的泥沙输运到海洋之中,从而造就了巨大的河口三角洲体系。

4) 海岸线系统(shoreline systems)

在大陆、岛屿和内陆湖的滨岸沿线,波浪、潮汐或洋流具有强烈的侵蚀作用,并能够挟带和输运大量泥沙。滨岸地带的地貌动力过程是多种多样的,从而形成了各种景观,如波浪侵蚀成的峭壁(wave-cut cliffs)、滨岸的阶地(shoreline terraces)、河口三角洲(delta)、海滩(beaches)、沙洲(bars)和潟湖 (lagoons,沙洲形成的半封闭水域)等。

5) 冰川系统(glacial systems)

在寒冷的气候带,降水(都以雪的形式出现)一般在原地保持冻结状态,而不会立即产生径流或回归海洋。如果每年的降雪量超过了夏季的融化量,该地区就会逐渐积聚成巨大的冰雪体,形成冰川(glaciers)。高山降雪形成的冰川缓慢地"流"过河谷,如同一条冰雪的河流。冰川的存在显著地改变了当地的水文系统,因为水文循环在冰川中产生了局部的"停顿",降水量不能立即回到海洋中。直到冰雪运动到冰川的末端融化后,水流才得以继续流向海洋、渗入地下或蒸发。以冰的形式存在的水分,在除海洋以外的全部水量中占50%,在全球的全部水量中占2%,冰川中的水分平均要滞留1万年左右。

6) 地下水系统(groundwater systems)

在水文系统中有部分水分渗入地下,在土壤和岩石的孔隙中缓慢运动,形成地下水系统。以地下水的形式运动的水量,在除海洋以外的全部水量中占20%,与河流中以地表径流运动的水量相比,其数量是巨大的。在其运动过程中,地下水使可溶性的岩石(如石灰岩)发生溶解,形成空腔或大型溶洞。溶洞的进一步发展有时会导致崩塌,引起地面沉陷,形成灰岩坑或落水洞(sinkholes)。这类灰岩坑形成的地貌与月球上的陨石坑有些相似,如果坑中有水则会形成一系列的圆形湖。

7) 风成沉积系统(eolian systems)

在地球上并不存在绝对干涸的地点,在最干旱的地区也有降水发生,而且气候类型也有年际的变化。在干旱少雨地区,水文系统仍能够运行,因此在许多沙漠上,河谷仍然是主要的地貌景观。但是在这些地区,河谷形态会因为风沙运动而湮没,形成沙漠上的另一种主要景观:沙丘运动和风沙。风成沉积系统是由于大气层中气流的循环运动而形成的。凭借风力可以输运大量的沙尘,并在沉积层中形成鲜明的痕迹。风力输运从广义上说也是水文系统的一个组成部分。

1.2　流域侵蚀与泥沙的输运

泥沙问题作为一种自然现象,在不同学科的研究中都有涉及,只是所采用的空间尺度和时间尺度可能有所不同。在地质学中所研究的地质旋回,是指由于侵蚀作用和输运作用,物质连续不断地从地壳正在上升的部分转移至正在下陷的部分,泥沙(或称沉积物碎屑,sediment)在此堆积并埋藏下来,在某些情况下,可达到地壳中很大的深度。在此以后,泥沙由于成岩作用、变质作用、融熔作用而变成岩石,并再度上升,受到新一轮侵蚀,从而为另一些沉积区提供物质。地质旋回过程所对应的空间尺度为大陆板块或大地构造单元(如平原、高原等),时间尺度以百万年计,称为地质学时间尺度或地质学时标。

在现代河流地貌学中,研究问题时所采用的时间尺度为数千年至数十万年。在这种地貌学时间尺度上研究侵蚀旋回时,侵蚀、输运、沉积的主要影响因素为气候变化(如周期性的冰期活动)及相应的地貌环境变化(如地质构造的抬升或下沉、海平面的大幅上升与下降等),而这一过程所对应的空间尺度是完整的流域、水系、冲积平原等,研究对象包括河流、河口三角洲、海岸的大规模演变。

在实际工程中,考虑问题所用的工程学时间尺度为数天至数百年,在此尺度上认为地质构造、地貌、气候是不变的,由这一条件出发求解降雨和水流与流域坡地、河道边界或人工建筑的相互作用及相应的演变过程。

分析与思考

1. 地质学、地貌学、工程学所采用的时间尺度有什么不同?

长期以来,地学家和工程师分别从不同的角度研究流域和河流水系,分别建立了各自的理论体系。了解了上述三种尺度的不同,有助于理解地质、地貌学体系与水力学和河流动力学研究体系中所使用的一些术语在含义上所存在的差异。

1.2.1　流域内的土壤侵蚀和土地退化

据20世纪80年代初的估计,全球各大陆的土壤流失,已从人类大规模开展农牧业以前的每年100亿t增至250亿~300亿t(Judson,1981)。土壤侵蚀等因素每年造成约600万hm^2(合9000万亩)的土地生产力永久性丧失(Dudal,1981)。由联合国有关机构组织进行的一项调查表明,全球每年因土壤侵蚀所丧失的耕地约300万hm^2(合4500万亩),因荒漠化所丧失的耕地约200万hm^2(合3000万亩)(Buringh,1981)。我国有关部门根据侵蚀发生的营力,把土壤侵蚀分为水蚀、风蚀和冻融侵蚀三个大类型,并对每个类型进行了侵蚀强度分级,统计出大于允许侵蚀量的土壤侵蚀面积分别为:水蚀面积179万km^2,风蚀面积188万km^2,冻融侵蚀面积125万km^2。三者的面积之和为492万km^2,占国土面积的51.2%,其中水蚀和风蚀面积之和为367万km^2,占国土面积的38.2%(景可,1999),而且约有1/5为强度侵蚀(侵蚀模数达5000～10000 t/(km^2·a))。全国每年土壤侵蚀量为80亿～120亿t,约相当于全球土壤流失总量的1/3左右。

重点关注

1. 土壤侵蚀分类及在我国国土面积中所占的比例。

影响水土流失的自然因素包括地质地貌基础、气候条件、植被土壤特征及风化过程等方面。在我国的不同地区,这几个方面表现出较大差别,导致各地土壤侵蚀和水土流失方式和程度等的不同。

地质地貌基础指横跨国土的宏观地貌轮廓(例如,我国西高东低的地势格局)和地质构造条件、地壳的构造运动、岩石类型(石灰岩、黄土、红色砂页岩、花岗岩等)、区域地貌组合(山地、丘陵与盆地等)。气候条件包括气候类型、降水特征(年降水量、降水量在不同季节或月份的分布、暴雨特征等)、气温、湿润程度等。植被特征包括植被沿地表的水平分带或随海拔高度的垂直分带规律、生物量(单位面积上植物的重量)和森林覆盖率等。土壤的类型总是与不同的气候、生物、地形、母质和时间等条件相联系,因此在不同的地区土壤具有不同特征。风化过程取决于气候和植被、生物生态等条件,不同的气候和植被区内风化过程差别很大(许炯心,1996)。

分析与思考

1. 影响水土流失的自然因素包括哪些方面?
2. 什么是自然侵蚀?
3. 如何定义土壤允许流失量?

我国自然地带齐全,从北向南跨越从寒温带到赤道带的所有温度带,从东到西则有从湿润区到干旱区的水分递变规律,地貌、岩石、植被、土壤类型丰富多样。大体上可以分出东南部湿润-半湿润区,西北部干旱-半干旱区。若沿大兴安岭→吕梁山→六盘山→青藏高原东缘画一条线,一般将该线以东地区称为东部湿润森林区,以西地区称为西北草原荒漠区。这两个地区影响水土流失的自然因素相差是极大的。

自然侵蚀的速度通常比较缓慢,一般小于或接近土壤的成土速度,它不仅不破坏土壤,而且可以促进土壤更新和提高土壤肥力。土壤的形成是一个长期而缓慢的过程,人们难以直接量测,但可用间接方法求得。根据推算,在无破坏的自然条件下(在基岩上),一般300～1000年可以形成2.5cm的土壤层,即形成1cm土壤需120～400年,但在人为耕种条件下,大约30年可以形成同样厚度的土壤。依据土壤形成速度可以计算土壤允许流失量。土壤允许流失量是从保护土壤肥力的角度提出的,它的涵义是:长时间内保持土壤肥力和生产力不下降情况下的最大流失量。陆地表面的土壤,绝对不受侵蚀是不可能的,如果土壤受到侵蚀而不降低土壤肥力,则必须同时能生成同等的物质量,才能抵偿流失掉的土壤。因此,土壤允许流失量与成土速率有着密切的关联。通常把成土速率作为允许流失量的指标(史德明,1998)。

我国不同自然带的流域存在如下土壤侵蚀和土地退化问题。

重点关注

1. 我国不同自然带的土壤侵蚀特点。

1) 黄土高原土壤侵蚀

黄土高原是我国土壤侵蚀最强烈的地区。黄河中游强烈的侵蚀是流域灾害环境的主要组成部分,也是下游洪涝灾害的根源。黄土高原土壤侵蚀过程有各种各样的类型,每一种类型中又分为不同的方式。

现代构造运动造成黄土高原地区的大面积抬升,是水土流失的主要内营力和地质背景。气候的不稳定性(冷暖干湿的周期性变化)和由此引起的植被消长变化是侵蚀产沙的外营力。在地质历史上,这一地区的自然侵蚀已经达到十分强烈的程度。黄河的四级或五级支沟可能早在几千年或几万年前(即在人类开始频繁活动之前)已经形成,目前的沟谷系统是现代沟谷作用与史前沟谷系统的叠加(刘东生,1985)。同时,黄河中游地区是华夏文明的主要发祥地,人类活动时间长,强度高,对原始自然环境破坏最为严重,人为加速侵蚀使得水土流失向更加剧烈的方向发展。

黄土高原侵蚀最严重的地区是黄土丘陵区,沟壑密度 1.8～7km/km^2,区内由南向北依次是黄土梁状丘陵和黄土梁卯状丘陵。梁卯状丘陵具有坡度大、坡长大、临空面也大的特点,水力侵蚀尤为强烈,而且这种形态特征不但利于流水侵蚀,也能够促使重力侵蚀的发展。其次是黄土塬区和黄土阶地区。黄土塬区主要有董志塬、洛川塬及汾河下游南岸地区,塬面平坦,边缘陡峻,黄土层最厚达 200m 左右。黄土塬区面积约 2.7 万 km^2,水力和重力侵蚀都较强烈,以沟蚀为主,沟壑密度 1.3～2.7km/km^2。黄土阶地区主要分布在渭河南北,向东延伸至三门峡附近的两条带状区。

2) 红壤区土壤侵蚀

我国热带、亚热带地区的各种红色或黄色的土壤在发生上有一定的共同之处,统归为红壤系列或富铝化土纲,包括砖红壤、赤红壤、红壤、黄壤等主要土类。其分布范围为长江流域及其以南地区,包括广东、广西、海南、福建、台湾、江西、湖南、贵州的全部,浙江、云南、四川、重庆的大部,安徽南部、湖北南部、藏东南和苏南边缘小部,涉及 15 省,面积约 220 万 km^2。我国红壤区自然条件优越,土壤资源丰富,但由于特定的自然和历史原因,土壤侵蚀不断发展。

20 世纪 50 年代,南方 11 省区土壤侵蚀面积为 60 万 km^2,约占土地总面积的24.4%,而80 年代初各省的调查统计则表明,侵蚀面积已达 69 万 km^2,占土地总面积 28%,侵蚀面积中严重土壤流失面积多达 30%,甚至 50%左右,目前红壤区已成为我国土壤侵蚀最严重的地区之一(史德明,1983)。50 年代至 80 年代,长江流域 13 个重点县流失面积每年以1.25%～2.5%的速度递增,随着土壤侵蚀的发展,长江流域的水土流失面积已由 20%增至 40%左右(赵其国等,1992)。长江上游土壤侵蚀总量由 60 年代的 13 亿 t,增至 80 年代中期的 15.68亿 t,也有资料估计长江上游(包括三峡库区)土壤侵蚀总量为 18 亿～18.7

亿t(席承藩等,1994)。

红壤区内分布大面积的花岗岩、石灰岩、紫色页岩、紫色砂页岩、砂砾岩、板岩、千枚岩、流纹岩、玄武岩及第四纪红土等。多种基岩在高温多雨条件下,形成深厚的风化层,或因构造运动(断裂、褶皱)形成大量碎屑岩层,这些都是侵蚀环境形成的物质基础。第四纪以来,我国西南山地受青藏高原抬升影响,新构造运动强烈。长江上游地区山高谷深,岩体节理发育,重力侵蚀(滑坡、崩塌、泥石流)非常活跃。各省山地丘陵地带的大面积坡耕地,是水力侵蚀的主要策源地。

3) 花岗岩母质红壤侵蚀区

花岗岩母质红壤侵蚀区分布面积最大,湖北、湖南、广东、广西、福建、江西、浙江、安徽、云南等省区均有分布。侵蚀类型主要为片蚀、沟蚀和崩岗侵蚀。侵蚀程度最严重的地段每年流失土层约1cm,侵蚀模数达1.35万 $t/(km^2 \cdot a)$以上,沟谷密度大,沟谷面积常占坡面面积的30%～50%,切割深度为10～30m。崩岗侵蚀是花岗岩侵蚀区最常见和最严重的侵蚀方式之一。

4) 紫色土侵蚀区

紫色土侵蚀区的分布十分广泛,四川、湖南、云南、贵州、广东、广西、江西、福建、安徽、浙江等省区均有分布,以四川省面积为最大。紫色土侵蚀区的侵蚀程度和危害仅次于花岗岩侵蚀区。

紫色土区土层薄(如位于四川川中红色盆地的乐至县,土壤流失总面积占土地面积的81.67%,其中小于50cm厚的侵蚀紫色土占土地面积的31.31%,50～100cm厚的占土地面积的45.47%,大于100cm厚的只占土地面积的4.89%),蓄水量少、渗透性差,径流系数较高。因此沟蚀密度大,沟谷面积占坡面面积的50%～70%,沟道密度达4～5km/km^2。而且风化与土壤侵蚀过程交替进行。如直径为20～40cm的紫色页岩岩块暴露在空气中,经过两个多月(4月中旬至6月下旬)的风化即可大都成为粒径在0.15～40mm之间的碎屑物。如此快速的风化为土壤侵蚀提供了大量的松散物质,每次径流所携带的泥沙即为近期的风化碎屑物。

紫色土侵蚀区沟谷的扩展方式,不同于花岗岩区或黄土高原区以崩坍、滑坡为主,而是以坡面剥蚀-片蚀(包括泻溜侵蚀)为主,即沟谷下切的同时,沟坡以片状剥蚀进行扩展并变陡,因此沟谷侵蚀是在片蚀的基础上进行的,据推算,每隔77年沟谷较坡面下降1m。紫色土侵蚀区目前的大部分切沟是近100年来发展形成的,有些地段目前仍残留原来的紫色土剖面。随着沟谷的不断下切,斜坡逐渐变陡,使地面的破碎程度不断增加。

5) 泥石流侵蚀

泥石流是由泥沙、石块和水组成的复杂的流体,一般均为黏性或亚黏性类型,具有很大的容重。云南大盈江流域浑水沟的亚黏性泥石流,容重为1.69～1.78t/m^3,黏性泥石流达1.89～2.24t/m^3,泥石流的固体物质中以砂砾为主,有时含大石块,其直径达数米或十余米。云南东川蒋家沟黏性泥石流平均粒径为14.7～17.6mm,在颗粒组成中,20～50mm粒径级占23.9%～33.3%,10～

20mm 粒径级占 13.8%～16.9%，黏粒含量仅 2%～3%。

红壤区大多数地区的泥石流是土壤侵蚀发展到严重阶段的一种表现形式。在广东、江西、福建、浙江、湖南等地的花岗岩、砂砾岩、红砂岩区，地面组成物质疏松深厚，由于大量降水，使山坡表面疏松层充水饱和而发生滑坡或崩坍，这些滑坍物质在暴雨洪水冲击下，常形成稀性泥石流（暴流）。但泥石流发生最多的地区是我国西南山区，该地区地质构造复杂，褶皱强烈，断层密布，又处于强地震带，地表破坏极大，破碎岩体深厚。许多页岩、片岩、千枚岩、板岩、薄层石灰岩分布区，地面常形成十余米或几十米厚的碎岩层，是泥石流产生的物质条件。陡峭的地形（30°～50°）和河床的大比降（15°～30°），更加剧了泥石流的发生。

近 70%的泥石流与人类活动有关，如滥伐滥垦，道路或水利施工破坏山坡稳定，不合理弃土堆石等。以云南东川市为例，东川铜矿已有 2000 多年的开采历史，由于历史上对自然资源的掠夺式开采，滥伐森林，烧炭炼铜，致使森林遭到严重破坏，生态失去平衡。20 世纪 80 年代初期，全市森林覆盖率仅 6.6%，水土流失面积占总土地面积的 68.5%，年土壤侵蚀模数达 4456t/km²（陈崇明，1998）。

重点关注

1. 泥石流与人类活动的关系。

金沙江支流小江地处东川境内，沿小江大断裂发育。据东川府志记载，康熙年间小江宽仅 4～5 丈，水流清澈，灌溉沿江田地，盛产稻谷、高粱。然而目前在全长 105km 的河段内，已分布大小泥石流沟 107 条。根据东川泥石流研究所分析，每年注入小江泥沙为 3000 万～4000 万 t，而小江水文站实测悬移质资料统计则表明，平均每年仅向下输运 620 万 t，即约80%以上泥沙淤积在河床之内。电力部昆明院 60 年代初根据该院在小江钻探和调查资料分析，表明近 200 年来小江下游 42km 河道抬高约 134m，河口段（5km）淤高约 80m，下游河床坡度由原来的 0.0066 演变为 0.0097（朱鉴远，1999）。

20 世纪 50 年代到 80 年代，泥石流在西南山区发生频率增高。50 年代到 60 年代，四川省有 76 个县出现过泥石流，1981 年已增至 109 个县。

6）坡耕地侵蚀

第四纪红土丘陵的侵蚀多发生在坡耕地上。当采用顺坡耕作时，侵蚀尤为严重。山地、半山地占贵州省面积的 89%，山地丘陵面积占湖北省面积的 79%，四川省面积的68.4%。贵州省坡耕地中坡度大于 25°的占 50%，四川省坡耕地中，大于 25°的占 60%。湖北西部山区有 40%～60%的坡耕地分布在 40°以上的陡坡上。

分析与思考

1. 坡耕地侵蚀在三峡库区总侵蚀量中所占的比例。

根据三峡库区的研究资料，库区内林地、灌丛、草地和耕地的年侵蚀量，分别占库区总侵蚀量的 6.19%、10.76%、23.05%和 60%，年入库沙量则分别占入库总沙量的 5.95%、12.42%、35.46%和 46.16%。由三峡库区土壤侵蚀图面积量算，库区内中度侵蚀以上的土壤面积已达库区总面积的 69.4%。

7）荒漠化问题

荒漠化是当前全球最严重的环境问题之一。1994 年 10 月在巴黎签署的《联合国防治荒漠化公约》（INCD，1994）指出，荒漠化是由于气候变异和人类活动在内的各种因素所造成的干旱、半干旱和具有干旱影响的半湿润地区的土地退化。其中“干旱、半干旱和亚湿润干旱地区”指的是年降水量与可能蒸散发量之比在 0.05～0.65

重点关注

1. 土地退化与人类活动的关系。

之间的大陆地区,但不包括极区和副极区。"土地退化"是指由于人类对土地的使用,或由一种营力或数种营力结合,致使干旱、半干旱和亚湿润干旱地区雨浇地、水浇地或草原、牧场、森林和林地的生物或经济生产力和复杂性下降或丧失,其中包括:风蚀和水蚀致使土壤物质流失;土壤的物理、化学和生物特性或经济特性退化;自然植被的长期丧失。然而,因区域自然条件的差异,公约的第15条又指出,防治荒漠化行动方案的要点应适合受影响国家缔约方或区域的社会、经济和地理气候特点。为此,联合国亚太经社会根据亚太区域的实际提出,荒漠化还应包括"湿润及半湿润地区由于人为活动所造成的环境向着类似荒漠景观的变化过程"(ESCAP,1994)。

不论国际还是国内的学者,对荒漠化所作出的定义,都包含了三个部分:其一是提出荒漠化发生的环境背景,即干旱、半干旱和具有干旱灾害的半湿润地区以及生态环境脆弱带;其二是土地荒漠化的发生是由于外部因素对土地产生的作用,即气候变异和不合理的经济活动;其三是土地本身的蜕变,即土地退化。

中国位于亚太地区,按照中国的实际,荒漠化乃是由于人类不合理的经济活动和脆弱生态系统相互作用造成的土地生产力下降直至土地资源丧失,使得在原来并非荒漠的地区出现类似荒漠景观的土地退化过程(朱震达,1994)。据1997年林业部发布的《中国荒漠化报告》,目前我国荒漠化形势已非常严峻,荒漠化土地面积已占国土面积的27.3%,受荒漠化影响的范围更大。

8) 湿地退化问题

分析与思考

1. 什么是湿地?
2. 湿地有什么重要功能?

湿地(wetland)因具有巨大的环境功能和环境效益,被誉为地球之肾。它是指陆地与水生系统之间的过渡生态系统,其地表为浅水所覆盖或者其水位在地表附近变化。地表水和地面积水浸淹的频度和持续时间很充分,在正常环境条件下能够供养适应于潮湿土壤的植被的区域,通常包括灌丛沼泽(swamps)、腐泥沼泽(marshes)、苔藓泥炭沼泽(bogs),以及其他类似的区域。关于湿地植被、土壤和水文特征的判定一般采用以下标准:必须有50%以上的生物物种为水生或适于水生生境;土壤为水成土壤或者表现出还原环境的特征;常年或季节性水浸,平均积水深度小于或等于2m,且有挺水或木质植物生长。对湿地的定义目前尚未统一,因而其面积的统计数字尚存有争议(殷书柏等,2012)。《湿地公约》给出的较为广义的湿地定义是:湿地系指,不问其为天然或人工,长久或暂时性的沼泽地、湿原、泥炭地或水域地带,带有静止或流动,或为淡水、半咸水体,包括低潮时不超过6m的水域。湿地还包括与湿地毗邻的河岸和海岸地区,以及位于湿地内的岛屿或低潮时水深超过6m的海洋水体。

湿地拥有丰富的野生动植物,是众多珍稀濒危物种,特别是珍稀水禽的繁殖和栖息地。湿地也具有较高的生产力,许多湿地能够持续地收获一系列物产。湿地还具有多种生态功能,在阻止和延缓洪水、蓄水抗旱、控制水土流失和降解环境污染方面起着极为重要的作用。它被称为陆地上的天然蓄水库,在调节气候、促淤造陆等方面均有重要作用。

相对于山地、平原、沙漠等其他景观而言,湿地是生存时间较短、受人类活动影响变化较为显著的一种特殊生态景观类型。湖区发展过程中,如忽视了环境整治与生态建设、没有协调好人地-人湖关系，或由于中上游水土流失与湖泊泥沙淤积、过度围湖垦殖、堤防周围及高水位地段农业布局与种植制度不合理等原因，会使湿地出现生态环境退化，导致蓄洪防旱功能丧失。

目前我国退化现象比较严重的湿地包括青藏高原三江源湿地、洞庭湖区湿地、松嫩流域湿地、黄河三角洲湿地等。

1.2.2 河流系统中的泥沙输运

一般将河流所具有的各种自然功能分为5个方面：

(1) 输运功能(将流域降水形成的径流和坡面系统侵蚀产生的泥沙向海洋排泄，同时维持河道的正常演变)；

(2) 水源功能(地表水源和地下水补给源)；

(3) 汇水功能(在保证自净能力的前提下承纳工农业和城镇生活排污)；

(4) 栖息地功能(陆生及水生生物)；

(5) 天然屏障的功能(如塔里木河阻止塔克拉玛干沙漠向北移动)。

重点关注

1. 河流的5个主要自然功能。
2. 泄洪排沙是河流最主要的自然功能。

每条河流的正常功能可能各不相同，通常不能简单照搬、套用。即使对于同一条河流来说，上游段、中游段、下游段的功能也可能会有较大差别。因此，在一条河流上行之有效的开发或治理方法，在另一条河流上可能是不合理、不适用的。确定一条特定河流的正常功能，一般采用对该河流天然状态下的水文、泥沙、生态体系及环境等方面进行历史调查的方法，通过对资料的分析而得到。

输运泥沙是河流的重要功能之一。在河流动力学中所研究的泥沙的输运，主要是指水流对泥沙的输运。从流域整体上来考虑，泥沙的输运有两个方面，一是坡面、沟坡等侵蚀产沙后沟道内的泥沙输移，二是支流、主流河道内的泥沙输运过程。两者都与水流作用密切相关。当然，在某些地质时期，风力输运也曾有重要的地位，如黄土高原风成说认为黄土高原是由风力搬运的物质沉积而形成的。水利工程、地貌学、沉积地质学中都研究泥沙的输运，虽然各自所用的时间尺度不同，但所研究的是同一个客观过程。

泥沙的输运量和粒径大小直接影响了各种冲积过程(如冲积河流的河型与河势等)，因而是水文地貌塑造过程中的一个重要因素。在目前的实际工程中，研究的对象一般是冲积河流中的泥沙输运，以及这种输运对冲积河流演变过程的影响，具体地说主要是河流在某一时段、某一河段或某一水工结构上下游的来沙量和水流挟沙能力这两者之间的不平衡所引发的问题，如河床冲淤、主流摆动、汊道消长、河岸侵蚀等。在工程学时间尺度上来说，一个河段的上游下泄的水量和水流中所携带的泥沙量是决定此河段河床变形的主要因素，称为来水来沙条件。

分析与思考

1. “来水来沙条件”指什么？它有什么重要性？
2. 什么是泥沙输移比？它与流域自然条件有什么关系？

某流域出口控制站实测的河流泥沙总量 S_t 与该流域的地表物质侵蚀总量 S_e 之比 S_t/S_e，称为泥沙输移比(又称递送比，sediment delivery ratio)。泥沙输移比对正确评价水土保持效益和下游治理的决策有着重要的意义。在上游流域土壤侵蚀可以估算的情况下，如果能通过准确的方法或公式计算泥沙输移比，就能预报下游的输沙量并满足中小流域的综合治理规划需要,为防治土壤侵蚀、合理利用水沙资源的工程建设提供设计依据。

一般认为,极细颗粒冲泻质的泥沙输移比为1,颗粒越粗,相应的泥沙输移比越小。但不同区域及水流条件冲泻质的划分粒径并不一致,因此,流域泥沙的输移比有必要用一个真正反映泥沙物理特征的量来描述。在计算流域泥沙输移比时,应明确说明所计算的是大于、小于或等于某一粒径的泥沙输移比。如果泥沙输移比的计算中不能反映这一点,则可能失去其实用价值。

不同地区小流域输移比随流域面积的变化有显著不同,这种现象称为尺度效应。Roehl (1962)对美国东南部面积在1～500km² 的一些小流域所进行的研究表明,流域的输移比在0.6～0.09之间变化,且有随流域面积增大而减小的趋势。

冲积河流在地貌形态的变化过程中起着重要作用。河道中的泥沙输运在塑造河道边界的同时也塑造了冲积平原等大尺度景观。冲击河流是典型的开放系统,河道的演变充满了动态的特性,其断面和平面形态都是因变量,它们由其他的自变量所决定,包括流量、输沙率、泥沙粒径、河道底坡、粗糙度等。河流动力学的主要任务就是研究冲积河流的泥沙输运规律以及河道演变规律。

1.3 人类活动对流域和河流自然过程的影响

人类早已意识到了人类社会发展过程中对河流系统的影响。在古希腊,柏拉图认识到雅典人对森林的破坏导致了水土流失和水井的干涸。美国的George Marsh (1864)记载道:由于受人类活动的巨大影响,在地中海地区"广阔的森林在山峰中消失,肥沃的土壤被冲刷,肥沃的草地因灌溉水井枯竭而荒芜,著名的河流因此而干涸"。同时他还指出,水、肥沃的土壤,乃至我们所呼吸的空气都是大自然与其生物所赐予的。Leopold (1949)深入思考了生态系统的功能,认识到人类自己不可能替代生态系统服务功能,并指出:"土地伦理观,将人类从自然的统治者地位还原成为自然界的普通一员。"

流域内人类为生存发展而进行的生产、建设活动,一般会打乱流域内和河流上的各种自然系统原有的平衡状态,使得流域和河流的自然过程出现紊乱,因此人类活动极可能成为自然灾害的重要诱因。随着人类文化的发展,人就会越来越强烈地影响、干预自然环境,如表1-1所示(黄春长,1998)。人对于地球表层系统的干预达到某种限度时,就会走向其反面,其结果是全球生态平衡失调,生存环境恶化,人类的生存受到严重的威胁。

重点关注

1. 人类活动对自然过程的干扰与自然灾害的关系。

表 1-1　不同时间尺度上人-地关系的演变

时间尺度	100 年前至今	1000 年前	1 万年前	10 万年前
时代特征	科学技术和机械时代	铁器时代	新石器时代和青铜器时代	旧石器时代
资源利用	大规模地开采煤、石油能源，水能和电能开发，各种金属与非金属矿产开发	培植动植物优良品种，开采金属矿产，木材仍然是主要能源	栽培植物，驯养动物，开采制石和制陶原料、木材燃料	野生的动物和植物
生产工具	蒸汽机、内燃机、电力机械，生产、加工、交通工具现代化	金属工具，简单的畜力、水力、风力和人力机械	打制和磨制石器、木器，制造陶器	打制石器、骨器和木器
人类干扰范围	扩展到极地、高山、冰川、荒漠、密林、海洋和空中	扩展到丘陵、山地和低洼地带	几乎扩展到所有的河流阶地、平原和山麓	河谷、平原和山麓的局部，孤立分散
自然动力环境变化	气候波动(±1℃)，极端自然灾害时有发生	气候变暖，冰川消融，海面上升，沙漠收缩，森林扩张	气候变暖，冰川消融，海面上升，沙漠收缩，森林扩张	冰期和间冰期，海面升降，沙漠伸缩，植被演变
人为动力环境变迁	大气、河流、湖泊、土壤污染，全球气候变异，海面上升，物种减少。资源紧缺，灾害频繁，土地荒漠化、盐碱化	大规模砍伐森林，农田生态系统形成，灌溉改变水系，干旱区出现沙漠化	区域森林收缩，农田生态系统出现	局部森林被焚烧退化，但可以恢复

1.3.1　人类活动对流域水文过程的影响

对流域系统破坏力最大的人类活动是对森林的采伐，它直接导致径流过程和侵蚀过程的变化。

Stednick (1996)对美国的 95 个流域实验进行了系统的总结，他将流域位置、流域名称、流域面积、海拔高度、坡向、土壤类型、植被状况、年平均产水量、年平均降雨量、流域采伐面积比例、增加的流域产水量以及实验流域所处的水文区域进行了对比。结果表明，当采伐达 100%时，年增加的流域产水量最大可达 750mm (以径流深计)，最低的仅为 117mm。导致不同水文区以及同一水文区森林采伐对流域产水量变化影响的差异是由多种原因引起的，其中包括采伐方式、气候条件、土壤地质条件、地形条件、在采伐后进行水文测验的时机等。

植被破坏起因于获取耕地、对森林资源的掠夺性开发等。据 20 世纪 90 年代初统计数字，我国森林覆盖率为 13%，包括灌木林在内的森林覆盖率也只有 15.4%，而全球范围内的森林覆盖率为 22%，一些注意保护本国生态环境的多山国家，如日本、瑞士、芬兰等的森林覆盖率为 50%以上。黄土高原地区的森林覆盖率为 7.16%，包括灌木林在内的森林覆盖率仅为 11.1% (中国科学院黄土高原综

分析与思考

1. 探讨人类活动可能会给大气-海洋系统、气候系统带来的影响。

合考察队,1991)。以人均森林面积计算,全球人均森林面积为6700m²/人,我国红壤区为1000m²/人,而黄土高原地区为600m²/人。

重点关注

1. 人类干扰坡面系统的主要方式。

2. 森林采伐对流域产水量变化的影响。

1. 人为活动对长江流域的影响

人为活动是导致长江流域生态环境恶化的主导因素,主要表现在下列几个方面(史德明,1999)。

1) 森林面积减少

据史料记载,早在战国以前,长江上游地区已有定居的原始农业,战国后期,农业已较发达,但大部分地区仍为天然的亚热带和暖温带森林分布,森林覆盖率达80%以上。秦王朝大兴土木修宫殿,长江上游的森林遭到较多的破坏,"蜀山兀,阿房出"的描述,便是一个佐证。汉代以后,四川盆地移民日益增多,上游地区的农业垦殖规模也随着人口增加而扩大,森林进一步被破坏,耕地向山坡地扩展。至清代,上游地区人口进一步剧增,外来移民也不断增多,从1753—1812年的59年间,四川人口密度增大14倍,人口膨胀使上游地区的森林植被被大量破坏。四川境内的嘉陵江、岷江流域的森林覆盖率分别由20世纪50年代的19.4%和21%,下降到80年代的13.2%和17.2%,三峡库区许多县的森林覆盖率也由50年代的18%～24%下降到80年代的6%～12%。

2) 坡耕地面积增多

长江上游约有70%的耕地是没有水保措施的顺坡耕作,尤其是大于25°陡坡地的垦殖较为普遍。全区旱地约有264万hm²,占耕地的53.8%,几乎都为坡耕地。长江上游的川江流域是一个人口众多的古老的农业区,农业人口约占总人口的85.6%。在巨大的人口压力下,区内垦殖率很高。如川西地区山高坡陡,可耕地很少,农民不得不在河川两岸开荒种地。1949年以来,上游地区人口继续不断增加,每增加1人,需相应增加0.13～0.20hm²坡耕地,造成坡耕地面积与人口数量同步增长。贵州省坡耕地占80%,其中大于25°的占50%;四川省大于25°的坡耕地占60%;湖北省西部山区40%～60%的坡耕地分布在40°以上的陡坡上。金沙江、雅砻江和泯江流域坡度大于25°以上的旱地占34%,雅砻江达到45.6%。位于大渡河中游的峨边县和金口河区,耕地在25°以上的达到了70%～90%。据重庆地区调查,大于25°的坡地占总耕地面积的13.7%。

随着人口膨胀,坡耕地越开越多、越开越陡,水土流失越来越加剧。据测算,当坡耕地坡度为5°时,年侵蚀量为714t/km²,25°的坡耕地年侵蚀量则高达21334t/km²,为前者的30倍(史德明,1999)。对比黄河流域的情况,绥德境内坡度在8°左右的坡耕地每平方公里每年流失水土约770t,14°左右的坡耕地约为2000t,22°左右的坡耕地约为3700t,28°左右的坡耕地则增至约5600t(陈永宗等,1988)。

2. 工程建设活动对流域产沙的直接影响

在一些地区,人为因素造成的水土流失在20世纪80年代以后,已从过去的乱砍滥伐、陡坡开垦为主,逐步演变成开矿、采石、修路及城镇建设等对植被的破坏及弃石弃渣为主，并呈现加速势态。随着经济的发展，开矿、修路、建厂、采石及其他工程建设迅猛发展，大量弃土、矿渣尾沙进入河道，成为流域产沙量增加的一个新原因。

四川省仅工业废渣一项，每年即达3700万t，其中90%以上进入河道(史德明，1999)。据张信宝(1999)对嘉陵江、金沙江两流域河流泥沙近期变化的研究，交通、矿山、水利、城镇等基本建设工程对河流泥沙的影响主要是：①工程弃土直接增沙；②工程建设破坏植被；③工程建设破坏坡体稳定，常常引起坡体失稳，诱发滑坡、崩塌、泥石流的发生；④河道、沟道工程增大泥沙输移比。

重点关注

1. 坡面系统受到人类活动干扰后引发的人为加速侵蚀。

1989年以来，嘉陵江、金沙江两流域内开展了以"长治"工程为主的大规模水土流失治理。但同时，由于金沙江流域山高坡陡，沿河工程多，工程建设剥离土石方量和弃流比(弃土量和流失量之比)较大，又出现了新增的水土流失产沙量。例如，修建路面宽度6m的低等级公路，在金沙江下游区平均每公里剥离土石方量约1万m^3(弃流比0.2～0.4)，而在川中丘陵区约为2000m^3(弃流比0.1左右)。金沙江流域"长治"工程在四川的9个重点治理县，每年修建各种等级公路约300km，以每公里弃土1万m^3计，年弃土量300万m^3，约合540万t(干容重取1.8t/m^3)，加上其他工程建设弃土量，年总弃土量不下1000万t，远大于"长治"工程1996年度的减蚀量(606.8万t)。粗略估计，金沙江流域每年工程建设总弃土量不下1.5亿t，以弃流比0.3计，每年增加河流沙量4500万t。

成昆铁路建成以后，沿线的泥石流沟均相继修建了V形排导槽，排泄泥石流。排导槽修建以前，部分泥石流堆积于沟口的扇形地上，修建后，泥石流全部泻入主河。据调查，这是云南龙川江20世纪70年代以来沙量增加的一个重要原因。嘉陵江流域地形相对起伏较小，工程建设增沙虽不如金沙江流域强烈，但作用也不可低估。

湖南省桑植县的调查表明，近年来年均公路建设在100km以上，每延长1m开挖30m^3，其中约1/3进入沟道，仅此一项年产沙约100万m^3。根据益阳市调查，全市1569个生产建设单位，共破坏植被1.6万hm^2，乱堆、乱放废弃物2795万t。在"京九"铁路的建设中，据江西省沿线11个县(市、区)的调查，有水土流失较严重的取土场121处、弃土场30处，破坏地表植被701.4万m^2，弃土(渣)量42.9万m^3。横南铁路江西铜山段(长34km)施工，造成水土流失面积达94万m^2，其中强度以上达60万m^2，弃土、弃石量为100余万m^3。又据江西省1989年调查，全省有地矿开采点1638处，弃土、弃渣约6.12亿m^3，流失约0.58亿m^3，公路建设开挖139.8km^2，弃土、弃石5700万m^3，流失量380万m^3，弃土、弃渣埋压农田达173hm^2，损失库容达800万m^3，每年新增水土流失面积600km^2，相当于每年治理面积的1/3(谢永生，1999)。

1.3.2 人类活动对河流输沙功能的影响

冲积河流的一个最主要的功能，就是排泄上游流域中产生的洪水和输运进入河道的泥沙。河道泄洪排沙能力的降低，往往会产生严重的灾害。例如，黄河中游的多年平均来沙量大大超过了下游河道中水流的挟沙能力,多沙游荡的性质十分明显,河床变形剧烈,泥沙在河道内大量淤积,下游河床高于堤外地面成为“悬河”和横亘整个华北平原的分水岭,而且仍在逐年抬高,潜在危险极大。黄河下游防洪工作中面临的许多问题都与多沙游荡性有关。较为突出的问题是主流不断摆动,靠岸位置和顶冲方向频繁改变,不但河漫滩上的人民生命财产和耕地难以保障,更严重的是堤防工程经常处于被动状态,出险可能性增加。

重点关注

1. 河流系统受到人类活动干扰后引发的后果。

流域的来水来沙条件和河流的边界条件因人类活动而发生改变时,如修建水库大坝、河道渠化、河道整治等,将会引起挟沙能力的改变。水库中拦截泥沙,下游的来水来沙量将会发生巨大的变化,从而对工程上下游的河床演变产生巨大影响。我国以往的工程建设中,对河流自然过程和功能造成巨大影响的实例较多,其中影响较大的是黄河上中游水利工程对中下游河道演变的影响问题。

1. 黄河中游水库对输沙过程的人为改变

黄河三门峡水库1960年9月开始蓄水运用时,设计库容为96.4亿m^3,坝前水位323m时的库容为36亿m^3。经蓄清排浑控制运用,至1990年,三门峡坝前水位330m时的可用库容稳定在30.6亿m^3,坝前水位323m时的库容稳定在10亿m^3左右。在此期间的三门峡水库淤积量如表1-2所示(赵文林,1996)。

表1-2 三门峡水库淤积情况

运用方式	时段	河道入库沙量/亿t	水库淤积量/亿m^3		
			潼关以下	潼关以上	全库区
蓄水运用及滞洪运用期	1960年9月—1964年10月	76.7	35.8	8.7	44.4
滞洪排沙运用(改建期)	1964年11月—1973年10月	163.0	−9.2	20.9	11.7
蓄清排浑控制运用	1973年11月—1985年10月	128.8	0.4	−0.5	−0.1
	1985年11月—1990年10月	41.3	1.1	3.2	4.3
小计		409.8	28.1	32.2	60.3

三门峡水库蓄水拦沙运用期间和滞洪排沙的前期水位的抬高,相当于抬升了侵蚀基准,造成河流入库附近河床坡度的降低,流水搬运能力降低,大量泥沙堆积于库区,上游河道发生加积抬高,引起向源堆积。河床的淤高和淤积的上延,使在库区汇流的渭河下游淤积严重,造成了渭河口的淤堵和黄河水倒灌入渭河,增加了渭河下游防洪的难度,并加剧了盐碱化趋势。在此期间,库区沉积的泥沙绝大部分是跃移质,以异重流形式排出库的多是粒径小于0.025mm的悬移质。即使敞泄后,粒径大于0.05mm的粗泥沙排沙比也只占到16%,因此水库起到了“拦粗排细”的作用(傅建利、李有利,2001)。

库区下游河道发生了下切侵蚀,前4年间共计冲刷23.1亿t。由于三门峡至小浪底河段为峡谷型河段(长130km),河床由基岩与砂、卵石组成,小浪底至铁谢(长

26km)，河床亦为砂、卵石，水库下泄清水期间，铁谢以上河段河床在清水冲刷时夹在卵石中间的细沙很快被冲走，床面由卵石形成抗冲铺盖层，保护河床遭受进一步冲刷。下游河道的侵蚀迅速波及到距大坝800km的利津。

重点关注

1. 人为原因造成的河流系统泄洪排沙功能萎缩。

滞洪排沙运用的后期(1964年11月后)，水库经过两次改建增加泄流设施，库区的淤积得到缓解。降低水位运用后，库区共淤泥沙26.73亿m^3。期间由于下泄水流的含沙量明显加大，前期沉积于库区中的颗粒相对较粗的泥沙被排往下游，沿下游河道淤积下来，造成了河道尤其是河槽的淤积，导致"小水大灾"的发生和"二级悬河"的出现。

采取蓄清排浑运用方式后，库区的冲淤受水库运用水位和来水来沙条件的影响较大，1973年10月—1980年10月，共淤积1.08亿m^3；1985年11月—1995年10月，因来水量小，致使潼关以上淤积5.7亿m^3、以下淤积1.8亿m^3。非汛期水库拦沙下泄清水，下游河道由建库前的淤积转为冲刷，水库的淤积量与下游河道的减淤量大致相当。汛期来水量加大，下游河道淤积量相应加大，但由于流量较大，黄河有"大水多排沙"的特性，从全年来看，下游淤积量减少，水沙关系得到改善。

与无水库相比，下游河道每年减少淤积0.2亿～0.3亿t，所不利的是这种减淤主要是减少高村以上河漫滩的淤积量，主槽淤积量没有减少，艾山以下河道淤积还略有增加，加大了洪灾发生的概率。

2. 黄河干流工程对来水来沙条件的改变

20世纪60年代以来，在黄河干流上建成了龙羊峡、刘家峡、盐锅峡、八盘峡、青铜峡、三盛公、天桥、三门峡等8座水利枢纽和水电站，总库容410亿m^3，长期有效库容300亿m^3，发电装机容量382万kW，多年平均发电量176亿kW·h。近期正在建设或已经投入运行的工程还有李家峡、大峡水电站和小浪底、万家寨水利枢纽。截至1995年底，黄河干流已建、在建水利枢纽的总库容563亿m^3，长期有效库容356亿m^3，发电装机容量900万kW，多年平均发电量336亿kW·h，分别占黄河干流可开发水电装机容量的28.8%和年发电量的29.5%，是全国大江大河中开发程度较高的河流之一。

到1993年底，流域内已建成引水工程4500处、提水工程2.9万处；在黄河下游兴建了向两岸地区供水的引黄涵闸94座、虹吸29处，建成了引黄济青、引黄入卫等跨流域调水工程。目前，黄河供水地区年引用黄河河川径流近400亿m^3，耗水量超过300亿m^3。黄河河川径流利用率超过50%，与国内外大江大河相比较，水资源利用程度已达到相当高的水平(陈霁巍，1998)。

由表1-3、图1-3可见，龙羊峡、刘家峡两库对黄河上游径流的调节能力远远超过三峡工程对长江上游径流的调节能力，接近埃及阿斯旺大坝对尼罗河径流的调节能力。关于这种人为调度对河道演变的影响，将在第6章详细讨论。

表 1-3 四座代表性水库对径流的调节能力对比

工程名称/运行年份	流域	总库容/亿 m^3	有效库容/亿 m^3	坝址处年径流/亿 m^3	有效库容与年径流之比/%	
龙羊峡/1986	黄河	247	194	322(兰州)	60.2	73.2
刘家峡/1968		57	42		13.0	
三　峡/2011	长江	393	222	4510	4.9	
阿斯旺/1970	尼罗河	1680	900	840	107.1	

重点关注

1. 大型工程的径流调节能力改变了来水来沙条件。

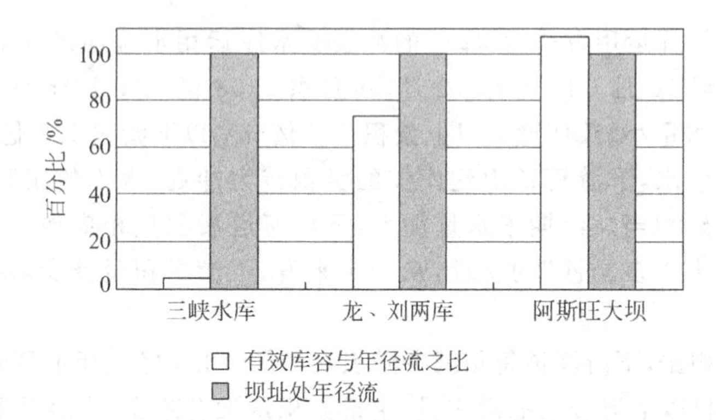

图 1-3 龙羊峡、刘家峡两库联合调节能力与三峡水库和阿斯旺大坝的对比

3. 黄河下游水沙变化对河道萎缩的影响

对黄河下游7个控制断面的深泓高程、平均河底高程、滩槽高差、标准水位下滩面及床面以上过水面积自20世纪50年代至80年代的变化进行统计分析后，发现黄河下游地上河的发展经历了不同的阶段(陈志清，1995)：

(1) 50年代和70年代全河段普遍淤积；

(2) 60年代除河口以外出现全程大冲刷；

(3) 80年代由于极为有利的水沙条件，整个下游河段总体淤积不严重；

(4) 80年代中期以来，黄河下游的萎缩一直延续至今，在水、沙均少的条件下，下游河道发生严重淤积。

由于洪峰流量小，漫滩机会少，泥沙集中淤积在河槽里，河道萎缩日趋严重。大型水利工程和引黄灌溉对黄河下游冲淤变化影响显著，三门峡水库不同时期的运用方式对下游河道的冲淤产生直接影响，刘家峡、龙羊峡水库的运用以及遍及全流域的引黄灌溉则加剧了黄河下游的淤积，加速了河道的萎缩。

1.3.3 关于人类活动的积极作用

在认识到人类活动造成的加速侵蚀的严重性之后，从可持续发展的角度出发，人们开始探讨合理利用土地、保护生态环境、减轻土壤侵蚀和水土流失的各种措施。

主要的途径包括通过工程措施改造局部地形(修建梯田、打坝淤地等),改变土地使用方式(封山育林、改善耕作制度等),改良土壤性状(沙性土掺黏土、施有机肥以增加土壤有机质和团粒结构),用现代科学技术手段合理利用生态资源和能源,建立良性循环的农业生态系统等。在加速侵蚀严重的地区,如果措施和手段能够达到预期效果,可以大大减少人为加速侵蚀,甚至减轻自然侵蚀。

吴钦孝、杨文治(1998)对黄土高原植被恢复的前景进行分析后认为,一个区域的植被状况应具备如下条件,才可认为植被得到了恢复:①符合植被分布的地带性植物群落占优势,这类群落适应性强,能达到正常生长高度,并得以更新繁殖,形成稳定的植被类型;②根据植被建造与经营目的,以有效控制水土流失为主,兼顾防风固沙、保护农田、涵养水源、提供林果产品等要求,视地域与林种不同,草地盖度大于40%~60%,林分郁闭度大于30%~50%;③森林分布比较均匀,平均覆盖率达到30%以上。

黄河中游的黄土丘陵沟壑区,地处半干旱地带、沙漠边缘,生态环境十分脆弱,一旦遭受人为破坏便较难恢复。要达到上述条件,必然要经过长期、艰巨的工作。可见,水土流失问题是长时间尺度上的问题,一时的短期行为会在今后一个很长的时期内产生巨大影响。它同时是一个大的空间尺度上的问题,上游流域内的生态环境变化所造成的后果会一直影响到下游河段。

长远来看,解决工程泥沙问题的根本途径,在于减少人为的加速侵蚀,恢复流域的植被,保护和改善流域内的生态系统,减少水土流失。实现这一目标需要巨大的财力投入,生态环境恢复过程也较慢。因此,在未来相当长的时间内,我国河流的泥沙问题仍将十分严峻,还需要依靠工程措施加以解决。在河流和流域的开发治理中还将遇到许多与泥沙有关的工程问题,为了能够作出符合自然规律的正确工程决策,必须详细地研究河流泥沙运动的规律。

习　题

1.1　试分析人工或天然水系中所谓的“死水”和“活水”是否属于动态系统。它们是封闭系统还是开放系统?举例说明本校校园内的人工湖泊、河流属于何种系统。

1.2　若一个封闭水体与外部环境只有能量交换(太阳能辐射),而没有物质交换(水量的流入流出),试分析水体的演变趋势。考虑两种初始条件:①水体十分纯净,没有任何营养物和微生物;②受到污染的水体,有大量营养物和微生物存在。

1.3　仿照图1-1的例子,试举出更多的实例说明什么是不稳定、亚稳定和平衡状态。

1.4　简要说明水文系统所包含的子系统,并指出我国大陆地区常见的子系统。

1.5　在泥沙问题的研究中所采用的时间尺度有几种?它们各适用于什么学科和什么问题的研究?

1.6　土壤侵蚀的影响因素有哪些?什么是土壤允许流失量?什么是自然侵蚀?

1.7 简述我国不同自然带的流域内的土壤侵蚀和土地退化问题。

1.8 河流所具有的自然功能分为哪几个方面?

1.9 从流域整体上来考虑,泥沙的输运可分为哪两个方面?给出泥沙输移比的定义。

1.10 对流域系统破坏力最大的人类活动是什么?它直接导致了流域中哪些自然过程的变化?

1.11 以三门峡工程为例,说明人类活动对河流输运功能所造成的巨大影响。黄河下游水沙变化对河道萎缩有哪些影响?

1.12 哪些人类活动有利于保护和改善流域内的生态系统?

第2章 泥沙颗粒的基本特性

某一河段内水流中的泥沙颗粒既可能直接来自于流域，也可能是从上游河床上冲刷起动而来的。水体挟带了大量泥沙颗粒后，可能会引起某些物理特性发生变化，如流变性质等。

2.1 风化过程

从流域中输运到河流里的泥沙中，既有粗大的卵砾石和沙粒，也有细小的黏土颗粒。粗泥沙源自岩石和矿物风化而成的碎屑，而地表土的流失是细颗粒的来源。

2.1.1 风化

重点关注

1. 物理风化和化学风化过程。

岩石和矿物在地表(或接近地表)环境中，受物理、化学和生物作用，发生体积破坏和化学成分变化的过程，称为风化作用。风化作用受气候、岩石成分、结构构造、植被、地形和时间等因素影响。在风化的初期，以物理风化为主。物理风化作用使岩石在原地发生崩解，形成残留于原地的岩石碎屑，物理风化作用形成的岩石碎屑最小粒径可达0.02mm左右，岩石化学成分基本不变，只能形成少量的蛭石、伊利石、绿泥石等风化程度较低的黏土矿物。

在物理风化作用的基础上，进一步发生化学风化(溶解、水解、碳酸盐化等)。卤族元素(I、F、Cl、Br)和氯化物(KCl、NaCl)容易随水流失，而碳酸盐和硫酸盐难于溶解，以含钙矿物(方解石 $CaCO_3$，石膏 $CaSO_4$)等形式残留在风化层中，使Ca相对富集，故称这一阶段为钙质残留阶段或富钙阶段。化学风化作用的深入进行将使硅酸盐矿物晶体破坏，铝硅酸盐矿物分解出的另一部分硅和铝在地表结合形成各种黏土矿物，其化学通式为 $Al_2O_3 \cdot m\,SiO_2 \cdot nH_2O$，依地表水介质环境由弱碱性→酸性的变化，分别形成伊利石(水云母)、蒙脱石(胶岭石)与高岭石等粘土矿物。通常蒙脱石、高岭石形成于湿润气候条件，而伊利石则是较干冷气候条件的产物。

化学风化作用的最后阶段,硅酸盐全部分解,地表黏土矿物也可分解,可以迁移的元素均已析出。风化碎屑中主要形成大量铁、铝和 SiO_2 胶体矿物,以水铝石($Al_2O_3 \cdot nH_2O$,铝土矿,或有 Fe、Mn 混入)、水赤铁矿($Fe_2O_3 \cdot 3H_2O$)、褐铁矿(Fe_2O_3)、针铁矿等为主。这些矿物在地表条件下稳定,并大量残留在原地,使风化产物中铁、铝相对富集,形成富含高价铁的黏土,即红土。

分析与思考

1. 有些黏土为什么是红色的?

气候是影响风化作用的主要因素。不同气候下残积物(风化壳)的类型、分层结构和厚度都不同。在相同的气候条件下,基岩性质对残积物有重要影响,可溶性岩石(石灰岩、白云岩、大理岩、石膏及其他生物化学岩类等)风化时,溶解物大部分被水介质搬运走,岩石中原有的黏土、铁、铝等杂质聚集成残积黏土层,通常经高价铁染红,称为赭土,它不同于完全由次生黏土组成的红土。花岗岩含有较多的硅铝,但含钙少,风化时可较快形成富含石英、高岭石的残积物。页岩、板岩、千枚岩等缺乏钙质,一开始就进入硅铝阶段,形成黏土残积层。而石英岩抗化学风化能力极强,一般只受物理风化而形成石英砂。

2.1.2 土壤

重点关注

1. 土壤的形成与气候的关系。
2. 土壤外观呈不同颜色的原因。

土壤是以各种风化产物或松散堆积物为母质层,经过生物化学作用为主的成土作用改造而成的。土壤具有植物生长所需有机质组分(腐殖质)和无机组分(N、P、K的化合物)、微量元素和水分与孔隙,这是土壤与风化残积物、松散堆积物的主要区别。土壤位于残积物顶部,呈灰色-灰黑色,一般厚度为0.5~2.5m。土壤形成时间比风化壳形成时间短得多,大约只需200~500年。

土壤类型主要取决于气候(决定水热条件)和植被(有机质来源),而植被的发育程度又受气候控制。因此,当气候条件发生变化时,土壤也会为适应新的气候条件而改变土壤类型,故土壤呈现可逆性变化。气候分布具有地带性,所以土壤的类型也呈地带性分布。我国热带和亚热带地区分布的土壤大多可归为红壤系列或富铝化土纲,而黄土地区黄土性土壤的主要类型为黑垆土、褐土、黄绵土、黑壮土、栗钙土和黑钙土等。表2-1所示是我国主要土壤类型的分布。

表2-1 气候类型与土壤类型及中国的土壤分布表(曹伯勋,1995)

自然带	气候类型	土壤类型	中国分布地区
热带	热带雨林气候	砖红壤	华南南部和南海诸岛
	热带季风气候	砖红壤型红壤	
	热带草原气候	燥红壤(热带草原土)	
	热带沙漠气候	荒漠土	内蒙和西北内陆区
亚热带	地中海式气候	褐土	长江以北各省丘陵山地
	亚热带季风性湿润气候	红壤、黄壤	长江以南各省区

续表

自然带	气候类型	土壤类型	中国分布地区
温　带	温带季风气候	棕壤、褐土	东北东部、华北区、江淮地区、秦岭山地
	温带海洋气候		
	温带大陆性气候	黑钙土、黑土	东北区北部
	温带大陆性气候	荒漠土、盐碱土	西北区
寒　带	亚寒带气候	灰化土	大兴安岭以北
	寒带苔原气候	冰沼土	
	寒带冰原气候	未发育土壤	

黄土(loess)为干寒气候环境的产物，其形成始于早更新世。应注意它是一种“母岩”而并不是真正的“土壤”。主要特征包括黄色、无层理、粉粒结构、土质疏松、多大孔隙、具湿陷性。具有层理和砂、砾石层的粉土状沉积物则称为次生黄土或黄土状岩石。凡保持原始特性的黄土，都表现出土质疏松、多大孔隙、具湿陷性等特征，各组黄土除沉积间断面外，均为块状结构，无层理。

分析与思考

1. “黄土”是土壤吗?

(1) 黄土侵蚀特性。黄土的粒径组成以粉沙为主，孔隙大，富含碳酸盐。黄土吸水后易崩解，并被水流搬运，抗侵蚀能力差，在各种营力作用下侵蚀强烈。黄土组成较为单一，垂直节理发育，易形成陡壁，既有保护边坡的一面，也有崩塌不利的一面。黄土沟谷的崩塌、滑坡、泻溜等现象显示了黄土的不稳定性，它不仅与黄土的松散特性有关，也与黄土常含有砂层、砂质黄土层，以及黄土和古土壤岩性特征不同所导致的含水量与透水性能差异有关。

重点关注

1. 土壤的侵蚀特性与其成分和结构的关系。

(2) 红壤侵蚀特性。红壤抗蚀性和抗冲性的大小，与土壤中胶结物质的类型有关。以有机物质胶结的土壤，具有较大的抗蚀性，而黏粒胶结的土壤则具有较大的抗冲性。所以有机质含量较高的土壤表层，有较大的结构系数或较小的分散系数，抗蚀能力较强。下部心土层和黏性母质的胶结物质，以黏粒和铁铝氧化物为主，所形成的团聚体水稳性较差，土壤孔隙较少，使土壤严重板结和坚实，故具有较大的抵抗径流机械破坏的能力。有机质层流失后，有机质少的下部土层出露地表，将减低土壤的抗蚀能力。由抗冲指数和水稳性指数综合指标确定的土壤耐蚀冲性表明，发育于变质岩的红壤及黄壤耐蚀冲性最强，而发育于花岗岩的红壤耐蚀冲性最小。紫色土和发育于第四纪红土的红壤，其耐蚀冲性介于这两者之间。

2.2　单个颗粒的特性

泥沙颗粒(或称“沉积物碎屑”)粒径变化范围较大(一般为0.001～100.0mm)，研究其运动时一般不能概化为连续介质，因此需要对单个泥沙颗粒的性质进行定量、精确的描述。

2.2.1 颗粒的大小-粒径

重点关注

1. 泥沙粒径的不同定义与各自的测量方法。

泥沙颗粒的大小一般用粒径(size)来表示(某些学科中称“粒度”)。常用的粒径定义和计算方法有如下几种。

1) 等容粒径

等容粒径(nominal diameter,公称直径)为与泥沙颗粒体积相同的球体直径。如果泥沙颗粒的重量 W 和容重 γ_s(或体积 V)可以测定,则其等容粒径可按下式计算:

$$D_n = \left(\frac{6V}{\pi}\right)^{\frac{1}{3}} = \left(\frac{6W}{\pi\gamma_s}\right)^{\frac{1}{3}} \tag{2-1}$$

2) 筛分粒径

如果泥沙颗粒较细,不能用称重或求体积法确定等容粒径时,一般可以采用筛析法确定其筛分粒径(sieve diameter)。设颗粒最后停留在孔径为 D_1 的筛网上,此前通过了孔径(opening)为 D_2 的筛网,则可以确定颗粒的粒径范围为 $D_1 < D < D_2$。

在对大量颗粒作粒径分布分析时,这类颗粒可以归到“粒径小于 D_2”的范围之中,以便绘制粒径的累积频率分布曲线。表 2-2 列出了工程上常用的**筛号**与筛网孔径之间的对应关系。

表 2-2 筛号与孔径之间的关系

筛号(每英寸孔数)	孔径		筛号(每英寸孔数)	孔径	
	/mm	/in		/mm	/in
$3\frac{1}{2}$	5.66	0.233	35	0.50	0.0197
4	4.76	0.187	40	0.42	0.0165
5	4.00	0.157	45	0.35	0.0138
6	3.36	0.132	50	0.297	0.0117
7	2.83	0.111	60	0.250	0.0098
8	2.38	0.0937	70	0.210	0.0083
10	2.00	0.0787	80	0.177	0.0070
12	1.68	0.0661	100	0.149	0.0059
14	1.41	0.0555	120	0.125	0.0049
16	1.19	0.0469	140	0.105	0.0041
18	1.00	0.0394	170	0.088	0.0035
20	0.84	0.0331	200	0.074	0.0029
25	0.71	0.0280	230	0.062	0.0024
30	0.59	0.0232			

对于两筛之间($D_1 < D < D_2$)的平均尺寸,可以用代数平均$(D_1 + D_2)/2$、几何平均($\sqrt{D_1 D_2}$)、$(D_1 + D_2 + \sqrt{D_1 D_2})/3$ 等方法计算。

例 2-1 证明筛分粒径相当于等容粒径。

证明 对形状不规则的泥沙颗粒，可以量测出其互相垂直的长、中、短三轴，以a、b、c表示。可以设想颗粒是以中轴通过筛孔的，因此筛析所得的是颗粒的中轴长度b。对粒径较粗的天然泥沙的几何形状作统计分析，结果可以表达如下式：

$$b=(abc)^{\frac{1}{3}} \tag{2-2}$$

即中轴长度接近(实测结果为略大于)三轴的几何平均值。如果把颗粒视为椭球体，则其体积为

$$V=\frac{\pi}{6}abc$$

等容粒径为

$$D_{\mathrm{n}}=\left(\frac{6V}{\pi}\right)^{\frac{1}{3}}=(abc)^{\frac{1}{3}} \tag{2-3}$$

因此，如果上述各假设成立，则筛析法所得到的泥沙颗粒粒径(颗粒恰好通过的孔径)接近于它的等容粒径。

3) 沉降粒径

对于粒径小于0.1mm的细砂，由于各种原因难以用筛析法确定其粒径，而必须用水析法测量颗粒在静水中的沉速，然后按照球体粒径与沉速的关系式，求出与泥沙颗粒密度相同、沉速相等的球体直径，作为泥沙颗粒的沉降粒径(fall diameter)。颗粒沉速及由沉速反算沉降粒径的计算方法将在后面讨论。由于上述三种粒径的定义、测量方法和计算方法有较大差异，因此在提及泥沙颗粒的粒径时必须同时说明该粒径的测量或计算方法，以保证概念的明确。

重点关注

1. 极细泥沙的粒径测量方法，以及相应的名称。

由水利部颁布、2010年4月29日起实施的《河流泥沙颗粒分析规程》规定，泥沙颗粒的分类应符合表2-3。

表 2-3 泥沙颗粒按粒径的分类

粒径/mm	<0.004	0.004～0.062	0.062～2.0	2～16.0	16～250	>250
分类	黏粒	粉沙	沙粒	砾石	卵石	漂石

注：上述分类的英文名称分别为：黏粒—clay，粉沙—silt，沙粒—sand，砾石—gravel，卵石—cobble，漂石—boulder。

2.2.2 颗粒的形状

1. 泥沙颗粒的几何特征

泥沙颗粒的几何特征可以从圆度、球度、整体形状、表面结构等方面来描述。

1) 圆度

圆度(roundness)是指颗粒棱和角的尖锐程度。Wentworth提出将圆度定义为r/R，其中r是颗粒最尖锐棱角的曲率半径，R是颗粒最大内接圆的半径。这一定义对于三维物体的平面投影应用起来较为困难，因此后来Wadell再将圆度定义为颗粒

的平面投影图像上各角曲率半径 r_i 的平均值除以最大内接圆半径，即

$$\Pi=\sum_{N}\frac{r_i}{N}\Big/R \tag{2-4}$$

圆度相等的物体，形状可能大不相同，如图 2-1 所示。

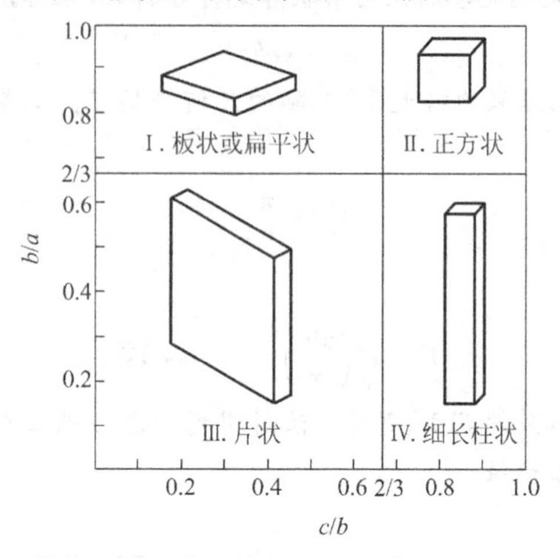

图 2-1 代表性实体的 Zingg 分类(圆度相等，但形状不同)

2) 球度

球度(sphericity)是 Wadell 首先提出的，他所给的定义是与颗粒同体积的球体直径(等容粒径)和颗粒外接球直径之比。形状不规则的泥沙颗粒，其球度可以通过量测出其互相垂直的长、中、短三轴来确定，即假定颗粒为椭球体，则其等容粒径为

$$D_{\rm n}=\left(\frac{6V}{\pi}\right)^{\frac{1}{3}}=(abc)^{\frac{1}{3}} \tag{2-5}$$

而外接球直径就是长轴直径 a，所以 Wadell 所定义的球度为

$$\psi=\left(\frac{bc}{a^2}\right)^{\frac{1}{3}}=\frac{1}{a}\left(\frac{6V}{\pi}\right)^{\frac{1}{3}} \tag{2-6}$$

重点关注

1. 颗粒形状的成因和精确描述方法。

有时采用形状系数(shape factor)来综合表示颗粒形状特点，定义如下：

$$SF=\frac{c}{\sqrt{ab}} \tag{2-7}$$

在研究颗粒的沉速时，使用形状系数作为参数能够得到较好的规律。

2. 泥沙颗粒的形状及其成因

泥沙颗粒的最初形状取决于岩石母质和风化作用，随后在输运过程中因继续受到物理、化学及生物作用而不断改变其形状，改变的程度或最终形成的形状取决于搬运介质(水、空气、冰川运动)和搬运方式(滑动、滚动、跳动、悬浮或颗粒流等)。据观察，岩石碎屑的圆度在流水搬运初期迅速增加，然后其增加速度变缓(即砾石的磨损速度随着圆度增加而减少)，直至完全变圆为止，而其球度则以一个缓慢而稳定的速度增加。

2.2.3　颗粒的密度、容重和相对密度

颗粒的密度 ρ_s 即颗粒单位体积内所含的质量，国际单位制单位为 kg/m^3 或 g/cm^3，工程中常用 t/m^3。容重 γ_s 的定义是泥沙颗粒的实有重量与实有体积的比值（即排除孔隙率在外），国际单位制单位为 N/m^3，工程中常用 kgf/m^3。泥沙颗粒的相对密度是固体颗粒重量与同体积4℃水的重量之比，此时水的密度为 $\rho=1.0g/cm^3=1000kg/m^3$，水的容重为 $\gamma=\rho g=1000\times9.8=9800N/m^3$。

组成泥沙颗粒的矿物一般可分为胶体分散矿物、轻矿物和重矿物。相对密度小于2.8的矿物称轻矿物（石英、长石和碳酸盐矿物等）。相对密度大于2.8的矿物称重矿物，包括不透明金属矿物（磁铁矿、钛铁矿、赤铁矿、褐铁矿、白钛矿），绿帘石、黝帘石类（绿帘石、黝帘石、斜黝帘石等），角闪石类（普通角闪石、阳起石、透闪石、钙钠闪石等），云母类（白云母、黑云母），辉石类（普通辉石、紫苏辉石、顽火辉石）等。辉石颗粒的密度可达 $3600kg/m^3$。

重点关注

1. 颗粒容重与其矿物成分的关系。

天然情况下的沙与粉沙主要矿物成分是石英及长石，其密度 ρ_s 范围比较稳定，为 $2550\sim2750kg/m^3$，最常见的取值是 $2650kg/m^3$，其相对密度值可取为2.65。以中国黄土为例，轻矿物占矿物总成分的90%～96%，其中石英占50%以上，长石占29%～43%。黄土颗粒的相对密度值为2.65，容重 γ_s 为 $25970N/m^3$。

例2-2　某山区河道一椭球状大漂石的三轴直径分别为0.9m、1.2m、1.5m，分析样品知其密度为 $2.8g/cm^3=2800kg/m^3$，求其等容粒径和总重量。

解　椭球状漂石体积为

$$V=\frac{\pi}{6}abc=\pi\times0.9\times1.2\times1.5\div6=0.848m^3$$

等容粒径为

$$D_n=\left(\frac{6V}{\pi}\right)^{\frac{1}{3}}=(abc)^{\frac{1}{3}}=(0.9\times1.2\times1.5)^{1/3}=1.174m$$

重量单位在国际单位制中为N，但在工程上又常用kgf和tf，因此：

$$W=\gamma_sV=2800kg/m^3\times9.8m/s^2\times0.848m^3=23300N=2370kgf=2.37tf$$

2.3　颗粒的群体特性

泥沙群体特性（bulk properties of sediment）主要包括：沙样的粒径分布（size distribution）、淤积物的干容重（specific weight）、颗粒堆积体的水下休止角（angle of repose）等。

2.3.1　粒径分布和级配曲线

自然界中泥沙颗粒粒径的变化范围极大，漂石粒径可达1m，黏粒的粒径则为

0.001mm。对于这样一种变化范围,一般采用按几何级数变化的粒径尺度作为分级标准,即用1mm作为基准尺度,在粒径减少的方向上按1/2的比率递减,在粒径增加的方向上尺度以2的倍数递增。地质学中常采用ϕ值分级尺度,即把以mm为单位的粒径值取以2为底的对数并乘以"-1",从而使得沙粒到黏粒的ϕ值都是正整数,如:$\phi=-\log_2(1/1024)=10$,$\phi=-\log_2(1/2)=1$,等等。

分析与思考

1. 为什么采用对数尺度描述泥沙粒径?

颗粒的粒径组(各组的平均粒径及其所占的重量百分比)可以由筛析法或水析法确定。表2-4所示是筛析法数据分析的一个典型例子。

表2-4 沙样筛分结果及颗粒的级配分析

筛号	筛孔孔径 D /mm	上、下两筛中径 D_i ($D_i=(D_上 D_下)^{1/2}$) /mm	介于上、下两筛孔间的重量百分比 Δp_i	小于 D 的百分比 /%	平均粒径计算	
					算术平均 $\Delta p_i \cdot D_i$	几何平均 $\Delta p_i \cdot \ln D_i$
(1)	(2)	(3)	(4)	(5)	(6)	(7)
14	1.168			99.75		
		0.986	0.48		0.473	-0.007
20	0.833			99.27		
		0.700	5.29		3.703	-1.887
28	0.589			93.98		
		0.496	21.68		10.75	-15.202
35	0.417			72.30		
		0.351	52.23		18.33	-54.683
48	0.295			20.07		
		0.248	18.39		4.561	-25.642
65	0.208			1.68		
		0.175	1.48		0.259	-2.580
100	0.147			0.20		
		0.124	0.1		0.0124	-0.209
150	0.104			0.10		
		0.088	0.05		0.0044	-0.122
200	0.074			0.05		
					$D_m=0.381$	$D_{mg}=0.366$

2.3.2 粒径分布的特征值

重点关注

1. 描述非均匀沙群体粒径特征的方法。

颗粒粒径分布的各种属性除了用上述图形方式来表达外,还可以用更为简便的方法,即几个特征参数定量地表示出来。平均粒径是较为常用的特征参数。

D_{50}:中值粒径(median size),即累积频率曲线上纵坐标取值为50%时所对应的粒径值。换句话说,细于该粒径和粗于该粒径的泥沙颗粒各占50%的重量。

D_m：算术平均粒径(mean size)，即各粒径组平均粒径的重量百分比的加权平均值，其计算公式为

$$D_m = \frac{1}{100}\sum_{i=1}^{n} D_i \cdot \Delta p_i \tag{2-8}$$

对于表 2-4 所示的例子来说，D_i 和 Δp_i 分别是表中的第(3)、第(4)列，表中第(6)列是该算例的算术平均粒径计算过程和结果。只有当粒径满足正态分布时，算术平均值才是均值的最好估计。

D_{mg}：几何平均粒径，对天然泥沙的级配分析结果表明，泥沙粒径的对数值常常是接近于正态分布的。如果点绘在特制的对数正态概率纸上，则累积频率曲线会接近于一条直线。

粒径取对数后进行平均运算，最终求得的平均粒径值称为几何平均粒径，其计算过程如下：

因为

$$\ln D_{mg} = \frac{1}{100}\sum_{i=1}^{n} \ln D_i \cdot \Delta p_i$$

故

$$D_{mg} = \exp\left(\frac{1}{100}\sum_{i=1}^{n} \ln D_i \cdot \Delta p_i\right) \tag{2-9}$$

若粒径完全满足对数正态分布，其累积频率曲线在对数正态概率纸上将成为一条直线，有 $D_{50}=D_{mg}$，即 $P(\ln D_{mg})=0.5$，可用下式计算中值粒径和几何平均粒径值：

$$D_{50} = D_{mg} = (D_{84.1} \cdot D_{15.9})^{1/2} \tag{2-10}$$

$$\sigma_g = (D_{84.1}/D_{15.9})^{1/2} \tag{2-11}$$

其中，σ_g 为粒径取对数后分布的均方差，统计学中称几何标准偏差，其定义式为

$$(\ln\sigma_g)^2 = \frac{1}{100}\sum_{i=1}^{n} (\ln D_i - \ln D_{mg})^2 \cdot \Delta p_i$$

$$\sigma_g = \exp\left[\frac{1}{100}\sum_{i=1}^{n} (\ln D_i - \ln D_{mg})^2 \cdot \Delta p_i\right]^{\frac{1}{2}} \tag{2-12}$$

在 $\ln D$ 满足正态分布、在对数正态概率纸上为一直线的情况下，各点的横坐标有如下简单关系：

$$\ln D_{mg} + \ln\sigma_g = \ln D_{84.1\%} \tag{2-13}$$

$$\ln D_{mg} - \ln\sigma_g = \ln D_{15.9\%} \tag{2-14}$$

因此

$$\ln D_{mg} = \frac{1}{2}(\ln D_{84.1\%} + \ln D_{15.9\%}) \tag{2-15}$$

$$\ln\sigma_g = \frac{1}{2}(\ln D_{84.1\%} - \ln D_{15.9\%}) \tag{2-16}$$

由此得到式(2-10)和式(2-11)。

D_{mg}反映的是沙样的代表粒径，而 σ_g 反映的是沙样粒径的变化范围大小。两者是工程上常用的泥沙粒径分布特征值。工程上有时也用拣选系数 $\varphi=(D_{75}/D_{25})^{1/2}$ 来代表沙样的均匀程度。

例2-3　某沙样筛分结果如表2-4所示,试求其频率直方图(常称为分组级配)、累积频率曲线(常称为级配曲线)、中值粒径、几何平均粒径、算术平均粒径。

重点关注

1. 从筛分结果绘制级配曲线和计算特征粒径的方法。

解　表2-4中第(1)、(2)列是筛号和筛孔孔径。第(3)、(4)列数据并不与筛号和筛孔孔径对齐,而是位于上、下两个筛号和筛孔孔径之间,以表明该组粒径的范围$D_1<D<D_2$。其中第(3)列是上、下两筛孔孔径的几何平均值,作为各粒径组的平均粒径D;第(4)列是介于上、下筛之间的各组沙样重量百分比或分组级配(该组沙样重量除以总重量),由该列数据可点绘频率直方图。

第(5)列数据则与筛号和筛孔孔径对齐,表明能够通过该筛孔的所有泥沙颗粒的重量在总重量中所占比例或级配曲线,曲线纵坐标常写为"小于某粒径D的百分比(percent finer)",由该列数据可点绘累积频率曲线。以粒径为横坐标,以重量百分比为纵坐标,把表2-4第(4)列数据以直方图形式点绘于图中(直方块的高度为各粒径组的重量百分比,两边分别位于上、下筛的孔径D_1、D_2处),所得到的图形称为频率直方图(频率柱状图,frequency histogram),如图2-2所示。

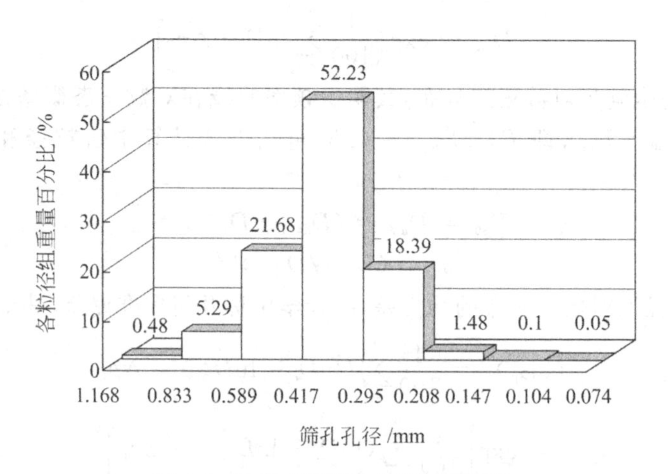

图2-2　粒径频率直方图(分组级配)

对于颗粒粒径分级很小的情况,频率直方图可以连成光滑曲线,称为频率曲线(size-frequency distribution curve)。若以粒径为横坐标,以"小于粒径D的百分比"为纵坐标,点绘表2-4中第(2)列与第(5)列数据(也就是能通过各级筛孔的沙样在总重量中依次所占的比例),称为累积频率曲线(cumulative frequency curve),亦称级配曲线或颗分曲线(grading curve),如图2-3所示。由图2-3中可读出纵坐标为50%时所对应的颗粒粒径为0.36mm,即沙样中按重量计各有50%的颗粒分别小于和大于该粒径,称其为中值粒径,记做$D_{50}=0.36\text{mm}$。根据式(2-8)、式(2-9),采用表2-4中第(6)、(7)列数据,可以计算得到几何平均粒径D_{m}、算术平均粒径D_{mg}分别为

$$D_{\text{m}} = \frac{1}{100}\sum_{i=1}^{n} D_i \cdot \Delta p_i = 0.381\text{mm}$$

$$D_{mg} = \exp\left(\frac{1}{100}\sum_{i=1}^{n}\ln D_i \cdot \Delta p_i\right) = 0.366\text{mm}$$

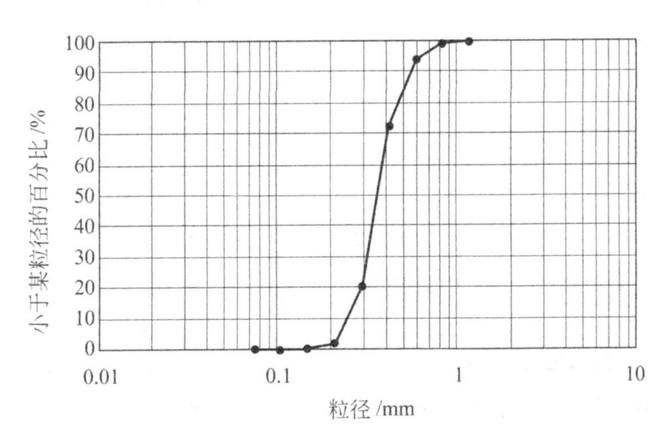

图 2-3　粒径累积频率曲线(级配曲线)

2.3.3　颗粒的空间排列与干容重

在河床上直接观察,可以看到大颗粒的各种排列方式,如卵、砾石河床的叠瓦式结构等。淤积体中细小颗粒的排列方式和排列的紧密程度将对淤积物的干容重、孔隙率和渗透性产生重要影响。一般把单位体积沙样干燥后的重量称为干容重,记为 γ_s',其国际单位制单位取 N/m^3。有时也用干密度,单位为 kg/m^3 或 g/cm^3 等。由于颗粒之间存在着孔隙,干容重一般小于单个颗粒的容重。随着淤积物不断密实,其干容重也逐渐接近其极限值。在分析计算河床的冲淤变化时,泥沙冲淤的重量必须通过泥沙的干容重来换算为冲淤的体积,再得到河床高程的变化。在泥沙颗粒的矿物组成基本相同的情况下,影响干容重的因素主要有粒径组成、淤积历时、埋藏的深度和环境等。刚刚沉积下来的粗颗粒(如卵石和粗沙)的干容重非常接近其极限值,随时间变化不大。黏土和粉沙质淤积物则要经过数年或数十年才能达到其极限值。

分析与思考

1. 颗粒的容重与干容重为什么具有不同的量值?

重点关注

1. 颗粒干容重与粒径、埋深的关系。

从表 2-5 中可见淤积物干密度极限值的变化范围较大,约为 0.35～1.75(Hembree et al,1952; Lane 和 Koelzer,1953; 徐海根等,1994; 臧启运等,1996)。干密度与泥沙的级配和特征粒径(如中值粒径 D_{50})有关。表 2-6 表明,中值粒径 D_{50} 越小,则淤积物的初始干密度也越小。

一般来说,淤积埋深越深,压实越明显,γ_s' 也越大。水库中的淤积厚度一般可达数十米、上百米,因此干容重与埋深的关系具有重要意义。图 2-4 是根据一些实测数据绘出的干密度与埋深关系,因实测点据较为分散,图中给出的是实测资料的上包线和下包线。

表 2-5 不同地点泥沙淤积物的干密度

采样地点	泥沙类别	干密度 /(g/cm³)
长江口	浮泥(表层)	1.04
长江口	浮泥(底层)	1.25
黄河三角洲(各站平均)	浮泥(表层)	1.056
黄河三角洲(各站平均)	浮泥(底层)	1.234
Lake Niedersoutholfen, Bavaria, upper layer(德)	泥灰岩*	0.346
Lake Niedersoutholfen, Bavaria, 20m depth(德)	泥灰岩*	1.435
Lake Authur, South Africa(南非)	黏 土	0.607
Iowa River at Iowa City, Iowa(美)	粉 沙	0.833
Missouri River near Kansas City, Missouri(美)	粉 沙	1.185
Lake Claremore, Oklahoma(美)	粉 沙	0.865
Lake McBridge, Iowa(美)	粉 沙	0.961
Powder River, Wyoming(美)	粉 沙	1.297
Castlewood Reservoir, Colorado(美)	沙	1.473
Cedar River near Cedar Valley, Iowa(美)	沙	1.746
Lake Authur, South Africa(南非)	沙	1.602

* 此处泥灰岩指碳酸钙或白云石与黏土的混合物。

表 2-6 不同粒径泥沙淤积物的初始干密度

Lane 和 Koelzer		Trask P		Hembree 等		Happ S C	
D_{90} /mm	干密度 /(t/m³)	粒径范围 /mm	干密度 /(t/m³)	中 径 /mm	干密度 /(t/m³)	中 径 /mm	干密度 /(t/m³)
256	2.243			1.0	1.922		
128	2.211	0.5~0.25	1.426	0.5	1.666		
64	2.114	0.25~0.125	1.426	0.25	1.426		
32	1.986	0.125~0.064	1.378	0.10	1.233	0.1	1.410
16	1.858	0.064~0.016	1.265	0.05	1.121	0.05	1.249
8	1.746	0.016~0.004	0.881	0.01	0.913	0.01	1.169
4	1.650	0.004~0.001	0.368	0.005	0.833	0.005	1.089
2	1.570	0.001~0	0.048	0.001	0.673	0.0012	0.769
1	1.522						
0.5	1.490						
0.25	1.474						
0.125	1.474						

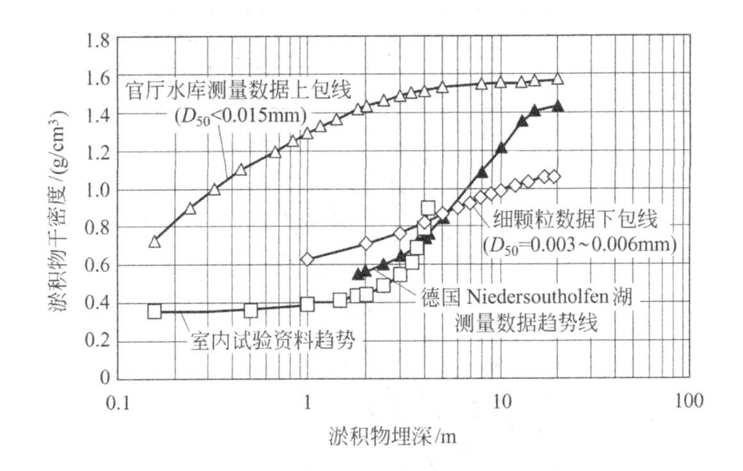

图 2-4 部分水库、湖泊实测干密度与埋深关系

例 2-4 某河段长 40km,平均河宽 800m,一次高含沙洪水过后的淤积物总重量为 4000 万 tf。若淤积泥沙的平均粒径为 0.01mm,求该河段平均淤积厚度。

解 查表 2-6,可知粒径为 0.01mm 的泥沙颗粒初始淤积干密度约为 0.9~1.2t/m³,作为初步估算,取其值为 1.0t/m³,则淤积物总体积为

$$V = W/\gamma'_s = 40000000/1.0 = 4 \times 10^7 \text{m}^3$$

总长为 40km 的河段中的平均淤积厚度为

$$\Delta h = V/A = 4 \times 10^7/(40000 \times 800) = 1.25\text{m}$$

显然,如果同时测得了河段内淤积物总重量和同河段内淤积物总体积,就可以反算出该河段、该场洪水淤积物的平均初始干密度的准确值。

2.3.4 泥沙的水下休止角

重点关注

1. 颗粒水下休止角与粒径的关系。

将静水中的泥沙颗粒堆积起来,其堆积体边坡形成的稳定倾斜面与水平面的夹角 φ 称为泥沙的水下休止角(angle of repose)。可以认为在此斜面上泥沙颗粒的正压力 $W\cos\varphi$ 与下滑力 $W\sin\varphi$ 达到临界平衡状态,其摩擦系数为

$$f = \frac{W\sin\varphi}{W\cos\varphi} = \tan\varphi \tag{2-17}$$

河流泥沙运动的一些现象,如床面沙波形态、坝前冲刷漏斗、河渠护岸、桥渡冲刷等局部河床变形过程,都与泥沙水下休止角有关。水下休止角的量值不仅取决于颗粒群体的级配、特征粒径和不均匀系数,而且与颗粒形状和表面光滑度有关,对于淤泥来说,还与其密实程度(含泥浓度)有关。

图 2-5 是粒径 0.5mm 以上的无黏性泥沙的休止角,表明无黏性颗粒的棱角越尖利时,则 φ 越大。

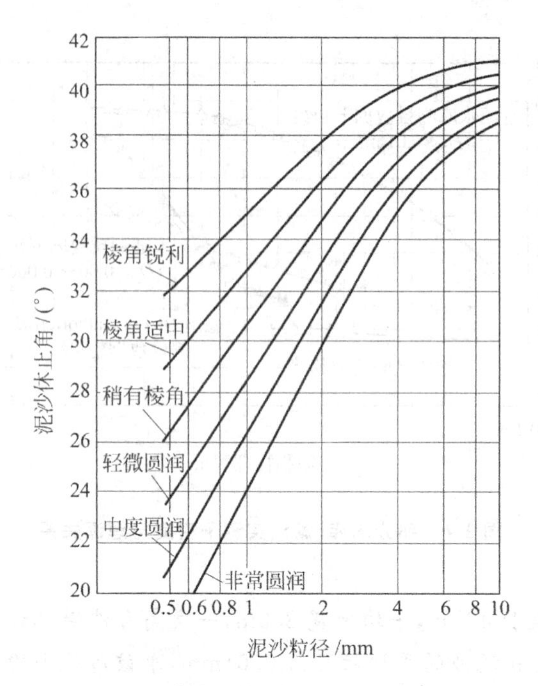

图 2-5 无黏性泥沙的休止角(Lane,1953)

2.3.5 细颗粒泥沙的物理化学性质

重点关注

1. 细颗粒泥沙物理化学性质的根本起因。

细颗粒泥沙又称为黏性泥沙。细颗粒泥沙的粒径多属于黏土($<2\mu m=0.002mm$)和胶粒范畴,由于比表面积很大,其界面化学效应极为突出。水体化学条件的变化可导致细颗粒泥沙的絮凝或分散。细泥沙在输运、沉降和再悬浮过程中都会发生电化学变化,其起因主要是组成细颗粒泥沙的粘土矿物表面带有电荷。

1. 黏粒的双电层结构

分析与思考

1. 对于黏粒和胶粒来说,Stern双电层的形成有什么不同?

一般将粒径大于10^{-6} m ($=0.001mm=1\mu m$)的颗粒称为悬浮体,粒径在$10^{-6}\sim10^{-9}$m ($1\mu m\sim1nm$)的颗粒称为胶体粒子。泥沙中的黏粒属悬浮体的范围,其双电层的起源与一般的疏水溶胶也不尽相同(胶体粒子所带的负电荷起源于它对负离子的吸附)。但其电化学性质与胶体粒子有一定的相似之处,因此下文以胶体粒子为例讨论其电化学特性。

胶体粒子单位体积颗粒所具有的表面面积(即比表面积,$=6/D$)很大,有较强的吸附作用。胶核吸附负离子后使其牢固地与颗粒结合,组成一个负离子层(称电位离子),即双电层内层,胶核"带"负电。颗粒周围在静电引力作用下又形成一个带相反电荷的离子层,称反离子层或外层,从而构成了胶粒的双电层。反离子受静电引力和分子热运动作用的双重影响。紧靠内层的反离子,由于受静电引力大,便与离子表面牢固地结合在一起,称固定层(不活动层,吸附层),而距内层较远的反离子与颗粒表面结合的就不牢固，具有一定的活动性，这一层叫做活动层（扩散层）。这种构造就是双电层（electrical double layer）理论。用一个平面（Stern 平面）将双电层分为两个部分，该平面与胶粒表面的距离等于水合离子的半径。Stern 双电层可表示如图 2-6 所示。

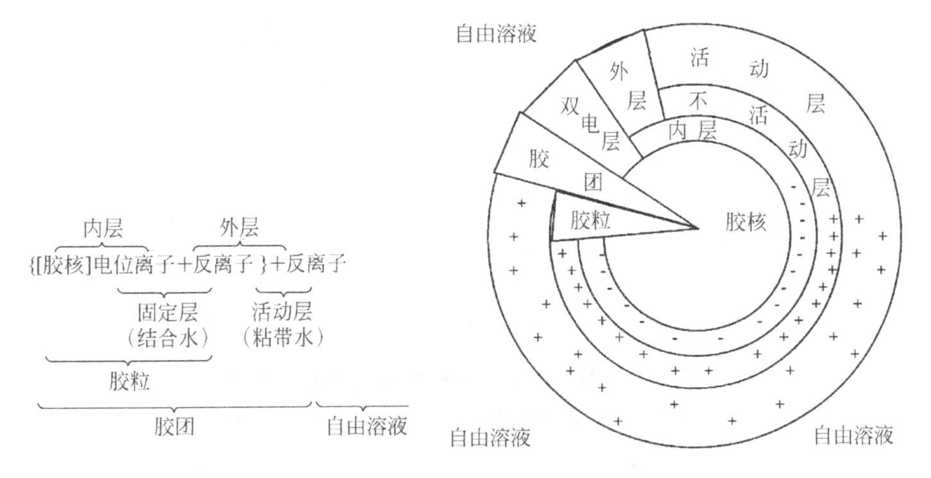

图 2-6　胶体粒子表面的 Stern 双电层结构

对于带负电荷的粘粒来说，黏粒表面的负电荷与其周围形成的阳离子层即构成双电层，其过程不同于胶粒双电层的形成（先吸附负离子，再因静电引力形成阳离子层）。双电层的外层为补偿阳离子，其中紧靠双电层内层的阳离子牢固地与颗粒结合，不能活动，即为不活动层。黏粒的堆叠晶层间的补偿阳离子限制在两个晶面之间的狭窄间隔内，黏粒晶层外表面的补偿阳离子则分为不活动层和活动层。补偿阳离子起着双电层中反离子的作用，并与其他的阳离子交换。交换能力强的高价离子更容易吸附在固体颗粒表面，将原来在双电层中的反离子置换出来。阳离子交换能力的顺序为：$Fe^{3+}>Al^{3+}>H^{+}>Ba^{2+}>Ca^{2+}>Mg^{2+}>K^{+}>Na^{+}>Li^{+}$。

2. 电动特性及双电层中的电位

固体黏粒表面与液相的界面上出现双电层后，在电场或其他力场的作用下，固体颗粒或液相对另一相作相对移动时所表现出来的电学性质称为电动特性，它是相对于静电性质而言的。这种相对运动会导致电泳、电渗、流动电势、沉降电势四种现象，称为电动现象（electrokinetic phenomena）。双电层中存在两种电位差，第一种是在胶粒表面与液体界面上的电位，称表面电位（wall potential）或热力电位（ε_0 电位，有时记为 ψ_0），其值取决于电位离子的总数（黏粒上的负电荷量），是固体颗粒与自由溶液之间的电位差。

分析与思考

1. 为什么会产生电动现象？
2. ζ 电位与黏粒固体表面上的电位有什么关系？

当黏粒受外力而运动时，并不是固相颗粒单独移动，而是固相颗粒连带着与其紧密结合的一层液相（固定层及其结合水）一同移动。在液相固定层与活动层之间的界面上，存在第二种电位，称电动电位（ζ 电位，Zeta 电位），它表示固定层表面与自由溶液之间的电位差，也就是黏粒上的负电荷经固定层中的阳离子抵消后，所剩余的电位差。黏粒上的负电荷量一定时，ζ 电位只取决于固定层中的阳离子量。在静电条件下,胶团为电中性,而电动条件下胶粒带负电。电解质浓度和离子价数对 ζ 电位的影响如图 2-7 所示。

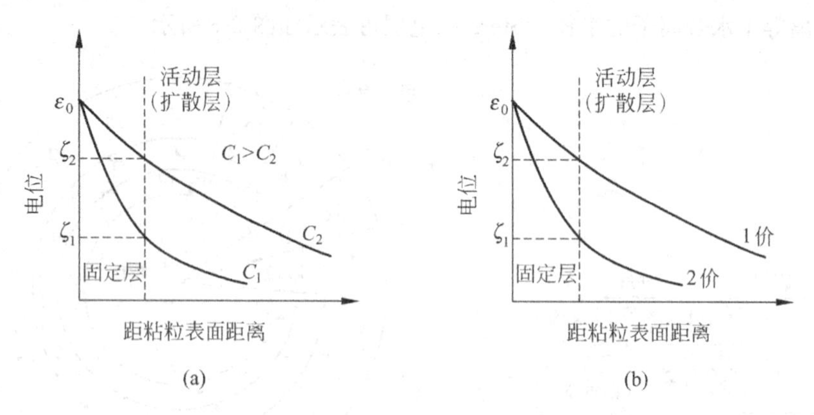

图 2-7 电解质浓度和离子价数对 ζ 电位的影响

(a)电解质浓度对 ζ 电位的影响;(b)离子价数对 ζ 电位的影响

2.4 泥沙颗粒的沉速

静水中的沉速是泥沙颗粒的重要基本特性。在悬浮泥沙的输运、水流的挟沙能力、动床河工模型等研究中,需要准确地计算泥沙颗粒个体或群体的沉速。

2.4.1 圆球在静止流体中的重力沉降

分析与思考

1. 求解圆球沉速的关键参数是什么?

圆球体在静止流体中沉降达到恒定极限速度时,作用在圆球上的重力与流体施加的阻力将达到平衡,可表示为

$$(\gamma_s-\gamma)\frac{\pi D^3}{6}=C_D\frac{\pi D^2}{4}\frac{\rho\omega^2}{2} \tag{2-18}$$

其中,D 为泥沙颗粒的直径;ω 为球体的沉速;C_D 为圆球绕流的阻力系数。等号左边部分表示球状颗粒的水下重量,等号右边部分表示球状颗粒以速度 ω 作匀速运动时所受的阻力(drag)。

在圆球绕流阻力的通用表达式(2-18)中,阻力系数 C_D 的计算方法与绕流的流态有关,在层流和紊流的不同情况下量值差别很大。若阻力系数 C_D 和泥沙及流体的物理参数都已知,则可从式(2-18)解得沉速 ω。因此式(2-18)实际上把沉速问题归结为圆球恒定绕流的阻力系数问题。

1. 圆球绕流阻力系数的理论解

对颗粒绕流雷诺数较小($Re\leqslant 0.4$)的情况,圆球周围的流动处于层流状态。G. G. Stokes 在 1851 年发表的研究结果中,忽略了 N-S 方程中的惯性力项,用流函

数法求得直径为 D 的圆球在无限水体中的绕流阻力 F_d 为

$$F_d = 3\pi D\mu\omega \tag{2-19}$$

其中，μ 为清水的动力黏滞系数。将式(2-19)代入圆球绕流阻力的通用表达式，有

$$F_d = 3\pi D\mu\omega = C_D \frac{\pi D^2}{4} \frac{\rho\omega^2}{2}$$

可知颗粒绕流雷诺数较小($Re \leqslant 0.4$)的情况下 Stokes 给出的圆球绕流阻力系数为

$$C_D = \frac{24}{Re} \tag{2-20}$$

其中，$Re=\omega D/\nu$ 为颗粒绕流雷诺数，ν 为清水运动黏滞系数。式(2-20)只在 $Re<0.1$ 时与实验资料符合，这与 Stokes 解的前提条件(圆球运动十分缓慢)是一致的。

在考虑惯性力影响的情况下，Oseen 于 1927 年求得了绕流系数的近似解为

$$C_D = \frac{24}{Re}\left(1 + \frac{3}{16}Re\right) \tag{2-21}$$

分析与思考

1. 如何计算低雷诺数下的圆球沉速？

2. 圆球绕流阻力系数的试验结果

颗粒绕流雷诺数逐渐增大时，圆球周围的流动逐渐发展为紊流，此时，不可忽略惯性力的作用。此时难以求得 C_D 的解析解，必须由实验研究确定阻力系数 C_D 与颗粒绕流雷诺数的关系，如图 2-8 所示。可见，在双对数坐标下，当 $Re>1$ 之后 C_D 与 Re 的关系就不再是线性关系，而是逐渐地过渡到与 Re 无关的情况，即 C_D 成为某种常数。从式(2-18)可知此时球体的恒定绕流阻力与流速的平方成正比，图 2-8 上的这一区域又称“阻力平方区”。这是由于此时圆球周围的流动已经成为充分发展的紊流，阻力几乎完全源自形状阻力，分子黏性引起的肤面摩擦阻力可以忽略不计。在 $Re>2\times10^5$ 之后 C_D 的值急剧下降是由于球体绕流分离点后移引起的。

2. 为什么理论结果会偏离实验数据？

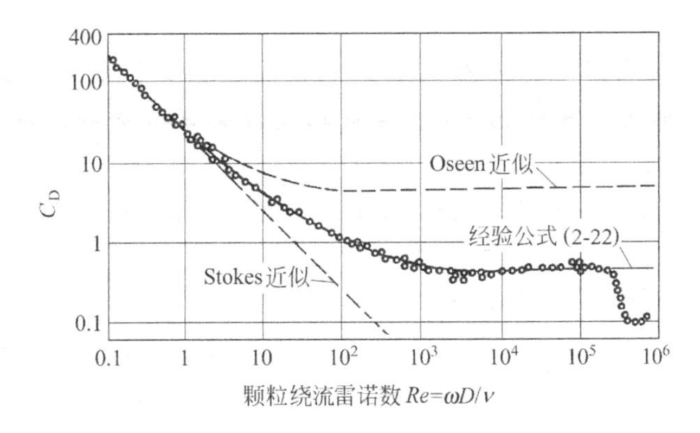

图 2-8　球体的恒定绕流阻力系数实验结果

由实验数据拟合可得经验公式如下：

$$C_D = \frac{24}{Re} + \frac{6}{1+\sqrt{Re}} + 0.4 \quad (0 \leqslant Re \leqslant 2\times10^5) \tag{2-22}$$

3. 圆球沉速计算式

(1) 层流和充分发展紊流情况。对于 $Re<0.1$ 的层流情况,绕流阻力系数 C_D 值可以用 Stokes 公式(2-20)计算。对于 $Re>10^3$ 的充分发展紊流,可以从实验所得的 C_D-Re 关系图上查得绕流阻力系数 C_D 值为一常数 0.45。把式(2-20)和常数值 0.45 分别代入式(2-18)后,可解得

$$\omega=\frac{1}{18}\frac{\gamma_s-\gamma}{\gamma}\frac{gD^2}{\nu}\quad (又称 Stokes 公式, Re<0.1 或 D<0.076\text{mm})\tag{2-23}$$

$$\omega=1.72\sqrt{\frac{\gamma_s-\gamma}{\gamma}gD}\quad (Re>2\times10^3 或 D>4.0\text{mm})\tag{2-24}$$

重点关注

1. 过渡区的圆球沉速计算方法。

(2) 过渡区的圆球沉速计算式。从实验结果看,圆球绕流阻力系数在过渡区从与 Re 的线性关系(黏滞阻力为主)逐步变为与 Re 无关的常数(形状阻力为主),据此 Rubey 和武汉水利电力学院各自提出了一种半经验处理方法,假定在过渡区内阻力的表达式可写为黏滞阻力和形状阻力的叠加,在极限沉速情况下,令重力与阻力平衡,得

$$(\gamma_s-\gamma)\frac{\pi D^3}{6}=k_1\frac{\pi D^2}{4}\frac{\rho\omega^2}{2}+k_2\pi D\mu\omega\tag{2-25}$$

其中,k_1 和 k_2 为过渡区系数(在物理意义和量值上完全不同于圆球的阻力系数 C_D)。

式(2-25)是关于 ω 的一元二次方程,求解之并略去不合物理意义的解,可得 ω 的表达式为

$$\omega=-4\frac{k_2}{k_1}\frac{\nu}{D}+\sqrt{\left(4\frac{k_2}{k_1}\frac{\nu}{D}\right)^2+\frac{4}{3k_1}\frac{\gamma_s-\gamma}{\gamma}gD}\tag{2-26}$$

对天然沙来说,k_1 和 k_2 可分别取为 2 和 3 (Rubey 公式),或 1.223 和 4.266(武水公式)。

例 2-5 分别采用 Rubey 公式和武水公式计算粒径分别为 $D=0.05$mm, 0.5mm, 5.0mm 的泥沙颗粒沉速,求其颗粒绕流雷诺数并判断其绕流流态,与式(2-23)或式(2-24)的计算结果进行对比。

解 以 $D=0.05$mm 的颗粒为例,Rubey 公式的计算过程如下:

$$\begin{aligned}\omega&=-6\frac{\nu}{D}+\sqrt{\left(6\frac{\nu}{D}\right)^2+\frac{2}{3}\frac{\rho_s-\rho}{\rho}gD}\\&=-6\times\frac{10^{-6}}{0.05\times10^{-3}}+\sqrt{\left(6\times\frac{10^{-6}}{0.05\times10^{-3}}\right)^2+\frac{2}{3}\times\frac{2650-1000}{1000}\times9.8\times0.05\times10^{-3}}\\&=-0.12+(0.12^2+0.000539)^{1/2}=-0.12+0.12223=0.00223\text{m/s}=0.223\text{cm/s}\end{aligned}$$

上述计算中假定水温为 20℃,运动黏滞系数为 $\nu=10^{-6}\text{m}^2/\text{s}$。若取水温为 40℃,则相应运动黏滞系数为 $\nu=0.656\times10^{-6}\text{m}^2/\text{s}$,计算得到的沉速值是 $\omega=0.00335\text{m/s}=0.335\text{cm/s}$,可见在层流绕流时(黏性力作用为主的情况),温度对沉速的影响是很大的。

武水公式的计算过程如下:

$$\omega = -13.95\frac{\nu}{D} + \sqrt{\left(13.95\frac{\nu}{D}\right)^2 + 1.09\frac{\rho_s - \rho}{\rho}gD}$$

$$= -13.95 \times \frac{10^{-6}}{0.05 \times 10^{-3}}$$

$$+ \sqrt{\left(13.95 \times \frac{10^{-6}}{0.05 \times 10^{-3}}\right)^2 + 1.09 \times \frac{2650 - 1000}{1000} \times 9.8 \times 0.05 \times 10^{-3}}$$

$$= -0.279 + (0.279^2 + 0.00088127)^{1/2} = -0.279 + 0.28057$$

$$= 0.00157\text{m/s} = 0.157\text{cm/s}$$

用两种公式的计算结果分别计算 $D=0.05$mm 的颗粒沉降时的绕流雷诺数：

采用 Rubey 公式的沉速值：$Re=\omega D/\nu=0.00223\times0.05\times10^{-3}/10^{-6}=0.11$，层流流态；

采用武水公式的沉速值：$Re=\omega D/\nu=0.00335\times0.05\times10^{-3}/10^{-6}=0.17$，也是层流流态。因此，可采用 Stokes 公式(2-23)计算其沉速：

$$\omega = \frac{1}{18}\frac{\gamma_s - \gamma}{\gamma}\frac{gD^2}{\nu} = \frac{1}{18}\frac{\rho_s - \rho}{\rho}\frac{gD^2}{\nu}$$

$$= \frac{1}{18} \times \frac{2650 - 1000}{1000} \times \frac{9.8 \times 0.00005^2}{10^{-6}}$$

$$= 0.00225\text{m/s}$$

可见，对于 $D=0.05$mm 的颗粒，Stokes 公式的沉速计算结果与 Rubey 公式基本相同。

类似地可以计算出其他粒径颗粒的沉速、沉降时的绕流雷诺数，总结如表 2-7 所示(水温为 20℃)。显然，从圆球绕流系数推导得到的沉速公式，计算天然沙沉速一般是偏大的。

表 2-7 不同公式计算的粒径颗粒的沉速及沉降时的绕流雷诺数

粒径 D /mm	Rubey 沉速公式		武水沉速公式		Stokes 公式	充分发展紊流公式
	ω/(cm/s)	绕流 Re 数	ω/(cm/s)	绕流 Re 数	ω/(cm/s)	ω/(cm/s)
0.05	0.223	0.11	0.157	0.16	0.225	
0.5	6.2	31	7.00	35		
1.0	9.8	98	12.0	120		
5.0	23.1	1155	29.4	1470		48.9

2.4.2 天然沙的沉速公式

常用的天然沙沉速公式如表 2-8 所示。表中的黏滞区公式系数都小于 1/18，只有 Stokes 公式是个例外。这是由于 Stokes 公式中的系数是针对圆球体推导得出的，如果将其用于不规则形状的天然沙(形状系数为 0.7 左右，$a/b\geqslant4.0$)，则须乘以

重点关注

1. 天然沙沉速计算的规范方法。

一个小于1的修正系数。

对于$D<0.1$mm的泥沙颗粒,一般不可能量测其形状尺寸,而只能先测量沉速、再用特定公式反算沉降粒径(即容重、沉速都相同的球体直径)。需要特别指出的是,即使对细颗粒都使用Stokes公式反算粒径,若沉速测量方法不同,得到的沉降粒径也有很大差别。例如,在实际工作中发现相对密度计法与光电颗分仪法测出的黄河悬移质颗粒粒径级配就有明显不同。因此,粒径的量测方法也应统一。

由水利部颁布、2010年4月29日起实施的《河流泥沙颗粒分析规程》规定,当选用沉降分析法时,应按下列规定计算泥沙颗粒的沉降粒径:

(1) 当粒径不大于0.062mm时,采用Stokes公式(2-23)。

(2) 当粒径为0.062~2.0mm时,采用沙玉清的过渡区公式(见表2-8)。

在实际工作中,常采用下面的各区统一公式计算沉速,它的系数更加简化、且对武水公式是一个高精度的近似:

$$\omega=-9\frac{\nu}{D}+\sqrt{\left(9\frac{\nu}{D}\right)^2+\frac{\gamma_s-\gamma}{\gamma}gD} \tag{2-27}$$

分析与思考

1. 说明:在已知天然沙沉速计算颗粒粒径,再由计算出的粒径反求天然沙沉速时,为什么必须采用同一个沉速公式?

表2-8　有代表性的天然沙沉速公式

作者	黏滞区(绕流为层流)	过渡区	紊流区	各区统一式
G. G. Stokes (1851)	$\omega=\frac{1}{18}\frac{\gamma_s-\gamma}{\gamma}\frac{gD^2}{\nu}$ ($Re<0.1$)			
W. W. Rubey (1933)				$\omega=\left[\left(6\frac{\nu}{D}\right)^2+\frac{2}{3}\frac{\gamma_s-\gamma}{\gamma}gD\right]^{1/2}-6\frac{\nu}{D}$
武水 (1962)	$\omega=\frac{1}{25.6}\frac{\gamma_s-\gamma}{\gamma}\frac{gD^2}{\nu}$ ($Re<0.5$, 或$D<0.1$mm)		$\omega=1.044\sqrt{\frac{\gamma_s-\gamma}{\gamma}gD}$ ($Re>1000$或$D>4$mm)	$\omega=\left[\left(13.95\frac{\nu}{D}\right)^2+1.09\frac{\gamma_s-\gamma}{\gamma}gD\right]^{1/2}-13.95\frac{\nu}{D}$
冈恰洛夫 (1962)	$\omega=\frac{1}{24}\frac{\gamma_s-\gamma}{\gamma}\frac{gD^2}{\nu}$ ($D<0.15$mm)	$\omega=\beta\frac{g^{2/3}}{\nu^{1/3}}\left(\frac{\gamma_s-\gamma}{\gamma}\right)^{2/3}D$①	$\omega=1.068\sqrt{\frac{\gamma_s-\gamma}{\gamma}gD}$ ($D>1.5$mm)	
沙玉清 (1965)	$\omega=\frac{1}{24}\frac{\gamma_s-\gamma}{\gamma}\frac{gD^2}{\nu}$ ($D<0.1$mm)	$(\lg S_a+3.665)^2+(\lg\Phi-5.777)^2=39.00$②	$\omega=1.14\sqrt{\frac{\gamma_s-\gamma}{\gamma}gD}$ ($D>2.0$mm)	

注:① 冈恰洛夫公式中,$\beta=0.081\cdot\lg[83\cdot(3.7D/D_0)^{1-0.037T}]$,其中$T$为水温,以℃计;$D_0=1.5$mm。黏滞区与过渡区之间空白部分($0.15\text{mm}<D<1.5\text{mm}$)按直线内插。

② 沙玉清过渡区式中:$\Phi=\left(\frac{Re}{Fr}\right)^{2/3}$,$S_a=Re^{1/3}Fr^{2/3}$,其中$Re=\frac{\omega D}{\nu}$,$Fr=\omega\Big/\sqrt{\left(\frac{\gamma_s-\gamma}{\gamma}\right)gD}$,单位为米千克秒制。

2.4.3 群体沉速

水体中如果同时存在许多泥沙颗粒(即有一定的含沙浓度 S),则对任何一颗泥沙来说,其他颗粒的存在将对它的沉降产生影响。一般来说,可以分为四种情况来考虑:非黏性粗颗粒泥沙的群体沉速、黏性颗粒泥沙的群体沉速、粗颗粒泥沙在黏性颗粒浆液中的沉速、非均匀颗粒混合沙的群体沉速。本书只介绍非黏性均匀粗颗粒泥沙的群体沉速。

分析与思考

1. 高浓度浑水中为什么颗粒沉速会减小?

1) 低含沙量的情况

Cunningham、Uchida、蔡树棠等不同研究者对低含沙量下颗粒的沉降规律进行了研究,得到形式大致相同的沉速公式为

$$\frac{\omega_0}{\omega}=1+k\frac{D}{s}=1+1.24kS_v^{1/2} \tag{2-28}$$

其中,ω_0 为单颗粒泥沙在无限大的清水水体中的沉速;ω 为浑水中的沉速;k 为常数,数值在 0.7~2.2 之间;S_v 表示以体积比计的含沙量。

2) 高含沙量的情况

Richardson 和 Zaki(1954)提出了如下表达式:

$$\frac{\omega}{\omega_0}=(1-S_v)^m \tag{2-29}$$

其中,m 为经验指数,须通过试验来确定。Richardson 和 Zaki 提出 m 值在 2.39~4.65之间。试验表明,m 值随颗粒雷诺数的增大而减少,即在含沙量不变的情况下,颗粒间的水动力因子影响随着颗粒周围流场由层流过渡到紊流而逐渐减弱。当然也可解释为在体积含沙量不变的情况下,颗粒粒径越大,颗粒个数就越少,距离就越大,互相的影响也越小。另外,m 值较大的试验结果一般是用细颗粒取得的,细颗粒引起流体黏性的增大可能是得到较大的 m 值的原因之一。

对于沉速在 Stokes 范围内的细颗粒,万兆惠(1975)推导得到

$$\frac{\omega}{\omega_0}=\frac{\mu_0}{\mu}(1-S_v)^2 \tag{2-30}$$

其中,μ_0 为清水动力黏滞系数;μ 为浑水动力黏滞系数。此公式中 μ_0、μ 的意义与其他公式略有差别,请注意区分。若采用费祥俊(1983) 相对黏滞系数公式,则有

$$\frac{\omega}{\omega_0}=(1-S_v)^2\left(1-\frac{S_v}{S_{vm}}\right)^2 \tag{2-31}$$

其中,S_{vm}为体积比极限含沙量。

2.5 含沙水体(浑水)的性质

与清水相比,含沙水体的物理特性和运动特性(如流变特性)有显著不同。了解含沙水体的性质对于研究泥沙运动有关键意义。例如泥沙沉降规律就与流体的流变特

性有密切关系，粗颗粒在浆体中的沉降过程，主要就是由浆体的流变性质所决定的。

2.5.1 浑水的容重、含沙量

单位体积浑水的重量称为浑水的容重，单位为 kgf/m^3，记为 γ_m。含沙量即单位体积浑水中固体泥沙颗粒所占的比例，一般有两种表达方式，见表 2-9。

浑水的容重 γ_m 与重量含沙量(concentration by weight) S_w、体积比含沙量(concentration by volume) S_v 的关系分别为

$$\gamma_m = S_w + (1 - S_v)\gamma = S_v\gamma_s + (1 - S_v)\gamma = \gamma + (\gamma_s - \gamma)S_v \tag{2-32}$$

S_v 和 S_w 的关系为

$$S_w = \gamma_s \cdot S_v \tag{2-33}$$

表 2-9 常用的含沙量表达方式

名　称	量纲	符号	表达式	单　位
体积含沙量	无	S_v	$S_v = \dfrac{\text{泥沙颗粒的体积}}{\text{浑水总体积}}$	无量纲
重量含沙量	有	S_w	$S_w = \dfrac{\text{泥沙所占重量}}{\text{浑水总体积}}$	kgf/m^3

例 2-6 北方出现沙尘天气时，降雨中也会含有细粉沙颗粒，其颗粒容重为 $2.65gf/cm^3$。为测定雨水的含沙浓度，采用如下的试纸法：在精密天平上量得干燥试纸质量为9.8800g，置于雨中充分打湿后质量为 32.5108g，烘干至干燥状态后质量为 9.8913g。求：采用不同表达方式给出雨水含沙浓度。

解 高空落下的雨滴温度较低，设其中纯水的容重为 $1.000gf/cm^3$。落在试纸上的浑雨水中，纯水所占的重量为

$$W = 32.5108 - 9.8913 = 22.6195gf$$

纯水体积为

$$V = 22.6195cm^3$$

落在试纸上的浑雨水中，细粉沙颗粒重量为

$$W_s = 9.8913 - 9.8800 = 0.0113gf$$

细粉沙颗粒固体体积为

$$V_s = 0.0113 / 2.65 = 0.004264cm^3$$

浑雨水的体积比含沙量为

$$S_v = V_s/(V + V_s) = 0.004264/(22.6195 + 0.004264) = 0.000188 = 0.0188\%$$

雨水的重量含沙量为

$$S_w = W_s/(V + V_s) = 0.0113/(22.6195 + 0.004264) = 0.000498gf/cm^3 = 0.498kgf/m^3$$

USGS(美国地质调查局)曾用的含沙量单位重量 ppm (part per million，即 10^{-6})的涵义为

$$S(\text{重量 ppm}) = \frac{\text{泥沙固体重量}}{\text{浑水总重量}} \times 10^6$$

它与 S_w 的关系为

$$S_w = \frac{\gamma \cdot S \cdot 10^{-6}}{1-(1-\gamma/\gamma_s)S \times 10^{-6}}$$

若采用这一含沙量表示法，则此雨水试样的重量 ppm 含沙量为

$$S = \frac{\text{泥沙固体重量}}{\text{浑水总重量}} \times 10^6 = \frac{0.0113}{32.5108-9.88} \times 10^6 = 499\text{ppm}$$

它是无量纲的。

【注意】为避免歧义，国内现已不再使用 ppm 单位。

重点关注
1. 重量 ppm 的定义与换算方法。

2.5.2　含沙水体的流型

均质悬液处于剪切流动(shear flow)时，不同流层的流速也不同(即$(\mathrm{d}u/\mathrm{d}y)\neq 0$)，此时不同流层间存在剪切应力(shear stress)的作用，其切变率 $\mathrm{d}u/\mathrm{d}y$ 与剪切应力 τ 的关系称为流变特性，表达$(\mathrm{d}u/\mathrm{d}y)$-$\tau$ 两者之间关系的曲线称为流变曲线，曲线的方程称为流变方程。不同的流变类型又简称为流型。流体，特别是胶体和悬浮液的流变行为一般都很复杂，不可能用一个简单的公式来作统一的描述。

在研究流体的流变特性时，一般分成各种流型进行讨论，它是根据剪切应力 τ 与切变速率 $\mathrm{d}u/\mathrm{d}y$ 之间的关系来区分的。最基本的流型有三种，其他流型可以通过这三种基本类型组合而得到。

分析与思考
1. 浑水一定不是牛顿体吗？
2. 牛顿体、非牛顿体的流变曲线方程。

第一种类型：剪切应力 τ 与切变速率 $\mathrm{d}u/\mathrm{d}y$ 成正比，即

$$\tau = \mu \frac{\mathrm{d}u}{\mathrm{d}y} \tag{2-34}$$

上式就是牛顿剪切应力定律。其中 μ 为比例系数，称动力黏滞系数。凡符合这一规律的流体称为牛顿型流体。其特点是剪切应力消除以后，形变不再复原。若以 $\mathrm{d}u/\mathrm{d}y$ 为横坐标、τ 为纵坐标作图，得其流型曲线为一过原点的直线，其力学模型可以用活塞在充满液体的圆筒中的运动来描述。

第二种类型：物体在外力作用下发生变形，而当外力消除后变形消失，物体回复到原状，这种变形称为弹性变形。它服从胡克定律。凡符合这一规律的物体称为理想弹性体或称胡克型物体。它的力学模型可用一弹簧来描述。

第三种类型：在小于一定值的应力的作用下，物体呈现出完全刚性。但应力超过一定值以后，物体极易流动。故其$(\mathrm{d}u/\mathrm{d}y)$-$\tau$ 流型曲线为距原点一定距离的水平线。这一引起物体流动的最低应力称为流动极限值或称屈服值，这种流体称为理想塑性体或称St. Venant型流体。其力学模型可以用物体在固面上滑动来描述。

图 2-9 列出了最常见和最重要的几种流动的流型。从图可见，牛顿流型的切变速率与剪切应力呈直线关系。除此以外的流型都称为非牛顿型，其$(\mathrm{d}u/\mathrm{d}y)$-$\tau$ 图呈曲线关系。

流型研究中常用的物理概念有如下几种：

切变速率即角变形速率，其意义如图 2-10 所示，数学表达可推导如下：

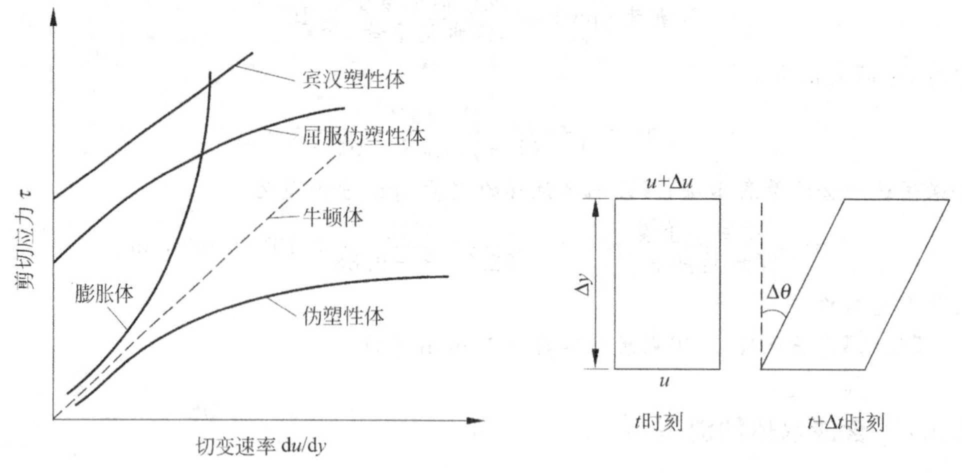

图 2-9 含沙水体的基本流型

图 2-10 流动的切变速率

重点关注

1. 角变形速率的定义。

$$\frac{\Delta\theta}{\Delta t}=\frac{1}{\Delta t}\left(\frac{\Delta u\cdot\Delta t}{\Delta y}\right)=\frac{\Delta u}{\Delta y}\xrightarrow{\Delta t\to 0}\frac{\mathrm{d}u}{\mathrm{d}y}$$

此处用到了 $\theta\approx\sin\theta\approx\tan\theta$(当 $\theta\ll 1$ 时)。

为了统一直观地比较下述各种悬液的特性,通常使用“表观黏度”和“有效黏度”两种黏度定义(不称“黏滞系数”,以示与清水的区别),其表达式如下。

1) 表观黏度

图 2-11 中的表观黏度定义为

$$\mu_a=\tau\Big/\frac{\mathrm{d}u}{\mathrm{d}y}\tag{2-35}$$

对牛顿体来说,μ_a 与 $\mathrm{d}u/\mathrm{d}y$ 无关;对膨胀体来说,μ_a 随着 $\mathrm{d}u/\mathrm{d}y$ 的增加而增加,所以也称之为剪切浓稠流体(如生稠面粉团)。对伪塑性体来说,μ_a 随着 $\mathrm{d}u/\mathrm{d}y$ 的增加而减少,故又称之为剪切稀薄流体(如橡胶、尼龙等高分子化合物的溶液)。

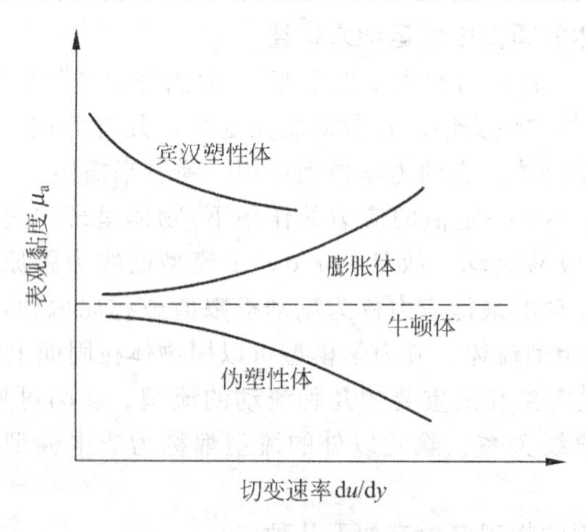

图 2-11 含沙悬液的表观黏度

2）有效黏度

对于非牛顿体管流，定义有效黏度如下：

$$\mu_e = \frac{\tau_w}{8U/D} \tag{2-36}$$

其中，τ_w 为管壁上的壁面切应力；U 为平均流速；D 为管道直径。以 $8U/D$ 表示管流的平均切变率。有效黏度的概念在工程上的应用较多。

2.5.3 细颗粒运动特性与三峡坝前的淤积体形态

三峡工程蓄水运用后的观测结果表明，大坝上游 15km 范围内的泥沙淤积体主要出现在深泓处，即河道横断面的深槽内，且其厚度增加很快，如图 2-12 所示。而实体模型试验和数值模拟的结果一般预测泥沙淤积应在河道横断面上呈现较为均匀的分布，如图 2-12 中的虚线所示。进一步的研究表明，数值模拟中需考虑细颗粒淤积物的运动特性，才可以较准确地模拟出三峡坝前淤积体的发展过程（假冬冬等，2011）。

三峡水库蓄水运行前的基底河床上，近坝河段的床沙 D_{50} 为 0.09mm。随着三峡水库进入蓄水运行期，坝前河段出现大量细颗粒泥沙淤积，2007 年 10 月的观测结果显示，坝前河段床沙 D_{50} 已降低为 0.005mm。此种粒径的细颗粒落淤后，需要较长时间才能密实，其密实前的低密度淤积物（浮泥）具有显著的流动性。如塘沽新港浮泥中径为 0.004mm，圭亚那德麦拉拉河口浮泥中径为 0.007mm。从塘沽新港的实测资料可知，浮泥的容重在 1.15～1.20kgf/m^3 以下时就有显著的流动性（钱宁等，1987）。一般也将容重在 1.06～1.25kgf/m^3 之间的底泥称为浮泥，容重在 1.25～1.60kgf/m^3 之间的底泥称为淤泥（赵子丹等，1997），其中浮泥和软淤泥可在自身重力作用下发生流动或较大的变形。因此，三峡水库蓄水初期坝前淤积的泥沙颗粒完全可能具有浮泥运动的特征。

浮泥在不同的动力条件下均可运动。若浮泥层表面具有一定坡度 J_c，则在 $J_c > \tau_B/(\gamma_s \Delta z)$ 时，浮泥在其自重驱动下将沿着坡度方向运动，其中 τ_B 为宾汉极限剪切力，γ_s、Δz 分别为浮泥的容重和厚度（钱宁等，1987）。若细泥沙落淤处的河床坡度大于此平衡坡度 J_c，其上的浮泥就会向低处运动，可抵达河道深泓中，并继续沿纵向运动直至纵向的最低点或形成平衡坡度 J_c 为止。根据相关研究，这一平衡坡度一般均小于 1/50（洪柔嘉等，1988）。

在数值模拟计算中考虑了浮泥运动特性后，最终可得到较为符合实际的三峡坝前淤积体形态（假冬冬等，2011）。图 2-12 中的细实线和虚线分别为数值模拟中考虑和不考虑浮泥运动特性时的计算结果。可见不考虑浮泥运动特性的模拟结果只是模拟了泥沙的“落淤位置”（虚线），没有考虑浮泥淤积物的后续运动，因此所得到的淤积形态不符合深槽部位的实测地形。如果考虑到浮泥运动在达到地形最低点或形成平衡坡度 J_c 才停止，并在数值模拟中包括了这一特性后，所得到的深槽淤积形态就较好地符合原型观测结果（细实线）。

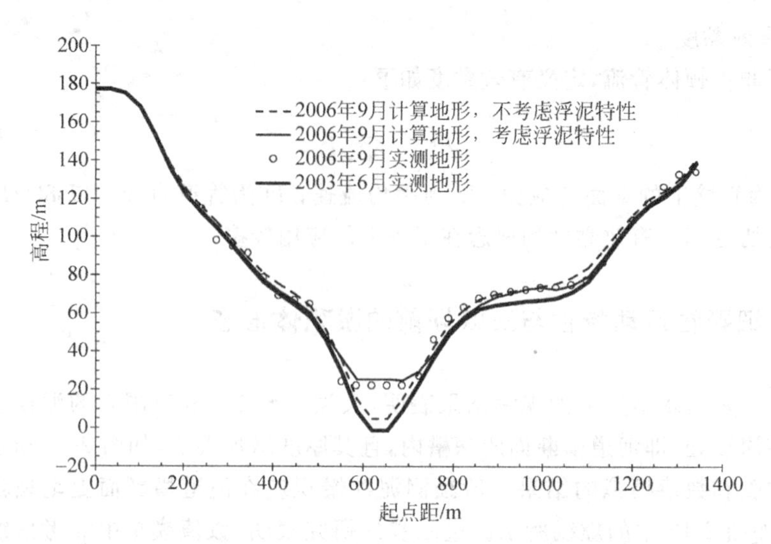

图 2-12 三峡坝前深槽淤积典型形态的实测与模拟结果对比(假冬冬等,2011)

由上述分析可见,三峡坝前某些断面深槽中的泥沙淤积体是全断面上落淤的泥沙汇聚而成的,有时还包括该断面前后落淤泥沙的纵向汇聚,而不单是由落淤到深泓处的泥沙所形成的。所以,观测得出的深槽淤积体增厚速度其实不是该处的"泥沙落淤速度"。在实体模型试验或数值模拟计算中,需要了解、掌握并准确模拟细颗粒泥沙淤积物的输移及沉积过程,以便较好地模拟出水库坝前深槽河段淤积体的发展过程。

2.5.4 泥沙运动形式的分类

重点关注

1. 泥沙颗粒在水流中的不同运动方式。
2. 泥沙颗粒不同运动方式的划分方法。

泥沙以群体形式运动时,以滚动(包括层移)、跃移形式运动的颗粒统称为推移质(bed load),以悬浮形式运动的则统称为悬移质(suspended load),床面上的静止泥沙称为床沙(bed material)。所有的泥沙颗粒都以一定的转移概率分别经历这三种运动形式,而处于在各种运动状态上的概率依其粒径大小和水流条件而定。推移质主要在河床附近运动,因此称为"底沙",相应地悬移质称为"悬沙"。

关于推移质和悬移质之间的区别,主要有以下几点。

1) 运动规律的不同

推移质和悬移质的单宽输沙率(按重量计)与水流剪切力 τ_0 的关系是完全不同的。悬移运动使输沙效率提高。根据长江宜昌水文站实测资料,葛洲坝工程蓄水前的多年平均卵石推移质输沙量为 75.8 万 t,沙质推移质输沙量为 878 万 t,而悬移质输沙量为 5.15 亿 t。

2) 能量来源的不同

推移质运动包含固体之间的碰撞、滚动摩擦等作用,直接消耗水流的时均能量,增加水流阻力(即边界上的平均切应力)。悬移质运动效率之所以较高,是因为它所消耗的是水流的紊动能量而非时均能量，对水流阻力的影响是间接的、复杂的（细颗粒悬移质有可能减少水流的阻力）。

3）对河床作用的不同

悬移质增加水的容重而用静水压力作用于河床，推移质则通过粒间离散力直接与河床发生作用。推移质运动与床面形态的形成密切相关。

推移质和悬移质的运动对河道演变有着重要的作用，对河道演变作用最大的是推移质以及悬移质中较粗的部分。在冲淤平衡河段中人为切断推移质来源，将影响冲积河流的河床稳定。以葛洲坝工程坝下河段为例，工程竣工蓄水后，宜昌水文站沙质推移质输沙量减少了 83%，卵石推移质输沙量减少了 48%，而同河段中水流挟沙力变化不大，引起输沙率的自动调整，造成该河段河床冲刷下切。

推移质与悬移质在实际造床过程中的作用有较大区别。例如，弯道的泥沙运动与螺旋流密切相关。表层含沙量较小的水流流向凹岸，并冲刷河岸，然后挟带泥沙潜入河底，而底部推移质泥沙则在螺旋流的作用下由凹岸运动到凸岸，并产生沉积。凸岸边滩(point bar)的形成是推移质在环流推动下形成的，悬移质则大部分下泄。再如，对于典型的库尾三角洲淤积形态，可将其从上而下分为：尾水段、顶坡段、前坡段、坝前淤积段四个部分。尾水段以推移质淤积为主，包括悬移质中的粗颗粒；顶坡段、前坡段以悬移质淤积为主；坝前淤积段以悬移质中的细颗粒和异重流淤积为主。

对实际河流中床沙和悬沙的级配曲线进行分析可以发现，某个特定河段内、特定的水流条件下，悬移质中粒径较粗的泥沙是在河床中大量存在的，而粒径较细的一部分泥沙是床沙中少有或没有的，前者称床沙质(bed material load)，后者称冲泻质(wash load)。换言之，床沙质就是不断与河床上的泥沙进行交换的泥沙群体，从单个颗粒的角度来看，床沙质也即在静止、推移、悬浮三种运动状态中不断转移的泥沙颗粒。而冲泻质则在该河段特定的水流条件下，基本上保持悬移状态不变，不与河床上的泥沙进行交换。因此，河段中输运的泥沙总量，可按输运方式、颗粒粒径、来源、造床作用等划分为不同的部分，见表 2-10。

表 2-10　泥沙输运量划分方法

<table>
<tr><th colspan="2" rowspan="2">名　称</th><th colspan="2">划分依据</th></tr>
<tr><th>输运方式</th><th>粒径、来源、造床作用</th></tr>
<tr><td rowspan="3">全沙质</td><td>冲泻质</td><td rowspan="2">悬移质</td><td>冲泻质(非造床质)</td></tr>
<tr><td>悬移床沙质</td><td rowspan="2">床沙质(造床质)</td></tr>
<tr><td>推移质</td><td>推移质</td></tr>
</table>

床沙质及冲泻质在河床塑造过程中的作用完全不同，床沙质又称造床质，冲泻质又称为非造床质。床沙质及冲泻质的不同特点见表 2-11 的小结。

表 2-11 床沙质与冲泻质的基本性质

性 质	床 沙 质	冲 泻 质
根本来源	流域土壤侵蚀	
直接来源	上游河床	流域产沙
床沙组成	为床沙的主体,组成一般不变(多沙河流则不然)	聚集床面,因来沙多寡及水流强弱而变化
在泥沙输运中的地位	一般只占运动泥沙中的一小部分	一般为运动泥沙的主体
运动形态	推移及悬移	以悬移为主
决定输沙率大小的因素	在粗沙河流上,主要取决于来水条件,与上游来沙多少的关系较小。在多沙河流上,则与来水来沙条件均有关系	主要取决于上游来沙多少
输沙率与水流条件的关系	一般可从力学规律出发建立挟沙能力公式	一般需实测或根据流域条件用经验关系确定
泥沙颗粒运动所遵循的基本规律	床沙质和冲泻质泥沙颗粒遵循相同的基本运动规律	
工程实践中的意义	床沙质输沙率决定河床的稳定性	冲泻质输沙率决定水库的湮废速度
鉴别标准	粒径大于床沙组成中 D_5 的泥沙颗粒	粒径小于床沙组成中 D_5 的泥沙颗粒

床沙质输移量与水流条件的关系为:随着水流条件的不断变化,水流中挟带的床沙质泥沙不断与河床上的床沙进行交换,其输移量不断调整,最终与水流的挟沙力相适应(或达到最大程度的适应),这个过程中冲积河流的河床形态也随之不断调整。而对于冲泻质输移量而言,在特定河段和特定时段内,冲泻质输移量和水流条件几乎不存在确定关系,它只取决于流域产沙或上游河道来沙。区分床沙质与冲泻质的一般方法是取床沙质粒径累积频率曲线上与5%相对应的粒径,作为床沙质与冲泻质区分的临界粒径,或以悬浮指标 $z=\omega/(\kappa U_*)$ 的数值区分:$z=0.06$ 为区分床沙质与冲泻质的界限,$z=5$ 为区分悬移质与推移质的界限。这种经验分界方法只是长时期内的一种平均的粗略方法。随着对实际河流、水库泥沙冲淤研究的发展,人们发现冲泻质与床沙质泥沙的分界粒径与水流强度密切相关,水流越强,此分界粒径越粗,且随着水流强度的变化而变化。

注:本章中部分内容系引自中华人民共和国水利部《河流泥沙颗粒分析规程SL42—2010》(2010年4月29日起实施)。

习 题

2.1 等容粒径、筛分粒径、沉降粒径的定义分别是什么?为什么筛析法得到的泥沙颗粒粒径接近于它的等容粒径?

2.2 100号筛的孔径是多少毫米?当泥沙粒径小于多少毫米时就必须用水析

法做粒径分析？

2.3　什么是颗粒的形状系数？

2.4　密度、容重、干容重在概念上有什么区别？

2.5　什么是级配曲线？给出中值粒径、算数平均粒径、几何平均粒径的定义或定义式。

2.6　某海滩的沙粒粒度范围是$\phi=1.4\sim3.6$，试给出以毫米为单位的颗粒粒径范围。

2.7　细颗粒泥沙有什么特殊性质？试说明该种性质在实际工程中的重要意义。

2.8　从流体力学的观点来看，粗颗粒与细颗粒在沉降时有什么不同？

2.9　试分别给出：圆球的重力与阻力的平衡表达式（极限沉速状态下）；层流绕流和紊流绕流两种状态下的圆球沉速表达式；绕流流态从层流向紊流过渡状态下的圆球沉速表达式。

2.10　由关于泥沙沉速ω的一元二次方程式(2-25)，推求沉速ω的表达式。

2.11　形状和温度对沉速分别有什么影响？含沙浓度对沉速有什么影响？

2.12　定性分析黏性颗粒泥沙的沉速。

2.13　泥沙颗粒的存在为什么能影响浑水的黏滞系数和流变特性？

2.14　什么是推移质？什么是悬移质？它们在物理本质上有什么不同？对实际的河床演变过程有什么不同的影响？

2.15　如何划分床沙质与冲泻质？它们在基本性质上有什么不同？

2.16　相对密度为2.65的石块质量为5kg，求其等容粒径。

2.17　一粒天然泥沙颗粒的主要成分为斜长石（相对密度为2.65），恰好能通过10号筛，求此颗粒的大致重量（提示：颗粒的形状可近似认为是椭球体）。

2.18　从表2-4的级配数据，求：(1)自选作图软件，点绘颗粒分布频率累积曲线图；(2)由图上量出$D_{84.1}$和$D_{15.9}$的值，计算均方差$\sigma_g=\sqrt{D_{84.1}/D_{15.9}}$和中值粒径$D_{mg}=\sqrt{D_{84.1}D_{15.9}}$；(3)由图上量出$D_{50}$，与表2-4中计算得到的$D_{mg}$进行比较。

2.19　证明$D_{mg}=\prod_{i=1}^{n}D_i^{\frac{\Delta p_i}{100}}=D_1^{\frac{\Delta p_1}{100}}\cdot D_2^{\frac{\Delta p_2}{100}}\cdot D_3^{\frac{\Delta p_3}{100}}\cdot\cdots\cdot D_n^{\frac{\Delta p_n}{100}}$。

2.20　一次洪水后，在一段长20km、宽1000m的河道中产生的泥沙淤积以重量计共为3000万tf。试求：(1)设淤积物为粒径$D_{50}=0.2$mm的沙粒，干密度为1.20 t/m³，该河段的平均淤积厚度为多少？(2)若设淤积物为粒径$D_{50}=0.03$mm的粉沙，干密度为0.70 t/m³，则该河段的平均淤积厚度又是多少？

2.21　动床模型试验中常采用量瓶法测量浑水浓度。量瓶的容积约为1000cm³，每次使用前需在当时水温下精确测量其容积。已知某次测量数据为：水温20℃，空瓶的质量为113.0g，空瓶加清水的质量为1146.14g，空瓶加浑水的质量为1149.42g，滤出瓶中浑水中的沙样烘干后得沙的质量为52.99g。已知模型沙颗粒容重为1.065gf/cm³，20℃时清水容重为0.9982gf/cm³，试求：量瓶体积、沙样固体的体积、浑水的体积比和重量比浓度。

2.22 推导例2-6中给出的重量ppm值S与重量比含沙量S_w的关系。

2.23 将含沙水体的容重γ_m分别表达为重量比含沙量S_w的和体积比含沙量S_v的函数。

2.24 动床河工模型设计中的一个重要参数是沉速比尺$\lambda_\omega=\omega_p/\omega_\omega$,其中下标p表示原型沙的沉速,下标$\omega$表示模型沙的沉速。为了达到原型、模型淤积部位相似,常令$\lambda_\omega=\lambda_v=(\lambda_h)^{1/2}$,其中$\lambda_h$是模型的垂向长度比尺。已知原型沙的容重是$\gamma_s=2650\text{kgf/m}^3$,原型沙的中值粒径是$D_{50}=0.03\text{mm}$,原型中水温为20℃。模型的垂向长度比尺$\lambda_h=40$,模型中用容重为$\gamma_s=1500\text{kgf/m}^3$的电木粉末作为模型沙。试求:

(1) 试验时水温控制在20℃,则模型沙的中值粒径D_{50}应是多少?

(2) 试验中的实际水温是5℃,此时仍按(1)算出的模型沙中值粒径D_{50}进行试验,则试验中实际的沉速比尺λ_ω是多少?

(3) 试验时水温控制在20℃,但模型中悬沙浓度为100 kg/m^3,此时试验中实际的沉速比尺λ_ω是多少?

提示:沉速用层流区公式计算,粒径用D_{50}代表,水的物理性质如习题2.24表所示。

习题2.24表

水温	容重 γ/(kgf/m^3)	运动黏滞系数 ν/(m^2/s)
5℃	1000	1.514×10^{-6}
20℃	998.2	1.004×10^{-6}

悬沙浓度较大时,泥沙沉速的修正式为$\omega/\omega_0=(1-S_v)^5$。不考虑浓度对黏滞系数的影响。

2.25 表面光滑程度和容重相同、直径不同的两个圆球在相同液体中沉降,两者极限沉速的关系是________。试根据式(2-18)论证你的答案。

a) 直径越大则沉速越大,在所有流态下都如此;

b) 各自的绕流流态决定两者沉速的相对大小;

c) 沉速的相对大小取决于压差阻力大小;

d) 如果两个圆球分别处于不同流态就不能断定。

第3章 床面形态与水流阻力

水力学的研究对象一般是管道、渠道等人工建筑物中不挟带泥沙的清水运动，这种清水运动常常具有稳定的流动边界。例如研究明渠流动时，渠道的底面和边壁都认为是固定的，其形状和糙率一旦给定后就不再变化，从这个意义上说，可称之为“定床水力学”。但是在天然冲积河流中，河床上会不断发生冲淤变化和沙波消长，边岸可能发生冲刷，主流方向和主槽位置也不是固定不变的，因此无论是沿程阻力还是局部阻力都处于经常变化之中，其综合糙率系数将不再是一个常数。所以，河流动力学的一些内容又可以称之为“动床水力学”。它与“定床水力学”的主要区别之一就是在进行水力计算，确定流速、水深、比降等水力要素时，必须计入边界可动性所造成的影响。

分析与思考

1. 定床水力学和动床水力学的主要区别是什么？

3.1 床面形态与水流条件、泥沙特性的关系

明渠水流运动时，流体剪切应力作用在松散颗粒堆积而成的床面上，将使泥沙颗粒群体产生有规律的运动，最终在床面上形成按一定特征重复出现的床面形态（bedform，又称“底形”），如图3-1、图3-2所示。床面形态在沙漠、冲积河流河床、碎屑滨岸带、深海海底都会出现。不同外界环境下床面形态的实际尺寸差异很大，但其排列规律却有相似之处，所以河床上沙纹的照片与沙漠上巨大沙丘的航空照片看上去有一定相似性。边界可动性

重点关注

1. 冲积河流的床面是一个自由面，具有多变的床面形态。

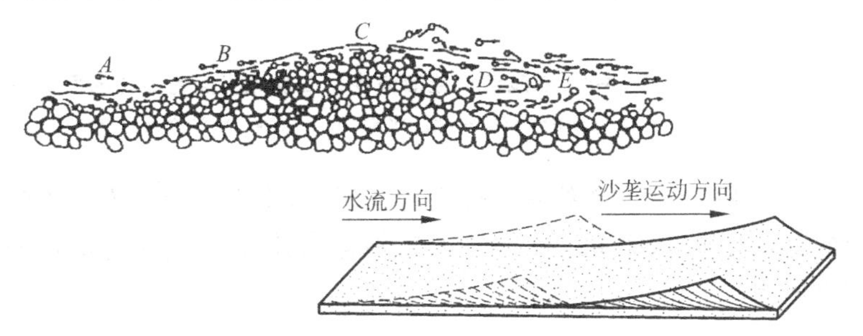

图3-1　泥沙颗粒运动与床面形态关系示意图

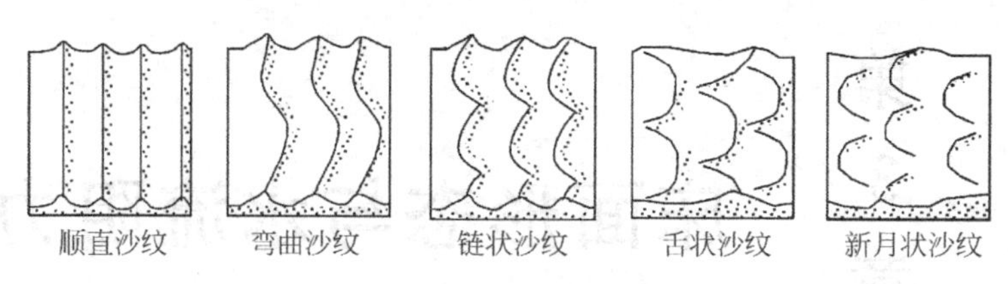

图 3-2 沙纹的俯视形状

的控制因素既包括水流的水动力学条件,又包括泥沙颗粒自身的运动特性。

为了描述床面形态的发展、变化,不少研究者试图从理论上建立动力学或运动学控制方程,但其理论体系或边界条件目前尚未完善,在理论上联立求解水流和床面泥沙的运动还有较大的难度。当前床面形态的研究主要包括用实验、观测等手段总结其发生规律,用波动理论描述其形态规律,用数值方法模拟其形成过程,以及用明渠水流的紊动结构来解释其生成的水动力学原因等。

床面形态与冲积河流的流动结构、水流阻力和泥沙输运等问题有密切的内在联系。

从平面上看,冲积河流有时会出现二维的床面形态。这种二维形态可以是垂直于水流方向,如图 3-2 所示的顺直沙纹,也可以是平行于水流方向,如图 3-3 所示的沙脊。顺直沙纹一般出现在水流强度较小且河床质为细颗粒的条件下。从床面形态的物理成因上来看,水流中的紊动结构和大尺度结构起着重要作用。沙脊一般与流动中稳定的二次流有密切联系,微尺度纵向条纹处于黏性底层之内,其间距与猝发现象中的高速带与低速带间距接近,所以它可能是由于喷发和清扫作用所形成的,也可能与低 Reynolds 数下的蜂窝状二次流有关。

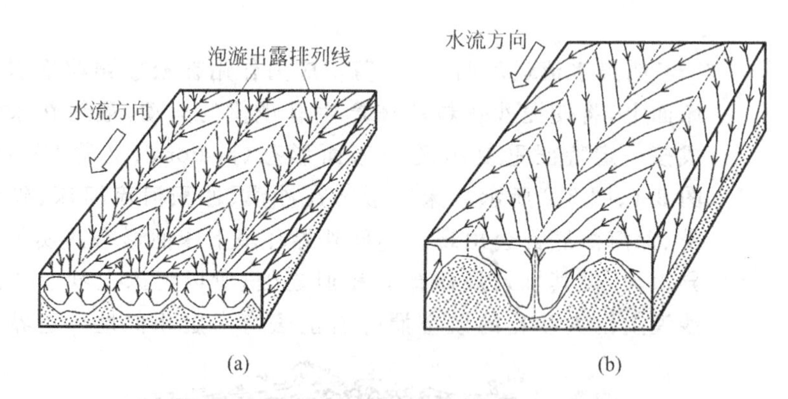

图 3-3 宽浅河流或海湾中由二次流引起的横向床面形态

(a) 宽浅河流对称二次流;(b) 海滩线状沙脊及可能成因

Off (1963)对海滩线状沙脊进行了研究,将它们命名为潮流沙脊。这种海底底形的存在对航运、捕捞以及海底电缆、海洋钻井、油气管道等海岸和海洋工程设施有重大影响。

3.1.1　动床床面形态与水流的流态

明渠中当流量 Q 和过水断面形状为已知时，相对于某一水平参考基准面的单位重量液体所具有的总能量为

$$E=z+\frac{\alpha U^2}{2g}=z_0+h\cos\theta+\frac{\alpha U^2}{2g} \tag{3-1}$$

对位于渠底的水平参考基准面计算可得到单位重量液体所具有的总能量为

$$E_s=h\cos\theta+\frac{\alpha U^2}{2g}=h\cos\theta+\frac{\alpha}{2g}\left(\frac{Q}{A}\right)^2 \tag{3-2}$$

一般称 E_s 为断面比能。式中，z_0 为相对于某一水平参考基准面的渠底高程；θ 为明渠底面对水平面的倾角；U 为断面平均流速；A 为过水断面面积；h 为沿垂直方向量测的水深。E_s 随水深 h 有如下的变化规律：

$$\frac{\mathrm{d}E_s}{\mathrm{d}h}=\cos\theta-\frac{\alpha Q^2}{gA^3}\frac{\mathrm{d}A}{\mathrm{d}h}=\cos\theta-\frac{\alpha U^2}{g\dfrac{A}{B}} \tag{3-3}$$

若设 $\cos\theta\approx1$，动能修正系数 $\alpha\approx1.0$，则有 $\dfrac{\mathrm{d}E_s}{\mathrm{d}h}=1-Fr^2$。

断面比能随水深的变化与流态有直接联系，可用 Froude 数作参数来表达。一般明渠水流有三种流态，即缓流、临界流和急流。定义 Froude 数为

$$Fr=\frac{U}{\sqrt{g\bar{h}}} \tag{3-4}$$

其中，$\bar{h}=A/B$，为垂直于流线的平均水深，B 为水面宽。

当 $Fr<1$ 时，水流为缓流。$Fr=1$ 时，水流为临界流（此时的水深 h_c 称为临界水深），比能取极值。在临界水深下，E_s 为常数的流动将达到最大流量。$Fr>1$ 时，水流为急流。Fr 数反映了水流在该断面上惯性作用与重力作用的对比。把 Fr 数的定义式稍加变动可得

$$Fr=\frac{U}{\sqrt{g\bar{h}}}=\sqrt{2\frac{U^2}{2g}\Big/\bar{h}} \tag{3-5}$$

从该式可以看出 Froude 数的另一种意义：它是比能的两个组成部分（平均动能与平均势能）之比，Fr 数越大，意味着水流的平均动能占断面比能的比例越大。$Fr=1.0$ 的情况下，水流的惯性作用与重力作用正好相等。

3.1.2　动床床面形态分类

重点关注

1. 冲积河流的床面形态与水流流态的直接关系。
2. 8 种不同的床面形态。

对应于定床水流的缓流、临界流、急流三种情况，可以将动床明渠水流的能态分为如下三种，各自对应于不同的床面形态，如图 3-4 所示。

(1) 低能态流区(lower flow regime，低水流区)。其床面形态包括：①沙纹(ripples)；②沙垄(dunes)。

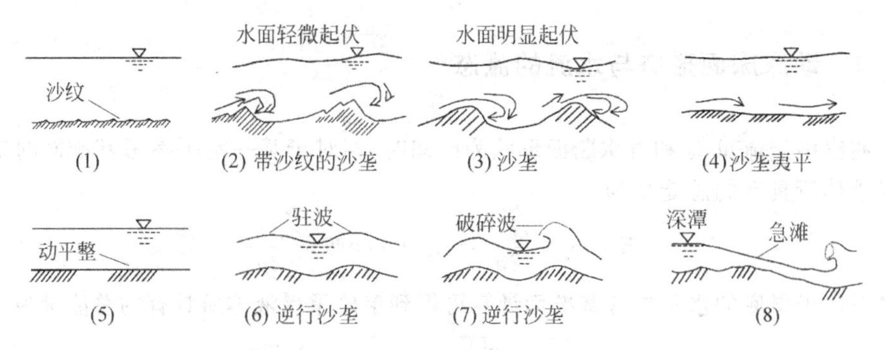

图 3-4 水流从低能态向高能态变化时所发生的纵向床面形态

(2) 过渡区(transition zone)。其床面形态是平整床面(plane bed),这是从沙垄到逆行沙垄(antidunes)的过渡区。

(3) 高能态流区(upper flow regime)。其床面形态包括:①平整床面(plane bed);②逆行沙垄和驻波(standing waves);③急滩与深潭(chutes and pools)。

非平整状况下沙质河床的床面形态统称为沙波。

床面形态一方面与水流的流态有密切关系,另一方面也取决于床沙的物理性质,特别是其粒径。床面形态的出现与推移质泥沙的输运过程密切相关,可以说是泥沙输运的表现形式。冲积河流床面形态的分类与特性可总结为表 3-1。

重点关注

1. 床面形态的尺寸、运动特性、成因。

表 3-1 冲积河流床面形态的分类与特性

床面形态	形 状	尺 寸	运动特征	成 因
沙 纹	迎水面长而直,背水面短而陡,两者之比在2~4之间	波高0.5~2cm,最大5cm 波长1~15cm,最大30cm 泥沙粒径一般小于0.6mm	迎水面冲刷,背水面淤积,向下游运动的速度远小于水流流速	由近壁流层的不稳定性(如猝发现象)引起,受河床附近的物理过程制约
沙 垄	与沙纹相似。在较大的河流中波长与波高之比可达100~500	波长可达数百米至千米,波高为1~3m。泥沙越细,沙垄的波长越大	迎水面冲刷,背水面淤积,向下游运动的速度远小于水流流速,取决于推移质输沙率	与水流的大尺度紊动结构有直接关系
平整床面	平整		床面上有沙粒的运动,称"动平床",Fr 在0.84~1.0之间,泥沙越细,此 Fr 数越小	水流强度的加大导致从沙垄向逆行沙垄的过渡
逆行沙垄	接近正弦曲线	最小波长为 $2\pi U^2/g$ (Kennedy,1969)	迎水面淤积,背水面冲刷,泥沙向下游运动而床面形态向上游运动	由时均水流的特性决定,与水面重力波同相位
急滩与深潭				在极为陡峻的河流如山区河流中发生

3.2　冲积河流床面形态的判别准则及特性研究

重点关注

1. 床面形态的判别方法。

判别床面形态时既要考虑流态，又要考虑泥沙颗粒的物理特性，如可动性(mobility)。为此可以通过试验和野外资料分析得到一系列的经验关系。为了能够按流态和沙波形态的不同分类建立适当的判别准则，首先需要选定建立经验性关系所需的参数。

3.2.1　沙波运动的判别参数

Shields 数 Θ 是推导床面颗粒滑动起动临界条件时得到的无量纲数(推导过程见 4.2.1 节)，它表征水流作用在床面上的剪切应力与床面颗粒抵抗运动的力之比：

$$\Theta = \frac{\tau_0}{(\gamma_s - \gamma)D} = \frac{\tau_0}{(\rho_s - \rho)gD} \tag{3-6}$$

其中，τ_0 为床面上的剪切应力。

Θ 越大，泥沙的可动性越强，因而它可以作为床沙运动状况的一个重要指标，其详细推导过程见第 4 章。Shields 数决定了推移质运动的强度，因此又被称为水流强度、剪切强度等。

沙纹的形成和发展主要与近壁流层的运动状况和颗粒粒径有关。沙粒剪切 Reynolds 数 $Re_* = U_* D/\nu$ 可直接反映床沙高度与壁面黏性底层厚度的比值，也可间接衡量水流促使床沙运动的力与黏滞力的比值，因此沙粒剪切雷诺数 Re_* 是决定沙纹运动的一个重要的无量纲力学参数。

Froude 数是明渠水流在某特定断面上的惯性作用与重力作用的对比，决定了水流的流态，流态又影响了沙波的形成和发展。在判别沙垄向逆行沙垄过渡、发展的时候，它是一个常用的参数。

由于沙垄出现的范围较广，在判别沙垄发生、发展时还需要引入其他的参数。Yalin 用量纲分析的方法得出沙垄的波长 λ 是沙粒剪切雷诺数和床面相对光滑度 Z 的函数，即

$$\lambda = f(Re_*, Z) = f(U_* D/\nu, h/D) \tag{3-7}$$

其中，h 为明渠流动的平均水深。

例 3-1　长江中游某河段实测平均水深 $h=25\text{m}$，水力坡降 $J=0.8/10000$，平均流速 $U=1.5\text{m/s}$，床沙质平均粒径为 $D=0.25\text{mm}$。黄河下游某河段的一组实测值则为 $h=1.6\text{m}$，$J=2/10000$，$U=1.5\text{m/s}$，$D=0.05\text{mm}$。求其床面剪切应力 τ_0、Shields 数、沙粒剪切雷诺数和 Froude 数。

解　两条河流均为宽浅型，因此河流的床面剪切应力计算式中，水力半径 R 可用水深 h 代替。采用长江中游的数据，计算得到

$$\tau_0 = \gamma h J = \rho g h J = 1000 \times 9.8 \times 25 \times 0.00008 = 19.6\text{Pa}$$

$$U_* = (\tau_0/\rho)^{1/2} = 0.14\text{m/s}$$

$$\Theta = \frac{\tau_0}{(\gamma_s-\gamma)D} = \frac{\rho g h J}{(\rho_s-\rho)gD} = \frac{19.6}{(2650-1000)\times 9.8\times 0.25\times 10^{-3}} = 4.85$$

$$Re_* = \frac{U_* D}{\nu} = \frac{\sqrt{ghJ}D}{\nu} = \frac{\sqrt{9.8\times 25\times 0.00008}\times 0.25\times 10^{-3}}{10^{-6}} = 35$$

$$Fr = \frac{U}{\sqrt{gh}} = \frac{1.5}{\sqrt{9.8\times 25}} = 0.096$$

对黄河下游数据计算得到

$$\tau_0 = 1000\times 9.8\times 1.6\times 0.0002 = 3.14\text{N/m}^2 = 3.14\text{Pa}$$

$$\Theta = \frac{3.14}{(2650-1000)\times 9.8\times 0.05\times 10^{-3}} = 3.88$$

$$Re_* = \frac{\sqrt{9.8\times 1.6\times 0.0002}\times 0.05\times 10^{-3}}{10^{-6}} = 2.8$$

$$Fr = \frac{1.5}{\sqrt{9.8\times 1.6}} = 0.38$$

可见,两条河流的Shields数接近。长江中游的Froude数相对较小,但其河床剪切应力和沙粒剪切雷诺数均高于黄河下游。

3.2.2 低水流能态区的判别：平整-沙纹-沙垄区

重点关注

1. Shields数准则的来源和它所描述的物理现象。
2. 判别泥沙颗粒运动以及床面形态的Shields曲线。

对于一般的明渠水流来说,泥沙颗粒超过某一粒径即不会形成沙纹。由实验可知Re_*大于11.7,即泥沙粒径超过黏性底层的厚度,床面不再是水力光滑之后,就不再形成沙纹。一般来说,泥沙粒径超过0.6mm之后,将由平整床面直接过渡到沙垄。

1936年,Shields以图解的形式给出了泥沙颗粒起动条件,并在同一张图中给出了用Θ和Re_*两者表达的各种床面形态的判别准则,如图3-5所示。Chabert和Chauvin(1963)对Shields的结果作了进一步补充,得到了较完整的平整-沙纹-沙垄区床面形态判别图(图3-6)。

Shields数Θ中所包含的床面切应力τ_0可以表达为U_*的函数,粒径D可以利用式(2-18)表达为沉速ω及绕流阻力系数C_D的函数。由图2-8又可知C_D是沙粒Reynolds数的函数:

$$C_D = f_1\left(\frac{\omega D}{\nu}\right) = f_1\left(\frac{U_* D}{\nu}\frac{\omega}{U_*}\right) \tag{3-8}$$

所以

$$\Theta = \frac{\tau_0}{(\gamma_s-\gamma)D} = \frac{4}{3C_D}\left(\frac{U_*}{\omega}\right)^2 = f_2\left(\frac{U_* D}{\nu},\frac{U_*}{\omega}\right) \tag{3-9}$$

即平整-沙纹-沙垄区床面形态判别准则图也可用Re_*与U_*/ω两个参数之间的关系来绘制,如刘心宽(Liu,1957)和Albertson(1958)的判别准则图(图3-7)。

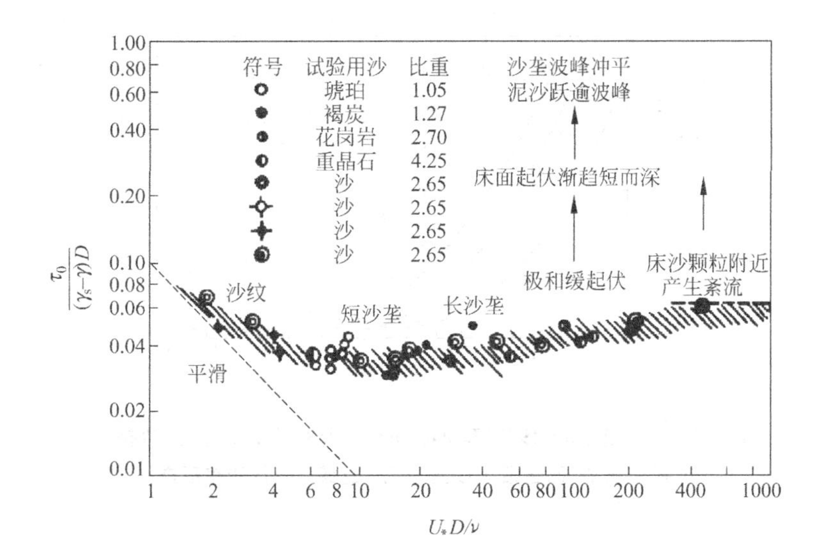

图 3-5　Shields 的泥沙起动条件及平整-沙纹-沙垄形态分区

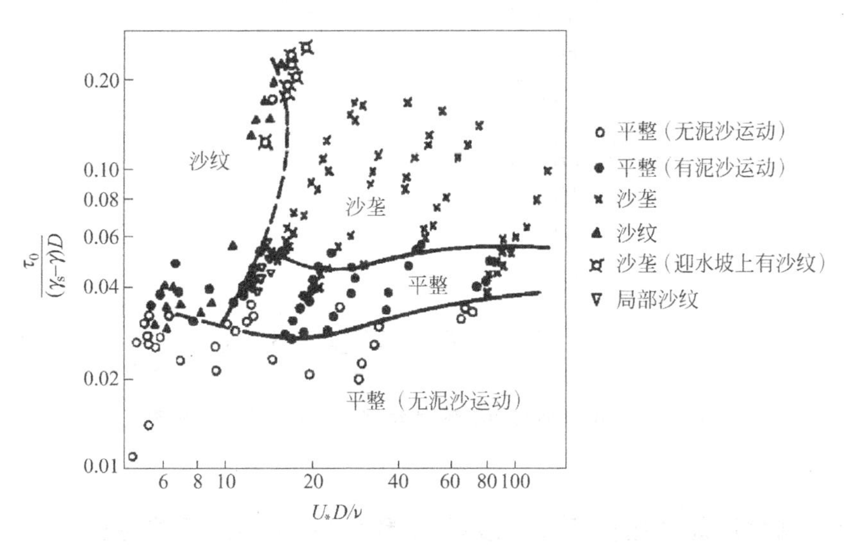

图 3-6　Chabert 和 Chauvin(1963)基于 Shields 结果的平整-沙纹-沙垄形态分区(法国 Chatou 试验室)

对 Shields 数作如下的变化：

$$\Theta=\frac{\tau_0}{(\gamma_s-\gamma)D}=\frac{\gamma}{\gamma_s-\gamma}\frac{U_*^2}{gD}=\frac{\gamma}{\gamma_s-\gamma}\frac{(U_*D/\nu)^2}{gD^3/\nu^2} \tag{3-10}$$

就可以用 Re_* 和 gD^3/ν^2 两者的关系来点绘平整-沙纹-沙垄区床面形态判别准则，如 Hill(1971)的结果(图 3-8)。

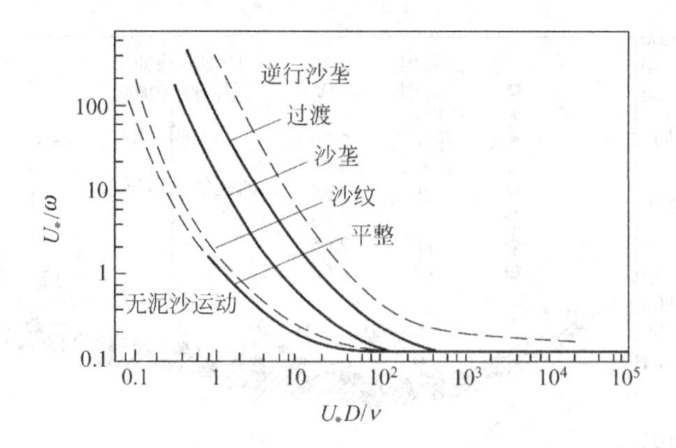

图 3-7　刘心宽(Liu,1957)和 Albertson(1958)的平整-沙纹-沙垄形态判别准则(已包括了沙垄-平整(过渡)-逆行沙垄形态)

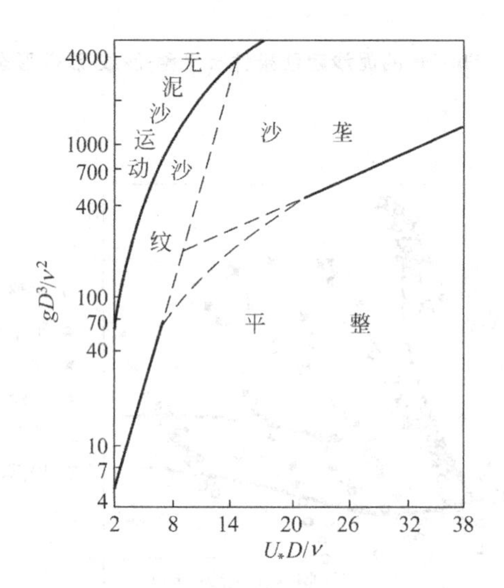

图 3-8　Hill (1971)的平整-沙纹-沙垄区形态判别准则图

3.2.3　高水流能态区的判别：沙垄-平整(过渡区)-逆行沙垄区

刘心宽(Liu,1957)、Albertson (1958)的判别准则图(图 3-7)事实上已包括了从沙垄到过渡区,再到逆行沙垄的判别。由于进入高水流能态区后,水流的 Froude 数对床面形态的判别就越来越重要,Garde 和 Albertson(1959)用 Shields 数和 Froude 数作为纵、横坐标绘制了从沙垄过渡到逆行沙垄这一阶段的床面形态判别图(图 3-9),以显示水流流态与床面形态之间的关系。

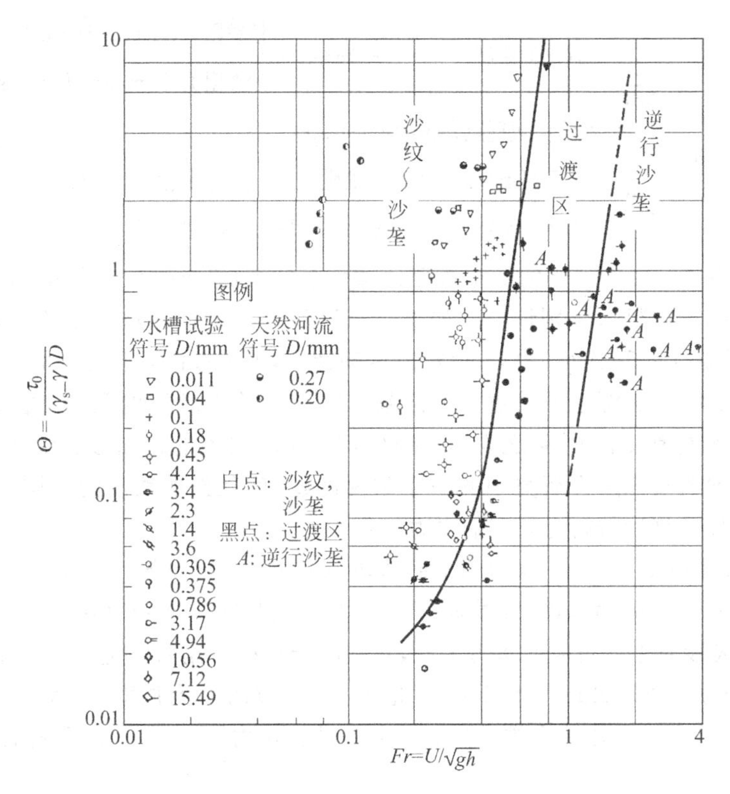

图 3-9　Garde 和 Albertson 的沙垄-平整(过渡)-逆行沙垄区形态判别准则图

重点关注

1. Froude 数准则在高能态流区的应用。

3.3　水流阻力和断面平均流速

在顺直的人工管道、渠道中，水流的阻力主要起源于固壁的肤面摩擦(surface drag)，在天然河流中，还包括床面形态、边界形态(有时包括河势的变化)所引起的形态阻力(form drag)，以及水流推动推移质、消耗能量所产生的阻力。

2. 动床条件下水流阻力的分解——推动泥沙颗粒运动的力以及床面形态引起的压差阻力。

3. 冲积河流阻力的划分。

3.3.1　动床床面水流阻力的分解

水流时均能量的减少和紊动能量的增加都反映了冲积河流阻力的作用。阻力是由不同的原因引起的，对总阻力进行划分、分解，有助于更准确、严格地对各阻力成分进行分析、表达和计算。例如，在床面上有沙波的情况下，床面阻力对应的水力半径 R_b 可进一步划分成沙波阻力对应的 R''和沙粒阻力对应的 R'。

决定河床阻力的因素很多，主要包括河槽的沿程阻力和河势或边界突变引起的局部阻力，其中河槽的沿程阻力取决于河床表面状况(床沙组成及床面形态)、岸壁状况以及水温变化引起的阻力变化等。在某些河流(如黄河)上，有时就要具体分析冰凌作用、险工阻力对综合阻力的影响。冲积河流阻力一般可作如下划分。

分析与思考

1. 阻力的实质是什么？

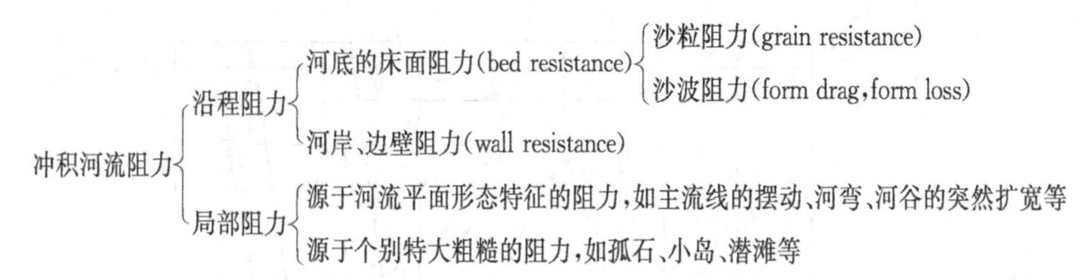

其中,由于河流中孤立的形态特征(巨礁、小岛等)造成的大尺度紊动在特征上各不相同,可按局部阻力分别计算。如果某相同的形态特征在河道中连续出现,在河道水流中形成了一种连续、均匀、稳定的紊动特征,即可按沿程阻力计算。

动床条件下,起源于可动边界上的颗粒粗糙和肤面摩擦的阻力,直接与推移质颗粒运动、沙波消长有关,称之为"沙粒阻力"。天然河流的床面形态则产生"沙波阻力"。冲积河流动床阻力研究中的一个重要课题,就是按照紊动的不同起源对阻力进行划分,如计算沙粒阻力对应的水力半径 R'。

H. A. Einstein 提出,床面的全部剪切力 τ_0 中,只有一部分 τ'_0 用于沙波的形成(也就是推移质的运动),即"沙粒阻力",它是水流与颗粒本身直接作用的结果。一般用 R' 代表沙粒阻力对应的水力半径,它相应于水体沿流向的重力分力中与沙粒阻力平衡的部分。Engelund 和 Hansen 把 τ'_0 所对应的水流强度 Θ' 称为有效水流强度。在研究冲积河流阻力和推移质运动时,"沙粒阻力"是一个非常重要的基本概念。

3.3.2 明渠均匀流的断面平均流速公式

对于恒定、均匀的明渠流动,利用水流的能坡、断面平均流速、水力半径(对宽浅断面可用水深近似代替)以及反映边壁粗糙状况的阻力系数这四个变量就可以得出其断面平均流速公式,也可称为阻力方程。

明渠恒定均匀流动中,如果过水断面的形状、底坡、流量都沿程不变,则水深和流速将完全取决于边壁的粗糙程度、阻力大小。光滑边壁情况下,水深小,流速高。边壁越粗糙,水流阻力越大,流速越慢,水深越大。经验或半经验性的断面平均流速公式,给出了流速与阻力系数或边壁粗糙程度的定量关系,同时也给出了把边壁粗糙程度表达为阻力系数的方法。不同的断面平均流速公式在表达方法上是不同的,但其阻力系数可通过一定的方法互相换算。

重点关注

1. 各种断面平均流速公式——它们实际上都是经验-半经验性的。

1. 常用的断面平均流速公式

1) 常用公式

对于阻力平方区的明渠紊流,工程中常用的断面平均流速公式如下。

(1) Chezy 公式(Chezy's formula)

$$U = C\sqrt{RJ} \tag{3-11}$$

其中,U 为断面平均流速(m/s);C 为 Chezy 系数;R 和 J 分别为水力半径($R=A/P$,单位为 m)和水力坡降(无量纲)。为满足量纲和谐,C 的单位取为 $m^{1/2}/s$。

(2) Manning 公式 (Manning's formula)

国际单位制形式为

$$U = \frac{1}{n} R^{\frac{2}{3}} J^{\frac{1}{2}} \tag{3-12}$$

其中,n 为 Manning 系数,也称为粗糙系数、糙率。

对比式(3-11)和式(3-12),得

$$C = \frac{1}{n} R^{\frac{1}{6}} \tag{3-13}$$

上式即为 Chezy 系数 C 和 Manning 系数 n 的关系。天然河流中的流动一般都处于紊流阻力平方区,如果流动可视为二维的(如宽浅河流),或河岸、河底具有相同的糙率,则 n 与水深无关。但 n 有时与水流状态有关,这很大程度上是天然河流河底、河岸边界的可变性造成的。如河底沙波的消长,或当河渠中有杂草生长时,水流强度低的情况下杂草直立使 n 值较大,而水流强度大的情况下(例如发生洪水时),杂草会倒伏,使得 n 值较小。

(3) Darcy-Weisbach 公式

该公式原是在管道流动的研究中建立的。Julius Weisbach 在 1845 年出版的《工程力学》中提出了这一公式,Darcy 于 1854 年又对该式作了进一步的实验研究和完善。引入壁面摩阻应力与流速的关系,由 Bernoulli 能量方程可以推导出管道流动的沿程水头损失为

$$h_f = f \frac{L}{d_0} \frac{U^2}{2g}$$

其中,L 为管道长度;d_0 为管道内直径。一些教科书中常用符号 λ 代替 f。因为能坡 $J = h_f/L$,由上式可得到 Darcy-Weisbach 断面平均流速公式为

$$U = \left(\frac{8gRJ}{f}\right)^{1/2} \tag{3-14}$$

另一种表达方式为

$$\frac{U}{U_*} = \left(\frac{8}{f}\right)^{1/2} \tag{3-15}$$

其中,f 为 Darcy-Weisbach 系数。式(3-15)中把水力半径、坡降等变量包含在 U_* 之中。由于系数 f 是无量纲的,使得 Darcy-Weisbach 断面平均流速公式在量纲上比 Chezy 和 Manning 公式严谨,但是 f 与水深和边壁粗糙程度的关系要复杂得多。

(4) 对数型的明渠紊流断面平均流速公式

如果设沿垂线的流速按对数型分布,沿垂线积分即可以求出二维情况的断面平均流速。Keulegan(1938)对明渠紊流根据实测数据提出了如下的对数型断面平均流速公式:

$$\frac{U}{U_*} = 3.25 + 5.75 \lg\left(\frac{RU_*}{\nu}\right) \quad \text{(水力光滑)} \tag{3-16}$$

$$\frac{U}{U_*} = 6.25 + 5.75 \lg\left(\frac{R}{k_s}\right) \quad \text{(水力粗糙)} \tag{3-17}$$

相应的床面水力光滑、水力粗糙情况 Einstein 统一公式为

$$\frac{U}{U'_*} = 5.75\lg\left(\frac{12.27R'\chi}{k_s}\right) \tag{3-18}$$

其中,k_s 为边界粗糙突起的高度,也称边壁粗糙尺度或床面粗糙尺度;$U'_*=\sqrt{gR'J}$,为沙粒阻力对应的剪切流速;χ 为校正系数,由图 3-10 确定,图中 $\delta=11.6\nu/U_*$,为黏性底层的计算厚度。按 Einstein 统一公式计算阻力或输沙率时,若床面有沙波存在,则应取 $\delta=11.6\nu/U'_*$。

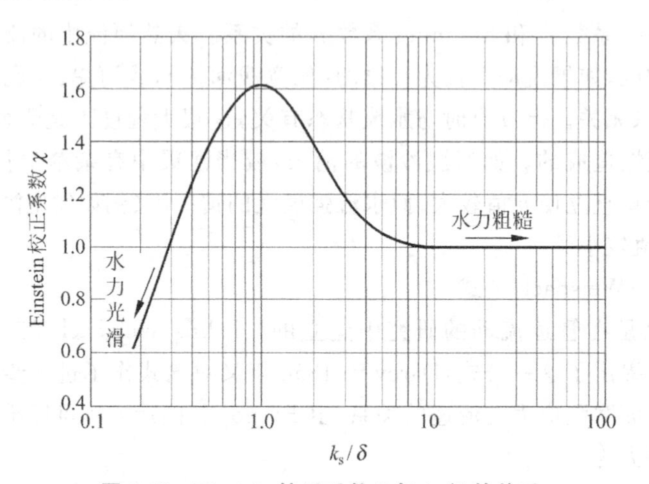

图 3-10 Einstein 校正系数 χ 与 k_s/δ 的关系

(5) Manning-Strickler 公式

Strickler 首先提出可以把 Manning 系数 n 表达为床面粗糙尺度 k_s 的函数。他令 $k_s=D_{65}$,提出了如下流速计算公式:

$$\frac{U}{\sqrt{gR'J}} = \frac{24}{\sqrt{g}}\left(\frac{R'}{D_{65}}\right)^{1/6} \tag{3-19}$$

其中,R'为沙粒阻力对应的水力半径。

分析与思考

1. 在 Manning 系数 n 与床面粗糙尺度 k_s 之间建立关系的依据是什么?

重点关注

1. 5 个公式各自采用的阻力系数或粗糙系数之间的关系。

2) 各公式的阻力系数或粗糙系数之间的关系

对同一个明渠均匀流动,则式(3-11)、式(3-12)、式(3-15)、式(3-18)、式(3-19)五个公式计算得到的流速结果应当相同,即

$$U = C\sqrt{RJ} = \frac{1}{n}R^{\frac{2}{3}}J^{\frac{1}{2}} = \sqrt{gRJ\frac{8}{f}} = 5.75U'_*\lg\left(\frac{12.27R'\chi}{k_s}\right) = \frac{24U'_*}{\sqrt{g}}\left(\frac{R'}{D_{65}}\right)^{1/6} \tag{3-20}$$

由此可得到 Chezy 阻力系数 C、Manning 糙率系数 n、Darcy-Weisbach 阻力系数 f、对数型平均流速公式中粗糙突起高度 k_s 与 Manning-Strickler 公式的床沙代表粒径 D_{65} 之间的关系为

$$C = \frac{1}{n}R^{\frac{1}{6}} = \sqrt{g\frac{8}{f}} = \frac{2.3}{\kappa}\sqrt{g\frac{R'}{R}}\lg\left(\frac{12.27R'\chi}{k_s}\right) = 24\sqrt{\frac{R'}{R}}\left(\frac{R'}{D_{65}}\right)^{1/6} \tag{3-21}$$

上式中的 Manning 系数就是床面沙粒阻力对应的糙率 n_b。式(3-21)中包括了

Kármán 常数 $\kappa(=0.4)$，它实际上是标志时均流速沿垂线分布状态的一个物理量。因此可以推知，阻力系数的变化与时均流速沿垂线分布的变化有关。由于时均流速沿垂线分布是由紊动状况所确定的，所以式(3-21)实际上反映了阻力系数与紊动状况的关系。

例 3-2　某渠道具有梯形断面，边坡坡度 $\theta=30°$，渠底和边坡铺细砾石($D=12\sim4$mm)，平整无床面形态。渠底宽 $b=5$m，水深 $h=3$m，水力坡降 $J=2/10000$(万分之二)，流量 $Q=35\text{m}^3/\text{s}$。求 Chezy 系数 C、Manning 系数 n、Darcy-Weisbach 阻力系数 f、对数型平均流速公式中的粗糙突起高度 k_s 和 Manning-Strickler 公式中的床沙代表粒径 D_{65} 的数值。

解　渠中的水面宽为　$B=b+2h\cot\theta=5+2\times3\times\cot30°=15.39\text{m}$

过水断面面积为　$A=(B+b)h/2=(15.39+5)\times3/2=30.59\text{m}^2$

湿周长和水力半径为　$P=b+2h/\sin\theta=5+2\times3/\sin30°=17\text{m}$

$R=A/P=30.59/17=1.80\text{m}$

断面平均流速为　$U=Q/A=35/30.59=1.14\text{m/s}$

剪切流速为　$U_*=(gRJ)^{1/2}=(9.8\times1.80\times0.0002)^{1/2}=0.0594\text{m/s}$

k_s/δ 不小于 20，故 $\chi=1.0$，渠道中边界平整，无床面形态，所以 $R=R'$，$U_*=U'_*$，由式(3-20)可得

Chezy 系数　$$C=\frac{U}{\sqrt{RJ}}=\frac{1.14}{\sqrt{1.80\times0.0002}}=60.3$$

Manning 系数　$$n=\frac{1}{U}R^{2/3}J^{1/2}=\frac{1}{1.14}1.80^{2/3}0.0002^{1/2}=0.0183$$

Darcy-Weisbach 阻力系数　$$f=\frac{8gRJ}{U^2}=\frac{8\times9.8\times1.80\times0.0002}{1.14^2}=0.0215$$

对数型公式中的粗糙突起高度

$$k_s=12.27R'\chi/10^{[\kappa U/(2.3U'_*)]}=\frac{12.27\times1.80\times1.0}{10^{0.4\times1.14/(2.3\times0.00594)}}=0.0101\text{m}$$

Manning-Strickler 公式的床沙代表粒径

$$D_{65}=\frac{24^6(RJ)^3}{U^6}R'=\frac{24^6\times(1.80\times0.0002)^3\times1.80}{1.14^6}=0.0071\text{m}$$

可见，由流速反算出的 D_{65} 小于 k_s，而 k_s 相当于细砾石中较大的粒径。

2. 公式适用范围及粗糙尺度 k_s 的确定方法

由于速度沿垂线分布的对数型公式是在二维明渠流动中建立的，而严格说来棱柱形明渠的流动不是二维的，因此对数型垂线流速分布积分得到的断面平均流速公式，需经验证后，才能判定是否适用于棱柱形明渠。Keulegan 用试验证明了式(3-17)对不同形状断面的棱柱形明渠均适用，试验结果如图 3-11 所示。可见 $(U/U_*-5.75\lg R)$ 与 U_*/ν 无关，趋向于一个常数。将式(3-17)稍加改写后，即可知道此式的预测与试验结果是一致的。由此可认为，当坡降 J、粗糙突起高度 k_s、水力半径 R 相同时，平均流速不因断面形态而异，可以用同一个对数型平均流速公式计算。

分析与思考

1. 为什么可以用同一个对数型平均流速公式计算不同形状断面的平均流速？

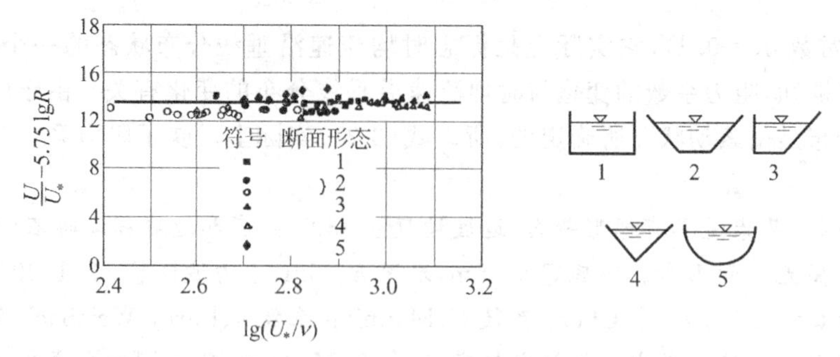

图 3-11 不同形状断面明渠流的试验结果(Keulegan,1938)

对数型公式中引入了边壁粗糙尺度 k_s,与 Chezy 系数 C、Manning 系数 n 相比,其物理意义明显,有利于直观地选择其量值。对于床面由均匀沙组成的情况,k_s 就等于床面上的泥沙粒径 D;对于床面由非均匀沙组成的情况,常选一个较粗的代表粒径作为边壁的当量粗糙尺度,如 D_{65}、D_{75}、D_{90} 等。为了考虑床面起伏后大颗粒突出所造成的影响,边壁粗糙尺度 k_s 应取得大一些,如 $3.5D_{65}$、$3.5D_{75}$、$2.5D_{90}$ 等。van Rijn (1982)收集了不同的研究者所用的当量粗糙尺度,见表 3-2。可见 k_s 的表达方式与各自研究的具体问题有关,各研究者之间并不一致。

表 3-2 不同研究者所用的当量粗糙尺度

Ackers-White(1973)	$k_s=1.25D_{35}$
Hey(1979)	$k_s=3.5D_{85}$
Engelund-Hansen(1967)	$k_s=2D_{65}$
Kamphuis(1974)	$k_s=2.5D_{90}$
Mahmood(1971)	$k_s=5.1D_{84}$
van Rijn(1973)	$k_s=1.25D_{90}$

渠道或河道的边界如果是可动的(床面有沙波),会使对数型断面平均流速公式中的边壁粗糙尺度 k_s 更加难以确定,使得明渠紊流的断面平均流速计算更为复杂。

3.4 峡谷或卵砾床面河道的综合糙率计算

综合糙率 n 是河道水流阻力的一种量度。某些河道的河床类型为卵石、砾石、卵石夹沙等,在这种情况下床面的稳定性大大高于沙质或粉沙质组成的河床,因此,水位-流量关系没有严重的"双值"现象,也就是说可以忽略床面沙波的消长对阻力的影响。此时水位流量关系可沿用 Manning 公式,即用边界糙率 n 来代表沿程阻力。与二维明渠流动不同的是,在考虑其糙率 n 时,必须把边界中河岸和床面区分开来进行计算,然后再组合为综合糙率。

3.4.1 综合糙率

明渠流动的边界剪切应力中,记河岸部分的剪切应力为 τ_w,河床上的剪切应力为 τ_b,过水断面湿周中河岸部分为 P_w,河床部分为 P_b,如图 3-12 所示。

对于恒定均匀流动来说，分析隔离水体上的受力平衡，可求得全断面（总湿周长为 P）上的边界剪应力平均值为 $\tau_0=\gamma RJ$，因此应有

$$\tau_0 P=\tau_b P_b+\tau_w P_w \tag{3-22}$$

或

$$\gamma RJP=\tau_b P_b+\tau_w P_w \tag{3-23}$$

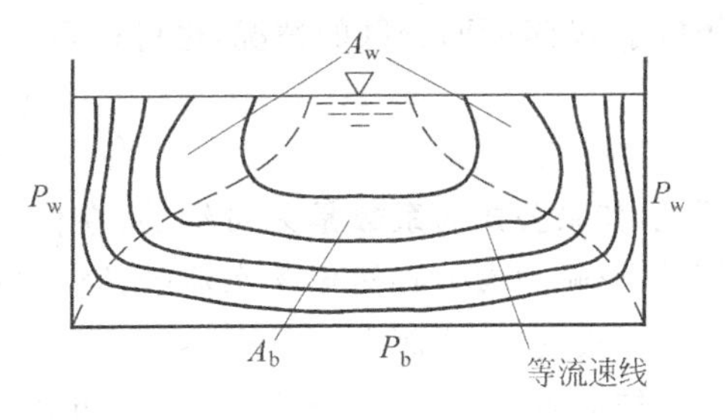

图 3-12　Einstein 的水力半径分割法

分析与思考

1. 什么情况下河道可以认为是定床？
2. 定床河道的糙率系数如何确定？
3. 如何绘出图 3-12 中的虚线？

通常情况下的已知量包括 Q、J、P_w、P_b、P、边壁糙率 n_w 和床面糙率 n_b。水深 h 和水力半径 R 一般是未知量，需要求解。求解时必须给出 τ_b 和 τ_w 的表达式以使阻力方程组封闭，也就是将边界中的河岸边壁和床面区分开来计算各自的剪切应力。据此推求综合糙率 n，最后就可用 Manning 公式解算水深。

给出 τ_b 和 τ_w 的表达式的方法有两种，一种是由 Einstein(1942)提出的水力半径分割法，另一种是能坡分割法。Einstein 综合糙率的表达式为

$$n=\left(n_w^{3/2}\frac{P_w}{P}+n_b^{3/2}\frac{P_b}{P}\right)^{2/3} \tag{3-24}$$

由上式可见，当河道十分宽浅时($P_w \ll P$)，综合糙率主要由 n_b 决定。

Einstein 的水力半径分割法假设一段边界上产生的紊动只能影响该边界附近的水流，而不能传播到全断面，也就是要求没有贯穿整个断面的大尺度紊动。显然，对于河道边界粗糙突起不太大或者平原宽浅河流的情况，这个假设是合理的。此外，岸壁区、河床区水流速度相同的假设也是只在类似的情况下才可认为是合理的。

姜国干(1948)根据能坡分割法得出的综合糙率表达式为

$$n=\left(\frac{P_w}{P}n_w^2+\frac{P_b}{P}n_b^2\right)^{1/2} \tag{3-25}$$

与 Einstein 方法得到的式(3-24)相比，式(3-25)中 n_w、n_b 是平方后加权平均，而在式(3-24)中两者是 1.5 次方后再加权平均，可见在其他条件相同的情况下，式(3-25)的结果倾向于令较大的糙率值占较大的相对密度，即略微突出了较大的粗糙所产生的紊动对阻力的贡献。

3.4.2　综合粗糙系数的其他处理方法

由式(3-14)可得 $RJ=\dfrac{fU^2}{8g}$，因此可将式(3-23)写为

$$\gamma\frac{fU^2}{8g}P=\gamma\frac{f_w U_w^2}{8g}P_w+\gamma\frac{f_b U_b^2}{8g}P_b$$

因此，无论用水力半径分割法还是用能坡分割法，只要设 $U=U_w=U_b$，即可得到综合的 Darcy-Weisbach 阻力系数表达式：

$$f=f_w\frac{P_w}{P}+f_b\frac{P_b}{P} \tag{3-26}$$

相应于 N 组断面分区的情况,也可得到

$$f=\frac{1}{P}\sum_{i=1}^{N}f_iP_i \tag{3-27}$$

可见,如果公式的系数是无量纲的,在作代数演算时会更便利。但正因为它是无量纲的,影响因素中必然包含水流的几何尺度(例如雷诺数这个无量纲数就含有水流的特征长度)。因而 Darcy-Weisbach 系数不仅与边界粗糙程度有关,还与水深有关。

按上述方法求得全断面综合粗糙系数 n、f 后,就可按 Manning 公式(即式(3-12))或 Darcy-Weisbach 公式(即式(3-14))确定水位-流量关系。

3.5 沙粒阻力和沙波阻力

分析与思考

1. 动床情况下,河床床面阻力一般划分为哪两个部分?

床面形态是动床水流中最重要的现象之一,对水流阻力有决定性的影响。在动床条件下,由于床面形态随着水流强度的变化而不断改变,导致床面糙率 n_b 随水流条件而变。此时计算水位流量关系时,需首先确定床面糙率 n_b 的变化规律。若式(3-18)、式(3-19)中的粗糙突起或粒径不变,则计算出的流速将偏大。

Simons 和 Richardson(1960)对不同水流条件下的输沙状况、所形成的床面形态及其相应的阻力损失进行了水槽实验,发现床面形态、泥沙输运与阻力损失的关系可分为几个阶段:

(1) 增加段。在低水流能态下($Fr<1$),随着水流强度由弱变强,泥沙输运从无到有,床面从平整开始,出现沙纹、再发展成沙垄,阻力系数越来越大,Manning 糙率系数 n 可增大一倍左右。

(2) 跌落段。当水流强度继续加大,由低水流能态转化为高水流能态($Fr\approx1$)时,床面出现动平整。此时输沙率继续增大,由于沙垄夷平,流动阻力反而跌到最低点,Manning 糙率系数 n 接近最小值。

(3) 再增加。随着水流强度的继续增加,达到急流流态之后($Fr>1$),Manning 糙率系数 n 重又缓慢增长。

现有的动床床面阻力计算方法可分为两类,第一类方法通过分别计算沙粒阻力和沙波阻力(形态阻力)得到总阻力;第二类方法是综合阻力系数法,一般是通过实测资料分析给出总阻力与水力因子的关系,或通过量纲分析找出阻力系数表达式,再通过实测资料获得总阻力表达式中的参数。

3.5.1 分别计算沙粒阻力和沙波阻力的方法

2. 什么是沙粒阻力?

在水流作用于床面的全部剪切力 τ_0 中,只有一部分 τ_b' 直接作用于颗粒上,引发推移质的运动和床面形态的变化(形成沙波),τ_b' 即所谓的"沙粒阻力",它是水流与颗粒本身之间直接作用的结果。在床沙有运动但没有沙波(动平整床面)的情况下,阻力完全由边界非滑移条件及颗粒绕流(包括水流直接做功使推移质颗粒运动)所

产生，此时沙粒阻力等于全部阻力。床面上有沙波时，则由沙粒阻力和沙波阻力共同构成全部阻力。沙波阻力又称形态阻力或压差阻力，其起因是沙波背水面流动边界层的分离，所对应的是较大尺度的紊动（与沙波的尺度相仿）。沙波阻力引起的时均能量消耗对推移质运动没有贡献，但转化为紊动动能而支持了悬移质的运动。

1. Einstein-Barbarossa 方法

将阻力分成沙粒阻力和形状阻力的计算方法在原理上与 Einstein 分割边壁阻力和床面阻力的方法类似，是将水力半径（或过水断面面积）分为两部分。水流中单位水体消耗的时均能量可按水力半径分割法（或能坡分割法）分成两部分，分别对应于沙粒阻力和沙波阻力。按照剪切应力的叠加可以写出

$$\tau_b = \tau'_b + \tau''_b \quad \text{或} \quad \gamma R_b J = \gamma R'_b J + \gamma R''_b J$$

其中，R_b 为与河床阻力对应的水力半径；τ'_b、τ''_b 分别为沙粒阻力和沙波阻力对应的剪切应力；R'_b、R''_b 分别为相应于这两者的水力半径。这就是床面阻力计算中的 Einstein 水力半径分割法。显然

$$R_b = R'_b + R''_b \tag{3-28}$$

对于沙粒阻力，可由下列 Manning-Strickler 公式或平均流速对数公式求得沙粒阻力对应的水力半径 R'_b 为

$$\frac{U}{U'_*} = 7.66\left(\frac{R'_b}{D_{65}}\right)^{1/6} \tag{3-29}$$

$$\frac{U}{U'_*} = 5.75\lg\left(\frac{12.27\chi R'_b}{D_{65}}\right) \tag{3-30}$$

其中，$U'_* = \sqrt{gR'_b J}$；χ 为修正系数，在水力粗糙区可取 $\chi=1$。式(3-30)需要试算求解。

一般认为沙波阻力是与沿床面的输沙率有关的函数。于是 Einstein 根据野外实测资料，提出了一个沙波阻力与水流条件的经验图解函数关系（图 3-13），即

$$\frac{U}{U''_*} = F(\Psi) \tag{3-31}$$

其中，$U''_* = \sqrt{gR''_b J}$；Ψ 为 Einstein 水流参数，定义式为

$$\Psi = \frac{\rho_s - \rho}{\rho}\frac{D_{35}}{R'J} \tag{3-32}$$

参数 Ψ 是 Shields 数的倒数。当 Ψ 的范围在 1.6～50 之间时，水流处于低能态区，床面形态以沙垄为主。$\Psi<1.6$ 时，水流处于过渡区至高能态区，沙垄将夷平，或出现逆行沙垄，所以沙波阻力较小，$U''_* = \sqrt{gR''_b J}$ 的值不大。由图 3-13 可见，这一方法的应用范围主要局限于低能态区。

分析与思考

1. Einstein 计算沙粒和沙波阻力的方法有什么局限性？

如果已知河流的 J、D_{65}、代表粒径 D_{35}、U 等水力要素和床沙资料，就可通过试算求得 R'_b，并由图解求得 R''_b，从而计算得到平均水深 H。注意求修正系数 χ 的值时，黏性底层厚度应取为 $\delta=11.6\nu/U'_*$。

例 3-3　已知：梯形断面渠道如例 3-3 图所示，$Q=40\text{m}^3/\text{s}$，坡降 $J=2/10000$（万分之二），$b=5\text{m}$，$\nu=10^{-6}\text{m}^2/\text{s}$，泥沙相对密度 2.65，泥沙粒径 $D_{35}=0.4\text{mm}$，

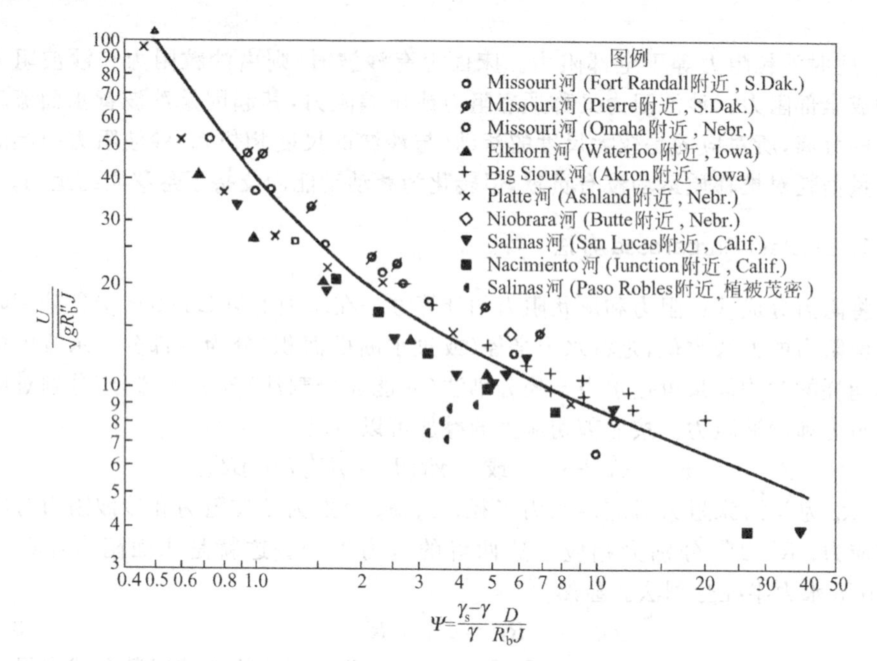

图 3-13 沙波阻力和水流参数的关系图

$D_{65}=0.7\text{mm}$，试按 Einstein 方法求水深 h。

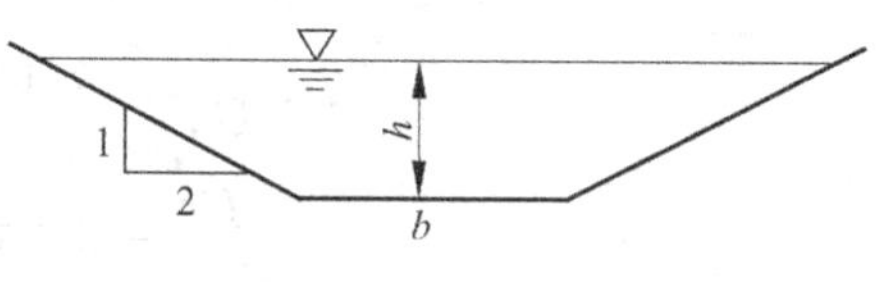

例 3-3 图

解 由于岸坡的坡度较缓，其相应的边壁阻力也是床面阻力的一部分，即 $R=R_b$。计算步骤如下：

(1) 给出 R' 的初始试算值。

(2) 用 R' 的试算值计算平均流速。

$$\frac{U}{\sqrt{gR'J}}=5.75\lg\left(\frac{12.27R'\chi}{k_s}\right)$$

其中，令 $k_s=D_{65}=0.0007\text{m}$。为了从图 3-10 中查出 χ，需要用到黏性底层厚度 δ' 的值：

$$\delta'=\frac{11.6\nu}{U'_*}=\frac{11.6\times10^{-6}}{\sqrt{9.8\times R'\times0.0002}}=\frac{2.62\times10^{-4}}{\sqrt{R'}}$$

故

$$\frac{k_s}{\delta'}=2.67\sqrt{R'}$$

(3) 用 R' 的试算值计算 Einstein 的水流强度参数 Ψ'。

$$\Psi'=\frac{\gamma_s-\gamma}{\gamma}\frac{D_{35}}{R'J}=\frac{2.65-1}{1.0}\times\frac{0.0004}{0.0002\times R'}=\frac{3.3}{R'}$$

由图 3-13 中可查出此 Ψ' 值所对应的 U/U''_* 值。

(4) 计算 U''_* 和 R'' 的值

$$U''_*=U\bigg/\left(\frac{U}{U''_*}\right),\quad R''=\frac{(U''_*)^2}{gJ}=\frac{(U''_*)^2}{0.00196}$$

(5) 求出 $R=R'+R''$，由此求得 h 和 A。

水力半径 R 与水深的关系为

$$R = \frac{5h + 2h^2}{5 + 2\sqrt{5}h}$$

从 R 求 h 只需求解一个代数方程即可。

水深与面积的关系为

$$A = 5h + 2h^2$$

另外，水面宽为

$$B = b + 4h, \quad Fr = U/(gA/B)^{1/2}$$

(6) 求出 $Q=AU$，与给定的流量值比较。

重复上述步骤，反复试算直至求出正确 R 值，并根据图 3-9 验证床面确实有沙波存在。试算过程如表 3-3 所示。最终的试算结果为 $R=2.607\text{m}$ 时 $Q=39.9\text{m}^3/\text{s}$。由 R 和水深的关系可以得到，此时水深 $h=4.72\text{m}$，$\Theta=0.45$，$Fr=0.086$，在图 3-9 上处于沙纹-沙垄区。

重点关注

1. Einstein 阻力计算的试算过程。

表 3-3　Einstein 阻力计算方法的试算过程

R' 试算值	$\frac{k_s}{\delta'}$	χ	$U/(\text{m/s})$	Ψ'	$\frac{U}{U''_*}$	U''_* /(m/s)	R'' /m	R	h	A/m^2	$Q/(\text{m}^3/\text{s})$
1.0	2.67	1.22	1.10	3.30	15.0	0.0735	2.76	3.76	7.20	139.69	154.0
0.5	1.89	1.41	0.74	6.60	11.0	0.0670	2.29	2.79	5.10	77.51	57.1
0.4	1.69	1.44	0.64	8.25	9.4	0.0686	2.40	2.80	5.13	78.18	50.4
0.3	1.46	1.47	0.54	11.00	8.5	0.0638	2.08	2.38	4.22	56.70	30.7
0.35	1.58	1.5	0.60	9.43	8.9	0.0671	2.30	2.65	4.79	69.95	41.8
0.34	1.56	1.51	0.59	9.71	8.8	0.0667	2.27	2.61	4.72	68.11	40.0

2. Engelund 方法

明渠水流阻力的实质就是时均机械能量转化为紊动能量而耗散，即总水头的损失。水头损失又可以分为沿程损失和局部损失两种。这一概念是 Engelund 方法的出发点(Engelund，1966，1967)，即床面阻力引起的水头损失 h_f 可分解为河床表面的沙粒阻力引起的沿程损失 h'_f 和沙波形态引起的局部损失 h''_f。

2. Engelund 阻力计算方法的理论依据与推导过程。

对于二维流动的情况，认为能坡损失完全由床面阻力引起(即不计边壁阻力引起的 J_w，令 $J_b=J$)。设沙波的波长为 L(图 3-14)，在一个波长范围内的水力坡降为

$$J = \frac{h_f}{L} = \frac{h'_f + h''_f}{L} = \frac{h'_f}{L} + \frac{h''}{L} = J' + J''$$

由此可见，Engelund 法是能坡的划分。式中 J' 是坡降中由沙粒阻力引起的部分，而 J'' 是由局部突然放大损失引起。

记沙波波长为 L，则可得出与沙波损失对应的水力坡降为

$$J'' = \frac{h''_f}{L} = \frac{\alpha}{2}\frac{h}{L}\left(\frac{a}{h}\right)^2 Fr^2$$

因此根据沙粒阻力和沙波阻力对能坡的分割就可以写为

$$J = J' + J'' = J' + \frac{\alpha}{2}\frac{h}{L}\left(\frac{a}{h}\right)^2 Fr^2$$

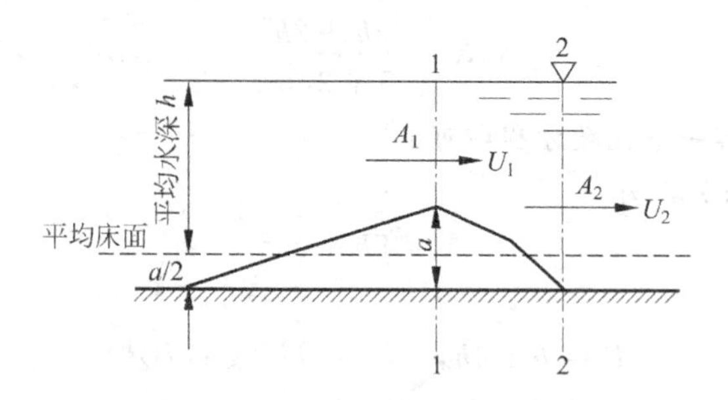

图 3-14 Engelund 的二维沙波概化图形

上式两边同乘以$\frac{\gamma h}{(\gamma_s-\gamma)D}$后，变化为无量纲形式。其中 D 为代表粒径，可取为 D_{50}，水力坡降分割的无量纲形式如下：

$$\frac{\gamma hJ}{(\gamma_s-\gamma)D_{50}}=\frac{\gamma hJ'}{(\gamma_s-\gamma)D_{50}}+\frac{\gamma h}{(\gamma_s-\gamma)D_{50}}\frac{\alpha}{2}\frac{h}{L}\left(\frac{a}{h}\right)^2 Fr^2 \tag{3-33}$$

式(3-33)中的各项就是 Engelund 提出的无量纲剪切应力(或称水流强度)，记为

综合无量纲剪切应力：

$$\Theta=\frac{\gamma hJ}{(\gamma_s-\gamma)D_{50}} \tag{3-34}$$

沙粒阻力引起的无量纲剪切应力：

$$\Theta'=\frac{\gamma hJ'}{(\gamma_s-\gamma)D_{50}} \tag{3-35}$$

沙波阻力引起的无量纲剪切应力：

$$\Theta''=\frac{\gamma h}{(\gamma_s-\gamma)D_{50}}\frac{\alpha}{2}\frac{h}{L}\left(\frac{a}{h}\right)^2 Fr^2 \tag{3-36}$$

因而 Engelund 的阻力分割可以记为

$$\Theta=\Theta'+\Theta''$$

通过分析试验和实测资料，归纳得到 $\Theta=f(\Theta')$ 的经验关系，分析资料时采用如下假定：

$$\tau'_0=\gamma RJ'=\gamma R'J$$

即 Engelund 法仍沿用水力半径分割的方法，计算沙粒阻力所对应的剪切应力。其中沙粒阻力所对应的水力半径 R'，系采用 Engelund-Hansen 对水力粗糙情况建立的对数型断面平均流速公式试算求解，取 $k_s=2.5D_{65}$（在有的文献中取为 $2D_{65}$）：

$$\frac{U}{\sqrt{gR'J}}=6+2.5\ln\left(\frac{R'}{2.5D_{65}}\right) \tag{3-37}$$

求得 R' 的值后，用 $\gamma R'J$ 代替式(3-35)中的 $\gamma h'J$（在二维流动中认为 $h=R$），就得到 Θ' 的值。Engelund 由实验和实测资料中得到的 $\Theta=f(\Theta')$ 经验关系如图 3-15 所示。

> **分析与思考**
> 1. Engelund 阻力计算方法为什么会在同一流量下给出不同水位(双值曲线)?

Engelund 和 Hansen(1967)根据 Guy 等人(1966)的水槽试验资料，点绘出 $\Theta=f(\Theta')$ 的关系后得到如下沙垄区(低水流能态)、逆行沙垄区(高水流能态)拟合式：

$$\Theta'=\begin{cases}0.06+0.4\Theta^2 & (\Theta'<0.55)\\ \Theta & (0.55<\Theta'<1.0)\end{cases} \tag{3-38}$$

图中高低水流能态区之间的间断，发生在 Θ' 约为 0.55 处。显然式(3-38)不能符合图 3-15中所有的试验点据。在随后的研究中，Engelund 和 Fredsøe(1982)又建议将式(3-38)作如下修改：

$$\Theta' = 0.06 + 0.3\Theta^{3/2} \qquad (\Theta' < 0.55) \tag{3-39}$$

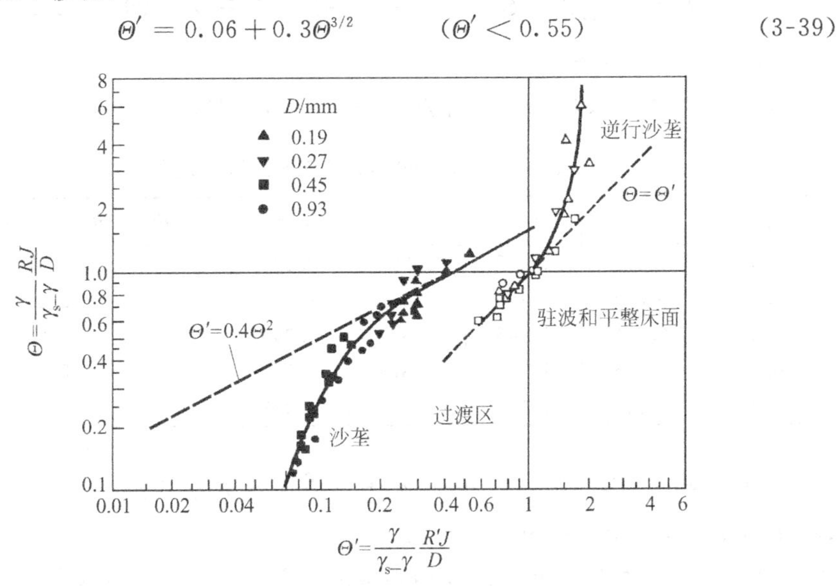

图 3-15　由试验和实测资料中得到的 $\Theta=f(\Theta')$ 关系

Brownlie(1983)将式(3-38)的曲线扩展到 $\Theta'>1$ 的高水流能态区范围，得

$$\Theta' = (0.702\Theta^{-1.8} + 0.298)^{-1/1.8} \tag{3-40}$$

例 3-4　已知：某宽浅冲积河道，单宽流量 $q=2.21\text{m}^3/(\text{s}\cdot\text{m})$，河道比降 $J=3/10000$（万分之三），$D_{65}=0.4\text{mm}$，试按 Engelund 方法求其水深 h。

解　宽浅冲积河道中水力半径可用水深代替。求解水深 h 的计算步骤如下：

(1) 取沙粒阻力对应的水力半径 R' 作为初始值：令 $R'=h'=1.0\text{m}$。

(2) 计算 Θ' 和断面平均流速 U。

因 $R'=h'=1.0\text{m}$，有

$$\Theta' = \frac{\gamma h'J}{(\gamma_s-\gamma)D} = \frac{1\times 0.0003}{(2.65-1.0)\times 0.0004} = 0.455$$

$$U = \sqrt{gh'J}\left[6+2.5\ln\left(\frac{h'}{2D_{65}}\right)\right]$$

$$= \sqrt{9.8\times 1.0\times 0.0003}\times\left(6+2.5\times\ln\frac{1.0}{2\times 0.0004}\right)$$

$$= 1.29\text{m/s}$$

(3) 计算 Θ。

Θ 的值可按 Engelund 的 $\Theta=f(\Theta')$ 经验关系查出，或由其拟合方程式(3-38)～式(3-40)求得。以式(3-38)为例，因 $\Theta'<0.55$，所以按低水流能态区计算：

$$\Theta = \sqrt{\frac{0.455-0.06}{0.4}} = 0.994$$

(4) 水深 h。

对于宽浅型河道,可认为水力半径 R 等于水深 h,因此只需直接计算水深 h。

$$h=\frac{(\gamma_s-\gamma)D}{\gamma J}\Theta=\frac{(2.65-1)\times 0.0004}{1\times 0.0003}\times 0.994=2.2\mathrm{m}$$

(5) 计算单宽流量 q。

$q=U\times h=1.29\times 2.2=2.84\mathrm{m^3/(s\cdot m)}>2.21\mathrm{m^3/(s\cdot m)}$。试算过程见表 3-4。

表 3-4 Engelund 阻力计算方法的试算过程

h'/m	Θ'	U/(m/s)	Θ	h/m	$q(q=Uh)/(\mathrm{m^3/(s\cdot m)})$
1.0	0.455	1.292	0.993	2.185	2.82
0.8	0.364	1.129	0.871	1.917	2.16
0.82	0.373	1.146	0.884	1.945	2.23
0.81	0.368	1.137	0.878	1.931	2.20
0.815	0.370	1.141	0.881	1.938	2.21

最后结果为 $h=1.94\mathrm{m}$。由于不使用修正系数 χ,Engelund 法试算过程比 Einstein 法要略微简洁一些。

例 3-5 某一梯形断面渠道,断面形状同例 3-3,底宽 $b=5\mathrm{m}$,底坡 $J=0.0008$,$\gamma_s=2.65\mathrm{tf/m^3}$,$D_{35}=0.3\mathrm{mm}$,$D_{65}=0.9\mathrm{mm}$,$D_{50}=0.5\mathrm{mm}$,$\nu=10^{-6}\mathrm{m^2/s}$,求动床条件下的 h-Q 关系曲线。

解 可以按以下步骤进行求解:

(1) 假定一个水深 h。

(2) 计算 Θ。$R=\dfrac{(5+2h)h}{5+2\sqrt{5}h}$,

$$\Theta=\frac{\gamma RJ}{(\gamma_s-\gamma)D_{50}}=\frac{0.0008}{1.65\times 0.005}\times R=0.970\times\frac{(5+2h)h}{5+2\sqrt{5}h}$$

(3) 求 Θ'。按 Engelund 的 $\Theta=f(\Theta')$ 经验关系查出,或由其拟合方程式(3-38)~式(3-40)求得。对不同的 Θ' 值范围,用相应范围的公式计算。

(4) 由 Θ' 值求 R'。由 $\Theta'=\dfrac{\gamma R'J}{(\gamma_s-\gamma)D_{50}}$ 可知 $R'=\dfrac{(\gamma_s-\gamma)D_{50}}{\gamma J}\Theta'$。

(5) 求平均流速:

$$U=\sqrt{gR'J}\left[6+2.5\ln\left(\frac{h'}{2D_{65}}\right)\right]$$

(6) 求过水断面面积:$A=(5+2h)\times h$。

(7) 求流量 Q:$Q=A\times U$。至此,求得 h-Q 关系曲线上的一个点。

继续按此方法计算,可以求得题意所要求的 h-Q 关系曲线。一般可从 $h=0.5\mathrm{m}$ 至 $h=5.0\mathrm{m}$,每间隔 0.25m 计算一个 h-Q 关系点,对 $\Theta<1.5$ 用低水流能态区的拟合关系,对 $\Theta>0.5$ 用高水流能态区的拟合关系。在 $0.5<\Theta<1.5$ 之间 $\Theta=f(\Theta')$ 关系是双值的,所以在这一范围内 h-Q 关系也是双值的。

3.5.2 综合阻力系数法

分别按阻力单元划分沙粒、沙波阻力及其分别对应的水力半径、水力坡降、糙率等是一个烦琐的过程。在实际工程中需快速计算在一定坡降下通过某一断面的流量,或已知流量反算求流速、水深,经常采用综合阻力系数表达方式或床面形态当量粗糙度法。

在动床情况下,综合阻力系数的值随着床面形态和泥沙运动强度的变化而有规律地变化。随着床面平整—出现沙波—动平整—再度出现沙波的过程,综合糙率 n 或综合阻力系数 f 值也出现了小—大—小—大的变化过程,表现出较强的规律性,因此可以根据试验或实测资料将其规律总结成经验计算式,由已知的水流、泥沙条件直接确定综合阻力系数。

控制沙波发展变化过程的是相对流速 U/U_c,其中 U_c 是临界起动流速,而糙率随水位变化又是床面沙波运动发展的过程所引起。李昌华、刘建民整理了长江、黄河、黄河故道、赣江及人民胜利渠的试验资料,得到如图 3-16 所示的综合阻力系数 D_{50}^y/n 与相对流速 U/U_c 的经验关系。图中 y 为指数,与河流的性质及流速分布的形状有关,按其实测流速剖面确定,其计算式为

$$\frac{u_\zeta}{U}=(y+1)\left(\frac{\zeta}{h}\right)^y \tag{3-41}$$

其中,u_ζ 为距河底某一高度 ζ 处的流速,计算过程中粒径 D_{50} 的单位为 m。对长江可取 $y=1/6$,对于黄河及赣江取 $y=1/5$,室内水槽试验资料取为 $y=1/4$。

U_c 为起动流速,按如下的冈恰洛夫起动流速公式计算:

$$U_c=1.07\sqrt{\frac{\gamma_s-\gamma}{\gamma}gD_{50}}\ \lg\left(\frac{8.8h}{D_{95}}\right) \tag{3-42}$$

由图 3-16 可知,$U/U_c<1$ 时,卵石和砾石河流 D_{50}^y/n 不随 U/U_c 而变化,表明此时床面尚未形成沙波,水流阻力系数仅与床沙的代表粒径有关(沙粒阻力);$U/U_c>1$ 后,粗沙河流 D_{50}^y/n 与 U/U_c 成反比,沙波处于发展阶段,阻力随水流强度增大而增大;细沙河流 D_{50}^y/n 与 U/U_c 成正比,沙波处于消失过程,阻力随水流强度增大变小。经过整理,图 3-16 中函数关系可用如下计算式表示:

(1) 当 $U/U_c\leqslant 1$ 时为卵石河流(AB 段): $\dfrac{D_{50}^y}{n}=20$ (3-43)

(2) 当 $1\leqslant U/U_c\leqslant 3$ 时为粗沙河流($0.43\text{mm}\leqslant D_{50}<2.1\text{mm}$)($BC$ 段):

$$\frac{D_{50}^y}{n}=20\left(\frac{U}{U_c}\right)^{-1.5} \tag{3-44}$$

(3) 当 $0.8<U/U_c\leqslant 1.7$ 时为细沙河流($0.05\text{mm}<D_{50}<0.31\text{mm}$)($CE$ 段):

$$\frac{D_{50}^y}{n}=5.63\left(\frac{U}{U_c}\right)^{0.23} \tag{3-45}$$

也就是图中底部的虚线。此种情况下泥沙运动强度大,沙垄运动明显,所以其糙率

系数明显不同于其他河流的情况。

(4) 当 $1.7 \leqslant U/U_c \leqslant 15$ 时细沙河流($0.05\text{mm}<D_{50}<0.31\text{mm}$)(CD段):

$$\frac{D_{50}^{y}}{n}=3.9\left(\frac{U}{U_c}\right)^{2/3} \tag{3-46}$$

分析与思考

1. 综合阻力系数法中,阻力系数 n 增大(图3-16中曲线下凹)的原因是什么?

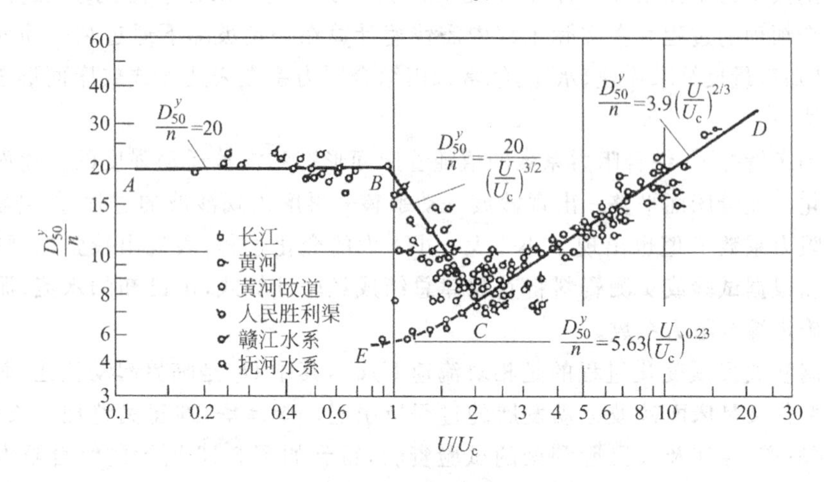

图3-16 我国部分河流的综合阻力系数关系

按李昌华、刘建民方法求水深-流量关系的步骤如下:

(1) 根据已知的水深 h、D_{50}、D_{95}($\approx 2D_{50}$),用冈恰洛夫公式(3-42)计算起动流速 U_c;

(2) 给出断面平均流速的一个初始试算值 U,计算 U/U_c,按照 U/U_c 的量值和床沙粒径值,选用式(3-43)~式(3-46)中适当的表达式计算 D_{50}^{y}/n;

(3) 根据已知的 D_{50} 和 D_{50}^{y}/n 求出 n,再由 Manning 公式求出流速值 U;

(4) 将第(3)步算出的值与初始试算值 U 比较,如相差较大,则可采用第(3)步中计算得出的 U 值,代回到第(2)步重复计算,直到满意为止;

(5) 计算流量 $Q=AU$。

习 题

3.1 写出明渠均匀流动断面平均流速的经典阻力方程式。

3.2 试述明渠均匀流动断面平均流速的对数型公式各变量的意义。

3.3 分析下列针对明渠水流阻力问题所作的判断是否正确:

(1) Manning 系数 n 只随边界粗糙程度而变;

(2) Darcy-Weisbach 系数 f 不仅与边界粗糙程度有关,还与水深有关。

3.4 Shields 数可以看作是哪两个力的比值?

3.5 试说明水流的流区与床面形态之间的关系。

3.6 试推导 Chezy 阻力系数 C、Manning 糙率系数 n、Darcy-Weisbach 阻力系

数 f、对数公式中粗糙突起高度 k_s、床沙代表粒径 D_{65} 五者之间的关系。

3.7　某渠道断面为梯形，底宽 5.0m，边坡 1∶2，坡降 $J=3/10000$（万分之三），边壁突起高度 $k_s=0.008$m，无床面形态。试用 Einstein 的断面平均流速公式求 $Q=35\text{m}^3/\text{s}$ 时的水深。

3.8　已知：梯形断面渠道如例 3-3 图所示，$Q=40\text{m}^3/\text{s}$，坡降 $J=8/10000$（万分之八），$b=5$m，$\nu=10^{-6}\text{m}^2/\text{s}$，泥沙粒径 $D_{35}=0.3$mm，$D_{65}=0.9$mm，水深 $h=2.0$m。设断面平均流速 U 由沙粒阻力决定，即 $\frac{U}{U'_*}=5.75\lg\left(12.27\frac{R'}{k_s}\chi\right)$，求沙粒阻力对应的水力半径 R'（提示：可参考例 4-6）。

3.9　作用于床面上的全部剪切力中只有一部分对沙波的形成（也即推移质的运动）直接起作用，这就是所谓的__________。

a）沙波阻力；

b）沙粒阻力。

3.10　在宽 2.4m 的水槽中测得数据如习题 3.10 表所示。

习题 3.10 表

粒径 /mm	断面平均流速 /(m/s)	比降	水深 /m	床面形态
0.19	0.82	0.0013	0.31	沙垄
0.19	1.32	0.0030	0.20	逆行沙垄

试运用图 3-5～图 3-9 所示的判别准则估计其床面形态，并与实测结果对比。

3.11　某河流中平均流速 $U=1.7$m/s，平均水深 $h=3.0$m，水力坡降 $J=7.7/10000$（万分之七点七），推移质粒径 $D=0.51$mm，试用图 3-9 判断河床上有无沙波形态。

3.12　已知宽浅型冲积河道，单宽流量 $q=2.5\text{m}^3/(\text{s}\cdot\text{m})$，比降为 $J=3/10000$（万分之三），$D_{50}=0.5$mm，$D_{35}=0.3$mm，$D_{65}=0.9$mm。试用 Einstein 方法求其水深，并求此种情况下的糙率 n 和 Darcy-Weisbach 系数 f 各为多少？

3.13　某梯形断面渠道，边坡 1∶2，$b=5$m，$J=8/10000$（万分之八），$D_{50}=0.5$mm，$D_{35}=0.3$mm，$D_{65}=0.9$mm，水的容重为 $\gamma=1000\text{kgf/m}^3$，泥沙的容重为 $\gamma_s=2650\text{kgf/m}^3$，水的动力黏滞系数为 $\nu=10^{-6}\text{m}^2/\text{s}$。用 Engelund 方法求 h-Q 关系曲线，要求包括 h-Q 关系的双值区域（提示：参考例 3-5）。

3.14　已知宽浅型冲积河道，河宽 $B=850$m，流量 $Q=2500\text{m}^3/\text{s}$，比降为 $J=3/10000$（万分之三），$D_{50}=0.06$mm，$D_{95}=0.12$mm。试用李昌华、刘建民方法求其平均水深和流速，并求此种情况下的糙率 n 和 Darcy-Weisbach 系数 f 各为多少？

3.15　试分别按照水力半径分割法和能坡分割法，推导综合糙率表达式(3-24)和式(3-25)。

第4章 泥沙的起动与推移运动

水流强度达到某一临界值时，静止于河床表面的泥沙颗粒就会开始运动。确定此时的水动力条件就可得到临界起动条件，如临界起动剪切应力、临界起动流速等。临界起动条件取值的大小与给定的河床泥沙颗粒级配有关。水流强度超过临界起动条件后，较粗的泥沙颗粒会沿床面滑动、滚动或跃移，统称推移质运动。泥沙颗粒的临界起动条件和推移运动机理可以采用经典力学的方法进行研究。

4.1 研究泥沙起动的方法

重点关注

1. 动床水力学的关键问题：泥沙颗粒从静止到运动的临界条件。
2. 颗粒起动的不同形式与相应的力学表达式。

泥沙的临界起动问题是河流动力学研究的重要组成部分，早在200多年前就有许多学者对这一问题进行了深入研究。20世纪30年代，通过试验得到了泥沙临界起动情况下，边界切应力与颗粒特性的Shields曲线。近年来，研究工作的重点是工程实际中经常遇到的非均匀沙、黏性颗粒和海底淤积物起动等问题。

4.1.1 起动现象的描述

一颗静止于床面上的泥沙，所受的力主要包括水流促使其起动的力和床面阻止其运动的力。当二者平衡时，泥沙颗粒将处于临界起动状态。先假定水流的作用力只有水平分量 F_d 和垂直分量 F_L，则泥沙颗粒在其水下重力 W'、水流作用力和床面反力的综合作用下，因其所处的位置不同而可能发生滑动、滚动或跃移，示意如图4-1所示。

从上述三种最简单的例子中已可以看到天然河流中泥沙起动的复杂性。对河床表面任一指定位置的颗粒，其大小、形状和与其他颗粒的相对位置都是随机的。另一方面，在天然河流中，水流都具有脉动的性质，即其作用在床面上某一指定位置上颗粒的力也完全是随机的。

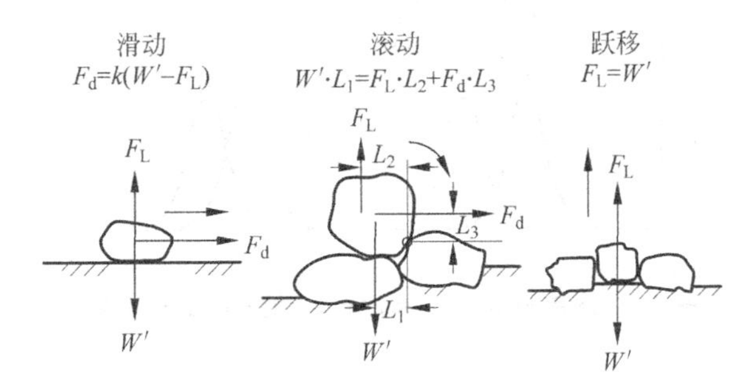

图 4-1　颗粒在床面处于不同位置时的临界起动条件

由于这些原因,研究床面上某一指定位置的泥沙颗粒的起动时,会遇到双重的随机性。因此有人认为对这一问题的研究没有实际的意义,如 Lavelle 和 Mofjeld (1987)分析了大量前人有关起动问题的资料后得出：在任一水流条件下,都不存在所谓的临界起动条件。又如 Einstein 的整个输沙理论中就没有用到起动的概念。

尽管如此,从学科发展的理论体系和生产实践的应用来看,研究泥沙的临界起动条件都有重要意义,所以它至今仍是本学科的热点研究课题,从研究方法上可以分成两个方向：

一是分析大量泥沙颗粒临界起动的综合情况,认为在某一水流和床面条件下,可以从统计的角度来确定泥沙的临界起动条件。如 Shields 曲线、起动流速公式等。

二是从泥沙起动的随机性出发进行研究,包括紊动水流的脉动特性、床面颗粒的密实度和分布特性等随机参数的影响。H. A. Einstein (1949)进行了开创性的研究；韩其为(1984,1999)的两本专著介绍了这方面研究的系统成果。

4.1.2　泥沙起动的判别

通过试验现象的观察,可以把推移质运动分为如下四个阶段。

(1) 无泥沙运动：床面泥沙完全处于静止状态；

(2) 轻微的泥沙运动：床面上的个别地方能看见有数的细泥沙在运动；

(3) 中等强度泥沙运动：床面各处都有沙粒在运动,其数量已不可数；

(4) 普遍的泥沙运动：各种沙粒均在运动,床面外形急剧改变。

重点关注

1. 泥沙颗粒推移运动的不同阶段。
2. 泥沙颗粒临界起动的随机性。

4.1.3　泥沙起动的随机性

由于泥沙颗粒处于床面的状态的随机性和水流作用力的随机性,所以研究泥沙起动的合理途径应该是研究作用于床面颗粒上的力与颗粒的临界拖曳力的联合概率密度分布,图 4-2 是两种概率分布叠加发生运动的物理图形。从图中可以看出,只有占两个概率密度分布图形相交的那部分泥沙颗粒才能起动。

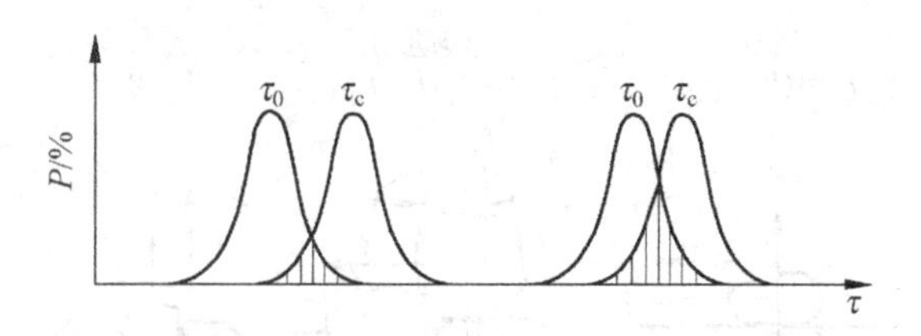

图 4-2 水流拖曳力 τ_0 和沙粒起动拖曳力 τ_c 的关系

4.2 泥沙临界起动条件的计算公式

4.2.1 无黏性均匀沙的起动

在4.1.3节中提到了泥沙起动的随机性,但在确定泥沙起动的具体指标时,多数还只能就其时均的统计特征值进行研究。泥沙开始起动的水动力学指标可以用床面剪切应力、平均流速和水流功率等方式来表示,下面将分别进行讨论。

1. 床面临界起动剪切应力 τ_c

重点关注

1. 从力的平衡推导泥沙颗粒起动的临界条件。

图4-3所示为床面静止的泥沙颗粒所受的作用力。若颗粒为圆形球体,则其水下重量为

$$W' = \frac{1}{6}(\gamma_s - \gamma)\pi D^3 \tag{4-1}$$

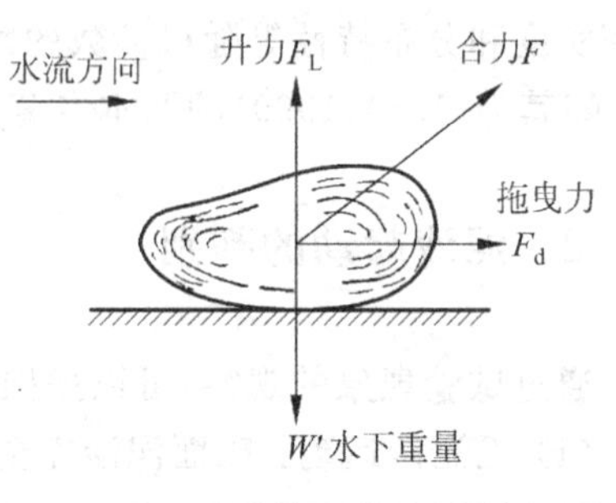

图 4-3 床面上的静止泥沙颗粒所受的力

床面上泥沙颗粒所受的上举力 F_L 和相应的拖曳力(绕流阻力)F_d 的表达式分别为

$$F_L = C_L \frac{\pi D^2}{4}\frac{\rho U_0^2}{2} \tag{4-2}$$

$$F_d = C_d \frac{\pi D^2}{4}\frac{\rho U_0^2}{2} \tag{4-3}$$

其中,C_L 为上举力系数;C_d 为阻力系数。

假定垂线上的流速分布是对数型的:

$$\frac{U}{U_*} = 5.75\lg\left(30.2\frac{y\chi}{k_s}\right) \tag{4-4}$$

则可以给出在 $y \approx D$ 附近的流速为

$$U_0 = U_* f_2\left(\frac{U_* D}{\nu}\right) \tag{4-5}$$

床面沙粒开始滑动的条件为

$$F_d = \tan\varphi \cdot (W' - F_L) \tag{4-6}$$

即

$$\tan\varphi \cdot W' = F_d + \tan\varphi \cdot F_L \tag{4-7}$$

其中，φ 为颗粒的摩擦角（=休止角）。把式(4-1)～式(4-3)、式(4-5)代入式(4-7)，得

$$\tan\varphi(\gamma_s-\gamma)\frac{\pi D^3}{6}=(C_d+\tan\varphi\cdot C_L)\frac{\pi D^2}{4}\times\frac{\rho}{2}U_*^2\left[f_2\left(\frac{U_*D}{\nu}\right)\right]^2 \tag{4-8}$$

其中，剪切流速 U_* 与河床表面的剪切应力 τ_0 有如下关系：

$$U_*=\sqrt{\frac{\tau_0}{\rho}}$$

式(4-8)表达的是颗粒临界起动时各变量之间的关系，此时的河床表面的剪切应力 τ_0 称为临界起动剪切应力，一般用下标 c（为 critical 的首字母）表示，写为 τ_c。把式(4-8)右边方括号外的剪切流速 U_* 用床面的临界起动剪切应力 τ_c 来表达，则该式改写为

重点关注

1. 临界起动剪切应力的主要影响因子。

$$\tan\varphi(\gamma_s-\gamma)\frac{D}{6}=\frac{\tau_c}{8}(C_d+\tan\varphi C_L)\left[f_2\left(\frac{U_*D}{\nu}\right)\right]^2 \tag{4-9}$$

阻力系数 C_d 与沙粒形状和沙粒雷诺数有关，如沙粒接近圆球，则 C_d 主要是沙粒雷诺数的函数。对于上举力系数 C_L 亦可得到类似的结论。把 C_d、C_L 和角度 φ 都看作 (U_*D/ν) 的函数，则由式(4-9)可得出临界起动剪切应力 τ_c 的表达式如下：

$$\Theta_c=\frac{\tau_c}{(\gamma_s-\gamma)D}=f\left(\frac{U_*D}{\nu}\right) \tag{4-10}$$

该表达式只是确定了临界起动剪切应力 τ_c 的主要影响因子，但并没有给出这些变量之间的具体函数关系。Shields(1936)对各种泥沙颗粒进行了临界起动试验，实测得到了无量纲临界起动剪切应力与颗粒雷诺数的关系曲线，如图 4-4 所示，即为著名的 Shields 关系曲线。其中 $\Theta_c=\frac{\tau_c}{(\gamma_s-\gamma)D}$ 为无量纲临界起动剪切应力，又称为临界 Shields 数。

Shields 曲线具有以下特点：

$Re_*<10$，不易于起动，Θ_c 随粒径的减小而加大；

$Re_*=10$，最易于起动；

$10<Re_*<1000$，Θ_c 随粒径的增大而加大；

$Re_*>1000$，Θ_c 接近常数 0.06。

2. Shields 曲线的理论解释。

例 4-1　图 4-4 中的 Shields 曲线有两种应用方法。一是在已知颗粒粒径 D、容重 γ_s 和水流条件（明渠流的边界平均剪切应力 τ_0 或水流剪切流速 U_*）的情况下，判断颗粒能否起动。此时可按已知条件计算得到图 4-4 中的纵、横坐标值并将点据绘在图 4-4 上，若点据位于 Shields 曲线上方则颗粒能起动，反之则不能起动；若点据恰好位于 Shields 曲线上，则颗粒处于临界起动状态。Shields 曲线的第二种应用是：已知颗粒粒径 D、容重 γ_s，求恰好能使颗粒处于临界起动状态的临界水流条件（边界平均剪切应力 τ_c 或水流剪切流速 U_{*c}，两者可互相转换，以下用 U_{*c} 表示）。此时，由于纵、横坐标中有一个共同的未知数 U_{*c}，所以必须通过给出不同的 U_{*c} 值来得到一系列点据，最后找到使点据恰好落在 Shields 曲线上的那个临界 U_{*c} 值。试算过程中得到的一系列点据在图 4-4 中显示为一条斜率为 2 的直线，也就是说，在图 4-4 中添加一组斜率为 2 的辅助线，可便捷地得到颗粒临界起动条件而不需进行烦琐的试算

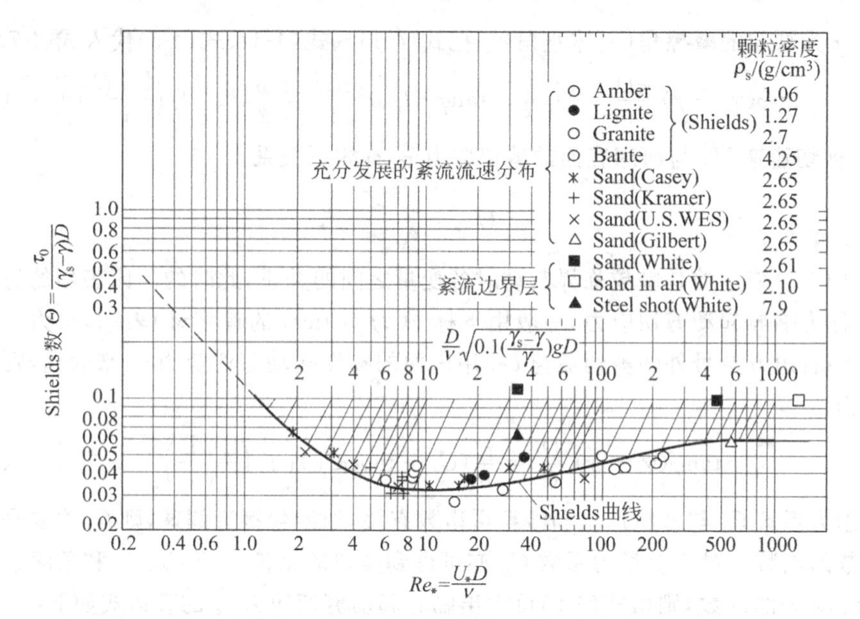

图 4-4 Shields 曲线：无量纲临界起动床面剪切应力(Vanoni,1975)

过程。试推导此辅助线的方程。

解 在图 4-4 中求解颗粒的临界起动条件,实际就是求两个未知数 Θ 和 Re_* 的值,且其求解过程需满足如下条件:这两个未知数 Θ 和 Re_* 的值必须采用同一个 U_{*c} 值计算得到(这个 U_{*c} 值才是待求的未知数);计算 Θ 和 Re_* 的值时必须使用给定的颗粒粒径 D 和容重 γ_s;用这组 Θ 和 Re_* 值点出的点据必须恰好落在 Shields 曲线上。

为了求解这两个未知数,需要找到 Θ 和 Re_* 满足的两个方程。Θ 和 Re_* 的定义式为

$$\Theta=\frac{\tau_c}{(\gamma_s-\gamma)D}=\frac{\rho U_*^2}{(\gamma_s-\gamma)D},\quad Re_*=\frac{U_*D}{\nu}$$

而待求的 Θ 和 Re_* 未知值应是用同一个 U_{*c} 计算得到的,因此根据上面的定义式可知:

$$U_{*c}=\sqrt{\frac{\Theta(\gamma_s-\gamma)D}{\rho}}=\frac{Re_*\nu}{D}$$

这样就得到了临界起动情况下 Θ 和 Re_* 应满足的第一个方程:

$$Re_*=\frac{D}{\nu}\sqrt{\Theta\frac{\gamma_s-\gamma}{\gamma}gD} \tag{4-11}$$

将给定的颗粒粒径 D 和容重 γ_s 代入式(4-11),把所得方程对应的曲线绘在图 4-4 中,即是一条斜率为 2 的直线。根据前述求解条件,可知未知数 Θ 和 Re_* 的一对待求值所对应的点据应该既在此直线上、又在 Shields 曲线上。换句话说,待求的 Θ 和 Re_* 所满足的另一个方程即是 Shields 曲线的方程;而 Θ 和 Re_* 的待求值,必是图 4-4 中式(4-11)所代表的直线与 Shields 曲线的交点的纵、横坐标值。由图 4-4 中读出该交点的纵、横坐标值,可分别计算得到相同的 U_{*c} 值。这样,利用辅助线进行图解,无须试算就得到了颗粒临界起动条件 U_{*c},式(4-11)即是辅助线的通用方程。

在图 4-4 中,一般将辅助线的起点绘在直线 $\Theta=0.1$ 上,此时辅助线起点的横坐

标值为

$$Re_* = \frac{D}{\nu}\sqrt{0.1 \times \frac{\gamma_s - \gamma}{\gamma} gD} \tag{4-12}$$

对于给定的颗粒粒径 D 和容重 γ_s，可由上式计算得到直线 $\Theta=0.1$ 上辅助线起点的横坐标值，从该起点绘出斜率为 2 的直线与 Shields 曲线相交，则可由交点的纵、横坐标值反算出 U_{*c} 值，这就是颗粒临界起动条件。它实际对应着明渠流中无穷多组 h、J 的组合。

有了这些辅助斜线，Shields 曲线就可以用来直接求解任意的颗粒粒径 D 所对应的临界起动剪切流速 U_{*c} 或临界剪切应力 τ_c，其方法是：先计算得到其相应的辅助线值，找出其辅助线与 Shields 曲线的交点，查到该交点的纵坐标 $\frac{\tau_c}{(\gamma_s - \gamma)D}$ 值，即可反算出临界起动剪切应力 τ_c，并得到临界剪切流速 $U_{*c}=(\tau_c/\rho)^{1/2}$。

重点关注

1. 由颗粒直径直接查图求其临界起动剪切应力的方法。

例 4-2　泥沙粒径分别为 $D=5.0$mm，0.5mm 和 0.05mm，分别求其临界起动 Shields 数、临界起动剪切应力和临界起动剪切流速。判断例 3-1 中的河流是否可使这些泥沙颗粒起动。

分析与思考

1. 如何根据查 Shields 曲线求得的临界起动剪切应力，计算具体的临界水流条件(如起动流速等)？

解　根据 Shields 曲线图，采用辅助线法计算。设颗粒密度 $\rho_s=2650\text{kg/m}^3$，清水密度 $\rho=1000\text{kg/m}^3$，则粒径为 $D=5.0$mm 的颗粒所对应的辅助线参数值可计算如下：

$$\frac{D}{\nu}\sqrt{0.1 \times \frac{\rho_s - \rho}{\rho} gD} = \frac{5 \times 10^{-3}}{10^{-6}}\sqrt{0.1 \times \frac{2650 - 1000}{1000} \times 9.8 \times 5 \times 10^{-3}} = 450$$

据此查得 $D=5.0$mm 的颗粒在 Shields 曲线上的对应点，读图得到临界起动 Shields 数为

$$\Theta_c = 0.057$$

因此临界起动剪切应力为

$$\tau_c = \Theta_c(\rho_s - \rho)gD = 0.057 \times (2650 - 1000) \times 9.8 \times 5 \times 10^{-3} = 4.61\text{Pa}$$

可算出临界起动剪切流速为

$$U_{*c} = (\tau_c/\rho)^{1/2} = (4.61 \div 1000)^{1/2} = 0.068\text{m/s}$$

由 Shields 曲线上查得该点颗粒雷诺数 $Re_*=350$，所以可验证其剪切流速值为

$$U_{*c} = Re_*\nu/D = 350 \times 10^{-6}/(5 \times 10^{-3}) = 0.07\text{m/s}$$

可见在图解法的精度范围内，该点的纵、横坐标值对应的剪切流速(或剪切应力)确实是相同的。同样计算得到：$D=0.5$mm，辅助线参数值为 14.2；$D=0.05$mm，辅助线参数值为 0.450。据此可得到各自对应的临界起动 Shields 数 Θ_c、临界起动剪切应力 τ_c 和临界起动剪切流速 U_*：

(1) 对于粒径为 $D=0.5$mm 的颗粒，$\Theta_c=0.033$，所以

$$\tau_c = \Theta_c(\rho_s - \rho)gD = 0.033 \times (2650 - 1000) \times 9.8 \times 0.5 \times 10^{-3} = 0.267\text{Pa}$$

$$U_{*c} = (\tau_c/\rho)^{1/2} = (0.267/1000)^{1/2} = 0.016\text{m/s}$$

该辅助线与 Shields 曲线交点的颗粒雷诺数 $Re_*=8.1$，可验证其剪切流速值为

$$U_{*c} = Re_*\nu/D = 8.1 \times 10^{-6}/(0.5 \times 10^{-3}) = 0.0162\text{m/s}$$

(2) 对于粒径为 $D=0.05\text{mm}$ 的颗粒，$\Theta_c=0.18$，所以

$$\tau_c=\Theta_c(\rho_s-\rho)gD=0.18\times(2650-1000)\times9.8\times0.05\times10^{-3}=0.146\text{Pa}$$

$$U_{*c}=(\tau_c/\rho)^{1/2}=(0.146/1000)^{1/2}=0.012\text{m/s}$$

该辅助线与 Shields 曲线交点的颗粒雷诺数 $Re_*=0.61$，可验证其剪切流速值为

$$U_{*c}=Re_*\nu/D=0.61\times10^{-6}/(0.05\times10^{-3})=0.0122\text{m/s}$$

注意，判断例 3-1 中的河流是否达到临界起动条件时，需重新计算其 Shields 数。

对例 3-1 中的河流是否能使这些泥沙颗粒起动的判断，作为一道作业题，请读者自己给出。

2. 斜坡上的起动条件及稳定渠道断面形式的推导

在自身重力的作用下，河道边坡上的泥沙颗粒更容易起动。此时作用在泥沙颗粒上的上举力 F'_L 与坡面垂直，而拖曳力(绕流阻力) F'_d 仍与水流方向相同。以水流方向与斜坡倾斜方向正交(即水流方向与斜坡的等高线平行)的情况为例，此时水流作用在斜坡颗粒上的拖曳力 F'_d 与颗粒水下重力沿斜坡的分力所组成的合力大小为

$$F=\sqrt{(W'\sin\theta)^2+(F'_d)^2} \tag{4-13}$$

其中，θ 为边坡在垂直于主流的横断面上与水平面之间的夹角。在这种情况下，泥沙颗粒的临界起动条件为

$$\sqrt{(W'\sin\theta)^2+(F'_d)^2}=\tan\varphi(W'\cos\theta-F_L) \tag{4-14}$$

其中，φ 为泥沙的水下休止角；F'_d 为临界拖曳力。

从上式中解出 F'_d，将其与式(4-6)得到的 F_d 值相除，其值等同于 τ'_c 与 τ_c 之比，其中 τ'_c 是边坡上的临界起动剪切应力；τ_c 是渠道横断面上河底为水平处的剪切应力，$\tau_c=\gamma h_{max}J$(图 4-5)。

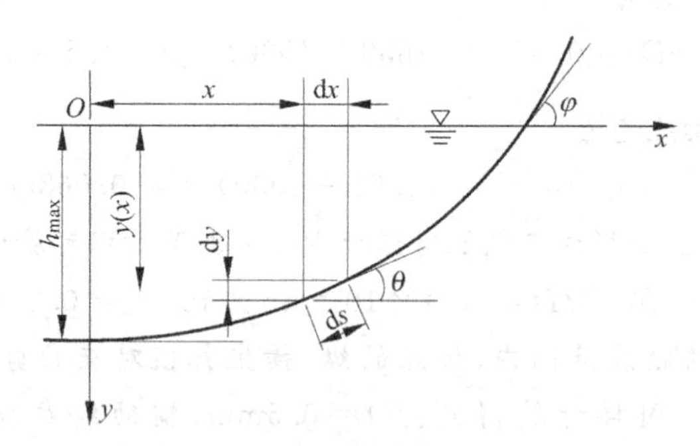

图 4-5 稳定渠道横断面推导示意图

忽略式(4-14)中的上举力项后得到

$$\left(\frac{\tau'_c}{\tau_c}\right)^2=\left(\frac{F'_d}{F_d}\right)^2=\cos^2\theta-\frac{\sin^2\theta}{\tan^2\varphi}=\cos^2\theta\left(1-\frac{\tan^2\theta}{\tan^2\varphi}\right) \tag{4-15}$$

式(4-15)的涵义是，对于物性相同的无黏性颗粒，在河道边坡上使其达到临界起动所需的剪切应力要小于横断面上河底为水平处的值，其原因是斜坡上颗粒与接触面的正压力减小，从而摩擦阻力减小，同时沿斜坡的重力分量也促使颗粒产生运动。

稳定渠道断面指在边界可动的条件下，全部湿周的任意点上颗粒可同时达到临界起动条件。稳定渠道最优断面则指满足稳定而且湿周最小、流量最大。利用式(4-15)，可推导出可使整个断面同时达到临界剪应力的稳定渠道断面形式(图 4-5)，其数学公式为

$$y = h_{\max}\cos\left(\frac{x}{h_{\max}}\tan\varphi\right) \tag{4-16}$$

其中，$h_{\max}$为最大水深(图 4-5)。若推导过程中的假定(如非二维流动中边界上的剪切应力也完全取决于静水压强)都成立，则该种断面形态的全湿周上将同步地受到冲刷，因而它是稳定的。

重点关注

以下二者的不同：

1. 稳定渠道断面。
2. 稳定渠道最优断面。

例 4-3　式(4-16)是由 Glover & Florey(1951)提出的，又称为 Lane 公式。试推导之。

证明　在渠道湿周上取一点，其横坐标为 x、水深为 $y(x)$。在 $y=0$ 处(水面与边坡的交点)，流速为零，临界起动条件是边坡恰等于颗粒的水下休止角 φ。设渠道中为均匀恒定流动，河道和水面的纵向比降均为 J。在边坡上水深为 y 处取斜坡面积 A，则该面积在水平面上的投影大小为 $A\cos\theta$，其上的水体重量沿纵向比降的分量为

$$W = \gamma y A\cos\theta \cdot J$$

则作用在此处边坡上的纵向切应力 τ_w 可写为：$\tau_w = \gamma y J\cos\theta$，与水平床面上的纵向切应力表达式 $\tau_0 = \gamma y J$ 对比，可见边坡倾角 θ 降低了剪切应力的量值。

分析与思考

1. 推导 Lane 公式所表达的稳定渠道最优断面，所依据的基本假定是什么？

图 4-5 中，横断面上河底为水平处的点具有坐标$(0,h_{\max})$，该处剪切应力大小是 $\tau_0=\gamma h_{\max}J$。由式(4-15)可知，若断面上坐标为$(0,h_{\max})$处和边坡上坐标为$(x,y(x))$处的河床剪切应力都达到临界起动条件，分别用符号 τ_c 和 τ'_c 表示，则其关系应为

$$\tau'_c = \tau_c\cos\theta\sqrt{1-\frac{\tan^2\theta}{\tan^2\varphi}} \tag{4-17}$$

把 $\tau'_c=\gamma yJ\cos\theta$ 和 $\tau_c=\gamma h_{\max}J$ 分别代入上式，得到

$$\gamma yJ\cos\theta = \gamma h_{\max}J\cos\theta\sqrt{1-\frac{\tan^2\theta}{\tan^2\varphi}}$$

由图 4-5 可见，$\tan^2\theta=(\mathrm{d}y/\mathrm{d}x)^2$，代入上式整理后得到

$$\left(\frac{\mathrm{d}y}{\mathrm{d}x}\right)^2 + \left(\frac{y}{h_{\max}}\right)^2\tan^2\varphi - \tan^2\varphi = 0 \tag{4-18}$$

上式略作变换，从$(0,h_{\max})$处积分至$[x,y]$，即得到

$$\int_{h_{\max}}^{y}\frac{\mathrm{d}\eta}{\sqrt{1-\left(\frac{\eta}{h_{\max}}\right)^2}} = \tan\varphi\int_0^x \mathrm{d}\zeta$$

也即

$$\arcsin\left(\frac{\eta}{h_{\max}}\right)\Bigg|_{h_{\max}}^{y} = \frac{\tan\varphi}{h_{\max}}\zeta\Bigg|_0^x \quad 或 \quad \arcsin\left(\frac{y}{h_{\max}}\right)-\frac{\pi}{2} = \frac{x}{h_{\max}}\tan\varphi \tag{4-19}$$

因此，最后的断面形式为 $y=h_{\max}\cos\left(\frac{x}{h_{\max}}\tan\varphi\right)$，即得到 Lane 公式。

进一步计算还可得出稳定渠道最优断面的过水面积 A、顶宽 B 和 Manning 系数为 n 时的断面平均流速 U_a：

$$A = \frac{2h_{\max}{}^2}{\tan\varphi},\quad B = \frac{\pi h_{\max}}{\tan\varphi},\quad U_a = \frac{1}{n}\left[\frac{4h_{\max}\cos\varphi}{2\pi(4-\sin^2\varphi)}\right]^{2/3}J^{1/2} \tag{4-20}$$

上述余弦曲线即为所求的理想、稳定的渠道横断面。在给定的流量下,它具有最小湿周、最小顶宽、最小断面和最大的水力效率。

3. 临界起动流速 U_c

在Shields曲线出现之前,临界起动条件多采用临界流速的形式。Hjulström(1935)分析了水深在1m以上的河流中均匀沙运动的资料,提出了以平均流速表达的临界起动条件,如图4-6所示。

分析与思考

1. 根据Shields曲线,说明同一粒径的临界起动平均流速为什么与水深有关。

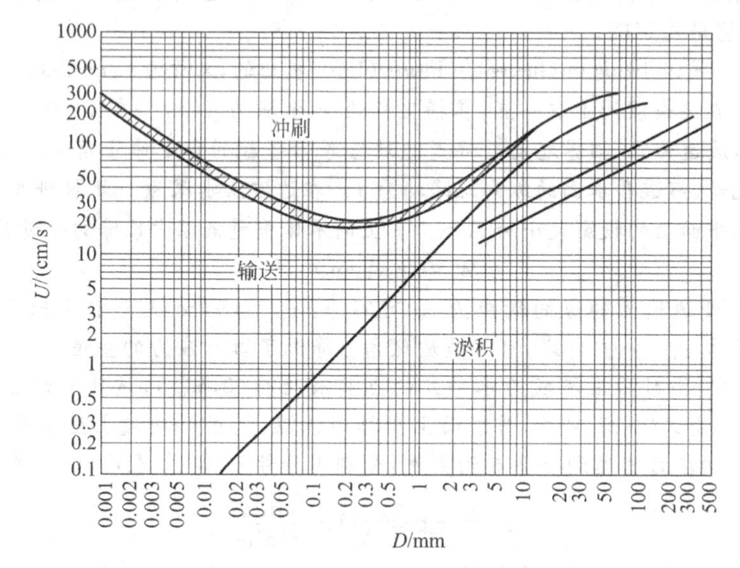

图4-6 Hjulström总结的临界起动平均流速与粒径的关系(水深均大于1m)

显然,图4-6的适用范围受到水深条件的限制,同粒径的颗粒,在不同的水深下其临界起动平均流速也不同。这一限制使得该图不方便应用,与其他条件下的试验结果或经验公式也不易互相换算。为此,可通过应用断面平均流速的表达式,引入水深变量,从而得到临界起动平均流速公式。

明渠中的时均流速场和床面上的剪切应力之间存在着确定的关系,所以可从临界床面剪切应力的表达式推导出泥沙的临界起动平均流速公式。达到临界起动条件时,床面剪切应力恰好等于临界起动切应力($\tau_0=\tau_c=\gamma RJ$),断面平均流速也应恰好等于临界起动平均流速 U_c,它的值通过对数型垂线平均流速公式(3-18)唯一地由 $U_*(=(\tau_c/\rho)^{1/2})$、$R$、$J$ 等变量确定。所以此时式(3-18)亦是临界条件式,将它的两边分别与式(4-10)开平方后的结果相乘就可得到用临界断面平均流速 U_c 表达的起动条件。此时尚未形成沙波,故令 $R'=R$,并用 U_c 代表临界起动时的垂线平均流速,推导出的临界起动平均流速表达式为

$$\frac{U_c}{\sqrt{\dfrac{\gamma_s-\gamma}{\gamma}gD}}=5.75\sqrt{\Theta_c}\lg\left(\frac{12.27R\chi}{k_s}\right) \tag{4-21}$$

Buffington(1998)分析大量的资料后得出,对于紊流区(图4-4中当 $Re_*>100$

时)的情况,$\Theta_c = f(Re_*) = 0.03 \sim 0.059$,又天然沙 $\gamma_s = 2.65$,则可以写出起动流速的一般形式如下:

$$\frac{U_c}{\sqrt{gD}} = (1.28 \sim 1.79)\lg\left(\frac{12.27R\chi}{k_s}\right) \tag{4-22}$$

这类临界平均流速计算式在俄罗斯学派的河流动力学体系中应用较多,如列维公式、冈恰洛夫公式等,均属于这种类型,其中表征糙率的代表粒径 k_s 均采用床沙中较粗部分的泥沙粒径(如 D_{90} 或 D_{95})。

若不采用对数型的断面平均流速公式,而代之以指数流速分布公式,就可以推导得出指数型的临界平均流速计算式,这类计算式的自变量中还包含了水流平均水深,例如应用较广的沙莫夫公式:

$$U_c = 1.14\sqrt{\frac{\gamma_s - \gamma}{\gamma}gD}\left(\frac{h}{D}\right)^{1/6} \tag{4-23}$$

根据图 4-1 中滚动起动的临界条件,可按如下步骤推导沙莫夫公式(4-23)。令颗粒的水下重量、所受的上举力和拖曳力仍分别用式(4-1)～式(4-3)计算,但假定垂线上的流速分布是指数型的:

$$u(y) = (1+m)\overline{U}\left(\frac{y}{h}\right)^m$$

其中,$\overline{U}$ 为垂线平均流速;m 为指数,可取 $m=1/6$。令 $y=\alpha D$ 处的流速为 U_0,采用式(4-1)～式(4-3)中求得颗粒的上举力和拖曳力后,代入滚动起动的临界条件中:

$$W' \cdot L_1 = F_L \cdot L_2 + F_d \cdot L_3$$

将上式化简,把未知参数 L_1、L_2、L_3、α 和天然颗粒的不规则形状对上举力和拖曳力系数的影响等都包含在一个"常数"中,即得到

$$U_c = (\text{常数})\sqrt{\frac{\gamma_s - \gamma}{\gamma}gD}\left(\frac{h}{D}\right)^{1/6}$$

这就是沙莫夫公式的原始形式。其中的常数是采用河流实测资料和室内试验资料率定的,有较好的计算精度。

张晓峰和谢葆玲(1995)建立了起动流速和起动概率的关系,得出了带有不同起动概率参数 C 的起动流速公式:

$$U_c = 0.44\sqrt{\frac{2}{0.15 + 0.13C}}\sqrt{\frac{\gamma_s - \gamma}{\gamma}gD}\left(\frac{h}{D}\right)^{1/6} \tag{4-24}$$

其中,C 值按确定的起动概率 p 从正态分布表中查得。如取起动概率为 $p=12.71\%$,则 $C=1.14$,代入式(4-24)可得沙莫夫公式(4-23)。

例 4-4　对例 4-2 中三种粒径的泥沙颗粒,分别采用对数型临界起动平均流速公式和沙莫夫公式计算水深为 1m,10m,30m 时的临界起动平均流速值。

解　设水力半径等于水深,即 $R=h=1.0\text{m}$,Einstein 修正系数 $\chi=1.0$,粗糙突起高度 $k_s=D$,则对数型起动流速公式(4-21)可写为

$$U_c = 5.75\sqrt{\Theta_c}\sqrt{\frac{\gamma_s - \gamma}{\gamma}gD}\lg\left(12.27\times\frac{1.0}{D}\right) = 23.1\sqrt{D\cdot\Theta_c}\lg\frac{12.27}{D}$$

当粒径分别为 $D=5\text{mm},0.5\text{mm},0.05\text{mm}$ 时,图 4-4 中查出的临界起动 Shields 数分别为 $\Theta_c=0.057,0.033,0.18$,代入上式可求出临界平均流速分别为 $U_c=1.32\text{m/s},0.41\text{m/s},0.37\text{m/s}$。

采用沙莫夫公式计算时,不必用到临界起动 Shields 数 Θ_c,直接将粒径和水深代入式(4-23)中,即可算得粒径为 $D=5\text{mm},0.5\text{mm},0.05\text{mm}$ 时,相应的临界流速分别为 $U_c=0.78\text{m/s},0.36\text{m/s},0.17\text{m/s}$。

采用相同的步骤,可以计算得到不同水深下的临界起动平均流速值,见表 4-1。

表 4-1 临界起动平均流速值

粒径 /mm	采用沙莫夫公式计算得到的临界起动平均流速 U_c/(m/s)			
	$h=0.2\text{m}$	$h=1\text{m}$	$h=10\text{m}$	$h=30\text{m}$
0.05	0.13	0.17	0.25	0.30
0.5	0.28	0.36	0.53	0.64
5.0	0.60	0.78	1.15	1.38
50.0	1.29	1.69	2.48	2.98

用沙莫夫公式计算,计算过程较为简便。显然,Shields 起动曲线方法和临界起动平均流速方法中,都没有考虑细颗粒所受的黏性力对临界起动条件的影响,因而相应临界值偏小。

4.2.2 无黏性非均匀沙的起动

1. 非均匀沙起动条件的物理涵义

非均匀沙的起动特性较为复杂,除了前面已经提到的随机性外,还具有非恒定性。在泥沙的运动过程中,较细部分的泥沙冲刷外移而较粗的泥沙颗粒仍留在床面上,形成粗化层,从而使泥沙的临界起动条件也不断地发生变化。

由于非均匀沙颗粒在床面的位置、排列情况极其复杂,需要考虑大颗粒对小颗粒的隐蔽作用、大颗粒暴露于床面以及在冲淤过程中的粗化和细化等因素的影响。但最终仍可归结于在一定的水流条件和床沙组成下,哪一级粒径的泥沙将开始运动,哪一级粒径的泥沙仍然静止。严格来说,这样一个临界粒径是不存在的,只能推求在这样的条件下,某一粒径级的泥沙起动的概率。从数学分析的角度来看,均匀沙和非均匀沙的起动都是推求在一定的水流条件及床沙组成下,一定粒径的泥沙的起动概率。

2. 不同粒径泥沙相互作用对起动的影响

重点关注

1. 非均匀沙起动过程中,不同粒径颗粒之间的相互影响。

非均匀沙中粗细颗粒间的相互作用和床沙级配变化的非恒定过程十分复杂,现阶段的研究成果都是以一些简化假定为基础、并通过实测资料的验证得到的经验关系。

秦荣昱(1980)分析了大量的实测资料和已有的临界起动条件计算式,认为对于一条有泥沙补给的河流,在一般洪水时,床面会形成一层较粗的床沙,它对较细的颗粒起着隐蔽和保护作用,称为自然粗化过程。如果所研究的颗粒小于床沙的最大粒径,该颗粒的起动就要多承受一个床沙自然粗化作用带来的附加阻力。假定附加阻力与混合沙的平均临界剪切应力成比例，可导出非均匀沙各个粒径的起动流速公式为

$$\frac{U_c}{\sqrt{\frac{\gamma_s-\gamma}{\gamma}gD}}=0.963\sqrt{0.67+\frac{D_m}{D}\left(\frac{h}{D_{90}}\right)^{1/6}} \tag{4-25}$$

其中，D_m 为平均粒径。

从式(4-25)可以看出，当 $D=D_m$ 时，式(4-25)转化成一般的均匀沙起动流速公式，当$D<D_m$时，根号中数值变大，说明较细泥沙受到荫蔽，更难于起动。当 $D>D_m$ 时，根号中数值变小，说明较粗的泥沙被暴露，更易于起动。

何文社等(2002)在分析泥沙颗粒受力时，除考虑拖曳力、上举力和水下重力外，还考虑了由于颗粒相对暴露度而产生的附加质量力，起动流速的表达式为

$$\frac{U_c}{\sqrt{\frac{\gamma_s-\gamma}{\gamma}gD}}=A\sqrt{1+\xi}\left(\frac{h}{D_{90}}\right)^{1/6} \tag{4-26}$$

其中，ξ 为相对暴露度。式(4-26)与式(4-25)的结构是一致的。

3. 天然沙的起动

我国河流有大量实测的推移质输沙资料，可以据此分析得出泥沙的起动条件。

彭润泽和吕秀贞(1990)分析了长江寸滩站的卵石推移质输沙规律，得出了计算非均匀沙的起动流速公式为

$$\frac{U_c}{\sqrt{\frac{\gamma_s-\gamma}{\gamma}gD}}=0.997\left(\frac{D_m}{D}\right)^{0.22}\left(\frac{h}{D}\right)^{1/6} \tag{4-27}$$

可转化为

$$\frac{U_c}{\sqrt{\frac{\gamma_s-\gamma}{\gamma}g}}=0.997D_m^{0.22}h^{0.167}D^{0.113} \tag{4-28}$$

即临界流速公式中水深的方次高，粒径本身的方次却更低。

王兴奎等(1992)将寸滩站1966—1988年实测的2167组卵石推移质资料输入计算机，通过统计分析，得出卵石推移质起动流速的关系式。将式(4-23)写成更一般的表达式，即

$$U_c=A\sqrt{\frac{\gamma_s-\gamma}{\gamma}gD}\left(\frac{h}{D}\right)^{y} \tag{4-29}$$

其中，A、y 分别为待定常数和指数。

由于水流和泥沙运动的脉动特性和上游来沙条件的限制以及采样器效率等因素的影响，在每一测次所采到的最大粒径不一定就是当时水流条件所对应的临界起动粒径。合理的方法是将各级流量实测的最大粒径按大小排列，求出其概率密度分布，取具有某一概率的粒径作为该级流量的临界起动粒径。统计资料表明，当采用代表粒径 D_{96}时，$A=0.783$，$y=1/6$，相关系数 $r=0.881$，即

$$U_c = 0.783\sqrt{\frac{\gamma_s-\gamma}{\gamma}gD_{96}\left(\frac{h}{D_{96}}\right)^{1/6}} \tag{4-30}$$

式(4-30)与一般的起动流速公式基本一致。采用累计概率为96%的粒径(即D_{96})作为该级流量的临界起动粒径,与窦国仁的少量起动条件(97.7%)的概率相近。

4.2.3 黏性颗粒和轻质沙的起动

1. 黏性颗粒的起动

重点关注

1. 细颗粒的粘结力对其临界起动平均流速的影响。

根据Shields起动拖曳力曲线图4-4可以看到,当$Re_*=10$时,无量纲起动拖曳力最小,在曲线左端随着粒径的变细,无量纲起动拖曳力反而增加,这主要是粘结力在起作用。

张瑞瑾(1989)认为细颗粒之间的粘结力主要是因为存在于颗粒之间的吸附水和薄膜水不传递静水压力所引起的。粘结力主要与沙粒之间的空隙、沙粒在水平面上的投影及沙粒所受垂直压力(取决于水深h)有关。经过推导,张瑞瑾得出的起动流速的表达式为

$$U_c = \left(\frac{h}{D}\right)^{0.14}\sqrt{17.6D\frac{\gamma_s-\gamma}{\gamma}+0.000000605\frac{10+h}{D^{0.72}}} \tag{4-31}$$

窦国仁(1960)通过石英丝的试验,明确了颗粒的受力情况,证实了薄膜水的一些物理性质,并在此基础上推导出了一个适用于各种颗粒的起动流速公式如下:

$$\frac{U_c}{\sqrt{gD}} = \sqrt{\frac{\gamma_s-\gamma}{\gamma}\left(6.25+41.6\frac{h}{H_a}\right)+\left(111+740\frac{h}{H_a}\right)\frac{H_a\delta_0}{D^2}} \tag{4-32}$$

其中,$H_a=10\text{m}$,为以水柱高表示的大气压力;$\delta_0=3.0\times10^{-8}\text{cm}$,为水分子厚度。

窦国仁(1999)采用时均流速分布公式求出垂线平均流速后,得出如下结果:

$$U_c = 0.32\ln\left(11\frac{h}{k_s}\right)\left(\frac{D_c}{D_*}\right)^{1/6}\sqrt{3.6\frac{\gamma_s-\gamma}{\gamma}gD+\left(\frac{\gamma'_s}{\gamma'_{s*}}\right)^{2.5}\frac{\varepsilon_0+gh\delta\sqrt{\delta/D}}{D}} \tag{4-33}$$

其中,γ'_s、γ'_{s*}分别为床面泥沙的实际干容重和密实后的稳定干容重;ε_0为综合粘结力参数,对于一般泥沙可取$\varepsilon_0=1.75\text{cm}^3/\text{s}^2$;$\delta$为薄膜水参数,可取$\delta=2.31\times10^{-5}\text{cm}$,$D_*=10\text{mm}$;$k_s$为床面粗糙高度。

式(4-33)表达的条件为少量起动。D_c和k_s的取值为

$$D_c=\begin{cases}0.5\text{mm}\\ D\\ 10\text{mm}\end{cases},\quad k_s=\begin{cases}1.0\text{mm}, & \text{当}\ D\leqslant 0.5\text{mm}\\ 2D, & \text{当}\ 0.5\text{mm}<D<10\text{mm}\\ 2\sqrt{D_*D}, & \text{当}\ D\geqslant 10\text{mm}\end{cases}$$

例4-5 设水深分别为$h=0.2\text{m},1.0\text{m},10\text{m},30\text{m}$,对例4-2中三种粒径的泥沙颗粒,分别采用式(4-31)和式(4-32)计算临界起动平均流速值。

解 以$h=0.2\text{m}$,$D=0.05\text{mm}$的情况为例,用式(4-31)和式(4-32)分别计算如下:

$$U_c=\left(\frac{0.2}{0.05\times10^{-3}}\right)^{0.14}\sqrt{17.6\times0.05\times10^{-3}\times\frac{1650}{1000}+0.000000605\frac{10+0.2}{(0.05\times10^{-3})^{0.72}}}$$

$$=0.306\text{m/s}$$

$$U_c=\sqrt{9.8\times0.05\times10^{-3}}$$

$$\times\sqrt{\frac{1650}{1000}\left(6.25+41.6\times\frac{0.2}{10}\right)+\left(111+740\times\frac{0.2}{10}\right)\times\frac{10\times3\times10^{-10}}{(0.05\times10^{-3})^2}}$$

$$=0.282\text{m/s}$$

全部计算结果汇总于表 4-2 中。

表 4-2　分别采用张瑞瑾公式(4-31)和窦国仁公式(4-32)计算的临界起动流速

粒径 D/mm	水深 h/m							
	0.2		1.0		10.0		30.0	
	式(4-31)	式(4-32)	式(4-31)	式(4-32)	式(4-31)	式(4-32)	式(4-31)	式(4-32)
0.05	0.306	0.282	0.395	0.342	0.711	0.734	1.147	1.215
0.5	0.293	0.254	0.368	0.308	0.528	0.661	0.664	1.094
5.0	0.639	0.757	0.801	0.918	1.106	1.968	1.293	3.257
50	1.463	2.393	1.833	2.901	2.530	6.220	2.951	10.293

当水深分别为 15cm 和 15m 时，各公式的对比见图 4-7。可见计算得到的起动流速对细颗粒基本一致。但 $D>0.2$mm 后，各公式的差异较大。

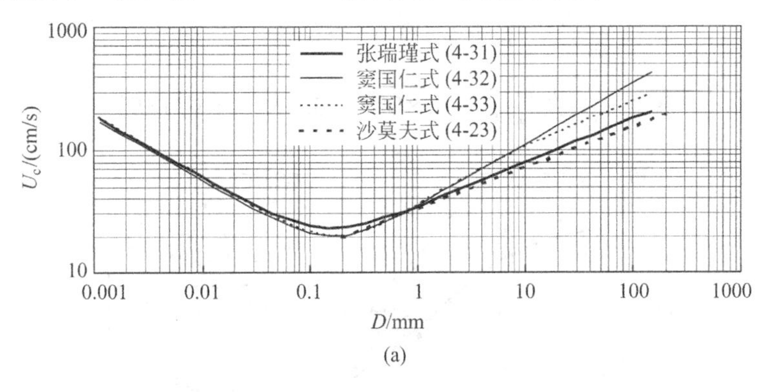

(a)

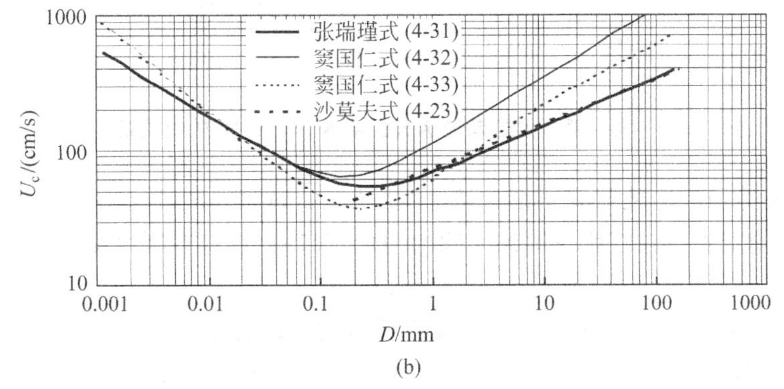

(b)

图 4-7　各临界起动流速公式的对比

(a) 水深 h=15cm；(b) 水深 h=15m

2. 轻质沙的起动

在我国大中型水利水电工程的规划设计中常涉及工程泥沙问题。目前对这类问题的研究还需要采用实体模型试验，而模型沙的选择是否合适又是试验成败的关键。为了保证模型试验中的冲刷和淤积同时满足相似率，首先须满足模型沙起动相似的要求。为此在这方面进行过大量的试验研究，取得了一些有价值的成果。

陈稚聪(1996)等用极细的塑料沙($D=0.041\sim0.24$mm)在水槽中做的起动试验表明，随粒径的逐渐变细，起动流速逐渐增加，其增加的趋势与天然沙相似，如考虑重力作用和粘结力作用对细颗粒泥沙的影响，起动流速仍可用一般的起动流速公式来描述，即

$$U_c = K\sqrt{\frac{\gamma_s-\gamma}{\gamma}gD}\left(\frac{h}{D}\right)^{1/6} \tag{4-34}$$

其中，参数 K 为与粒径 D(以 mm 计)有关的参数。

$$K = 1.95(\lg D)^2 - 0.17\lg D + 0.72 \tag{4-35}$$

式(4-35)适用于 $D<0.25$mm 的细颗粒塑料沙。

府仁寿等(1993)用塑料沙和电木粉在水槽里进行了起动流速的试验，水槽长16m，宽0.5m，观测段在水槽中部往下，水深5～20cm。由试验结果得出式(4-34)中的参数 K 与粒径 D(mm)的关系见图4-8，其适线方程分别为

塑料沙：
$$K = \frac{0.2}{0.01+D} + 4.4D^{0.5} - 3D^{0.7} \tag{4-36}$$

电木粉：
$$K = \frac{0.1}{0.015+D} + 3.8D^{0.5} - 3.1D^{0.8} + 0.45D^{1.5} \tag{4-37}$$

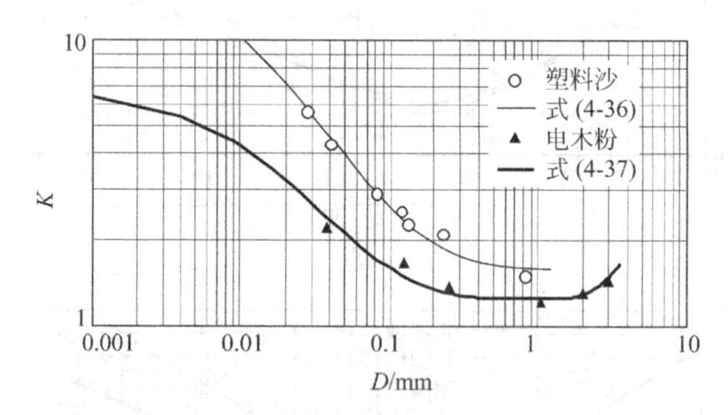

图4-8 轻质沙起动流速公式中 K 值与粒径 D 的关系

府仁寿等(1993)还研究了细颗粒电木粉($D=0.038$mm)的起动流速和固结时间的关系，发现随着颗粒在水下固结时间的增加，起动流速将有所增加，可表示为

$$U_{ct} = U_c T^{1/6} \tag{4-38}$$

其中，T 为水下固结的天数；U_{ct}为固结 T 天后的起动流速。

高树华等(1992)在长21m、宽0.4m的固定玻璃水槽中用相对密度为1.05的塑料沙进行了起动流速的试验，试验水深 $h=8.7\sim54$cm。试验结果表明，各种起动状

态的起动流速 U_c 仍可用一般的起动流速公式表示：

$$U_c = A\sqrt{\frac{\gamma_s-\gamma}{\gamma}gD}\left(\frac{h}{D}\right)^{\frac{1}{y}} \tag{4-39}$$

4.3　均匀推移质运动

4.3.1　推移质运动的一般概念

对推移质运动的研究已有 100 多年的历史，研究方法基本是以现象描述、运动机理探讨、颗粒受力分析及实验室和野外观测为主，最终归结于推移质输沙率公式的建立和验证。

推移质泥沙即指在床面滚动、滑动及跃离床面后在短距离内又落回床面的运动颗粒，在水流强度特别大时，床面颗粒成层运动的状态（层移质）亦属推移质的范畴。

胡春宏等(1995)在水槽试验中用高速摄影技术获得大量泥沙运动轨迹的资料，试验结果表明，跃移质是推移质运动的主要形式。颗粒跃移的轨迹和相关参数的定义见图 4-9，其中 H_b 为跃高，L 为跃长，L_1 为跃高点的长度，U_b 为平均纵向跃移速度，$\vec{U}$ 为跃移速度，U_{b0} 和 V_{b0} 及 U_{be} 和 V_{be} 为起跃点及降落点的相应分速。

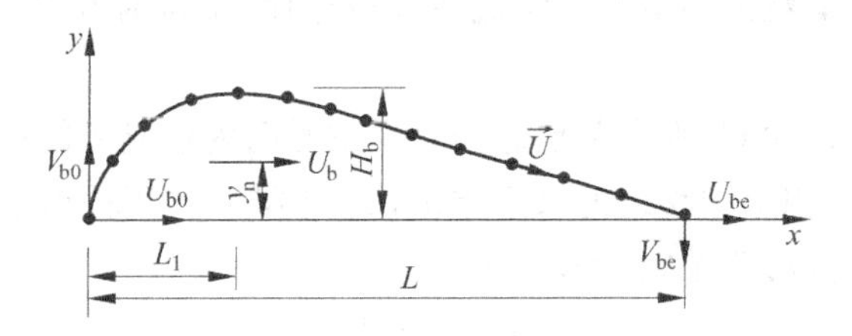

图 4-9　颗粒跃移参数的定义

4.3.2　Meyer-Peter-Müller 公式(1934，1948)

Meyer-Peter 首先根据粒径为 28.6mm≥D≥5.05mm 的水槽试验资料，用相似律的概念，得到以水下沙重表示的单宽输沙率 g'_b 的计算式如下：

$$\frac{(\gamma q)^{2/3}}{D}J = a_1 + b_1\frac{g'^{2/3}_b}{D} \tag{4-40}$$

床面有沙波时，只有对应于沙粒阻力的部分能量才对推移质运动产生作用，其比例为 $\tau'_0/\tau_0=\gamma R'_bJ/\gamma R_bJ=(K_b/K'_b)^{3/2}$。其中，$K_b$ 为河床阻力系数，$K_b=1/n=U/(R_b^{2/3}J^{1/2})$，$K'_b$为沙粒阻力系数。如需要考虑边壁的影响时，可取 $Q_b=BR_bU$，$Q=BhU$。考虑各种颗粒相对密度的影响，由试验确定系数及指数后，得到干沙重表示的单宽输沙率 g_b 的计算式如下：

$$\frac{Q_b}{Q}\left(\frac{K_b}{K'_b}\right)^{3/2}\gamma hJ = 0.047(\gamma_s-\gamma)D + 0.25\left(\frac{\gamma}{g}\right)^{1/3}\left(\frac{\gamma_s-\gamma}{\gamma_s}\right)^{2/3}g_b^{2/3} \tag{4-41}$$

重点关注

1. Meyer-Peter 公式中必须区分沙粒阻力和沙波阻力。

计算时,取沙粒阻力对应的 $K'_b=26/D_{90}^{1/6}$,这是 Müller 根据试验资料确定的经验关系。式(4-41)与试验结果的对比见图 4-10,试验条件为:槽宽 0.15~2.0m,水深 0.01~1.2m,坡降 0.04%~2.0%,泥沙相对密度 1.25~4.0,泥沙粒径 0.4~30mm。

分析与思考

1. 为什么只有对应于沙粒阻力的部分能量才对推移质运动产生作用?

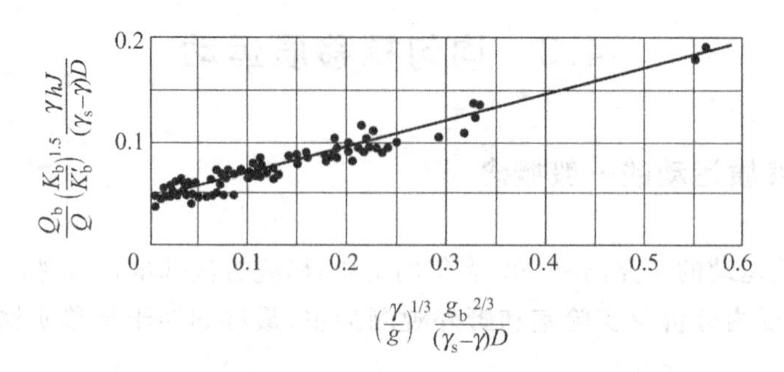

图 4-10 Meyer-Peter 推移质公式与试验成果的对比

4.3.3 Bagnold 公式

R. A. Bagnold(1966)首先对推移运动的基本物理图形进行了分析,从能量守恒的观点出发,把水流看作是搬运泥沙颗粒的力学体系,则单位床面上推移质颗粒运动在单位时间内所消耗的能量等于水流在单位床面、单位时间内所损失的势能乘以效率。

设断面平均流速为 U,则在单位床面上单位时间内水流所能提供的势能为 $\tau_0 U$,令 W' 为单位床面面积上推移质的水下重量,U_b 为推移质颗粒总体的平均运动速度,则以水下重量计的推移质单宽输沙率为

$$g'_b = W'U_b \tag{4-42}$$

单位时间内搬运推移质所做的功为 $W'U_b\tan\alpha$,这一功率应等于水流所能提供的势能 $\tau_0 U$ 乘以搬运推移质的效率 e_b,即

$$W'U_b\tan\alpha = \tau_0 U e_b \tag{4-43}$$

$$g'_b = \frac{\tau_0 U e_b}{\tan\alpha} \tag{4-44}$$

其次,Bagnold 从分析单个颗粒跃移过程中与水流的相互作用入手,给出了更为详尽的推移质单宽输沙率公式。

设单个颗粒跃移过程中的平均运动速度为 U_b。假定作跃移运动的泥沙颗粒所在高程的水流速度 U_n 比 U_b 大一个量值 U_r,即

$$U_b = U_n - U_r \tag{4-45}$$

如图 4-11 所示。

颗粒水平速度小于水流纵向速度,设其所受的水流平均作用力为 F_x。该力与颗粒水下重量之比为 $\tan\alpha$。当维持颗粒连续跳跃运动时,它做的功为

$$W'U_b\tan\alpha = F_x(U_n - U_r)$$

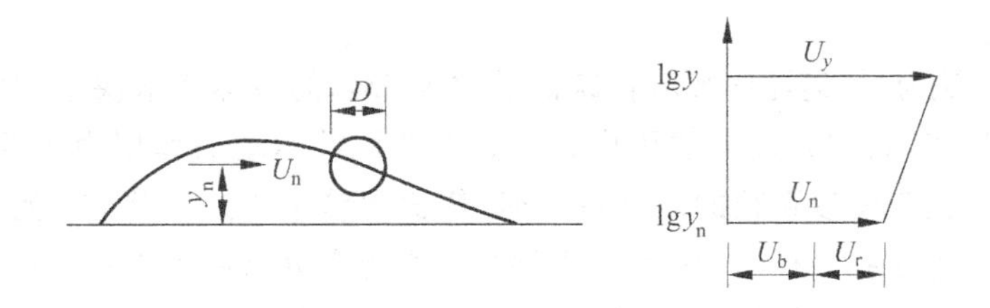

图 4-11 床面附近的流速分布及泥沙与水流的相对运动速度示意图

扩展到全部推移质颗粒，有 $W'U_b = g'_b$。又设 F_x 是边界剪应力 τ_0 的一部分，$F_x = \beta\tau_0$，其中 β 为比例系数，则

$$g'_b = \frac{\beta\tau_0}{\tan\alpha}(U_n - U_r) \tag{4-46}$$

采用对数流速分布公式：

$$U_n = U_L - 5.75U_* \lg\left(\frac{0.4h}{y_n}\right) \tag{4-47}$$

其中，U_L 为垂线平均流速，此处假定 U_L 值恰等于 $y=0.4h$ 处的纵向流速值。

从以上各式可得推移质输沙率公式为

$$g'_b = \frac{\beta\tau_0}{\tan\alpha}\left(U_L - 5.75U_* \lg\left(\frac{0.4h}{y_n}\right) - U_r\right) \tag{4-48}$$

重点关注

1. 式（4-48）是根据单个颗粒跃移过程中与水流的相互作用过程，推导得到的推移质单宽输沙率公式。

对式中的三个待定参数作如下假定：

$$\beta = \frac{U_* - U_{*c}}{U_*},\quad y_n = MD,\quad M = K_0\left(\frac{U_*}{U_{*c}}\right)^{0.6},\quad U_r = \omega$$

其中，K_0 为根据试验资料而定的参数，对于均匀的细沙、粗沙来说，$K_0 = 1.4 \sim 2.8$；在卵石河流中，如组成推移质的是粗沙，则跳跃高度更大，K_0 值在 7.3～9.1 之间变化。最后得出以干重计的推移质单宽输沙率公式如下：

$$g_b = \frac{\gamma_s}{\gamma_s - \gamma}\frac{U_* - U_{*c}}{U_*}\frac{\tau_0}{\tan\alpha}\left[U_L - 5.75U_* \lg\left(\frac{0.4h}{MD}\right) - \omega\right] \tag{4-49}$$

其中，$\tan\alpha$ 的值与粒径有关，一般近似取 $\tan\alpha = 0.63$。

4.3.4 Einstein 推移质运动理论（1942，1950）

H. A. Einstein 在试验和观测中注意到床面泥沙颗粒运动的随机性以及推移质与床沙之间存在着交换现象，基于实测资料建立了推移质运动强度 Φ 与水流参数 Ψ 之间的经验关系。之后他利用概率论的方法导出了 Φ 和 Ψ 函数关系的数学表达式，并进一步推广到非均匀沙的推移运动。从推移质和悬移质之间存在交换的概念出发，他又把推移质运动理论和悬移质扩散理论联系起来，提出了床沙质挟沙力的计算方法，目前为止仍然是对颗粒运动的分析较为全面的一种理论。

2. Einstein 推导推移质单宽输沙率公式时的基本假设之一：颗粒单步运动距离。

对于任何一颗推移质泥沙来说，它的运动行程是间歇的，而不是连续的。它在被水流搬运一段距离后，便在床面静止下来，成为床沙质。推移质输沙率实质上取决于泥沙颗粒在交换过程中在床面停留时间的长短，停留时间越长，推移质输沙率越小。

Einstein认为,任何泥沙颗粒自床面被水流带起的或然率取决于泥沙的性质及床面附近的流态,而与其过去的历史无关。促使泥沙运动的作用力主要是上举力,当瞬时上举力大于泥沙颗粒的水下重量时,床面泥沙进入运动状态;泥沙颗粒运动的单步距离约为沙粒直径的100倍;泥沙在床面上各处落淤的或然率相同。

Einstein从上述假定出发推导得到了当运动泥沙与床面泥沙的交换达到平衡时的输沙率,即Einstein推移质公式。

1. 泥沙的沉积率

重点关注

1. Einstein推导推移质单宽输沙率公式时的基本假设之二:沉积率与颗粒平均运动距离。

在一定的水流条件下,假定河床表面比例为P的部分面积上的水流上举力F_L大于泥沙颗粒的水下重量W',有$1-P$的面积上的$F_L<W'$,示意如图4-12所示。当进入研究断面的N颗沙粒走完一个单步距离后,将会有$N(1-P)$颗沙粒正好落在$F_L<W'$的面积上而沉积下来,另有NP颗沙粒落在$F_L>W'$的面积上,则走完一个单步距离后再继续前进。在完成第二个单步距离后,又有$NP(1-P)$粒沙沉积下来,再剩下NP^2颗泥沙继续前进,如此不断发展下去,当走完第K个单步距离后,会有$NP^{k-1}(1-P)$颗沙沉积下来,最后可得泥沙运动的平均距离为

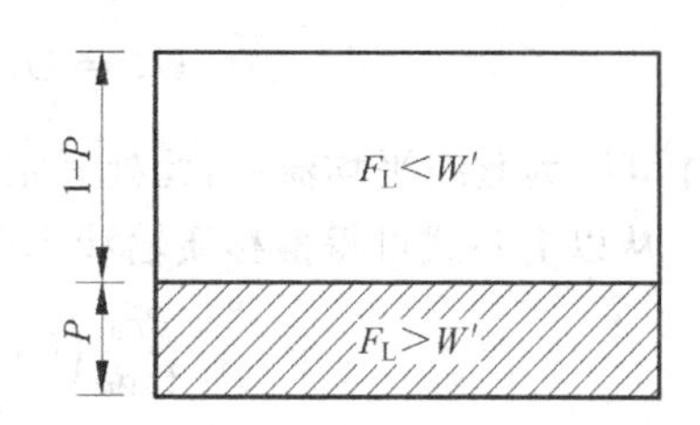

图4-12 水流上举力大于沙粒水下重量所占床面比例示意图

$$L_0=\sum_{k=0}^{\infty}(1-P)P^{k-1}K\lambda D=\frac{\lambda D}{1-P} \tag{4-50}$$

若推移质泥沙的单宽输沙率为g_b,则在单位时间内通过所研究断面的泥沙,都将在长度为L_0的范围内沉积下来,这样,单位面积上泥沙的沉积率g_d为

$$g_d=\frac{g_b}{1\times L_0}=\frac{g_b(1-P)}{\lambda D} \tag{4-51}$$

2. 泥沙的冲刷率

泥沙颗粒自床面冲刷外移的条件取决于有多少这样的泥沙暴露在水流下面,及$F_L>W'$的或然率有多大。假定在单位面积上的泥沙颗粒数为$\frac{1}{A_1D^2}$,则其重量为$\frac{A_2\gamma_sD^3}{A_1D^2}$。根据前面的假定,在单位床面面积上,有比例为$P$的面积上$F_L>W'$,即颗粒冲刷外移的或然率为$P$。这样,在单位面积上,将有重量为$\frac{A_2\gamma_s}{A_1}PD$的泥沙被冲刷外移,其中$A_1$、$A_2$为与泥沙颗粒形状有关的系数。

已知冲刷外移的沙量后,需计算出这些泥沙被冲走的过程所需的时间。假定泥沙的交换时间与泥沙在静水中沉降一个粒径的距离所需的时间成正比,即

$$t=\frac{D}{\omega}=A_3\sqrt{\frac{D}{g}\frac{\gamma}{\gamma_s-\gamma}} \tag{4-52}$$

最后得出单位面积上泥沙的冲刷率 g_s 为

$$g_s=\frac{\frac{A_2\gamma_s}{A_1}PD}{A_3\sqrt{\frac{D}{g}\frac{\gamma}{\gamma_s-\gamma}}}=\frac{A_2}{A_1A_3}P\gamma_s\sqrt{\frac{\gamma_s-\gamma}{\gamma}gD} \tag{4-53}$$

前已述及，使泥沙冲刷外移的或然率定义为 $P\{F_L>W'\}$，有两种含义：对同一床面面积上的不同时刻，它代表在全部时间中泥沙被冲刷外移的时间比例；对同一时刻的单位床面面积，它则表示达到条件 $F_L>W'$ 的面积所占的比例，所以在泥沙沉积率和泥沙冲刷率中的或然率 P 是同一物理变量的不同表达方式。

3. 输沙平衡条件

当推移质运动达到平衡时，自河床冲起的泥沙和推移质中落淤的泥沙应相等，则

$$\frac{g_b(1-P)}{\lambda D}=\frac{A_2}{A_1A_3}\gamma_sP\sqrt{\frac{\gamma_s-\gamma}{\gamma}gD} \tag{4-54}$$

重点关注

1. Einstein 推导推移质单宽输沙率公式时的基本假设之四：输沙平衡条件。

令 $A_*=\frac{A_1A_3}{\lambda A_2}$ 及

$$\Phi=\frac{g_b}{\gamma_s}\left(\frac{\gamma}{\gamma_s-\gamma}\right)^{1/2}\left(\frac{1}{gD^3}\right)^{1/2} \tag{4-55}$$

Φ 为推移质运动强度，或然率 P 为

$$P=\frac{A_*\Phi}{1+A_*\Phi} \tag{4-56}$$

粒径为 D 的泥沙颗粒，其水下重量可表达为

$$W'=(\gamma_s-\gamma)A_2D^3 \tag{4-57}$$

水流作用在该颗粒上的上举力为

$$F_L=C_LA_1D^2\frac{\rho U^2}{2} \tag{4-58}$$

Einstein(1949)从试验结果得出，若取距理论床面 0.35D 处的流速作为上式中的有效流速，$C_L=0.178$，上举力 F_L 的脉动遵循正态分布：

2. Einstein 推导推移质单宽输沙率公式时的基本假设之五：上举力的脉动遵循正态分布。

$$F_L=0.178A_1D^2\frac{\rho}{2}5.75^2gR'_bJ\lg^2(10.6)\,|1+\eta| \tag{4-59}$$

其中，η 为随时间而变化的上举力脉动值，其均值为零。

可用随机脉动量 η 的标准差 η_0 来将它无量纲化，即令 $\eta=\eta_0\eta_*$，其中 η_* 为无量纲的脉动量，再由于上举力 F_L 与流速的平方成正比，不管流速是正或是负，上举力 F_L 总是正的，所以上式中$(1+\eta)$可以写成绝对值的形式$|1+\eta_*\eta_0|$。

再令

$$B=\frac{2A_2}{0.178A_15.75^2},\quad \beta=\lg(10.6)$$

则上举力大于颗粒水下重量的概率 $P\{F_L>W'\}$ 可表达为

$$P\{F_{\mathrm{L}} > W'\} = P\left\{1 > \frac{W'}{F_{\mathrm{L}}}\right\} = P\left\{1 > \frac{B}{\beta^2}\left(\frac{1}{|1+\eta_* \eta_0|}\right)\left(\frac{\gamma_s - \gamma}{\gamma}\frac{D}{R'_b J}\right)\right\} \tag{4-60}$$

若令 $B' = B/\beta^2$,且

$$\Psi = \frac{\gamma_s - \gamma}{\gamma}\frac{D}{R'_b J} \tag{4-61}$$

对于非均匀沙,应采用 D_{35} 作为上式中的粒径。则式(4-60)可以简写为

$$P = P\left\{1 > \left(\frac{1}{|1+\eta_* \eta_0|}\right)B'\Psi\right\} \tag{4-62}$$

或

$$P = P\{|1+\eta_* \eta_0| > B'\Psi\} \tag{4-63}$$

重点关注

1. 根据上举力脉动的正态分布,计算得到推移质运动的概率。

式(4-63)给出的 P 值就是图 4-13 中阴影部分的面积。令 $B_* = B'/\eta_0$,对泥沙颗粒刚好被举离床面的极限状态有

$$\eta_* = -\frac{1}{\eta_0} \pm B_* \Psi \tag{4-64}$$

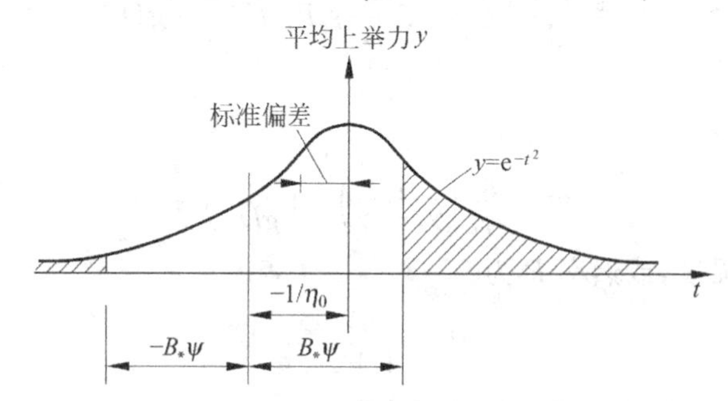

图 4-13 推移质运动概率(图中阴影部分)示意图

上举力大于泥沙颗粒的水下重力、有推移质运动的事件可以表达为

$$\left(\eta_* > B_* \Psi - \frac{1}{\eta_0}\right) \cup \left(\eta_* < -B_* \Psi - \frac{1}{\eta_0}\right) \tag{4-65}$$

因为 η_* 的分布是正态的,可以计算出上述事件的概率为

$$P\left\{\left(\eta_* > B_* \Psi - \frac{1}{\eta_0}\right) \cup \left(\eta_* < -B_* \Psi - \frac{1}{\eta_0}\right)\right\} = 1 - \frac{1}{\sqrt{\pi}}\int_{-B_* \Psi - 1/\eta_0}^{B_* \Psi - 1/\eta_0} e^{-t^2}\,dt \tag{4-66}$$

代入式(4-56),可得推移质输沙率公式的最后形式为

$$1 - \frac{1}{\sqrt{\pi}}\int_{-B_* \Psi - 1/\eta_0}^{B_* \Psi - 1/\eta_0} e^{-t^2}\,dt = \frac{A_* \Phi}{1 + A_* \Phi} \tag{4-67}$$

式中的常数可根据试验资料确定:$\eta_0 = 0.5$,$A_* = 1/0.023$,$B_* = 1/7$。理论公式与试验资料的对比见图 4-14,可见在试验范围内两者的符合程度很好。

在 Einstein 的公式中,Φ 与 Ψ 呈隐式的积分关系式,不便于实际应用,为此又给出了 Φ 与 Ψ 的关系图供查用。在实际计算时用下式计算亦有足够的精度:

$$\Phi = e^{4-4.17\ln\frac{5.5}{3.5-\ln\Psi}} \quad (\Psi < 27) \tag{4-68}$$

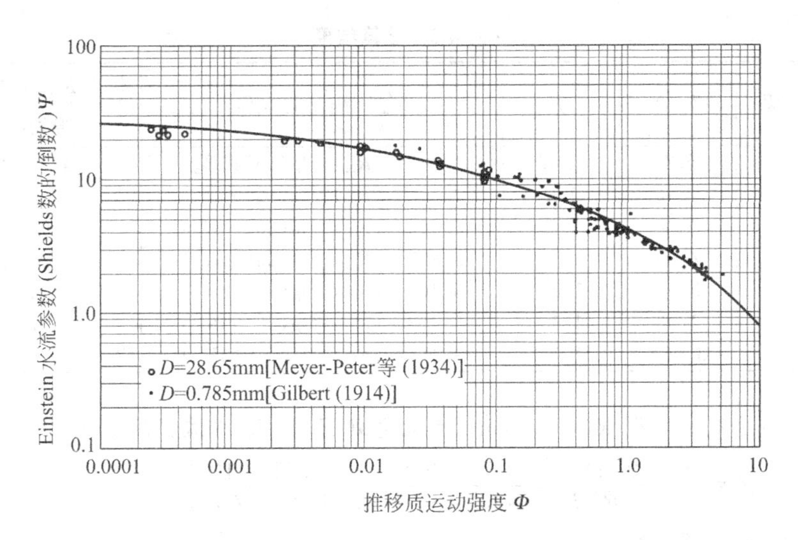

图 4-14 Einstein 推移质公式与均匀沙试验成果的对比

必须注意，由式(4-61)计算 Ψ 时应采用 R'_b，一般可从式(3-18)反算得到。

例 4-6 某卵石河流中平均流速 $U=1.7\text{m/s}$，平均水深 $h=3.0\text{m}$，水力坡降 $J=7.7/10000$，均匀推移质粒径 $D=0.51\text{mm}$，试用各种公式求推移质输沙率。

解 设河流为宽浅型，计算床面剪切应力和剪切流速时，可令 $R_b \approx h$，得到

$$\tau_0 = \gamma h J = 9800 \times 3 \times 0.00077 = 22.64\text{N/m}^2 = 22.64\text{Pa}$$

$$U_* = (\tau_0/\rho)^{1/2} = (22.64/1000)^{1/2} = 0.150\text{m/s}$$

查图 3-9 可知此时有床面形态存在，必须求解沙粒阻力对应的水力半径 R'_b，试算过程如下：

(1) 假设一个 R'_b 的初值 $R'_b=2.0\text{m}$，得到沙波条件下的黏性底层厚度为 $\delta=11.6\nu/U'_*$，设边界凸起高度 k_s 等于粒径 D，则 k_s 与 δ 之比为

$$\begin{aligned} k_s/\delta &= 0.51 \times 10^{-3}/(11.6\nu/U'_*) \\ &= 0.51 \times 10^{-3}/[11.6 \times 10^{-6}/(9.8 \times 2.0 \times 0.00077)^{1/2}] \\ &= 5.4 \end{aligned}$$

(2) 由图 3-10 可查出 $k_s/\delta=5.4$ 时，Einstein 流速公式(3-18)中的校正系数 $\chi=1.07$，代入式(3-18)得

$$\frac{U}{\sqrt{gR'_bJ}} = \frac{2.3}{\kappa}\lg\left(12.27\frac{R'_b\chi}{k_s}\right)$$

或

$$\frac{1.7}{\sqrt{9.8 \times R'_b \times 0.00077}} = \frac{2.3}{0.4}\lg\left(12.27\frac{R'_b \times 1.07}{0.51 \times 10^{-3}}\right)$$

由此得到 R'_b 所满足的方程：$3.403=(R'_b)^{1/2}\lg(25740R'_b)$，将假设的 R'_b 值代入等号右边得到 6.66，与左边不符(显然所设 R'_b 太大)，重设 $R'_b=1.0\text{m}$，回到第(1)步重算。

试算过程如表 4-3 所示，最终结果为 $R'_b=0.64\text{m}$。

表 4-3 试算结果

R'_b 的初值	k_s/δ	χ	R'_b 所满足的方程	代入 R'_b 后方程右边得到的值
2.0	5.4	1.07	$3.403=(R'_b)^{1/2}\lg(25740R'_b)$	6.66(大)
1.0	3.8	1.1	$3.403=(R'_b)^{1/2}\lg(26460R'_b)$	4.42(大)
0.5	2.7	1.2	$3.403=(R'_b)^{1/2}\lg(28870R'_b)$	2.94(小)
0.6	2.96	1.19	$3.403=(R'_b)^{1/2}\lg(28630R'_b)$	3.28(小)
0.62	3.01	1.17	$3.403=(R'_b)^{1/2}\lg(28150R'_b)$	3.34(小)
0.63	3.03	1.17	$3.403=(R'_b)^{1/2}\lg(28150R'_b)$	3.37(小)
0.64	3.055	1.16	$3.403=(R'_b)^{1/2}\lg(27910R'_b)$	3.402

(3) 通过试算求得 $R'_b=0.64\text{m}$。由此得到 Einstein 水流强度参数为

$$\Psi=\frac{\gamma_s-\gamma}{\gamma}\frac{D}{R'_bJ}=\frac{1650\times9.8}{1000\times9.8}\times\frac{0.51\times10^{-3}}{0.64\times7.7\times10^{-4}}=1.708$$

代入式(4-68)计算得到

$$\Phi=4.15$$

采用各区统一公式(2-27)计算沉速。粒径为 $D=0.51\text{mm}$ 的颗粒沉速为

$$\begin{aligned}\omega&=-9\frac{\nu}{D}+\sqrt{\left(9\frac{\nu}{D}\right)^2+\frac{\gamma_s-\gamma}{\gamma}gD}\\&=-9\times\frac{10^{-6}}{0.51\times10^{-3}}+\sqrt{\left(9\times\frac{10^{-6}}{0.51\times10^{-3}}\right)^2+1.65\times9.8\times0.51\times10^{-3}}\\&=0.0749\text{m/s}\end{aligned}$$

Shields 数为

$$\Theta=\frac{\tau_0}{(\gamma_s-\gamma)D}=\frac{22.64}{(2650-1000)\times9.8\times0.51\times10^{-3}}=2.745$$

粒径 $D=0.51\text{mm}$ 在 Shields 图上对应的辅助曲线参数值为

$$\frac{D}{\nu}\sqrt{0.1\frac{\gamma_s-\gamma}{\gamma}gD}=\frac{0.51\times10^{-3}}{10^{-6}}\times\sqrt{0.1\times\frac{1650\times9.8}{1000\times9.8}\times9.8\times0.51\times10^{-3}}=14.65$$

据此在 Shields 图查出 $\Theta_c=0.033$。

床面临界剪切应力：

$$\tau_c=\Theta_c(\gamma_s-\gamma)D=0.033\times(1650\times9.8)\times0.51\times10^{-3}=0.272\text{Pa}$$

临界剪切流速：

$$U_{*c}=(\tau_c/\rho)^{1/2}=(0.272/1000)^{1/2}=0.0165\text{m/s}$$

利用以上各数值，分别采用不同公式计算如下。

(1) Meyer-Peter 公式

根据题意知 $R_b=h=3.0\text{m}$，故 $Q_b/Q=1$；$K_b=U/(R_b^{2/3}J^{1/2})=1.7/(3^{2/3}\times0.00077^{1/2})=29.45$

$$K'_b=26/D_{90}^{1/6}=26/(0.51\times10^{-3})^{1/6}=91.98,$$

$$(K_b/K'_b)^{3/2}=(29.45/91.98)^{3/2}=0.181$$

注意此处并不要求用沙粒阻力对应的 R'_b 来计算 K'_b。将结果代入 Meyer-Peter

公式后得到

$$0.181\times 9800\times 3\times 0.00077=0.047\times 1650\times 9.8\times 0.51\times 10^{-3}+0.25\times (1000)^{1/3}\times (1650/2650)^{2/3}\times g_b^{2/3}$$

即

$$1.823g_b^{2/3}+0.388=4.097, g_b=2.90\text{N/(s}\cdot\text{m)}=0.296\text{kgf/(s}\cdot\text{m)}$$

(2) Einstein 理论

因 $\Phi=4.15$，由式(4-55)可知

$$\Phi=\frac{g_b}{\gamma_s}\left(\frac{\gamma}{\gamma_s-\gamma}\right)^{1/2}\left(\frac{1}{gD^3}\right)^{1/2}=\frac{g_b}{2650\times 9.8}\left(\frac{1000}{1650}\right)^{1/2}\left(\frac{1}{9.8\times 0.00051^3}\right)^{1/2}$$

$$=0.831g_b=4.15$$

$$g_b=4.99\text{N/(s}\cdot\text{m)}=0.509\text{kgf/(s}\cdot\text{m)}$$

(3) Bagnold 公式

因流速较大，推移跳跃高度较高，取 $K_0=9.1$，计算得到系数

$$M=K_0\left(\frac{U_*}{U_{*c}}\right)^{0.6}=9.1\times\left(\frac{0.150}{0.0165}\right)^{0.6}=34.21$$

$$g_b=\frac{\gamma_s}{\gamma_s-\gamma}\frac{U_*-U_{*c}}{U_*}\frac{\tau_0}{\tan\alpha}\left[U_L-5.75U_*\lg\left(\frac{0.4h}{MD}\right)-\omega\right]$$

$$=\frac{2650}{1650}\times\frac{0.150-0.0165}{0.150}$$

$$\times\frac{22.64}{0.63}\left[1.7-5.75\times 0.150\times\lg\left(\frac{0.4\times 3}{34.21\times 0.51\times 10^{-3}}\right)-0.0749\right]$$

$$=1.606\times 0.89\times 35.94\times(1.7-1.585-0.0749)=2.06\text{N/(s}\cdot\text{m)}=0.21\text{kgf/(s}\cdot\text{m)}$$

可见，各公式的计算结果有所差别，但量级是一致的。

重点关注

1. Einstein 方法计算推移质单宽输沙率的全过程，及与其他方法的比较。

习　　题

4.1　判别泥沙起动主要有哪几种方法？

4.2　根据图4-1所示的滚动起动临界条件，采用指数型垂线流速分布式，推导沙莫夫公式。

4.3　已知一宽浅河道，$D_{50}=0.6$mm，$h=3.5$m，求：

(1) 根据 Shields 曲线求其临界起动床面剪切应力 τ_c；

(2) 采用不同形式的临界起动平均流速公式计算起动流速 U_c。

4.4　已知无黏性颗粒，相对密度为2.65，粒径分别为 $D=10.0$mm，1.0mm 和 0.1mm，求：

(1) 根据 Shields 曲线，分别求其临界起动 Shields 数、临界起动剪切应力和临界起动剪切流速。

(2) 分别采用对数型临界起动平均流速公式和沙莫夫公式计算水深为1m，10m，30m 时的临界起动平均流速值。

(3) 设水深分别为 $h=0.2\mathrm{m}$,$1.0\mathrm{m}$,$10\mathrm{m}$,$30\mathrm{m}$,分别采用张瑞瑾公式(4-31)和窦国仁公式(4-32)计算临界起动平均流速值。

4.5 分析黏性细颗粒泥沙起动的影响因素。

4.6 分别用 Shields 曲线法和沙莫夫公式法判断例 3-1 中的两条河流能否使例 4-2中各组粒径的泥沙起动,并分析两者的异同及其原因。

4.7 论述输沙强度参数与水流强度参数之间的关系及变化趋势。试说明 Meyer-Peter 公式隐含的无量纲临界起动应力是 $\Theta=0.047$。

4.8 某山区河流平均水深 $h=0.45\mathrm{m}$,河宽 $B=21.6\mathrm{m}$,水力比降 $J=0.00144$,流速 $U=0.98\mathrm{m/s}$,泥沙平均粒径 $D=3.05\mathrm{mm}$。试用 Meyer-Peter 公式计算其单宽推移质输沙率。

4.9 有一沉沙池,设计水深 $h=3\mathrm{m}$,来流流量为 $4.5\mathrm{m^3/s}$,不计紊动对泥沙颗粒沉速的影响,问:在尽量节约工程量的前提下,为保证将来水中粒径 $D\geqslant0.5\mathrm{mm}$ 的泥沙颗粒完全除去,沉沙池的长度和宽度各应不小于多少?

4.10 试证明:在图 4-4 中,由辅助线上任一点的纵坐标值反算出的 U_* 值,必等于根据其横坐标反算得到的 U_* 值。

第5章 悬移质运动和水流挟沙力

多沙河流中的泥沙输运大部分是以悬移运动的形式进行的。例如，在三峡水库蓄水前，长江宜昌站多年平均的卵石推移质($D>10$mm)年输沙量约为76万t，沙质推移质($D_{50}=0.21$mm)年输沙量约为862万t，而悬移质($D_{50}=0.031$mm)年输沙量则达到5.26亿t。因此了解悬移质的运动机理、准确地计算悬移床沙质的输运量是河流动力学的一项重要内容。

分析与思考

1. 流域中推移质和悬移质的来源有何区别？

5.1 泥沙扩散方程

悬移运动的泥沙颗粒具有较细的粒径，可以跟随水流的紊动在水体中随机运动。在垂向上，泥沙颗粒的运动可以看成是两种运动的叠加，即重力驱动下的沉降运动和水流紊动驱动下的随机运动。当颗粒的数量很大时，将形成泥沙垂向运动的宏观动态平衡，此时泥沙浓度在垂向上有一个稳定的分布。

重点关注

1. 依据紊动扩散的梯度型扩散定律，推导泥沙扩散方程。

基于泥沙颗粒在紊流中的随机运动来求解泥沙浓度垂向分布，称为扩散理论。这一理论的基础是液体的紊动扩散理论，它是通过把泥沙颗粒或液体微团的运动与分子热运动相比拟而得出的，其基本方法都是用梯度型扩散(如Fick扩散定律)来描述颗粒随机运动的宏观结果。德国生物学家Fick认为热在导体中的传导规律可用于解释盐分在溶液中的扩散现象，从而提出了经验性的Fick第一定律：

$$D_n=-\varepsilon_n\frac{\mathrm{d}S_{vt}}{\mathrm{d}n} \tag{5-1}$$

即单位时间内通过单位面积的溶解物质D_n与溶质浓度S_{vt}在该面积的法线(n)方向的梯度成正比。式(5-1)中，ε_n为n方向的扩散系数；对于泥沙扩散的情况，S_{vt}即代表瞬时含沙浓度；负号表示溶解物质总是从浓度高的地方向低的地方扩散。

考虑二维水流的情况，令U_t、V_t分别代表纵向、垂向的瞬时流速。将染色剂注入水体中，在水流的扩散作用下，染色剂在随着水流向前运动的时候，将不断向周围扩散，染色的水体范围不断扩大。由于垂向上的时均流速为零，所以至少垂向上的染色水体范围扩大与时均运动无关,完全是由纯粹的扩散作用引起(纵向上的染色水体扩大与扩散作用和时均剪切离散作用都有关)。在扩散物质到达的断面 x 取一个长度为 Δx,高度为 Δy,厚度为 1 的水体,写出在时间 Δt 内进入或离开这个水体上下左右四面的染色物质的体积(图 5-1)。对于泥沙的扩散问题来说,由于泥沙密度大于水的密度,沙粒还将以速度 ω 下沉。

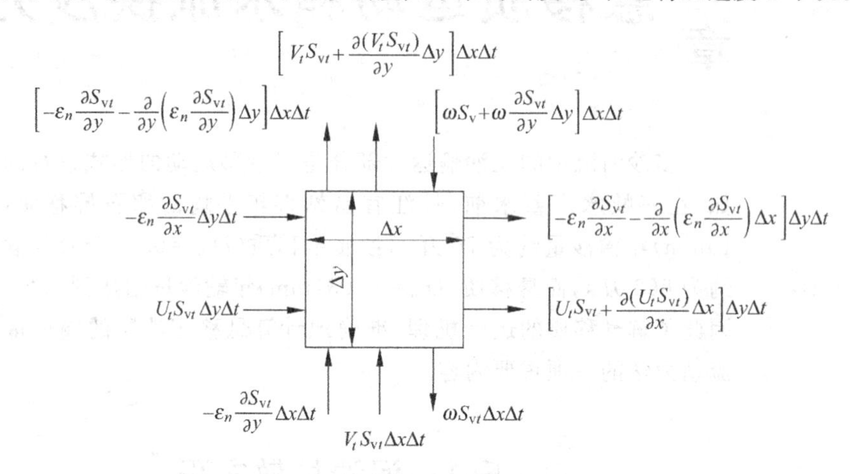

图 5-1 扩散物质在二维水流中的扩散

在 x 方向上,由于水体流动而进入该隔离水体的染色物质为 $U_t S_{vt}\Delta y\Delta t$,流出的染色物质 $\left[U_t S_{vt}+\frac{\partial(U_t S_{vt})}{\partial x}\Delta x\right]\Delta y\Delta t$,其差值为 $-\frac{\partial(U_t S_{vt})}{\partial x}\Delta x\Delta y\Delta t$。同理,由于分子的扩散作用而进入和流出该隔离体的染色物质的差值为 $\left[\frac{\partial}{\partial x}\left(\varepsilon_n\frac{\partial S_{vt}}{\partial x}\right)\right]\Delta x\Delta y\Delta t$。根据质量守恒定律,当进入和离开隔离水体的染色物质的体积不等时,将引起水体内染色物质的浓度随时间的变化如下:

$$\frac{\partial S_{vt}}{\partial t}\Delta x\Delta y\Delta t=\left[-\frac{\partial(U_t S_{vt})}{\partial x}-\frac{\partial(V_t S_{vt})}{\partial y}+\omega\frac{\partial S_{vt}}{\partial y}+\frac{\partial}{\partial x}\left(\varepsilon_n\frac{\partial S_{vt}}{\partial x}\right)+\frac{\partial}{\partial y}\left(\varepsilon_n\frac{\partial S_{vt}}{\partial y}\right)\right]\Delta x\Delta y\Delta t \tag{5-2}$$

其中,ε_n 为扩散系数。对于紊动水流,流速和浓度均具有脉动分量,可将流速和含沙浓度的瞬时值分解成时均值和脉动值,即

$$U_t=U+u,\quad V_t=V+v,\quad S_{vt}=S_v+s_v \tag{5-3}$$

其中,大写字母为时均值,小写字母为脉动值。

将式(5-3)代入式(5-2),取长时间平均,且脉动值的长时间平均为零,分子扩散系数为常数。对于二维水流来说,垂直方向的时均流速为零 $V=0$,对于均匀流,$\partial U/\partial x=0$,最后得出泥沙的扩散方程为

$$\frac{\partial S_v}{\partial t}=-U\frac{\partial S_v}{\partial x}-\left[\frac{\partial(\overline{us_v})}{\partial x}+\frac{\partial(\overline{vs_v})}{\partial y}\right]+\omega\frac{\partial S_v}{\partial y}+\varepsilon_s\left(\frac{\partial^2 S_v}{\partial x^2}+\frac{\partial^2 S_v}{\partial y^2}\right) \tag{5-4}$$

其中,ε_s 为悬沙湍流扩散系数;等号右边第一项为对流项;第二项为水流紊动引起的扩散项;第三项为重力沉降项,在溶质的输运方程中并没有这一项,但因泥沙密度大于水的密度,所以在推导泥沙的输运方程时必须考虑这一项,其作用相当于一个

汇；第四项为分子热运动引起的扩散项。

由于紊流中流体微团随机运动的规模远大于分子热运动的规模，即第四项与第二项相比要小得多，故一般可以忽略分子扩散项的影响，则式(5-4)简化为

$$\frac{\partial S_v}{\partial t}=-U\frac{\partial S_v}{\partial x}-\left[\frac{\partial(\overline{us_v})}{\partial x}+\frac{\partial(\overline{vs_v})}{\partial y}\right]+\omega\frac{\partial S_v}{\partial y} \tag{5-5}$$

确定因水流紊动而引起的泥沙扩散输移率$\overline{us_v}$和$\overline{vs_v}$一般有两种方法。一是与 Fick 定律直接类比，即假定泥沙的扩散输移率与泥沙的浓度梯度成正比：

$$\overline{vs_v}=-\varepsilon_y\frac{\mathrm{d}S_v}{\mathrm{d}y} \tag{5-6}$$

$$\overline{us_v}=-\varepsilon_x\frac{\mathrm{d}S_v}{\mathrm{d}x} \tag{5-7}$$

另一种方法是借用紊流模型中的混掺长度理论，设浓度和垂向流速的脉动可写为

$$s_v=-L\frac{\mathrm{d}S_v}{\mathrm{d}y},\quad v=L\frac{\mathrm{d}U}{\mathrm{d}y} \tag{5-8}$$

两式相乘，再取时均值，得到

$$\overline{vs_v}=-L^2\left|\frac{\mathrm{d}U}{\mathrm{d}y}\right|\frac{\mathrm{d}S_v}{\mathrm{d}y} \tag{5-9}$$

因为$\overline{vs_v}$总是正的而 $\mathrm{d}S/\mathrm{d}y$ 总是负的，故取 $\mathrm{d}U/\mathrm{d}y$ 的绝对值以保证符号正确。设

$$\varepsilon_y=L^2\left|\frac{\mathrm{d}U}{\mathrm{d}y}\right| \tag{5-10}$$

代入式(5-9)则可得式(5-6)。同理可得式(5-7)。将式(5-6)和式(5-7)两式代入式(5-5)，最后得出二维水流中悬移质泥沙的扩散方程为

$$\frac{\partial S_v}{\partial t}=-U\frac{\partial S_v}{\partial x}+\frac{\partial}{\partial x}\left(\varepsilon_x\frac{\partial S_v}{\partial x}\right)+\frac{\partial}{\partial y}\left(\varepsilon_y\frac{\partial S_v}{\partial y}\right)+\omega\frac{\partial S_v}{\partial y} \tag{5-11}$$

当扩散物质为泥沙颗粒时，上式即为二维水流中的泥沙扩散方程，方程右边第一项为对流项，第二、三项为扩散项，最后一项为沉降项。若水流有显著的三维流动结构，垂向时均流速 V 和横向时均流速 W 均不为零，常采用如下的三维非均匀悬移质输沙方程：

$$\begin{aligned}&\frac{\partial S_v}{\partial t}+\frac{\partial}{\partial x}(US_v)+\frac{\partial}{\partial y}(VS_v)+\frac{\partial}{\partial z}(WS_v)\\&=\frac{\partial}{\partial x}\left(\varepsilon_s\frac{\partial S_v}{\partial x}\right)+\frac{\partial}{\partial y}\left(\varepsilon_s\frac{\partial S_v}{\partial y}\right)+\frac{\partial}{\partial z}\left(\varepsilon_s\frac{\partial S_v}{\partial z}\right)+\frac{\partial}{\partial z}(\omega S_v)\end{aligned} \tag{5-12}$$

重点关注

1. 由混掺长度理论推导紊动扩散系数的表达式。

5.2　悬移质含沙量的垂线分布

泥沙的重力沉降使得含沙水流中沿垂线形成上清下浑的浓度分布。紊流中沿水深不同高度处各层水体之间存在水团的紊动交换，同时引起各水层间泥沙的交换，但上清下浑的浓度分布使得向上运动的水团所挟带的沙量大于向下运动水团所挟带的沙量，所以紊动交换的结果是形成一个向上运动的泥沙通量 q_{s1}，表达为式(5-6)。另一方面，由于泥沙比水重，势必往下沉降并形成一个向下运动的泥沙净通

量 q_{s2}。如果悬移质含沙量沿垂线出现稳定的时均泥沙浓度分布，则说明 q_{s1} 与 q_{s2} 达到了动平衡状态。在本节中，主要研究达到平衡以后的悬移质含沙量沿垂线的分布规律。下面将分别介绍有关悬移质沿垂线分布的扩散理论和重力理论。

5.2.1 扩散理论

重点关注

1. 对二维、恒定浓度分布情况，假定扩散系数为常数（均匀紊动），简化扩散方程求得解析解。
2. 均匀紊动试验对解析解的验证。

当悬移质含沙量的垂线分布达到平衡状态时，泥沙的紊动扩散过程是均匀、恒定的，式(5-11)中对距离 x 和对时间 t 的各项偏微分均等于零，二维扩散方程成为

$$\frac{\mathrm{d}}{\mathrm{d}y}\left(\varepsilon_y\frac{\mathrm{d}S_{\mathrm{v}}}{\mathrm{d}y}\right)+\omega\frac{\mathrm{d}S_{\mathrm{v}}}{\mathrm{d}y}=0 \tag{5-13}$$

式(5-13)对 y 积分一次，令常数为零，得到

$$\varepsilon_y\frac{\mathrm{d}S_{\mathrm{v}}}{\mathrm{d}y}+\omega S_{\mathrm{v}}=0 \tag{5-14}$$

求解式(5-14)时的主要问题是必须首先知道 ε_y 沿垂线的分布。如假定 ε_y 为常数（意味着在垂线上紊动是均匀的），则上式的解为

$$\frac{S_{\mathrm{v}}}{S_{\mathrm{va}}}=\mathrm{e}^{-\omega(y-a)/\varepsilon_y} \tag{5-15}$$

其中，S_{va} 为悬移质泥沙在距床面为 a 处的体积比含沙浓度。

为了检验式(5-15)是否正确，前人用各种试验方法进行了验证。Rouse(1938)在圆筒中安装一组等间距的格栅，使格栅在圆筒中作上下简谐振动，从而在较长一段垂向距离内得到均匀的紊动流场。试验时，在筒中分别投放四种不同粒径 D 的泥沙(D=0.0313, 0.0625, 0.125, 0.25mm)。对每一种粒径，量测不同的浓度在各种振动频率下的垂线含沙量分布。试验结果表明含沙量分布基本符合式(5-15)的理论曲线。则根据实测资料，由式(5-15)可以求出 ε_y 值。Rouse 假定

$$\varepsilon_y=\beta v'L \tag{5-16}$$

其中，L 为掺混长度，这里即为格栅的振幅；v' 为紊动强度，它随格栅的振动频率而变。

对某一特定的条件，L 和 v' 均为常数，从实测资料可知，两种细沙(D=0.0313, 0.0625)的 ε_y 为常数，亦即 β 为常数。而对较粗的两种沙，ε_y（亦即 β）则有所变化，Rouse 认为这是由于颗粒的惯性影响所致。

3. 对二维、恒定浓度分布情况，假定扩散系数沿水深变化（非均匀紊动），简化扩散方程求得解析解。
4. 利用时均流速沿垂线的分布求得扩散系数。

Rouse 试验表明，对某些特定的条件，可以取 ε_y 为常数。对于天然河道，可以近似取为

$$\varepsilon_y=0.067U_*h \tag{5-17}$$

进一步的研究表明，泥沙的扩散系数 ε_y 不是常数而是空间位置的函数，但现有的理论还不能给出 ε_y 沿垂线的分布规律。最常用的方法是假定泥沙扩散系数 ε_y 与动量交换系数 ε_{m} 相等。剪切紊流中相邻流层间的剪切应力，主要是由于流体脉动导致的相邻流层间动量的交换所引起的，可以仿照分子黏性应力的表达方式给出其表达式为

$$\tau=\rho\varepsilon_{\mathrm{m}}\frac{\mathrm{d}u}{\mathrm{d}y}\quad 或 \quad \varepsilon_{\mathrm{m}}=\frac{\tau}{\rho\dfrac{\mathrm{d}u}{\mathrm{d}y}}$$

由明渠恒定流中剪切应力沿垂线的线性分布 $\tau=\tau_0\left(1-\dfrac{y}{h}\right)$ 和纵向流速沿垂线的对数型分布 $\dfrac{U}{U_*}=\dfrac{1}{\kappa}\ln\left(\dfrac{y}{y_0}\right)$（其中 $\tau_0=\gamma hJ$，h 为水深），可以得到

$$\varepsilon_y=\varepsilon_m=\kappa U_* y\frac{h-y}{h} \tag{5-18}$$

其中，$\kappa=0.4$ 为 Kármán 常数。

将式(5-18)代入式(5-14)，得

$$\kappa U_* y\frac{h-y}{h}\frac{\mathrm{d}S_v}{\mathrm{d}y}+\omega S_v=0 \tag{5-19}$$

式(5-19)又可以写成

$$\frac{\mathrm{d}S_v}{S_v}=-\frac{\omega}{\kappa U_*}\left(\frac{1}{y}+\frac{1}{h-y}\right)\mathrm{d}y \tag{5-20}$$

对上式积分得

$$\ln S_v=\ln\left(\frac{h-y}{y}\right)^Z+\ln C \tag{5-21}$$

令 $y=a$ 为参考点，该点泥沙浓度记为 S_{va}，最后可得

$$\frac{S_v}{S_{va}}=\left(\frac{h-y}{y}\frac{a}{h-a}\right)^Z \tag{5-22}$$

即为 Rouse 方程。其中，指数 Z 的表达式为

$$Z=\frac{\omega}{\kappa U_*} \tag{5-23}$$

Z 又称为悬浮指标、Rouse 数。式(5-22)中悬浮指标 Z 的大小决定了泥沙在垂线上分布的均匀程度。如图 5-2 所示，Z 值越小，悬移质分布越均匀。

分析与思考

1. 什么是悬浮指标？悬浮指标 Z 越小，悬移质分布是否越均匀？
2. 为什么剪切流速都应采用沙粒阻力对应的剪切流速？

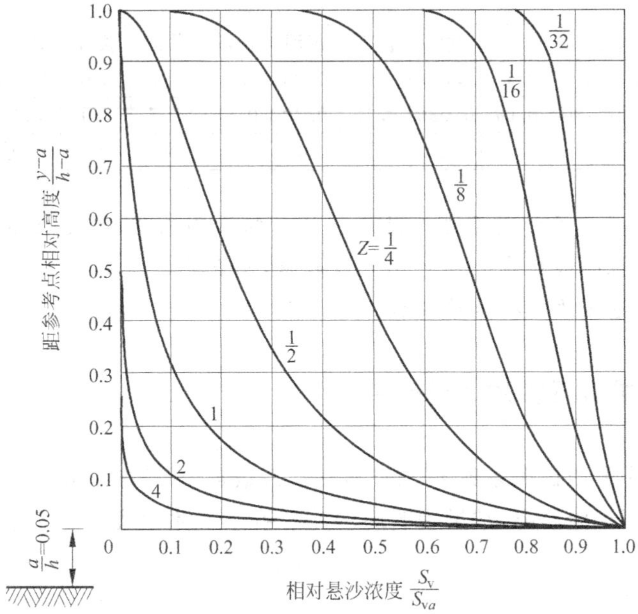

图 5-2 根据式(5-22)计算出的泥沙浓度沿垂线分布

泥沙的悬浮高度可以看作是 Z 的函数。根据 Einstein 的观点,对于给定的水流和泥沙条件,可取 $Z=5$ 作为泥沙是否进入悬浮状态的临界判别值。Einstein 还提出,在有床面形态时,上面推导过程中的剪切流速 U_* 都应代之以沙粒阻力对应的剪切流速 U'_*。

例 5-1 根据例 3-1 给出的水流条件,计算不同河流中一半水深处的动量交换系数值。设泥沙颗粒的粒径分别为 $D=0.01$,0.025,0.1,0.25,1.0 和 2.5mm,求它们在例 3-1 各河流中的悬浮指标量值,并判断各粒径的颗粒是否能够在相应的河流里起悬。

解 根据例 3-1 中的结果,可算出两条河流的剪切流速分别为

$$长江中游:U_* = (\tau_0/\rho)^{1/2} = (19.6/1000)^{1/2} = 0.14\text{m/s}$$

$$黄河下游:U_* = (\tau_0/\rho)^{1/2} = (3.14/1000)^{1/2} = 0.056\text{m/s}$$

在一半水深处,$\varepsilon_m=\kappa U_* y\dfrac{h-y}{h}=\kappa U_*\times\left(\dfrac{1}{2}\right)^2 h$,对于黄河和长江分别有

$$长江中游:\varepsilon_m = 0.4\times 0.14\times 0.5^2\times 25 = 0.35\text{m}^2/\text{s}$$

$$黄河下游:\varepsilon_m = 0.4\times 0.056\times 0.5^2\times 1.6 = 0.009\text{m}^2/\text{s}$$

采用各区统一经验公式(2-27)计算颗粒沉速(设水温为 20℃,取 $\nu=10^{-6}\text{m}^2/\text{s}$):

$$\omega = -9\frac{\nu}{D}+\sqrt{\left(9\frac{\nu}{D}\right)^2+\frac{\gamma_s-\gamma}{\gamma}gD}$$

不考虑床面形态的存在(认为 $U'_*=U_*$),根据式(5-23)得到的 Z 值计算结果见表5-1。

表 5-1 Z 值计算结果

D/mm	0.01		0.025		0.1		0.25		1.0		2.5	
ω/(m/s)	8.98×10^{-5}		5.61×10^{-4}		8.57×10^{-3}		3.71×10^{-2}		0.118		0.197	
	长江	黄河	长江	黄河	长江	黄河	长江	黄河	长江	黄河	长江	黄河
U_*/(m/s)	0.14	0.056	0.14	0.056	0.14	0.056	0.14	0.056	0.14	0.056	0.14	0.056
Z	0.002	0.004	0.01	0.025	0.15	0.38	0.66	1.7	2.1	5.3	3.5	8.8
可否悬移	可	可	可	可	可	可	可	可	可	不可	可	不可

若以 $Z=5$ 作为泥沙是否进入悬浮状态的临界判别值,可见在本例题所给出的条件下,各种粒径的颗粒在长江中都可以起悬,而在黄河中 $D=1.0$,2.5mm 的颗粒不能起悬,所以也无法进行悬移输运。

5.2.2 泥沙扩散系数的试验研究

式(5-18)中泥沙扩散系数 ε_y 与动量交换系数 ε_m 相等的假定一直受到质疑。不少研究者进行了试验研究,结果表明两者并不相等,应作出如下修正:

$$\varepsilon_y = \beta\varepsilon_m \tag{5-24}$$

其中,β 为比例系数。

在以往的试验研究中发现有$\beta>1$和$\beta<1$两种情况，表明泥沙颗粒在紊流中扩散的动力机理比较复杂，还需要深入研究。计算比例系数β的大小时，需要通过试验得出ε_m和ε_y值，一般是通过测量流速和含沙浓度的脉动值以及含沙浓度的时均值S_v，再根据定义式进行计算如下：

重点关注

1. 泥沙扩散系数和紊流的动量交换系数是不同的。

$$\varepsilon_y=-\overline{vs_v}\Big/\frac{dS_v}{dy},\quad \varepsilon_m=-\overline{uv}\Big/\frac{dU}{dy} \tag{5-25}$$

含沙浓度的时均值S_v一般可用吸管取样法实测，但由于含沙水流中流速和含沙浓度脉动值的量测十分困难，所以用传统的量测手段来确定ε_y值和β值是很困难的。1996年出现的声学颗粒流速仪(acoustic particle flux profiler，APFP)，可以量测浑水中沿垂线各点的瞬时二维流速和瞬时浓度，为解决脉动流速和脉动浓度同步量测的精度问题提供了较好的手段。Graf和Cellino利用APFP技术进行了系列水槽试验，得到了ε_m和ε_y值沿垂线分布的实测结果。试验表明，在平衡输沙条件下(含沙量等于挟沙能力)，存在床面形态时沿垂线平均的β值大于1，而没有床面形态时沿垂线平均的β值小于1。

图5-3所示为根据试验资料、按定义式计算得到的泥沙扩散系数ε_y和动量交换系数ε_m沿垂线分布(β值小于1的情况)。试验中所用泥沙粒径为$D_{50}=0.135$mm，垂线平均浓度为4kg/m^{3}左右。图中实点据为ε_y值，虚点据为ε_m值，实线为清水中的动量交换系数理论分布。可见，在这一试验所研究的含沙水流中，浑水中的动量交换系数小于清水中的理论值，而泥沙扩散系数ε_y则小于浑水中的动量交换系数ε_m。

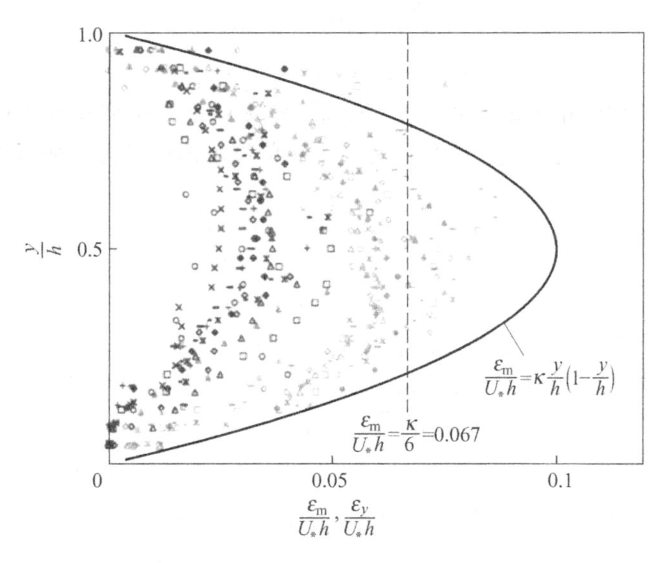

图5-3　ε_m和ε_y值沿垂线分布的实测结果(Graf和Cellino，2002)

将式(5-18)积分后在全水深上平均，可知动量交换系数ε_m的水深平均值为$\kappa U_*h/6$，即$0.067U_*h$(图5-3中的垂直虚线)。

5.2.3 重力理论

重点关注

1. 重力理论从能量平衡的观点来分析悬移质垂线分布的问题。

俄罗斯学派中，维利卡诺夫(Великанов М А)根据能量平衡的原理，首创了悬移质垂线分布的重力理论。该理论与扩散理论的不同之处在于，它不是从随机运动理论的观点而是从能量平衡的观点来分析问题，其基本观点是：挟带悬移质的水流在运动过程中要消耗能量。所消耗的能量分为两部分，一部分用于克服边界的阻力；另一部分用于维持悬移质的悬浮。重力理论的观点认为，悬移质的相对密度一般比水大得多，要使它在水里不下沉，水流必须对它做功以维持悬浮，即水流必须为此而消耗能量。对二维恒定均匀流，当处于输沙平衡时，设单位体积、单位时间内：

E_1 为从高处流到低处时，挟沙水流中的清水部分所提供的有效能量；

E_2 为挟沙水流中的泥沙部分提供的有效能量；

E_3 为清水部分为克服阻力而损失的能量；

E_4 为泥沙部分为克服阻力而损失的能量；

E_5 为水流顶托泥沙、使之保持悬浮状态所提供的能量；

可以推导得到各种能量的表达式为

$$E_1 = \rho g(1 - S_v)UJ \tag{5-26}$$

$$E_2 = \rho_s g S_v UJ \tag{5-27}$$

$$E_3 = -U\frac{d\tau}{dy} = \rho U\frac{d}{dy}[(1 - S_v)\overline{uv}] \tag{5-28}$$

$$E_4 = \rho_s U\frac{d}{dy}(S_v\overline{uv}) \tag{5-29}$$

$$E_5 = g(\rho_s - \rho)S_v\omega(1 - S_v) \tag{5-30}$$

分析上述各种能量的表达式可知，E_1、E_2 实际就是单位体积的水体及单位体积的泥沙在单位时间内的落差所提供的能量；从单位水体的受力平衡可得

$$\frac{d\tau}{dy} = \gamma J \tag{5-31}$$

则

$$E_3 = -\gamma UJ \tag{5-32}$$

2. 重力理论对泥沙相和液体相分别取不同的能量平衡方程。

即 E_1 和 E_3 只是同一物理量的不同表达形式。

维利卡诺夫取泥沙相 $E_2 = E_4$，液体相的能量平衡方程则为 $E_1 = E_3 + E_5$：

$$g(1 - S_v)UJ = U\frac{d[(1 - S_v)\overline{uv}]}{dy} + \frac{\rho_s - \rho}{\rho}g\omega S_v(1 - S_v) \tag{5-33}$$

$$g(1 - S_v)UJ = U(1 - S_v)\frac{d(\overline{uv})}{dy} - U\overline{uv}\frac{dS_v}{dy} + \frac{\rho_s - \rho}{\rho}g\omega S_v(1 - S_v) \tag{5-34}$$

由

$$\tau = -\rho\overline{uv} = \gamma J(h - y) \tag{5-35}$$

得到

$$\overline{uv} = -gJ(h - y) \tag{5-36}$$

也可以写为

$$\frac{\mathrm{d}(\overline{uv})}{\mathrm{d}y}=gJ \tag{5-37}$$

式(5-34)等号右边的第一项与等号左边等价，当含沙量不大时，认为 $1-S_v\approx1$，可得

$$UJ(h-y)\frac{\mathrm{d}S_v}{\mathrm{d}y}+\frac{\rho_s-\rho}{\rho}\omega S_v=0 \tag{5-38}$$

维利卡诺夫选用了如下形式的流速分布公式：

$$U=\frac{U_*}{k}\ln\left(1+\frac{\eta}{\alpha}\right) \tag{5-39}$$

其中，$\eta=y/H$，$\alpha=\Delta/H$，代入式(5-38)并取

$$\beta=\frac{\rho_s-\rho}{\rho}\frac{k\omega}{JU_*} \tag{5-40}$$

$$\frac{\mathrm{d}S_v}{S_v}=-\frac{\beta\mathrm{d}\eta}{(1-\eta)\ln(1+\eta/\alpha)} \tag{5-41}$$

引入积分函数如下：

$$\zeta(\eta,\alpha)=\int_{\eta_a}^{\eta}\frac{\mathrm{d}\eta}{(1-\eta)\ln(1+\eta/\alpha)} \tag{5-42}$$

则悬移质垂线分布方程可以写为

$$\frac{S_v}{S_{va}}=\mathrm{e}^{-\beta\zeta} \tag{5-43}$$

维利卡诺夫采用数值积分的方法，给出了 ζ 与 η 及 α 的关系图表，从而可以据此求出悬沙浓度的垂线分布。

重点关注

1. 重力理论推导过程中有何理论矛盾？

需要指出的是，重力理论试图考虑泥沙悬浮对水流紊动的影响，在机理上较扩散理论前进了一步，但能量平衡式(5-33)却存在严重的问题。因为在梯度型扩散情况下，泥沙的悬浮以及沿水深的稳定浓度分布是由水流紊动动能所维持的，而水流的紊动动能恰恰来自清水克服阻力而损失的能量 E_3。因此水流顶托泥沙、使之保持悬浮状态所提供的那部分能量 E_5 已经包含在 E_3 之中，把液相的能量平衡方程写为 $E_1=E_3+E_5$ 实际上是重复计入了 E_5 这部分能量。

5.3　悬移质输沙率

根据前面介绍的理论方法，可以求出悬移质含沙量 S_v 及流速 U 沿垂线的分布。据此可计算得出单位时间内，河道过水断面中高程 y 处单位时间、单位断面面积上通过的悬移质沙量为 US_v，将其沿垂线积分即可得出全水深上的悬移质单宽输沙率。另一个更为简便的方法是求解得出断面平均含沙量和平均流速，则两者之积乘以过水断面面积就是全断面的悬移质输沙率。

在5.2.3节的分析中只得出了悬移质沿垂线的相对分布，当推求悬移质输沙率时，必须借助于其他途径得出参考高度 a 处的含沙量 S_{va}，才能求出垂线上各点的含沙量。此外，求积分时首先还必须确定积分的上、下限值。最简单的方法是从床面积分到水面处。但在已有的理论公式中，当 $y=0$ 时，流速和含沙量将分别趋于正、

负无穷大。另一方面，从输沙的物理过程看，直接积分到床面也是不合理的，因为在床面附近运动的泥沙，其重量是由床面支持的而不是由水流的紊动能量支持的，所以这一层运动的泥沙属于推移质的范畴。

5.3.1 Einstein公式

重点关注

1. 沿垂线积分法求出的全水深悬移质单宽输沙率。
2. Einstein积分函数的定义式。

设水深为 h，则以干沙重量计的悬移质单宽质输沙率 g_s 为

$$g_s = \gamma_s \int_a^h US_v \mathrm{d}y \tag{5-44}$$

对于时均流速沿水深 y 的分布，Einstein 采用如下对数型公式：

$$\frac{U}{U'_*} = 5.75\lg\left(30.2\frac{y}{k_s}\chi\right) \tag{5-45}$$

将式(5-45)及式(5-22)代入式(5-44)，并作变量置换 $A=a/h, \zeta=y/h$，可得

$$\begin{aligned}
g_s &= \gamma_s \int_a^h US_v \mathrm{d}y = \gamma_s \int_a^h U'_* 5.75\lg\left(\frac{30.2y}{k_s}\chi\right)\times S_{va}\left(\frac{h-y}{y}\times\frac{a}{h-a}\right)^Z \mathrm{d}y \\
&= 5.75h\gamma_s U'_* S_{va}\left(\frac{A}{1-A}\right)^Z \int_A^1 \lg\left(\frac{30.2\zeta}{k_s/h}\chi\right)\times\left(\frac{1-\zeta}{\zeta}\right)^Z \mathrm{d}\zeta \\
&= 5.75h\gamma_s U'_* S_{va}\left(\frac{A}{1-A}\right)^Z \\
&\quad \times\left[\lg\left(\frac{30.2h}{k_s}\chi\right)\int_A^1\left(\frac{1-\zeta}{\zeta}\right)^Z \mathrm{d}\zeta + \int_A^1 \lg\zeta\times\left(\frac{1-\zeta}{\zeta}\right)^Z \mathrm{d}\zeta\right] \\
&= 5.75h\gamma_s U'_* S_{va}\left(\frac{A}{1-A}\right)^Z \\
&\quad \times\left[\lg\left(\frac{30.2h}{k_s}\chi\right)\int_A^1\left(\frac{1-\zeta}{\zeta}\right)^Z \mathrm{d}\zeta + \frac{1}{\ln 10}\int_A^1 \ln\zeta\times\left(\frac{1-\zeta}{\zeta}\right)^Z \mathrm{d}\zeta\right]
\end{aligned}$$

其中的积分难以求得解析解，Einstein将它们写为积分函数，略作变换后上式成为

$$g_s = 11.6\gamma_s U'_* a S_{va}\left[2.303\lg\left(\frac{30.2h}{k_s}\chi\right)I_1 + I_2\right] \tag{5-46}$$

其中：

$$I_1 = 0.216\frac{A^{Z-1}}{(1-A)^Z}\int_A^1\left[\frac{1-\zeta}{\zeta}\right]^Z \mathrm{d}\zeta \tag{5-47}$$

$$I_2 = 0.216\frac{A^{Z-1}}{(1-A)^Z}\int_A^1\left[\frac{1-\zeta}{\zeta}\right]^Z \ln\zeta \mathrm{d}\zeta \tag{5-48}$$

I_1 和 I_2 均是 A 及 Z 的积分函数，可通过数值积分求解预先做成图表，如图5-4所示。如果没有床面形态时，上述公式中沙粒阻力对应的剪切流速 U'_* 就等于 U_*。

H A Einstein(1950)假定推移质的运动速度为 $11.6U'_*$，推移层厚度为2倍粒径。若求解悬移质输沙率时把沿垂线积分的下限取为 $a=2D$，记该处泥沙的体积比参考浓度为 S_{va}，则 $S_{va}=g_b/(11.6U'_*\cdot 2D\cdot\gamma_s)$。

Aziz(1996) 经过分析水槽实测资料后认为，悬移质泥沙的运动速度小于水流的运动速度，即式(5-44)中的 U 应采用悬移质泥沙的速度分布。Aziz根据有限的试验资料分析后得出，用式(5-44)计算的结果要比实际的大35%。

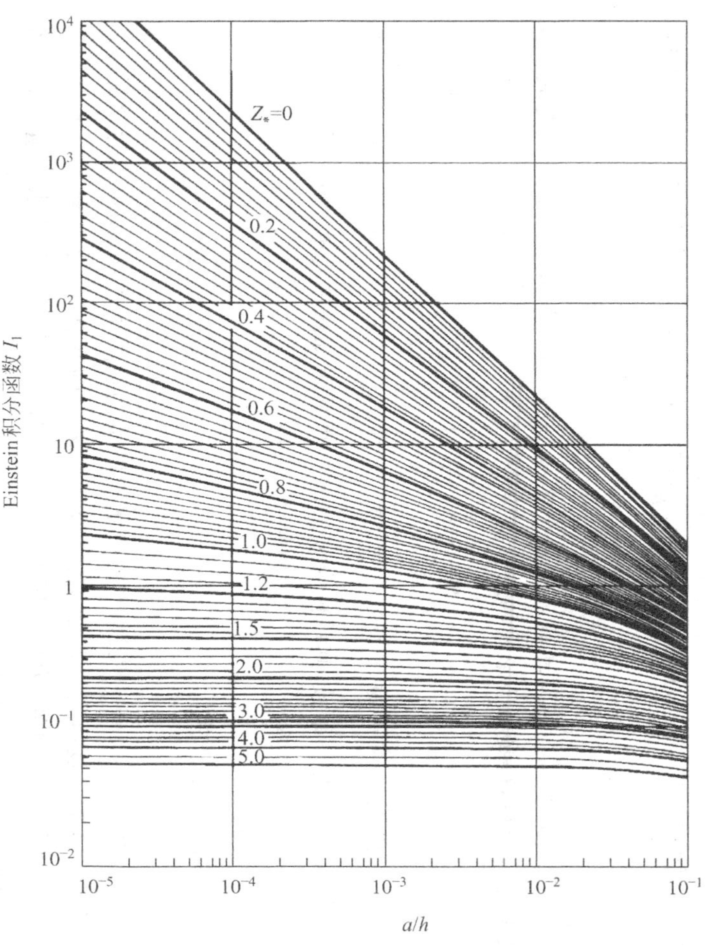

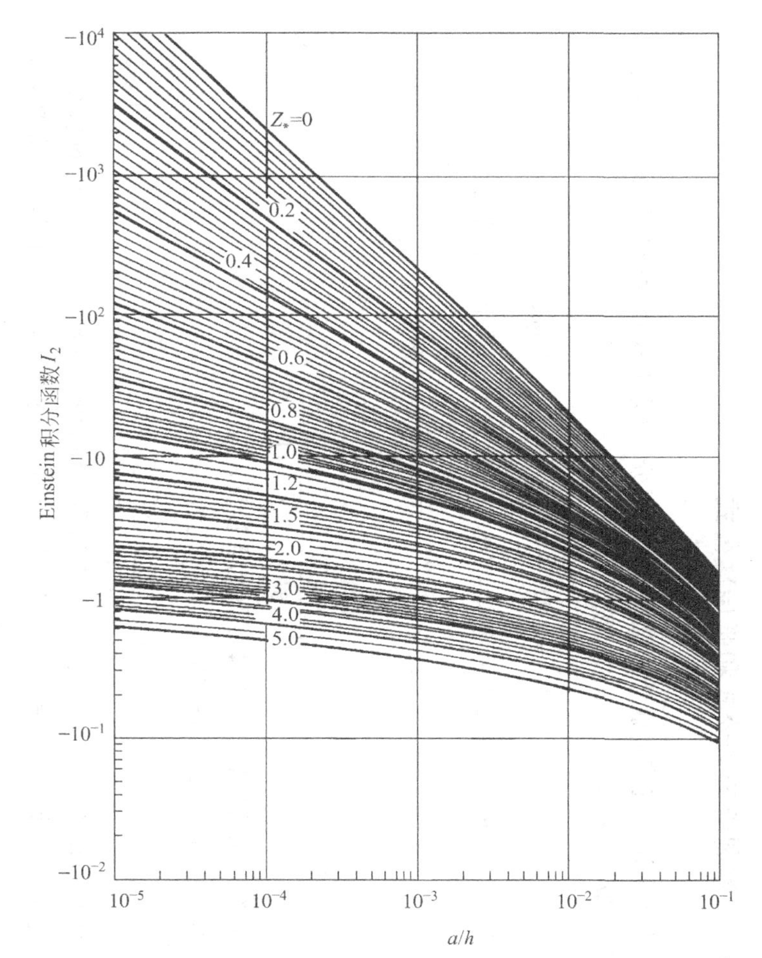

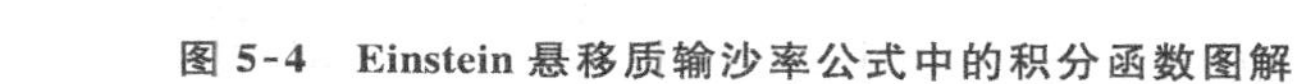
图 5-4　Einstein 悬移质输沙率公式中的积分函数图解

5.3.2 维利卡诺夫公式和张瑞瑾公式

维利卡诺夫直接将微分方程式(5-33)积分,取床面高程为积分下限。当含沙量不高时,取 $1-S_v\approx1$。沿全水深积分,有

$$\int_0^h gUJ\,\mathrm{d}y=\int_0^h U\frac{\mathrm{d}(\overline{uv})}{\mathrm{d}y}\mathrm{d}y+\int_0^h\frac{\rho_s-\rho}{\rho}g\omega S_v\mathrm{d}y$$

其中等号右边第一项与垂线平均速度 U_L 的三次方成比例,积分上式可得

$$gJU_Lh=bU_L^3+\frac{\rho_s-\rho}{\rho}g\omega\overline{S}_vh \tag{5-49}$$

或

$$1=\frac{bU_L^2}{ghJ}+\frac{\rho_s-\rho}{\rho}\frac{\omega}{JU_L}\overline{S}_v \tag{5-50}$$

其中,b 为一比例常数;$\overline{S}_v$ 为垂线平均含沙量。

如令 $\lambda=ghJ/U_L^2$,则式(5-50)可简化为

$$1=\frac{b}{\lambda}+\frac{\rho_s-\rho}{\rho}\frac{\omega}{JU_L}\overline{S}_v \tag{5-51}$$

对于清水,令 $\lambda=\lambda_0$,且式(5-51)右边第二项为零,即 $b=\lambda_0$。在一定的水流条件下,当挟沙达到饱和时,$\lambda=\lambda_k$。在以后的处理中,近似把 λ_0/λ_k 看成是一个常数,即

$$\frac{\rho_s-\rho}{\rho}\frac{\omega}{JU_L}\overline{S}_v=1-\frac{\lambda_0}{\lambda_k}=D_k \tag{5-52}$$

其中,D_k 为常数。从 Chezy 公式知 $J=\dfrac{U_L^2}{C^2h}$,代入式(5-52)并将常数合并,最后可得

$$\overline{S}_v=K'\frac{U_L^3}{gh\omega} \tag{5-53}$$

其中,K'为待定系数。张瑞瑾基于能量平衡和"制紊假说",采用天然河流的大量实测资料进行分析,得到如下形式的悬移质挟沙力公式:

$$S_m=K\left(\frac{U_L^3}{gh\omega}\right)^m \tag{5-54}$$

其中,S_m 为垂线平均重量含沙量(kgf/m³);K 及 m 均为 $\dfrac{U_L^3}{gh\omega}$ 的函数,其关系如图5-5所示,K 为修正系数,其单位为 kgf/m³。由此可知悬移质单宽输沙率为

$$g_s=S_mU_Lh \tag{5-55}$$

重点关注

1. 基于能量平衡观点求出的断面平均悬移质浓度表达式。
2. 基于断面平均流速和断面平均浓度的悬移质单宽输沙率公式。

5.3.3 Bagnold 公式

R. A. Bagnold(1966)认为,泥沙在水中以 ω 的速度下沉,紊动水流为使泥沙悬浮就必须以 ω 的速度将泥沙举起,在单位床面以上的水柱中,水流紊动因悬浮泥沙所做的功为 $W_s'\omega$,其中 W_s' 为单位床面面积以上的水柱中悬移质的水下重量。以水下重量计的悬移质单宽输沙率 g_s' 为

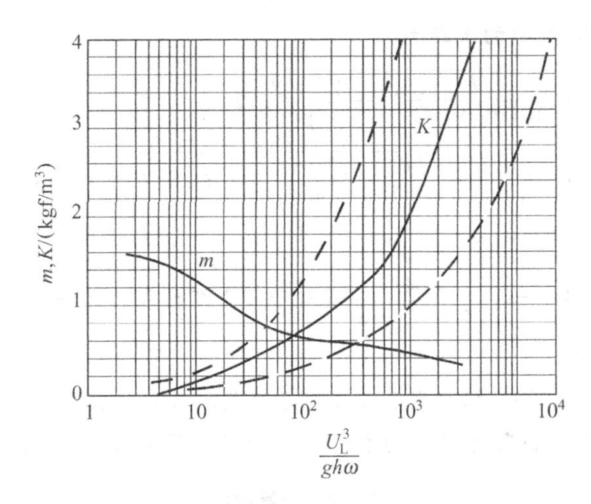

图 5-5　张瑞瑾悬移质输沙率公式中的参数

$$g'_s = W'_s U_s \tag{5-56}$$

假定使泥沙悬浮的能量与水流消耗的势能之间有一定的联系，而水流的势能有一部分已用来维持推移质运动，对照推移质的公式可以写出

$$W'_s \omega = \tau_0 U_L (1 - e_b) e_s \tag{5-57}$$

其中，e_b 及 e_s 分别为维持推移质和悬移质运动的效率。将 W'_s 代入式(5-56)可得

$$g'_s = \tau_0 U_L \frac{U_s}{\omega}(1 - e_b) e_s \tag{5-58}$$

认为悬移质的运动速度与水流一致，则悬移质的垂线平均运动速度为

$$U_s = \frac{1}{H - a}\int_a^h U \frac{S_v}{S_m} \mathrm{d}y \tag{5-59}$$

其中，S_m 为积分限内的平均浓度，由于泥沙分布是上小下大，而流速分布是上大下小，所以悬移质垂线平均运动速度一定比水流平均速度小，设两者的比值为 $a(a = U_s/U_L < 1)$，则式(5-58)成为

重点关注

1. 基于悬浮功的悬移质单宽输沙率公式。

$$g'_s = \tau_0 U_L \frac{aU_L}{\omega}(1 - e_b) e_s \tag{5-60}$$

Bagnold 从实测资料得出：$a(1-e_b)e_s = 0.01$，最后可得以干容重计的悬移质输沙率公式为

$$g_s = 0.01 \frac{\gamma_s}{\gamma_s - \gamma} \tau_0 U_L \frac{U_L}{\omega} \tag{5-61}$$

例 5-2　某河流的平均水深为 $h=1.5\text{m}$，断面平均流速为 $U=1.1\text{m/s}$，水力坡降为 $J=3/10000$，均匀床沙粒径为 $D=0.6\text{mm}$，试求其悬移床沙质的输沙率。

解　首先计算基本水力要素和颗粒特性(如沉速、悬浮指标)：

床面剪切应力：

$$\tau_0 = \gamma h J = 9800 \times 1.5 \times 0.0003 = 4.41\text{Pa}, \quad \Theta = 0.45$$

剪切流速：

$$U_* = (\tau_0/\rho)^{1/2} = (4.41/1000)^{1/2} = 0.066\text{m/s}, \quad Re_* = 39.6$$

粒径为 $D=0.6$mm 颗粒的沉速为

$$\omega=-9\frac{\nu}{D}+\sqrt{\left(9\frac{\nu}{D}\right)^2+\frac{\gamma_s-\gamma}{\gamma}gD}$$
$$=-9\times\frac{10^{-3}}{0.6}+\sqrt{\left(9\times\frac{10^{-3}}{0.6}\right)^2+1.65\times9.8\times0.6\times10^{-3}}$$
$$=0.0846\text{m/s}$$

悬浮指标为 $Z=\dfrac{\omega}{\kappa U_*}=\dfrac{0.0846}{0.4\times0.066}=3.21$，故颗粒在作推移运动的同时也作悬移运动。

Froude 数 $Fr=0.29$。根据图 3-5 或图 3-9 判断可知床面形态为沙垄。由 Einstein 平均流速公式试算沙粒阻力对应的水力半径的过程同例 4-6，试算过程见表 5-2。

表 5-2　计算结果

R_b'的初值	$k_s/\delta=k_sU'_*/(11.6\nu)$	χ(图 3-10)	R_b'所满足的方程	代入R_b'后方程右边得到的值
1.0	2.80	1.20	$3.528=(R_b')^{1/2}\lg(24540R_b')$	4.39(大)
0.5	1.98	1.40	$3.528=(R_b')^{1/2}\lg(28630R_b')$	2.94(小)
0.6	2.17	1.31	$3.528=(R_b')^{1/2}\lg(26790R_b')$	3.26(小)
0.7	2.35	1.26	$3.528=(R_b')^{1/2}\lg(25770R_b')$	3.56(大)
0.67	2.30	1.28	$3.528=(R_b')^{1/2}\lg(26180R_b')$	3.47(小)
0.68	2.31	1.27	$3.528=(R_b')^{1/2}\lg(25970R_b')$	3.50(小)
0.69	2.33	1.27	$3.528=(R_b')^{1/2}\lg(25970R_b')$	3.533(大)
0.685	2.32	1.27	$3.528=(R_b')^{1/2}\lg(25970R_b')$	3.518

试算得到的结果为

$$R_b'=0.685\text{m},\quad 相应地\ U'_*=(gR'_bJ)^{1/2}=0.0449\text{m/s}$$

Einstein 水流强度

$$\Psi=\frac{\gamma_s-\gamma}{\gamma}\frac{D}{R'_bJ}=\frac{1650\times9.8}{1000\times9.8}\times\frac{0.6\times10^{-3}}{0.685\times3\times10^{-4}}=4.818$$

代入式(4-68)计算得到

$$\Phi=0.689$$

求粒径为 $D=0.6$mm 颗粒的临界剪切应力 τ_c，先计算 Shields 图中的辅助线参数：

$$\frac{D}{\nu}\sqrt{0.1\frac{\gamma_s-\gamma}{\gamma}gD}=\frac{0.6\times10^{-3}}{10^{-6}}\times\sqrt{0.1\times1.65\times9.8\times0.6\times10^{-3}}=18.69$$

查 Shields 曲线图 4-4 得 $\Theta=0.032$，即 $\dfrac{\tau_c}{(\gamma_s-\gamma)D}=0.032$，因此得到

临界剪切应力　$\tau_c=(\gamma_s-\gamma)D\Theta=1650\times9.8\times0.6\times10^{-3}\times0.032=0.31\text{Pa}$

临界剪切流速　$U_{*c}=(\tau_c/\rho)^{1/2}=(0.31/1000)^{1/2}=0.0176\text{m/s}$

(1) 按照 Einstein 理论求其悬移质单宽输沙率

前已算得 $\Phi=0.689$，由式(4-55)可知其推移质单宽输沙率 g_b 满足下式：

$$\Phi=\frac{g_b}{\gamma_s}\left(\frac{\gamma}{\gamma_s-\gamma}\right)^{1/2}\left(\frac{1}{gD^3}\right)^{1/2}=\frac{g_b}{2650\times9.8}\left(\frac{1000}{1650}\right)^{1/2}\left(\frac{1}{9.8\times0.0006^3}\right)^{1/2}$$
$$=0.652g_b=0.689$$

所以

$$g_b=1.057\text{N}/(\text{s}\cdot\text{m})=0.108\text{kgf}/(\text{s}\cdot\text{m})$$

假定推移质层厚度为$2D$、运动速度为$11.6U'_*$，则有

$$S_{va}=g_b/(11.6U'_*\times2D\times\gamma_s)=1.057/(11.6\times0.0449\times2\times0.6\times10^{-3}\times2650\times9.8)$$
$$=0.0651(体积含沙量)$$

其重量含沙量为$S_{wa}=S_{va}\times\gamma_s=1690\text{N/m}^3=173\text{kgf/m}^3$。由本题前面计算结果：

$$A=a/h=0.6\times10^{-3}\times2/1.5=0.8\times10^{-3},\quad Z=3.21$$

查图5-4得$I_1=0.1$，$I_2=-0.75$，代入公式得到

$$g_s=11.6\gamma_sU'_*aS_{va}\left[2.303\lg\left(\frac{30.2h}{k_s}\chi\right)I_1+I_2\right]$$
$$=g_b\times[2.303\times\lg(30.2\times1.5\times1.27/0.0006)\times0.1-0.75]$$
$$=g_b(2.303\times4.982\times0.1-0.75)=0.397g_b=0.420\text{N}/(\text{s}\cdot\text{m})$$
$$=0.0429\text{kgf}/(\text{s}\cdot\text{m})$$

(2) 根据张瑞瑾公式(5-54)、式(5-55)计算悬移质单宽输沙率

$$U_L=1.1\text{m/s},\quad \frac{U_L^3}{gh\omega}=1.1^3/(9.8\times1.5\times0.0846)=1.07$$

由图5-5可见，由于本题条件中粒径较粗而流速较小，实际上已经处于式(5-54)适用范围的边缘。若泥沙更细或流速更大，采用该式将较合适(本题条件下采用基于推移运动的理论更合适，如前述的Einstein理论，以及后面的Engelund-Hansen经验公式)。

取$m=1.6$，$K=0.02$，代入式(5-54)中可得

$$S_m=K\left(\frac{U_L^3}{gh\omega}\right)^m=0.02\times1.07^{1.6}=0.0223\text{kgf/m}^3$$

因此悬移质单宽输沙率为

$$g_s=S_mU_Lh=0.0223\times1.1\times1.5=0.0368\text{kgf}/(\text{s}\cdot\text{m})$$

(3) 根据Bagnold公式(5-61)计算悬移质单宽输沙率

$$g_s=0.01\frac{\gamma_s}{\gamma_s-\gamma}\tau_0U_L\frac{U_L}{\omega}=0.01\times\frac{2650}{1650}\times4.41\times1.1\times\frac{1.1}{0.0846}=1.013\text{N}/(\text{s}\cdot\text{m})$$
$$=0.103\text{kgf}/(\text{s}\cdot\text{m})$$

5.4　水流挟沙力

水流挟沙力的涵义是在一定的水流及边界条件下，水流所能挟带的包括推移质和悬移质在内的全部沙量。由于冲泻质输运特性较为复杂，其估算方法本书不作介绍，本节只给出依据前述的推移质和悬移质输移理论所给出的床沙质水流挟沙力计算方法。

重点关注

1. 水流挟沙力的概念。

5.4.1 理论公式

给定的床沙特性和水流条件下，将推移质和悬移质输沙率计算公式直接累加，就可得出床沙质在该种水沙条件下的水流挟沙力。

1. Einstein 方法(1950)

Einstein 把推移质和悬移质运动结合在一起进行研究，给出了床沙质输沙率，称为 Einstein 床沙质函数。推移质在床面层中以滚动、滑动及跳跃的形式运动，在运动的过程中不断和床面泥沙发生交换；悬移质则在主流区内以与水流接近的速度前进并与床面层内的推移质不断发生交换。假定从推移质到悬移质的过渡在某一高程上发生，当泥沙的运动强度不大时，这个高程大致在距床面以上2倍粒径的地方。

将第4章的式(4-55)变换后得到以干沙重量计的推移质输沙率表达式：

$$g_b = \gamma_s \left(gD^3 \frac{\gamma_s - \gamma}{\gamma} \right)^{1/2} \Phi \tag{5-62}$$

求解 Φ 时，可先由式(4-61)求出

$$\Psi = \frac{\gamma_s - \gamma}{\gamma} \frac{D_{35}}{R'_b J} \tag{5-63}$$

床面上有沙波形态时，R'_b需试算求解，详见例4-6。之后根据图4-23或式(4-68)从 Ψ 求出 Φ，代入式(5-62)后，可计算得到推移质输沙率 g_b。

以干沙重量计的悬移质单宽质输沙率 g_s 由式(5-46)计算：

$$g_s = 11.6\gamma_s U'_* a S_{va} (PI_1 + I_2) \tag{5-64}$$

其中：

$$P = 2.303\lg\left(30.2 \frac{h\chi}{k_s} \right) \tag{5-65}$$

求解 I_1 和 I_2 可采用式(5-47)和式(5-48)，或直接查图5-4。

Einstein 选用了推移层上边界处($y=a=2D$ 处)的浓度作为悬移质的参考浓度 S_{va}。假定推移层的厚度为2倍粒径($2D$)，推移质泥沙在这一厚度内是均匀分布的，设推移质的运动速度与水流剪切流速成正比($=11.6U'_*$)，则悬沙参考浓度 S_{va} 就等于推移层内的泥沙浓度。其计算方法如下：在单位时间内，总重量为 g_b 的推移质泥沙将均匀分布在长为 $11.6U'_*$、厚为 $2D$、宽为1个单位的体积内，将其转化为体积浓度就得到

$$S_{va} = \frac{g_b}{11.6U'_* \times 2D \times 1 \times \gamma_s} \tag{5-66}$$

重点关注

1. 理论推导得到的水流挟沙力-Einstein 的床沙质函数公式。

这就是以体积比计的含沙浓度。这样式(5-64)就可以写成

$$g_s = g_b(P \cdot I_1 + I_2) \tag{5-67}$$

最后将 g_s 和 g_b 相加，就得到了以干沙重量计的单宽总输沙率

$$g_t = g_b(1 + P \cdot I_1 + I_2) \tag{5-68}$$

对于由各种粒径组成的混合沙，可分别算出各级粒径的单宽输沙率，然后相加

得出总的单宽输沙率。应注意，在用 Einstein 的床沙质函数公式求输沙率时，如果床面存在沙波，则所有公式中的 U_* 应以 $U'_*(=\sqrt{gR'_bJ})$ 代替。

上述的 Einstein 输沙率公式为推求全沙输沙率提供了一个有效的方法，但其精度直接受推移质输沙率计算精度的控制，而后者的计算难度极大。

2. Bagnold 方法（1966）

前面的章节中给出了 Bagnold 的推移质公式(4-49)和悬移质公式(5-61)，将它们相加就可得出以干沙重量计的床沙质全沙输沙率公式：

重点关注

1. 理论推导得到的水流挟沙力-Bagnold 公式。

$$g_t = \frac{\gamma_s}{\gamma_s - \gamma}\tau_0 U_L\left(\frac{e_b}{\tan a} + 0.01\frac{U_L}{\omega}\right) \tag{5-69}$$

式中

$$e_b = \frac{U_* - U_{*c}}{U_*}\left(1 - \frac{5.75U_*\lg\dfrac{0.4h}{MD} + \omega}{U_L}\right) \tag{5-70}$$

其中，U_{*c}为泥沙起动时的摩阻流速，M 为一比例系数：

$$M = K_0\left(\frac{U_*}{U_{*c}}\right)^{0.6} \tag{5-71}$$

对于单颗泥沙或均匀沙，$K_0=1.4$，在天然河流中，K_0 值可能增加一倍，K_0 值在 7.3～9.1 的范围内变化。

5.4.2　经验或半经验方法

上述的理论公式是通过力学、数学推导来建立床沙质挟沙力计算方法的。由于泥沙颗粒运动的问题极为复杂，用它们来预报天然河流的挟沙力时都还存在很大的误差，难以满足工程设计的需要。为了满足实际需要，常常采用一些经验或半经验性、但精确程度较高的方法，来定量计算水流的挟沙能力。

1. 张瑞瑾方法

在平原河流中，输沙量以悬移质为主，推移质一般可以忽略不计，这样就可以用悬移质输沙率公式来近似计算水流的挟沙力。这类公式以张瑞瑾方法为代表，应用较为广泛，其公式形式为

$$S_m = K\left(\frac{U_L^3}{gh\omega}\right)^m \tag{5-72}$$

式(5-72)中的系数 K 和指数 m 由图 5-5 给出。分析式(5-72)可以看出，其选用的参数可分成 Froude 数 U_L^2/gh 与相对重力沉降作用 U_L/ω 的乘积。如果用 Froude 数代表水流强度，则选用的参数就代表了水流紊动作用与重力沉降作用的对比，其值越大，挟沙能力也越大。公式有一定的应用范围，在实际选用时一定要注意其应用条件。

2. 以悬移质为主的平原河流上，可以用悬移质输沙率来近似作为水流挟沙力。

2．Engelund-Hansen 公式(1972)

Engelund 和 Hansen 提出的公式具有简洁的物理意义，即无量纲输沙率ϕ与无量纲床面剪切应力的2.5次方成正比，其表达式为

$$f'\phi = 0.1(\tau_*)^{5/2}$$

其中，各参数的定义式如下：

摩阻系数 $$f'=2\frac{\tau_0}{\rho U^2}=\frac{2gRJ}{U^2}$$

无量纲输沙率 $$\phi=\frac{g_t}{\gamma_s\sqrt{\left(\frac{\gamma_s}{\gamma}-1\right)gD_{50}^3}}$$

无量纲床面切应力 $$\tau_*=\frac{\tau_0}{(\gamma_s-\gamma)D_{50}}$$

上述各定义代入原表达式中得到

$$g_t = 0.05\gamma_s U^2\sqrt{\frac{D_{50}}{g\left(\frac{\gamma_s}{\gamma}-1\right)}}\left[\frac{\tau_0}{(\gamma_s-\gamma)D_{50}}\right]^{3/2} \tag{5-73}$$

重点关注

1. 以推移质为主的河流上常用的水流挟沙力公式。
2. 纯经验性的水流挟沙力公式。

其中，R为过水断面的完整水力半径(不作阻力分割)。对于床沙质中值粒径不小于0.15mm的沙质河床，Engelund-Hansen 公式有良好的床沙质输沙率计算精度。

3．Ackers-White 公式(1973)

Ackers 和 White 从 Bagnold 的水流功率概念出发建立了一个水流重量比含沙量S(以干沙重与浑水总重之比表示的重量含沙量，详见例2-6)的表达式，然后采用当时所能收集到的约1000组室内试验资料率定式中的系数，得到了适线最优的参数。在所用资料的范围内，该公式达到了最好的精度，公式的形式如下：

$$S = C_1\frac{\gamma_s}{\gamma}\frac{D}{R}\left(\frac{U}{U_*}\right)^{C_2}\left(\frac{F_g}{C_3}-1\right)^{C_4} \tag{5-74}$$

其中，常数C_1、C_2、C_3、C_4的值见表5-3。

表5-3 Ackers-White 公式的系数

系数	$d_g>60$	$60\geqslant d_g>1$
C_1	0.025	$\lg C_1=2.86\lg d_g-(\lg d_g)^2-3.53$
C_2	0.0	$1-0.56\lg d_g$
C_3	0.17	$0.23/(d_g)^{1/2}+0.14$
C_4	1.50	$9.66/d_g+1.34$

颗粒运动判数(mobility number)：

$$F_g=\frac{U_*^{C_2}}{\sqrt{gD\left(\frac{\gamma_s}{\gamma}-1\right)}}\left[\frac{U}{\sqrt{32}\lg(10R/D)}\right]^{1-C_2} \tag{5-75}$$

颗粒无量纲粒径：
$$d_g=D\left[\frac{g}{\nu^2}\left(\frac{\gamma_s}{\gamma}-1\right)\right]^{1/3} \tag{5-76}$$

Ackers-White 公式率定系数所用资料的范围是：泥沙粒径 $D>0.04\text{mm}$，Froude 数小于 0.8。应用该公式时不应超出这个范围。

例 5-3 用各种方法计算例 5-2 给出的河流中以干沙重量计的床沙质单宽输沙率 g_t（水流挟沙力）：Einstein 理论、Bagnold 理论、Engelund-Hansen 公式、Ackers-White 公式。

解 例 5-2 中给出的平均水深为 $h=1.5\text{m}$，断面平均流速为 $U=1.1\text{m/s}$，水力坡降为 $J=3/10000$，均匀床沙粒径为 $D=0.6\text{mm}$。

(1) 依据 Einstein 理论，在例 5-2 中已经计算得到推移质和悬移质的单宽输沙率分别为

$$g_b=1.057\text{N/(s}\cdot\text{m)}=0.108\text{kgf/(s}\cdot\text{m)},\quad g_s=0.420\text{N/(s}\cdot\text{m)}=0.0429\text{kgf/(s}\cdot\text{m)}$$

所以

$$g_t=g_b+g_s=0.108+0.043=0.151\text{kgf/(s}\cdot\text{m)}$$

可见，对于给定的水流条件，Einstein 理论的计算结果表明这种粒径的床沙挟沙力中以推移输运的数量为主。

(2) Bagnold 公式

取 $K_0=9.1$（推移跳跃高度较大），计算得到系数 M：

$$M=K_0\left(\frac{U_*}{U_{*c}}\right)^{0.6}=9.1\times\left(\frac{0.066}{0.0176}\right)^{0.6}=20.11$$

$$g_b=\frac{\gamma_s}{\gamma_s-\gamma}\frac{U_*-U_{*c}}{U_*}\frac{\tau_0}{\tan\alpha}\left[U_L-5.75U_*\lg\left(\frac{0.4h}{MD}\right)-\omega\right]$$

再根据例 5-2 的有关计算结果可得

$$\begin{aligned}g_b&=\frac{2650}{1650}\times\frac{0.066-0.0176}{0.066}\times\frac{4.41}{0.63}\left[1.1-5.75\right.\\&\quad\left.\times0.066\times\lg\left(\frac{0.4\times1.5}{20.11\times0.6\times10^{-3}}\right)-0.0846\right]\\&=1.606\times0.733\times7\times(1.1-0.644-0.0846)\\&=3.06\text{N/(s}\cdot\text{m)}=0.312\text{kgf/(s}\cdot\text{m)}\end{aligned}$$

在例 5-2 中已经计算得到 $g_s=1.013\text{N/(s}\cdot\text{m)}=0.103\text{kgf/(s}\cdot\text{m)}$，所以

$$g_t=g_b+g_s=0.148\text{kgf/(s}\cdot\text{m)}$$

虽然 Bagnold 理论给出的床沙质单宽挟沙力 g_t 与 Einstein 理论的结果接近，但 Bagnold 理论的结果中 g_t 却是以悬移输运的数量为主。

(3) Engelund-Hansen 公式

$$g_t=0.05\gamma_sU^2\sqrt{\frac{D_{50}}{g\left(\frac{\gamma_s}{\gamma}-1\right)}}\left[\frac{\tau_0}{(\gamma_s-\gamma)D_{50}}\right]^{3/2}$$

$$=0.05\times2650\times9.8\times1.1^2\times\sqrt{\frac{0.0006}{9.8\times1.65}}\times\left(\frac{4.41}{1650\times9.8\times0.0006}\right)^{3/2}$$

$$=1570\times0.00609\times0.306=2.93\text{N/(s}\cdot\text{m)}=0.299\text{kgf/(s}\cdot\text{m)}$$

(4) Ackers-White 公式

无量纲粒径：$d_g=D\left[\frac{g}{\nu^2}\left(\frac{\gamma_s}{\gamma}-1\right)\right]^{1/3}=0.0006\times\left(\frac{9.8}{10^{-12}}\times1.65\right)^{1/3}=15.17$

$$\lg C_1=2.86\lg d_g-(\lg d_g)^2-3.53$$

$$=2.86\times\lg15.17-(\lg15.17)^2-3.53=-1.547$$

$$C_1=0.0284$$

$$C_2=1-0.56\lg d_g=1-0.56\times\lg15.17=0.338$$

$$C_3=0.23/(d_g)^{1/2}+0.14=0.23/(15.17)^{1/2}+0.14=0.199$$

$$C_4=9.66/d_g+1.34=9.66/15.17+1.34=1.977$$

颗粒运动判数为

$$F_g=\frac{U_*^{C_2}}{\sqrt{gD\left(\frac{\gamma_s}{\gamma}-1\right)}}\left[\frac{U}{\sqrt{32}\lg(10R/D)}\right]^{1-C_2}$$

$$=\frac{0.066^{0.338}}{\sqrt{9.8\times0.0006\times1.65}}\left[\frac{1.1}{\sqrt{32}\times\lg(10\times1.5/0.0006)}\right]^{1-0.338}$$

$$=4.044\times0.1271$$

$$=0.514$$

$$S=C_1\frac{\gamma_s}{\gamma}\frac{D}{R}\left(\frac{U}{U_*}\right)^{C_2}\left(\frac{F_g}{C_3}-1\right)^{C_4}$$

$$=0.0284\times2.65\times\frac{0.0006}{1.5}\times\left(\frac{1.1}{0.066}\right)^{0.338}\times\left(\frac{0.514}{0.199}-1\right)^{1.977}$$

$$=0.0284\times2.65\times0.0004\times2.588\times2.479$$

$$=1.93\times10^{-4}$$

$=193$ 重量 ppm(建立该公式时所采用的单位)

其中，重量 ppm 的涵义见例 2-6。由例 2-6 可知，重量比含沙量 S_w(每立方米浑水中的干沙重，$\mathrm{kgf/m^3}$)与重量 ppm 值 S 有如下的关系：

$$S_w=\frac{\gamma\cdot S\cdot10^{-6}}{1-(1-\gamma/\gamma_s)\cdot S\cdot10^{-6}}$$

$$=1.93\times10^{-4}/[1-(1-1/2.65)\times1.93\times10^{-5}]$$

$$=1.90\mathrm{N/m^3}=0.193\mathrm{kgf/m^3}$$

因此，Ackers-White 公式给出的单宽输沙率为

$$g_t=U\times h\times S_w=1.1\times1.5\times0.193=0.319\mathrm{kgf/(s\cdot m)}$$

例 5-4 采用例 5-1 中给出的水流条件和泥沙粒径，计算各河流的水流挟沙力。

解 计算天然河流非均匀沙挟沙力时，常常先求出各粒径组的挟沙力、再综合后得到全沙质挟沙力。我国河流泥沙总量中以悬移质为主，本例采用张瑞瑾公式(主要针对悬移运动而建立)与 Engelund-Hansen 公式和 Ackers-White 公式对比，计算如下：

(1) 用张瑞瑾公式，对各粒径组的分组挟沙力计算过程见表 5-4(其中 $g_t = S_m hU$)：

表 5-4　张瑞瑾公式结果

D/mm	0.01		0.025		0.05		0.1		0.25		1.0		2.5	
ω/(m/s)	8.98×10^{-5}		5.61×10^{-4}		2.23×10^{-3}		8.57×10^{-3}		3.71×10^{-2}		0.118		0.197	
	长江	黄河	长江	黄河	长江	黄河	长江	黄河	长江	黄河	长江	黄河	长江	黄河
U_*/(m/s)	0.14	0.056	0.14	0.056	0.14	0.056	0.14	0.056	0.14	0.056	0.14	0.056	0.14	0.056
$\dfrac{U_L^3}{gh\omega}$	153	2396	24.6	383	6.17	96.4	1.61	25.1	0.37	5.81	0.12	1.82	0.07	1.09
K	0.8	3.4	0.2	1.2	0.08	0.6	0.07	0.2	0.06	0.07	0.02	0.05	0.01	0.02
m	0.6	0.2	0.6	0.5	0.7	0.6	1.4	0.9	1.45	0.7	1.45	1.4	1.5	1.35
S_m/(kgf/m³)	16.4	16.1	1.37	23.5	0.286	9.3	0.136	3.64	1.43×10^{-2}	0.240	8.83×10^{-4}	0.115	1.84×10^{-4}	2.25×10^{-2}
g_{ti}/(kgf/(s·m))	615	38.7	51.2	56.4	10.7	22.3	5.10	8.73	0.536	0.576	3.31×10^{-2}	0.277	6.91×10^{-3}	5.39×10^{-2}

(2) Engelund-Hansen 公式计算过程见表 5-5。

表 5-5　Engelund-Hansen 公式结果

D/mm	0.01		0.025		0.05		0.1		0.25		1.0		2.5	
	长江	黄河	长江	黄河	长江	黄河	长江	黄河	长江	黄河	长江	黄河	长江	黄河
τ_0/(m/s)	19.6	3.14	19.6	3.14	19.6	3.14	19.6	3.14	19.6	3.14	19.6	3.14	19.6	3.14
g_{ti}/(kgf/(s·m))	3070	197	1230	78.6	613	39.3	307	19.7	122	7.86	30.7	1.97	12.3	0.786

(3) Ackers-White 公式计算过程见表 5-6。

表 5-6　Ackers-White 公式结果

D/mm	0.01		0.025		0.05		0.1		0.25		1.0		2.5	
	长江	黄河	长江	黄河	长江	黄河	长江	黄河	长江	黄河	长江	黄河	长江	黄河
d_g	0.253	0.253	0.632	0.632	1.264	1.264	2.529	2.529	6.322	6.322	25.29	25.29	63.22	63.22
C_1														
C_2	1.33	1.33	1.11	1.11	0.943	0.943	0.774	0.774	0.552	0.552	0.214	0.214	-8.47×10^{-3}	-8.47×10^{-3}
C_3	0.597	0.597	0.429	0.429	0.345	0.345	0.285	0.285	0.231	0.231	0.186	0.186	0.169	0.169
C_4	39.5	39.5	16.6	16.6	8.98	8.98	5.16	5.16	2.87	2.87	1.72	1.72	1.49	1.49
F_g	17.4	16.4	8.06	7.89	4.58	4.63	2.65	2.77	1.31	1.45	0.484	0.588	0.262	0.344
S_m/(kgf/m³)	4.2×10^{49}	3.53×10^{48}	3.40×10^{14}	2.21×10^{14}	2.49×10^{4}	2.61×10^{4}	1.05	1.28	6.37×10^{-3}	8.41×10^{-3}	3.54×10^{-4}	5.59×10^{-4}	4.13×10^{-5}	1.00×10^{-4}
g_{ti}/(kgf/(s·m))	—	—	—	—	—	—	39.3	3.08	2.39×10^{-1}	2.02×10^{-2}	1.33×10^{-2}	1.34×10^{-3}	1.55×10^{-3}	2.41×10^{-4}

可见,对于较细的粒径组,Engelund-Hansen公式有几个数量级的误差,而Ackers-White公式最大可以产生几十个数量级的误差,显然建立该公式所用的方法或所依据的资料决定了它只能适用于较粗的泥沙粒径。

河流中非均匀沙的总挟沙力,需要根据床沙级配和泥沙各粒径组的分组挟沙力,依特定关系经过计算后得到。在有些问题的处理中,为了考虑上游来沙的影响,在计算时也要考虑上游来沙级配。

5.4.3 天然河流的挟沙力公式

限于现有的资料收集和分析能力,用上述的各公式来预报特定天然河流的挟沙力时都还存在很大的误差。为了解决实际工程中遇到的天然河流挟沙力计算问题,需要进一步简化推理过程,根据挟沙力主要影响因素,针对特定河流和实测资料,建立经验或半经验公式。

1. 挟沙力关系的基本表达式

重点关注

1. 利用天然河流实测资料,建立经验或半经验挟沙力公式的方法。

影响水流挟沙力的四个主要因素包括:

(1) 水流条件,包括:流速 U、水深 h、比降 J 和重力作用 g;

(2) 水流的物理性质,包括:容重 γ、黏性 ν;

(3) 泥沙的物理性质,包括:容重 γ_s、沉速 ω 或粒径 D;

(4) 边界条件,包括:河床物质的组成和河宽 B。

以断面平均含沙量 S_* 表示的水流挟沙力可写成如下的函数形式:

$$S_* = f(U, h, g, J, \gamma, \gamma_s - \gamma, \nu, \omega, D, B) \tag{5-77}$$

另一方面,挟沙水流又必须满足水流运动方程 $U = C\sqrt{hJ}$,其中谢才系数 C 又和流速 U 及粒径 D 有关,所以变量 U、h、J 和 D 之间自有一定的关系,即在它们之间只能任选三个作为自变量,如果选 U、h 及 D 作自变量,则式(5-77)成为

$$S_* = f(U, h, g, \gamma, \gamma_s - \gamma, \nu, \omega, D, B) \tag{5-78}$$

如以 h、J、D 作自变量,取单宽输沙率 g_t 来表示挟沙力,并按习惯将 J 换成摩阻流速 $U_* = \sqrt{ghJ}$,则式(5-77)成为

$$g_t = f(U_*, h, g, \gamma, \gamma_s - \gamma, \nu, \omega, D, B) \tag{5-79}$$

根据实测资料,利用回归分析或经验适线的方法,就可以建立以上述两式为代表的挟沙能力关系式。

2. 基本函数关系

为建立挟沙能力的关系,需要用量纲分析的方法将上述两式中的变量转化成无量纲参数。

以 U、h、γ 为基本变量,对于天然河道的泥沙,$(\gamma_s - \gamma)/\gamma$ 为一常数,水流的黏性及河宽的影响亦可忽略不计,则式(5-78)为

$$S_* = f\left(\frac{U^2}{gh}, \frac{U}{\omega}, \frac{D}{h}\right) \tag{5-80}$$

以U_*、D、$(\gamma_s-\gamma)$为基本变量，则式(5-79)成为

$$\frac{g_t}{U_* D(\gamma_s-\gamma)} = f\left(\frac{U_*^2}{gD}, \frac{\gamma_s-\gamma}{\gamma}, \frac{U_* D}{\nu}, \frac{U_*}{\omega}, \frac{D}{h}, \frac{B}{D}\right) \tag{5-81}$$

以上两式就是挟沙力关系的基本表达形式，一般的挟沙能力公式都可归纳为这两种类型。例如，Einstein的床沙质函数中涉及的变量可以归结为式(5-81)中所选用的六个变量。

5.4.4　天然河流三维流动结构中悬沙输移的数值模拟

天然河道的水流不但常常是非恒定、非均匀的，其流动也多呈现三维特性，即在水流中存在贯穿全断面的时均次生流动结构。此时悬浮泥沙在垂向上的运动不再符合梯度型扩散的规律，水流的二维假定也不再成立。二维泥沙浓度扩散方程(5-11)不能用来描述这种情况下悬移质的输移过程。即使流动是恒定的，泥沙浓度沿垂向的分布也不再符合Rouse方程(5-22)，如图7-10的弯道悬移质含沙量在断面上的分布所示，每条垂线上的分布均不相同，显然无法像二维恒定水流中的悬移泥沙那样用相同的分布公式来描述。

对于天然河流中的非均匀、非恒定、有显著三维流动特性的水流，需要采用完整的三维水流运动方程来求解其流场，并基于完整的三维泥沙悬浮输移扩散方程(5-12)来计算悬浮泥沙的输移和沉积过程，从而比较精确地分析局部河段在较短时段内的泥沙输移和沉积过程，弥补方程简化后推导得到的解析公式和一维、二维数模的不足，满足实际工程的需要。对于实体模型试验来说，采用适当几何比尺、按重力相似准则设计的正态模型，能较好地模拟水流的三维流动结构，因而此时的关键问题是选取合适的模型沙，以达到沉降相似、起动相似、悬移输沙率相似。

以三峡水库近坝段河道为例，它包含了峡谷段、微弯段、坝前展宽段，如图5-6所示。研究表明，河段中弯道处的表层与底层水流方向有明显差异，断面上存在次生流动结构，在边岸及山体凸起的背流面，存在大范围滞流、回流区。由遥感假彩色影像可见，在低水位泄洪的情况下，峡谷段和微弯段的水流表层含沙浓度较高，进入坝前5km以内的河道展宽段后，水流表层含沙浓度显著降低。

采用全三维的水流运动方程和泥沙悬浮输移扩散方程，可以比较精确地模拟出三峡水库近坝段的泥沙输移和沉降过程，得到符合实际的淤积体形态(假冬冬等，2011)。图5-7所示是在$Q=32100\mathrm{m^3/s}$、坝前水位为135m的条件下，计算得出的三峡坝前14km范围内河道水体中含沙量分布结果。可见，水流表层泥沙浓度在进入河道展宽段后显著降低，与图5-6的遥感结果相符。计算表明，在次生流结构的影响下，弯道处断面上悬沙浓度沿垂线的分布比较复杂，不同的断面上呈现不同的分布形式。此时，不能应用在二维流动假定下得到的Rouse方程来描述泥沙浓度沿垂线的分布情况。同样的道理，即使在相同的断面平均水深、流速条件下，该处河道中各个局部河段的悬沙输沙率也会与顺直河段的情况有一定差异。

图 5-6 三峡水库近坝段遥感影像

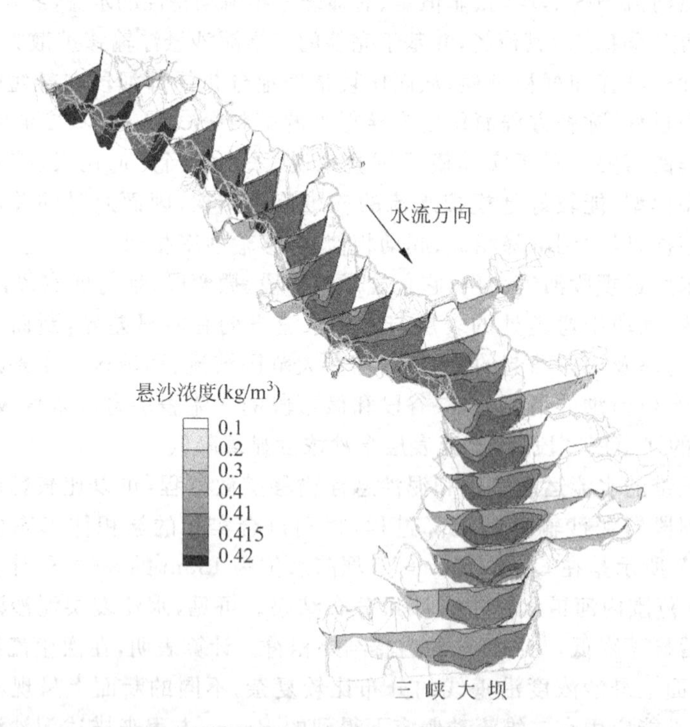

图 5-7 三峡水库近坝段断面含沙量分布计算结果(假冬冬等,2011)

习　题

5.1 写出扩散方程推导过程中的各种条件和假定。

5.2 试举出确定水流挟沙力的主要方法，并给出有关数学形式。

5.3 证明：动量交换系数 ε_m 的水深平均值为 $\kappa U_* h/6$，即 $0.067U_* h$（图5-3中的垂直虚线）。

5.4 对于例5-1中能够起悬的各种粒径的泥沙，计算其在不同河流中的一半水深处，相对浓度的大小（$S_v/S_{va}=?$）。

5.5 长江中游某河段实测平均水深 $h=18\text{m}$、水力坡降 $J=0.5/10000$、平均流速 $U=1.4\text{m/s}$，床沙质平均粒径为 $D=0.25\text{mm}$。黄河下游某河段的一组实测值则为 $h=3.0\text{m}$、$J=3.5/10000$、$U=1.8\text{m/s}$、$D=0.05\text{mm}$。若水温为1℃，求粒径分别为 $D=0.01$，0.025，0.1，0.25，1.0和2.5mm的颗粒在各河流中的悬浮指标量值，并以 $Z=5$ 为界限判断各粒径是否能够在相应的河流里起悬（长江中 $D=2.5\text{mm}$ 颗粒不可起悬；黄河中所有颗粒均可起悬）。

5.6 重力理论的基本观点是什么？在实际应用中存在哪些缺陷？

5.7 有一宽浅河道，水深 $h=1.5\text{m}$，断面平均流速 $U=1.10\text{m/s}$，坡降 $J=0.0003$。已知床沙中值粒径为 $D_{50}=0.6\text{mm}$，水温 $T=20$℃。实测垂线含沙浓度如习题5.7表所示。

习题5.7表

Y/h	0.05	0.07	0.10	0.15	0.20	0.25
$(h-y)/y$	19.0	13.3	9.00	5.67	4.00	3.00
$S_v/(\text{kgf/m}^3)$	40.0	14.0	4.40	1.09	0.41	0.16

试求：

(1) 理论悬浮指标 Z 和实测悬浮指标 Z_1；

(2) 在河道岸边修一取水工程，要求取水口的最大含沙浓度小于 2.0kg/m^3，求取水口的高度；

(3) 悬移质单宽输沙率 g_s（采用三种不同方法）；

(4) 床沙质单宽输沙率 g_t。

第6章 河道演变的基本原理

冲积河流演变过程是流域侵蚀和地貌景观变化过程的一部分。河流沿其纵向常常可分为侵蚀段(河源段)、输运段和沉积段,如图6-1所示。随着纵向位置的不同,冲积河流中的水力要素、泥沙特性和边界约束都将发生很大的变化。在山区和高原地带,河流(包括其支流、支沟)的主要动力过程是侵蚀和输运,在平原和河口则主要是沉积。山区河道沿程的地质、地貌、边界条件、水动力要素和泥沙输运过程显然与平原河道相应的各方面有很大区别,因此在河道演变规律上也表现出明显差异。

分析与思考

1. 河流沿其纵向可分为几段?各具有什么主要动力过程?

重点关注

1. 河道的演变,主要由水流和泥沙的运动所决定,所需时间以百年计。

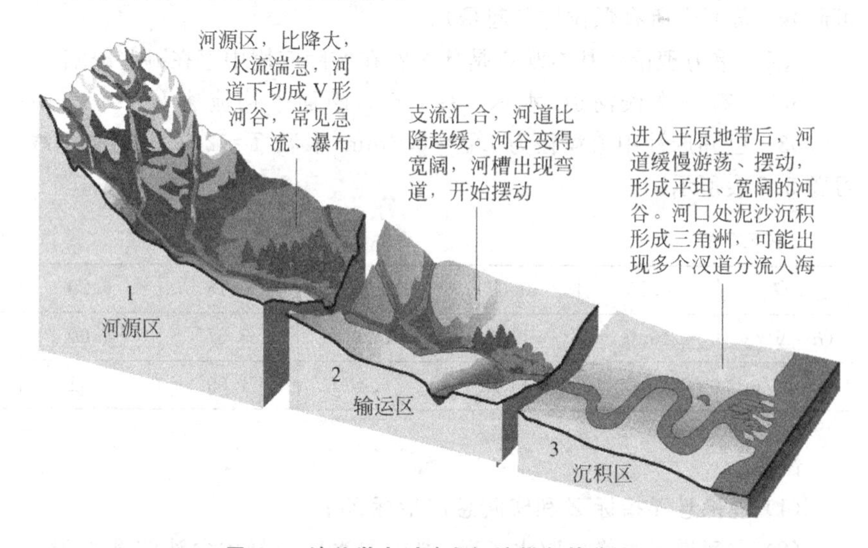

图6-1 地貌学中对冲积河流纵向的分区

天然冲积河流的河道形态,是在一定外界条件下由水流和泥沙的运动塑造而成的。图6-2所示是室内动床试验中一条模型小河的主槽从顺直到弯曲的演变过程,实验过程中小河内的流量保持恒定,试验水槽坡降为0.001,总的试验时间为563h。试验中的各项条件都代表原型河流的某些特性,如:流域具有稳定的地质结构和地貌条件(比降、床沙组成),气候和植被处于比较稳定的状态(流量),即相当于地貌学中时间尺度较短、不出现大的地质构造运动和气候变迁时的情况(数十年到数百年之内)。此时河道的演变主要由水流和泥沙的运动所决定，最终河槽形态将趋于某种均衡状态。河道演变过程所遵循的物理规律可以根据水力学和河流动力学理论进行分析归纳。冲积河流的演变过程研究是一门发展中的学科，研究中的主要困难同样在于其物理过程涉及到的变量很多，而可以应用的力学和数学定律及条件却不够，许多问题还不能进行精确的分析运算，常常需要依赖于简化假定。

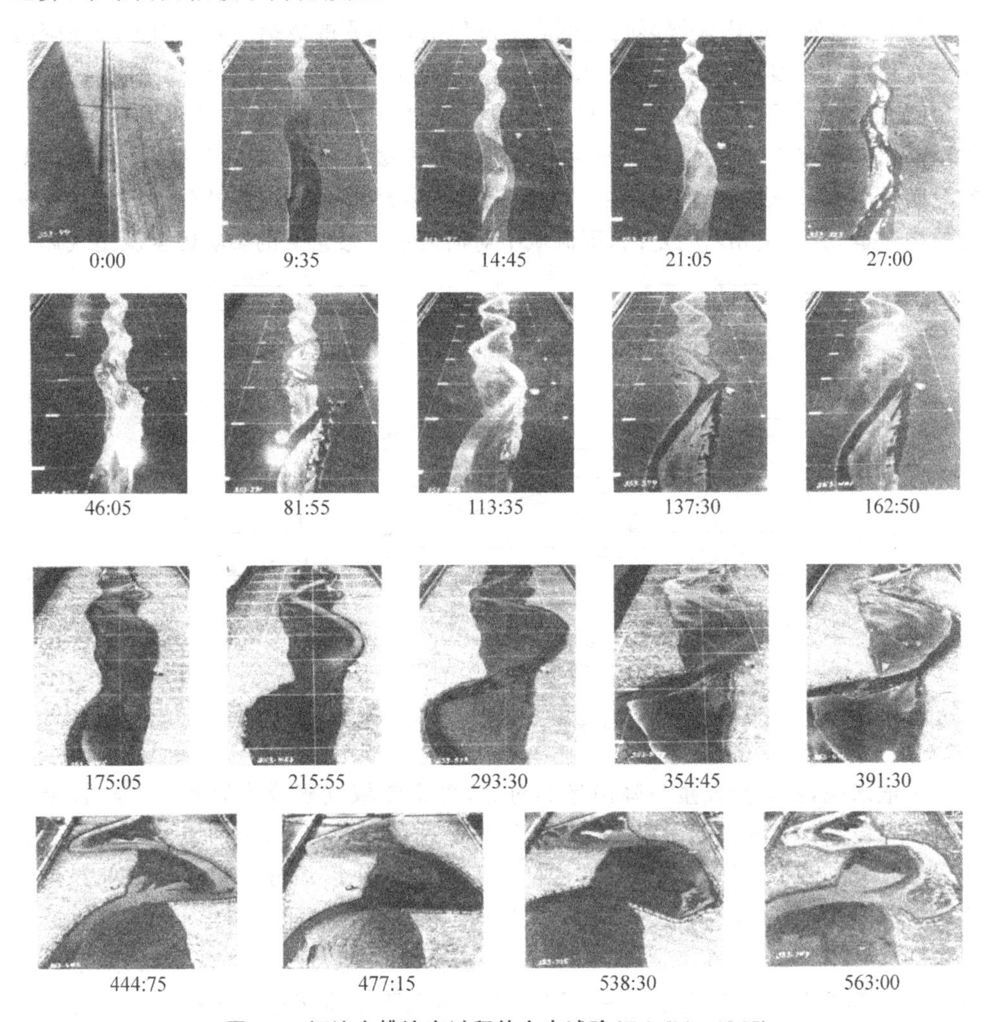

图 6-2　河流主槽演变过程的室内试验(Friedkin, 1945)

6.1　冲积河流演变的影响因素与时间尺度

分析冲积河流的河道演变规律时，常采用一组物理量来描述冲积河流的水力、泥沙要素和河道的断面、平面和纵向形态。在特定时间尺度下，这些物理量中一部分为自变量，另一部分为因变量。河流动力学研究把河道形态演变过程与各种环境因素之间的因果关系，归结为水文过程、泥沙特性和河道形态之间的一种确定性的函数响应关系，并用以预测流域、河道边界等环境因素变化可能引起的河道形态调整。

6.1.1 Langbein-Schumm 定律

图 6-3 是对流域内能够影响河道演变过程主要因素的概括。其中对流域系统起决定作用的自然因素主要是气候、植被与土壤、地质与岩性、地貌形态。在地貌学时间尺度上(数万年至数十万年)气候可视为自变量，植被与土壤可以随气候而改变。黄土高原的地层剖面中，清晰地显示出历史上的冷暖交替(周期约为数万年，即冰期的时间尺度)所形成的不同土壤层。如果地质与岩性(地质构造，岩石、母质类型，地壳的构造运动等)是相对稳定的，则流域中对河流过程最重要的影响因素就是气候。

重点关注

1. 在地貌学时间尺度上，气候是自变量，它决定了流域植被与土壤、来水来沙条件和河道演变。

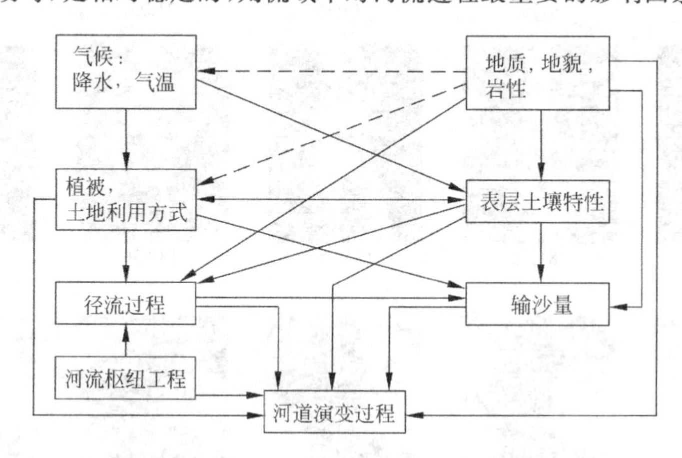

图 6-3 对河道演变产生影响的主要流域因素

一般来说，根据蒸发量与降雨量的对比，可将流域气候分为湿润、半湿润、半干旱、干旱、极端干旱等类型。温暖湿润的气候促进植被的生长，增加表层土壤的有机质，促进入渗，减少侵蚀。而干旱寒冷的气候所起的作用却恰恰相反。在自然条件下，一个流域内的气候、植被、径流和产沙之间存在着一个比较稳定的关系，使得流域的来水来沙、下游的河道演变也相应地较为平稳。1958 年，美国地貌学家 Langbein 和 Schumm 研究了考虑植被影响的情况下小流域单位面积产沙量与有效降水量的关系，以美国中南部若干中小流域的水库淤积和水文站观测资料为基础点绘出图 6-4 所示的曲线，称为 Langbein-Schumm 定律。为了校正气温对产流的影响，图 6-4 中横坐标处理的方法是用年平均气温为 10℃的流域产生给定径流所需降水量，作为其他流域产生同样数量径流时的有效降水量。

分析与思考

1. 流域降雨量与产沙量之间遵循什么关系？

这一变化规律是降雨所决定的侵蚀力与植被保护作用所决定的抗蚀能力之间强弱对比变化的结果。在干旱区，地表几乎处于裸露状态，稀疏的荒漠灌丛对地表物质保护作用很弱，但由于降雨也很少，降雨侵蚀力极弱，水流的侵蚀强度很低。实际上这类地区以风蚀为主。处于干旱到半干旱区这一范围的流域，有效降雨量增加首先引起侵蚀力迅速增大(降雨多为集中暴雨形式),而流域内植被是并不茂盛的草本植物,其抗蚀力的增加不足以与侵蚀力抗衡,故在这一范围内随着有效降雨的增加,侵蚀强度迅速增大,并在半干旱区(有效降雨量为300mm左右)达到峰值。随着有效降雨量继续增加,流域从半干旱转变到半湿润气候,植被亦由草本植物过渡为森林,地表抗蚀力发生实质性的变化,此时尽管降雨的增加也导致降雨侵蚀力的增大,但与抗蚀力的增加相比处于次要地位,因此侵蚀强度呈现出减小的趋势。

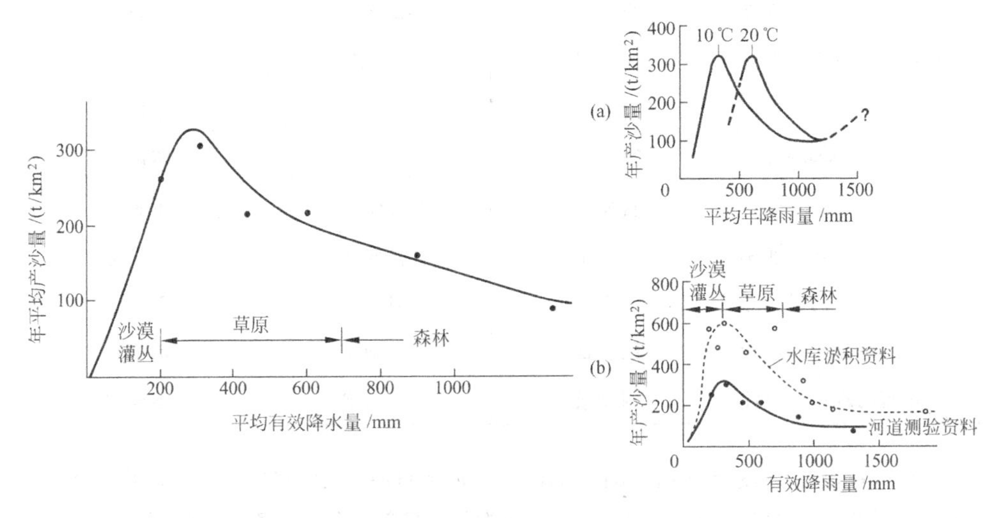

图 6-4　Langbein-Schumm 定律

(a) 流域年均气温不同;(b) 采用不同资料的估算结果

分析与思考

1. 流域产沙量的峰值出现在什么降雨量下?与流域年平均气温有什么关系?

6.1.2　河道演变过程研究的时间尺度问题

对于不同的时间尺度,冲积河流演变过程中的自变量和因变量是不同的。地理学家Schumm在1971年提出可把时间尺度分为三种:稳定时段(量级为天)、准衡时段(量级为百年)和地质时段(量级为百万年),并提出了这三种尺度上的自变量和因变量(表6-1)。

对实际工程有重要影响的泥沙输运问题一般其时间尺度都限于百年以内,从而流域中的气候、地形、植被、岩性可视为确定的自变量,河流沿程地质构造的升降运动可以忽略,侵蚀基准面(内陆湖泊水面、海平面)也可视为是稳定的。河道形态(包括沿着流路的河道比降)是因变量,它是由其他自变量决定的,包括流量、输沙率、泥沙粒径、河谷比降、岸壁阻力等。应注意,在研究地质时间尺度上的泥沙运动、河流水系演变时,流域中的气候、地形和地质构造、植被、岩性等将不再是确定的自变量,而成为不确定的因变量,必须重新识别出重要的自变量,否则就难以保证分析的正确性。

表6-1 不同时间尺度上与冲积河流演变过程有关的变量

变量类型	所考虑的时段长度		
	稳定时段 (量级：数天)	准衡时段 (量级：数百年)	地质时段 (量级：数百万年)
地质(岩性、地层结构)	自变量	自变量	自变量
古气候	自变量	自变量	自变量
古水文	自变量	自变量	因变量
河谷坡度、宽度和深度	自变量	自变量	因变量
气候	自变量	自变量	不确定
植被(种类和密度)	自变量	自变量	不确定
平均流量	自变量	自变量	不确定
平均来沙率	自变量	自变量	不确定
河道形态	自变量	因变量	不确定
实际流量和沙量	因变量	不确定	不确定
水流的水力学特性	因变量	不确定	不确定

分析与思考

1. 在什么条件下，冲积河流的河道平面形态可达到相对平衡？

例如，在准衡时段上(数百年内)，图6-5所示的河谷中山体和岩壁是稳定的，河谷长度(图6-5(a)中的实线、图6-5(b)中的虚线)不变，河谷比降等于河段上、下游断面的高差除以河谷长度。在此时间尺度上，河道的深泓线位置在容许范围内却不断摆动、变化，主河槽的长度(图6-5(a)中的虚线、图6-5(b)中的细实线)大于河谷长度，从而使得河道主槽沿程的平均河底比降和水面比降均小于河谷比降。冲积河流演变包括了河道的比降、形态、河床物质组成的变化，常常趋向于使河道形态达到一定的相对平衡，上游的来水、来沙能通过河段下泄。这种平衡是一种动态平衡，即使河床在一定时间内(数十年)平均高程变化不大，但每个汛期时段内(数十天)冲淤幅度却是很大的。若河道演变处于不平衡状态，则会出现河床持续抬高或下切、河槽散乱游荡等现象。

能够在准衡时段上造成流域水文泥沙要素和河道边界条件发生重大变化、影响河道演变的人为活动包括流域内的植被和土地利用方式、干流上的水利枢纽工程等，这些活动影响流域的来水和来沙条件，使河道演变失去平衡，引发河道的相应调整，以适应变化了的条件。

2. 为什么输运出流域的泥沙量一般总小于流域中的地表物质侵蚀总量？

6.1.3 沟道与水系的发育

地貌发育过程和水系形成的时间尺度一般是地质时段(数十万至数百万年)。水系是地表径流对地表物质进行侵蚀后的产物。地表侵蚀产生的泥沙经支流、干流到流域出口的输运过程中常常发生沿程的堆积、淤积，使得输运出流域的泥沙量(产

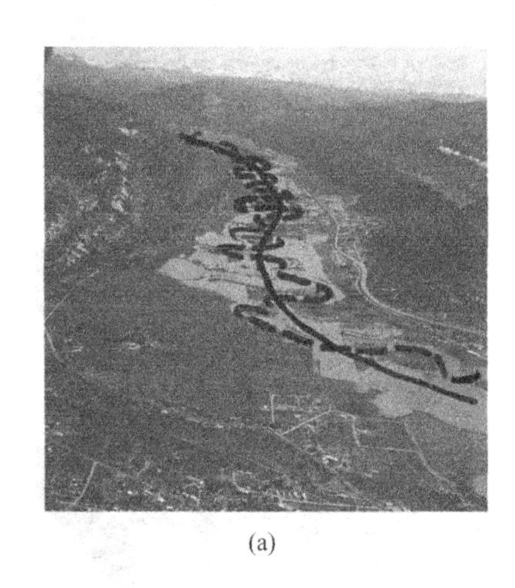

(a)

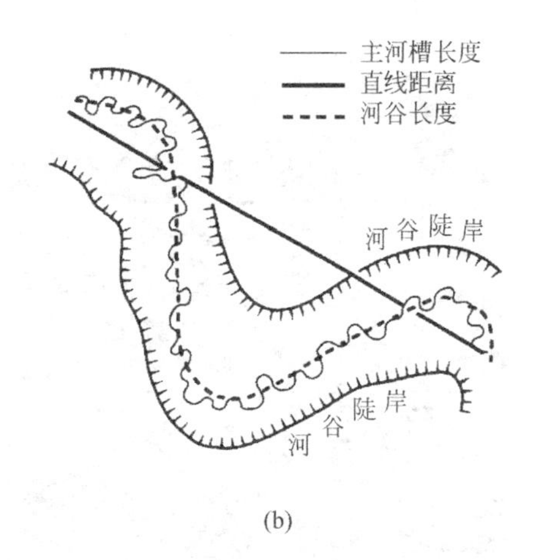

(b)

图 6-5　河谷内冲积河流弯道的摆动

沙量，S_t）小于流域中的地表物质侵蚀总量（S_e）。泥沙量 S_t 与流域中的地表侵蚀总量 S_e 之比称为泥沙输移比，S_t、S_e 两者之差就是自侵蚀发生地点到流域出口控制点之间的输运过程中沉积减少的沙量。一般来说，流域越小或泥沙颗粒越细，泥沙输移比就越大。黄土高原侵蚀产生的泥沙为粉沙级，所以其各级流域的输移比几乎与流域面积无关，均接近于 1.0。

20 世纪 80 年代长江上游流域（宜昌站以上）年平均侵蚀量为 15.7 亿 t，同期长江宜昌站输出的悬移质平均每年 5.49 亿 t，输移比为 0.35。输出的悬移质和水库淤积量约占侵蚀量的 45%，即有一半以上被侵蚀物质堆积、沉积在流域内，其中宜昌站上游流域内 11385 座大中小型水库年平均淤积量为 1.51 亿 t。水力输移的悬移质绝大部分被输出流域，推移质和泥石流并非全部被输出流域，其中一部分被水流从一地搬运到另一地，仅空间位置随时间发生变化。

在流域径流侵蚀过程中，自分水岭沿坡面向下，随着水流的汇集和侵蚀强度的加大，依次出现面蚀和沟蚀等不同方式的侵蚀，并形成细沟、浅沟、切沟、冲沟等微地貌形态，成为水系的基本组成单元，如图 6-6(a)。地表上的水流挟带泥沙沿这些沟道运动，随着流量的增加不断补给泥沙，最终汇集进入支流。在地质历史的漫长岁月中，平整的高原被径流逐渐侵蚀切割，出现丘陵沟壑地貌形态。初始地势逐渐降低夷平，与侵蚀基准面的高差减小，使得水流的机械能减少、径流侵蚀力变弱，流域产沙量减少，河道的演变也随之进入成熟期，如图 6-6(b)。由图 6-6 可见黄土高原丘陵沟壑区处于自然侵蚀青年期，产沙量必然很大。

重点关注

1. 流水侵蚀的夷平作用。

流域内的水沙运动，通过水系（drainage patterns）的基本框架组织在一起，形成一个有机整体。水系发育视流域所属地带的地质构造运动、地质结构和地形不同，而出现不同的形态，如图 6-7(a)和(b)所示。把水系看作由不同大小和长短的许多河道单元所组成，再按照它们在流域中的相对位置和连接关系，可把这些河道区分为一系列的级别（hierarchy of natural channels）。

目前常用的天然河流分级法是 Strahler 在 1957 年提出的，如图 6-7(c)，它是一

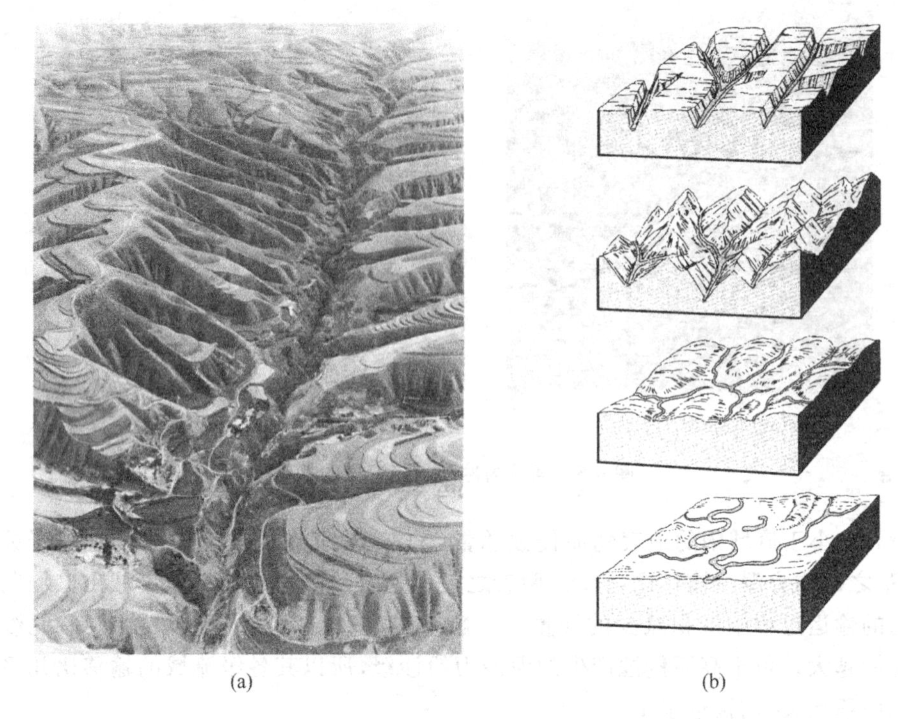

图 6-6 黄土丘陵沟壑地貌与径流侵蚀过程

(a) 黄土高原丘陵沟壑区;(b) 流水侵蚀的发展阶段

重点关注

1. 天然河流的分级法。

2. 河网密度的定义式。

种从源头向下游推算的分级方法。图中最上游、没有支流的河道定义为级别最低的1级河道。每两个同级别的河道交汇后形成的河道为高一级的河道;而不同级别的河道交汇后形成的河道级别与交汇前较高的河道级别相同。图6-7(c)中,流域出口的河道级别为4。

单位流域面积内的河道长度称为河网密度(drainage density)D_u,其定义为

$$D_u = \left(\sum L\right)_u / A_u \tag{6-1}$$

其中,$\left(\sum L\right)_u$ 为级别为 u 的河道总长度。

在图6-6(a)所示的黄土高原丘陵沟壑区,常用沟道总长度来计算沟壑密度,它与土壤侵蚀的严重程度密切相关。

我国侵蚀极为严重的黄土丘陵区,沟壑密度达1.8~7km/km²,区内由南向北依次是黄土梁状丘陵和黄土梁卵状丘陵。梁卵状丘陵具有坡度大、坡长大、临空面也大的特点,水力侵蚀尤为强烈,而且这种形态特征不但利于流水侵蚀,也能够促使重力侵蚀的发展。其次是黄土塬区和黄土阶地区。黄土塬区面积约27000km²,水力和重力侵蚀都较强烈,以沟蚀为主,沟壑密度为1.3~2.7km/km²。我国的紫色土侵蚀区(例如位于四川川中红色盆地的地区),土层薄、蓄水量少、渗透性差,径流系数较高。因此沟蚀密度大,沟谷面积占坡面面积的50%~70%,沟道密度达4~5km/km²。

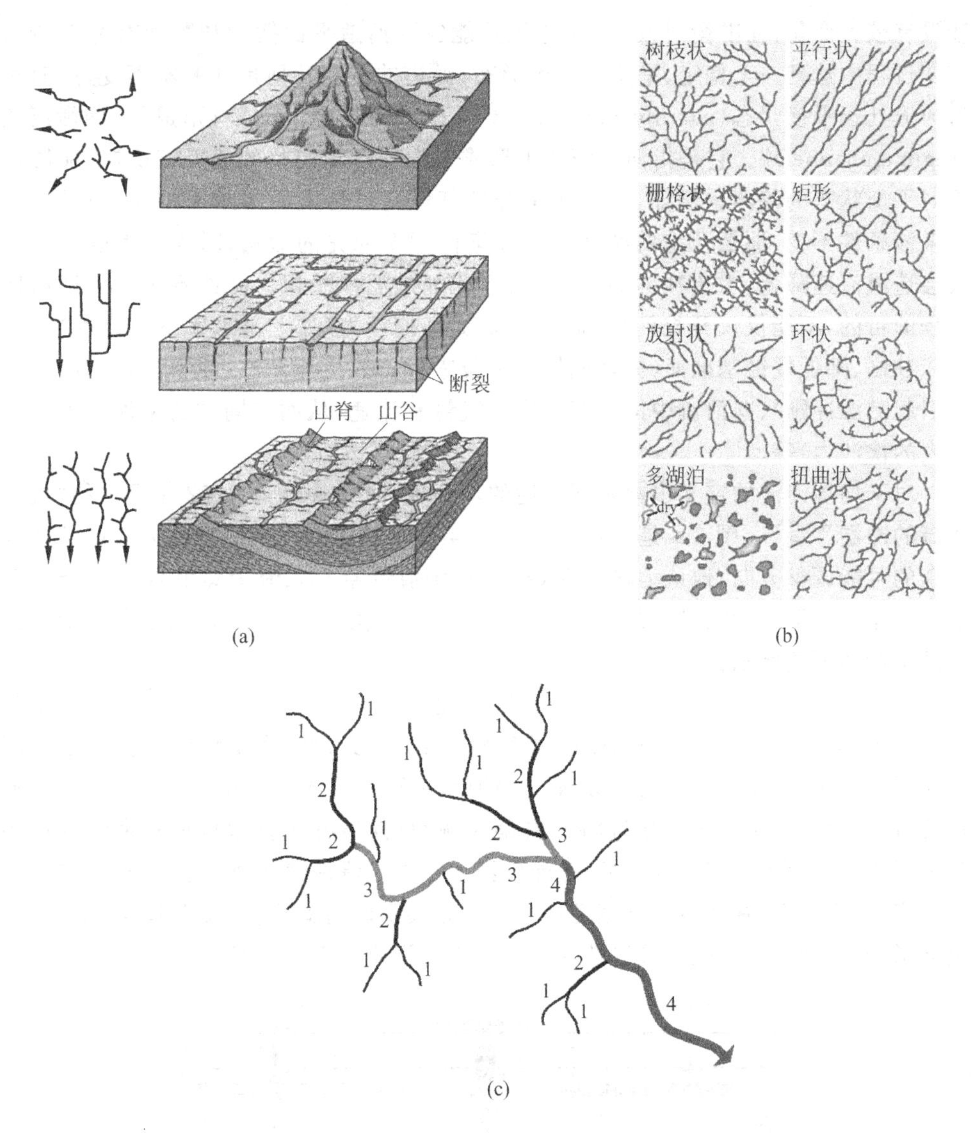

图 6-7　水系的平面形态与河道级别的命名

(a) 水系形状与地质构造的关系；(b) 不同类型的水系平面形态；(c) 天然河道的 Strahler 分级法

6.2　冲积河道演变中的均衡状态

6.2.1　均衡状态

冲积河流在向下游输运泥沙的同时，可能冲刷边岸和河床，或出现边滩、河床淤积，使得主槽在河谷中不断摆动。如果河床和边岸的物质组成不改变或流域来水来

重点关注
若河流处于平衡状态,则:
1. 河道的主要几何尺寸基本不变。
2. 存在一种自动调整的负反馈机制。
3. 水流和泥沙等变量之间达到某种平衡。

沙没有较大变化,在准衡时段内,河道依然能够在河道平面摆动和断面有冲有淤的演变过程中达到一个稳定、平衡的一般形态,河道的主要几何尺寸基本不变,此时称为河流处于平衡状态(equilibrium of alluvial river channels),或称形成了"均衡河道(regime channel)"。它是指河道演变中形成了一种自动调整的负反馈机制,能够消除对平衡状态的偏离。例如,如果人工开挖某段河道造成局部断面扩大,但同时来水来沙条件不变,那么开挖的断面就会逐渐回淤至原先的形状,因为人为的断面扩大会造成流速降低、水流挟沙力下降,引起此处的泥沙淤积。可见要达到降低河床高程的目的,不能仅仅开挖河床,而是需要提高挟沙力(如上游水库下泄清水)引起河床冲刷、降低侵蚀基准面(如降低坝前水位来冲刷库尾三角洲,或下游悬河河道溃堤引起溯源冲刷)、向河流中汇入客水增大流量和流速(从而在同样的来沙量下获得更大的挟沙力)等。

对于均衡河流的定义多数是概念性的,如 W. M. Davis 在 1902 年提出的"成熟河流的冲淤平衡"。图 6-8 是 Lane 在 1955 年提出的影响河道冲淤的因素以及达到均衡的可能调整方向,他认为输沙率 Q_s、泥沙中值粒径 D_{50}、流量 Q 和河道比降 J 四个变量是影响河道冲淤平衡的主要因素。在冲淤平衡的河道中,这四个变量所应达到的平衡如下式所示:

$$Q_s \cdot D_{50} \propto Q \cdot J \tag{6-2}$$

如果其中一个变量增大或减小,平衡将被破坏,其余的变量将作出反应以重新建立平衡。例如,如果由于弯道发展或侵蚀基准面上升导致比降 J 减小,而同时流量 Q 不变,图 6-8 中的天平指针将向右偏转倾斜(河道发生淤积),只有来流输沙率 Q_s 减少后或来沙粒径 D_{50} 变小后,才能使河道恢复河流冲淤平衡状态。反之,如果流量不变、比降加大(裁弯或侵蚀基准面降低),则会引起河道冲刷、输沙率 Q_s 增大,D_{50} 也会增加(床沙发生粗化),最终使河道的床面冲淤恢复平衡状态。

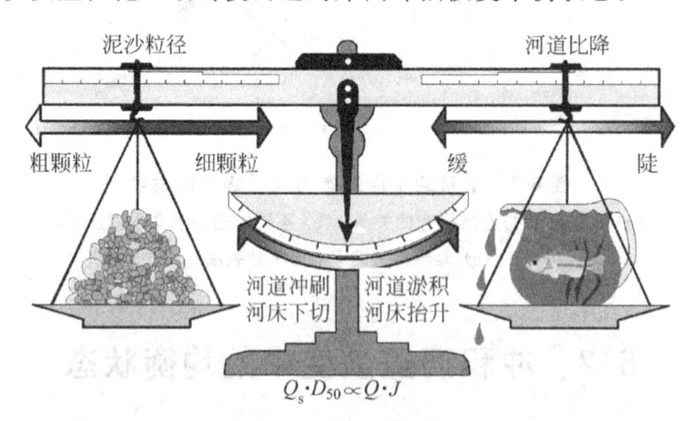

图 6-8 河道冲淤平衡中的影响因素示意图(Lane,1955)

实际上,均衡河流并不仅仅意味着以上所述的局部河段短时间内的冲淤平衡。在判断一条河道是否达到均衡状态时,存在不同的定义和相应的衡量方法,它们从不同的角度反映了均衡河流的性质。以下所述是具有代表性的几种均衡河流定义。

6.2.2　均衡状态的判据

1. 以河道形态随时间的变化为判据

如果一定时段内，流域来水来沙条件和边岸抗冲性是稳定不变的，则河流会响应这些条件调整自身的空间形态，在平均意义上使其宽度、比降和弯道形态维持一个相应的稳定值。也即，泥沙输运和冲积演变过程的稳定性能够衍生出河道平均形态的稳定性，如果流域来水来沙条件和边岸抗冲性改变，则河道会通过调整适应而形成新的均衡河道。

重点关注

1. 河流平衡状态的几种不同定义。
2. 不同定义所采用的河流平衡状态判别依据。

另一方面，河道是处于一种动态平衡之中。即使在准衡时段内，来水来沙条件和边岸抗冲性能够保持稳定不变，河道形态的几何特征参数(如弯曲系数)仍可能会围绕一个平均值不断波动。对于河弯不断横向摆动的冲积河道来说，由于天然裁弯的发生，其弯曲系数会出现突变，需要长期观测其平面形态才能确定它是否处于均衡状态(其弯曲系数是否围绕一个平均值波动)。如果观测次数较少，就难以识别弯道形态的变化趋势、从而判断其是否处于均衡状态。所以即使冲积河流的河道具有比较稳定的形态，一般也只称之为处于“稳定状态”。

2. 以河道内泥沙的输运过程为判据

河道形态达到均衡的根本原因是水沙输运过程达到了动态平衡。Mackin 据此在 1948 年提出均衡河流的定义为：“一条均衡河流(graded strcam)是在经过一定的年月以后，坡降经过精致的调整，在特定的流量和断面特征条件下，所达到的流速恰好使来自流域的泥沙能够输移下泄。均衡河流是一个处于平衡状态的系统，它的主要特点是控制变量中任何一个变量的改变都会带来平衡的位移，其移动的方向能够吸收这种改变所造成的影响。”

这一定义的优点是可以通过定量观测河段上、下游的输沙量来确定河段是否达到均衡，但这个定义中仅把河道的比降作为最关键的因变量，而没有把断面形态(如河宽)也作为可以随着比降和平面形态(弯曲系数等)一起参与自动调整的因素。

3. 以河道的输沙耗能效率为判据

对于恒定流量和恒定含沙量的情况，河道的最优运行效率表现为在可能的范围内使输运这一来沙量所消耗的水流机械能最小，也就是通过自我调整、最后得到允许范围内的最小河道比降。

用这种方法来衡量河流的均衡状态也存在一些弱点，因为河道水流的机械能损失并不是都用于输运所挟带的泥沙，绝大部分用于克服河道阻力，其中一部分化为紊动动能支持悬移质运动，一小部分直接用于推移质运动。而且不改变河道比降，仅仅通过床面形态的变化也可以对能耗率产生很大影响。

6.3 造床流量

重点关注

1. 对均衡河道形态的形成起到控制、主导作用的某个中等流量——造床流量。

2. 造床流量概念不适用的情况：季节性和间歇性河流、人为调节作用强烈的河流。

天然河流的均衡状态一般是在自然的来水来沙过程中逐渐实现的，不同大小的流量都参与了河道形态的塑造过程(channel-forming events)。其他条件相同的情况下，流量越大则对河道的塑造能力就越强，因为河道中推移质和悬移质的体积浓度和总输沙量都将随流量的增加而加大。虽然按照一般规律大流量对河道形态的演变(无论是河床的淤积和冲刷、河道主槽的摆动等)具有重要意义，但事实上特大洪水塑造出的河道形态一般不能在准衡时段(几十年、几百年)内维持不变，而是被较小但出现频率更高的中等流量逐渐消蚀和改造、从而形成最终的平均河道形态。从能量的角度来看，河道的演变是一定时段内由水流消耗机械能而做功的过程，这包括输运上游来沙的耗能。特大洪水水流功率较高、瞬时输沙率大，但历时一般不长，从统计意义上来看它所做的功和输运的泥沙总量都不及出现机会较多的中等洪水。对某一时段内平均意义上的均衡河道形态来说，真正起到控制、主导作用的流量应是一个中等流量。从理论上说，天然的流量变化过程所形成的均衡河道形态，可以通过在河道中恒定施放这一中等流量和相应含沙量而塑造出来，这即是 Inglis 于 1949 年所提出的造床流量概念(channel-forming discharge，dominant discharge)。

造床流量是河道演变中最重要的自变量，它决定了河流的平均形态，因此工程中常常依据这一流量来设计常年河流(有时也包括间歇河流)的断面和平面形态，如河宽、水深、弯道形态等。为此，需要对造床流量的大小进行定量计算。目前常用的计算方法主要包括：①用平滩流量代替造床流量；②采用某一频率或重现期的流量作为造床流量；③根据输沙率与流量频率相乘得到的地貌功曲线确定有效输沙流量、并等同于造床流量。

上述造床流量的概念不太适用于研究半干旱地区的一些季节性和间歇性河流。这是因为，这种情况下特大洪水对河道的塑造作用往往能保持相当长的时间(数十年到近百年)，如果这个时间接近于特大洪水的重现期，则不会出现所谓相应于中等洪水的平均河槽形态以及与之对应的造床流量。同样，在干旱地区的河流因为不存在长历时的中水流量来塑造河道形态、没有河漫滩上的植被来维持稳定的河道形态，而是每一次暴雨产生的山洪都会塑造一个不同的河道形态，所以也无法应用造床流量这一概念。可见，在应用造床流量的概念时，必须充分了解流域和河流的水文特性，尤其要注意流域内或干流上进行大规模工程建设、河流水文特性发生实质性的改变后，原有的造床流量概念是否依然能够代表河道均衡形态塑造过程中的平均水流动力作用。正是由于这个原因，治河工程上常用的设计流量(design discharge)概念有时并不能简单地等同于造床流量。

6.3.1 平滩流量法

平滩水位(bankfull stage)指在滩槽分明的河道里,主槽充满之后、与新生河漫滩表面齐平的水位。之所以选择用平滩流量(bankfull discharge)代表造床流量,是由于它标志了来水来沙的动力作用从塑造主槽到塑造滩地的一个转折点,从而在河道形态演变中有重要意义。河道形态的演变并不是对所有的流量级都作出同样的反应,只有当流量达到某一特征值时才会有明显的形态变化,而平滩流量正好用来作为这样一个特征流量。

重点关注
1. 造床流量的估算方法之一:平滩流量法。

图6-9定性给出了漫滩洪水在河道塑造过程中所起的作用。在漫滩前,水流在主槽中集中流动,流速大,挟沙力较强。漫滩后过水面积和湿周增加,由于滩面上水深小、阻力大,引起洪水运动滞止和流速显著降低,导致泥沙大量落淤在滩地上,其中靠近主槽的部位淤积较厚、淤积颗粒较粗,形成沿主槽的自然堤。

如果河流具有比较规则的河槽断面形状,其平滩水位一般可以从水位-宽深比(B/h)关系曲线的最低点(或dB/dh的最大值)判断得到,并进一步从水位-流量曲线求出平滩流量(图6-10(a))。另一种方法是从水位流量曲线的转折处得到平滩流量的大小,这是由于漫滩后河宽大幅增加,同样的流量增幅在主槽内引起的水位上涨幅度要小于滩地被淹没后的水位上涨幅度,因而水位流量曲线分成斜率不同的两段(图6-10(b))。不过,规模较大的天然河流中实测的水位流量曲线中,这种斜率的变化常常表现为一个圆滑的过渡,因而不易得到平滩流量的精确值。除了上述的判别方法以外,还可以借助于河道内植被的生长和分带规律(如草本植物和木本植物的分界线),确定不同位置的淹没频率和实际的平滩水位。

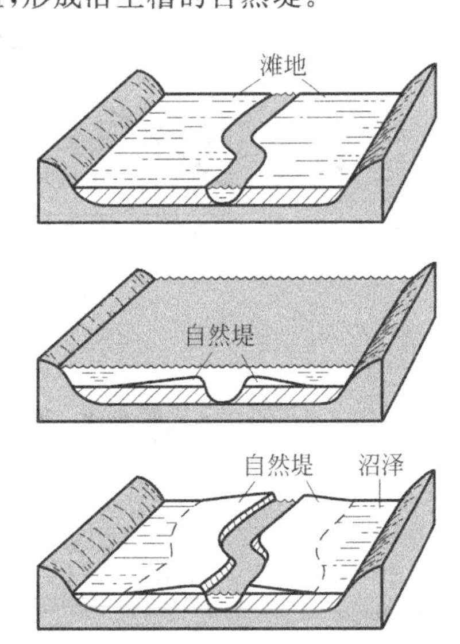

图6-9 漫滩洪水的造床作用与自然堤的形成

曾有一些研究认为平滩流量的重现期为1.2~1.5年,但后来发现用上述方法确定的平滩流量,其重现期具有较大的变化范围(1~50年),只有大约60%的实例中平滩流量重现期在1~2年之间(图6-11)。

平滩流量是一个比较易于应用的概念,其主要问题是没有一个普遍适用的方法来确定其准确值,需要综合考虑造床过程和具体河段的形态特征进行判断。这一概念可能不适用于没有明显中水河槽或主槽变动频繁的河流(也即未达到均衡状态的河流,如干旱、半干旱地区的间歇性河流)。

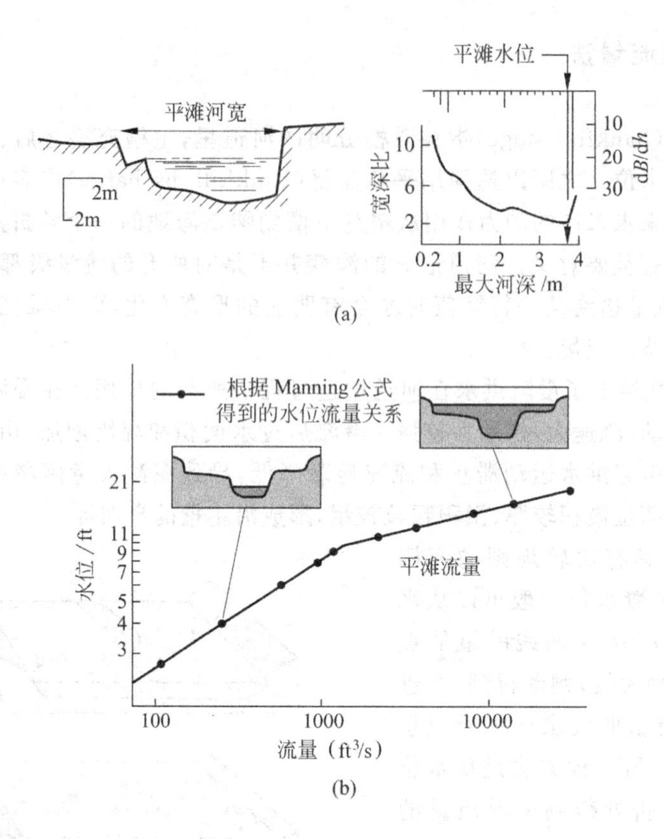

图 6-10 平滩水位的确定方法

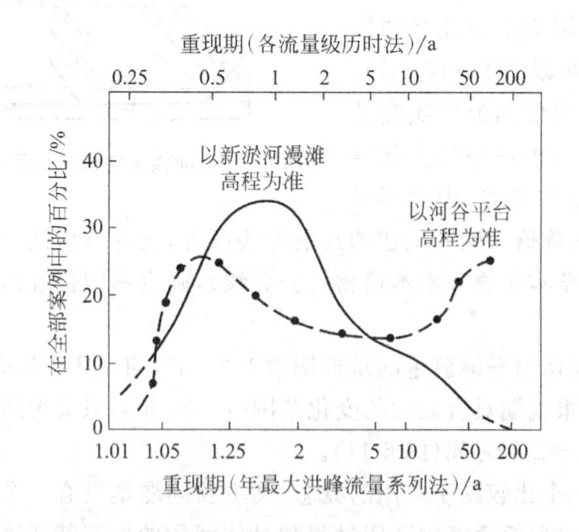

图 6-11 野外调查所得平滩流量的重现期范围

6.3.2 采用某一频率或重现期的流量作为造床流量

采用某一重现率的流量作为平滩流量的方法较为简便易行，且可靠性好，尽管实际上平滩流量具有各种的不同的重现率（1～50 年不等），还是有不少研究人员提出可采用某一频率或重现期的流量作为平滩流量或直接称之为造床流量。采用这种方法时应注意重现期的具体计算方法。对于同一条河流上的水文资料，采用年最大洪峰系列统计得到的流量频率 P_{max}，与采用日均流量资料、区分不同流量级后计算各自的历时所得到的流量频率 P_{dur}，存在一定的差别，因此两种表达方法对同一平滩流量给出不同的频率和重现期，如图 6-11 所示。图中的实线指确定平滩水位时，采用处于冲淤过程的新淤河漫滩（active floodplain）滩面高程为准，而虚线则指以河谷平台（valley flat）的高程为准。

重点关注

1. 造床流量的估算方法之二：采用某一频率或重现期的流量。

1953 年，Leopold 和 Maddock 曾用年平均流量来代表造床流量。之后 Wolman 和 Leopold 提出用重现期为 1～2 年的流量作为造床流量。Hey 于 1975 年提出砾石河床的河流中，可采用年最大洪峰系列统计得到的重现期为 1.5 年的流量，作为造床流量。当然很多情况下造床流量的重现期大于此值，图 6-11 的结果表明，有 75% 的实测结果中，造床流量重现期实际在 1～5 年。不过该图也存在一些问题，主要是所涉及的河流是否都达到了均衡状态尚不清楚，也就是说其中的一些河流可能不宜将平滩流量等同于造床流量。

6.3.3 有效输沙流量法

对平滩流量重现期的研究，启发人们从统计意义上综合考虑水沙运动和造床过程的关系。Wolman 和 Miller 根据多条河流的观测资料，计算求得各个流量级输运的泥沙总量并进行了分析。在某时段内流量级 $Q(Q_1 \leqslant Q < Q_2)$ 输运的泥沙总量 $W(Q)$ 可用下式计算：

2. 造床流量的估算方法之三：有效输沙流量法。

$$W(Q)=\sum_{Q_1}^{Q_2}(Q_i S_i T_i)=\sum_{Q_1}^{Q_2}(Q_{si} T_i) \tag{6-3}$$

其中，Q_i 为统计时段内所出现的所有介于 Q_1 和 Q_2 之间的日均流量；Q_{si}、S_i、T_i 分别为各个 Q_i 相应的输沙率、含沙量和出现的历时，T_i 实际上等于该级流量的历时频率乘以时段总天数。对长系列的日均水沙资料进行计算，就可以得到不同的流量级在统计时段内各自输运的泥沙总量。输运泥沙最多的流量级就称为有效输沙流量（effective discharge）。

采用式（6-3），在进行大量统计分析的基础上，Wolman 和 Miller 提出，某一级别的流量对河道演变的影响，不仅取决于其挟沙力大小，还应取决于该流量的历时频率。流量的历时频率曲线接近于一条正态分布曲线（图 6-12 中的曲线 A）。输沙率与流量的关系一般可以表示为一条幂函数曲线（图 6-12 中的曲线 B），其起点位于输沙的临界流量处（泥沙起动时的流量，图 6-12 中所示为推移质输沙的临界流量）。流量的历时频率与输沙率的乘积与式(6-3)的计算结果,即各级流量的累积输沙量(又称地貌功)等价。在所统计的时段内,所有能够输运泥沙的流量中,大流量的输沙率虽然最高,但由于其出现频率最小,所以地貌功也很小。类似地,输沙临界流量的出现频率虽然最大,但由于其输沙率最低,地貌功也同样很小。可见,地貌功的最大值必然对应于一个中等流量,其输沙率和出现频率都较大,在统计时段中输运的泥沙总量也最大。

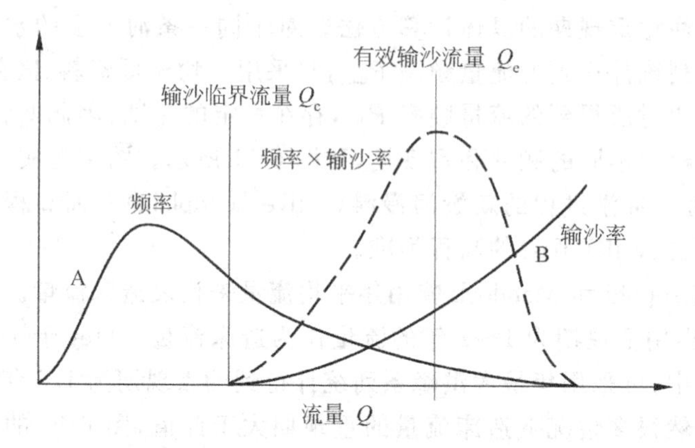

图 6-12 有效输沙流量的定义

在河道的动态演变过程中,河床冲淤和河道摆动都是与泥沙的输运相关联的,输沙量最大的这级流量其造床作用最显著,因此可以把有效输沙流量作为造床流量。这一方法的优点是可以通过统计计算求得造床流量,从而有一定的规范性和可靠性。相比之下,确定平滩流量则需通过野外查勘河道地形来确定,比较不易规范化。不过,大量实测资料的统计分析表明,有效输沙流量的计算结果对流量分级的间隔比较敏感,当流量分级间隔过密时,式(6-3)计算得到的 W-Q 关系呈波动状,不易得到准确的有效输沙流量,所以应用此方法时流量分级间隔不宜过小。

将全沙质泥沙进一步区分成溶解矿物质、悬移质、推移质,可以分别统计计算出对应于不同运动形式泥沙的有效输沙量,并按照各组泥沙的输运对造床过程的影响大小,选择最合适者作为造床流量。例如,如果河流中的冲泄质不与床沙进行交换,则它相对应的有效输沙流量在造床过程中的作用就会相对较小。而推移质的输运与河道演变、河床变形有紧密的联系,因此可选它所对应的有效输沙流量作为造床流量。图 6-13 为分组计算有效输沙流量的示意图。计算时,流量频率曲线不变,只改变输沙率曲线和输沙的临界流量,可见推移质输运的临界流量最大、有效输沙流量也最大。

运用这一方法时需要特别注意河流本身是否处于均衡状态,否则计算所得到的流量值并不能反映塑造均衡河流的造床流量。天然情况下,没有达到均衡状态的河流就属于这种情况。即使冲积河流的河道演变原本已达到相对平衡,如果上游新修建工程后,实施人为调控改变来水来沙过程,一般也可能会导致河道演变失去平衡、进入调整期。此时水沙过程的特性将会改变，统计得到的有效输沙流量与工程运行前相比也会显著不同，一般并不能真实反映造床流量。

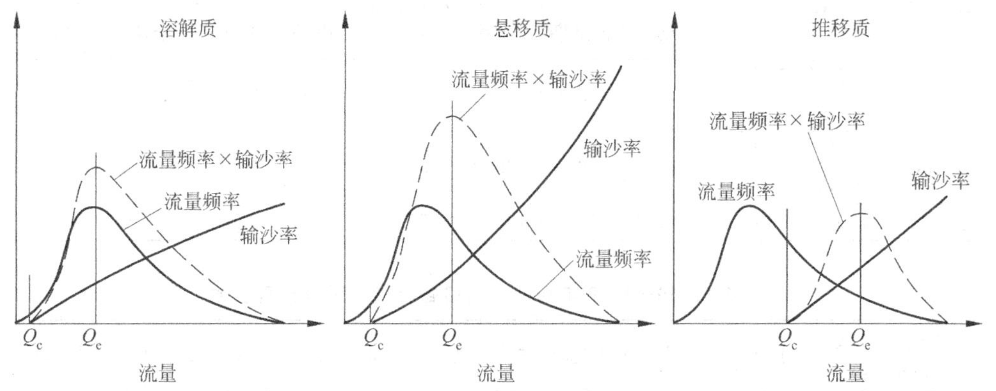

图 6-13　分别以全沙质、悬移质和推移质输运量计的有效输沙流量

Q_e—输沙效率最高的流量；Q_c—临界流量

重点关注

1. 有效输沙流量法——根据不同粒径泥沙的造床作用确定造床流量。

6.4　黄河上游人为活动对有效输沙流量的影响

6.4.1　黄河的水沙异源特性

黄河的特性是水少沙多，水沙异源。上游产水占全河天然径流的53.9%，而产沙只占全河沙量的8.9%。中游产水占全河天然径流的42.5%，产沙则占全河的93.1%。

上、中、下游的水文资料(表6-2)均显示，天然情况下黄河汛期水量一般占年总水量的60%左右(表6-3)。大流量对河道起到很好的冲刷作用。一般认为在浑水情况下，当艾山站流量大于3000m^3/s时，艾山至利津河段的河道可以产生冲刷。由表6-4可见，1950—1959年间，大于3000m^3/s的洪峰频率为每年约5次。

2. 人为调节水量可能造成有效输沙流量大幅减少，从而引发下游河道加速萎缩。

表 6-2　黄河流域上、中、下游来水来沙统计

河　段	流域面积 /10^4km^2	河　长 /km	天然径流 /10^8m^3	输沙量 /10^8t	占全河的百分比/%	
					天然径流	输沙量
上　游	36.8	3461.3	312.6	1.42	53.9	8.9
中　游	36.2	1234.6	246.6	14.9	42.5	93.1
下　游	2.2	767.7	21.0		3.6	−2.0
全　河	75.2	5463.6	580.2	16.0		

注：黄河多年平均来沙量16亿t系采用1919—1960年系列统计结果。

表6-3 黄河上游主要工程修建前代表测站的水沙年内分布

站名	时段	水量/$10^8 m^3$			汛期占年水量百分比/%	沙量/$10^8 t$			汛期占年沙量百分比/%
		汛期	非汛期	全年		汛期	非汛期	全年	
兰州	1937年7月—1968年10月	209.8	135.6	345.4	60.7	1.005	0.217	1.222	82.2
头道拐	1937年7月—1968年10月	170.5	106.4	276.9	61.6	1.402	0.296	1.698	82.5
三黑小	1950—1960年	282.8	189.1	471.9	59.9	14.459	2.593	17.05	84.8

表6-4 1950—1959年期间花园口各流量级洪峰出现次数

洪峰流量级/(m^3/s)	1000	2000	3000	4000	5000	6000	7000	8000	9000	10000	15000	20000
大于某流量级的洪峰次数	65	63	55	46	36	28	20	12	9	7	1	1

6.4.2 上游水库调蓄对下游水沙过程的影响

黄河上游地区引黄耗水量为例,从20世纪50年代到20世纪90年代,平均每10年增加约12亿m^3。表6-5、图6-14则清楚地说明了龙羊峡、刘家峡两库所导致的上游径流年内分配的均匀化。在一般情况下,龙、刘两库可以将40亿~50亿m^3水量从汛期调节至非汛期,使进入黄河中游的汛期水量大大减少。年内的径流分配因此完全不同于天然情况,汛期水量占年径流量的比例从62%降至40%。表6-6所示为1950—1960年期间和1986—1993年期间三门峡、黑石关、小董三站的年径流、年沙量变化和年内径流过程资料的对比。

表6-5 头道拐站实测水量、沙量年内分配变化(赵业安、申冠卿,1998)

年份	水量/$10^8 m^3$			汛期占全年百分比/%	沙量/$10^8 t$			汛期占全年百分比/%
	汛期	非汛期	全年		汛期	非汛期	全年	
1934—1968年平均	170.5	106.4	276.9	62	1.4	0.30	1.7	83
1986—1994年平均	69.6	104.4	174.0	40				61
1986—1994年龙、刘两库增(+)减(-)量	-52.6	+28.0	-24.6		-0.47	+0.067	-0.403	

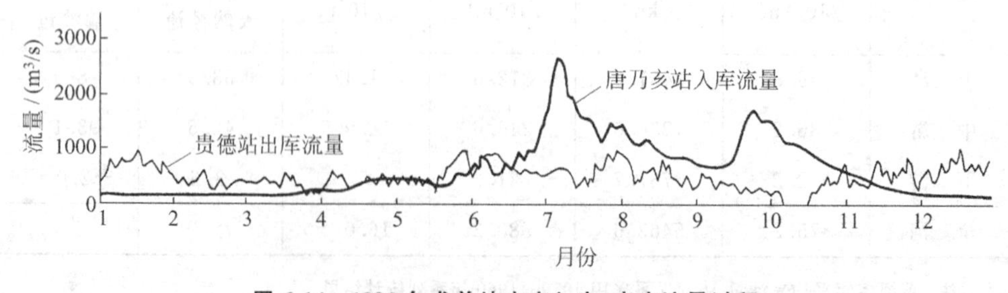

图6-14 1992年龙羊峡水库入库、出库流量过程

进入20世纪90年代，龙羊峡水库上游降水量偏枯，径流量减少显著。1990—1997年平均年径流量比1956—1986年减少约45亿m^3。这不仅使龙羊峡水库不能蓄水，也导致下游来水量显著减少。此外，黄河中游水利、水保措施建设在很大程度上也减少了黄河的径流。

表6-6　三门峡、黑石关、小董三站各月实测水量、沙量变化

项　目	水量/10^8m^3		水量变化/%	沙量/10^8t		沙量变化/%
时　段	1950—1960年	1986—1993年		1950—1960年	1986—1993年	
汛　期	282.8	141.8	−49.86	14.459	6.837	−52.71
非汛期	189.1	167.4	−11.48	2.593	0.642	−75.24
全　年	471.9	309.2	−34.48	17.052	7.479	−56.14

表6-6表明，"三黑小"三站汛期水量占全年水量的比例，已从1950—1960年期间的60.0%降至1986—1993年的45.9%，而汛期沙量占全年沙量的比例却从84.8%升至91.4%。这说明由于水沙异源，上游水库产生的减沙作用与中游的产沙量相比并不显著。另一方面，对上游低含沙来水过分控制，而对中游来沙控制却相对较弱，造成水、沙的年内分配向不利组合发展。

三门峡水库建成初期削峰比可达60%以上。进入20世纪80年代以后，其调峰作用稳步减低，控制在20%左右，以洪峰坦化为主。就径流过程的年内分配改变来说，上游水库起主要作用。在流域中各种工程调节下，大流量出现频率逐渐减少，如表6-7所示。

表6-7　20世纪50年代和20世纪90年代花园口各流量级洪峰出现次数的变化

洪峰流量级/(m^3/s)		1000	2000	3000	4000	5000	6000	7000	8000	9000	10000	15000	20000
大于某级流量的洪峰次数	1950—1959年	65	63	55	46	36	28	20	12	9	7	1	1
	1990—1996年	24	20	17	7	4	3	1	0	0	0	0	0

黄河下游河道演变与流量大小有密切关系，以艾山以下冲淤情况与艾山站流量大小的关系为例，一般认为，当流量小于1000m^3/s时，河道一般处于微淤状态；当艾山站流量在1000～2000m^3/s时，河道淤积严重；当流量大于4000m^3/s时，河道以冲刷为主。在河段的长度和比降相同时，流量的坦化实际上是水流峰值瞬时功率的减小，显然这至少将对泥沙的输运和河道演变产生重大影响。

6.4.3　下游有效输沙流量的变化

为对比天然状态下和有较强人为调节下黄河下游的泥沙输运特征，本教材选取1934—1953年期间(称为"天然状态情况")陕县站较完整的11年水文资料，统计其汛期各级流量累积输沙量和各级含沙量出现频率，与程秀文、田治宗统计的1987—1990年间三门峡站汛期数据进行比较。由图6-15可见，天然状态下汛期累积输沙量最大的流量为3250m^3/s，而在1987—1990年间降为1750m^3/s。表面看来，两者累积输沙都达到了平均每年1.6亿t，但由于冲淤情况与流量大小的密切关系，这两个时段内的河道演变情况显然大不相同。此外，由图6-15可见天然状态下

10000m³/s 以上的大洪峰在较短历时内就可下泄大量泥沙,对泥沙输运有很大作用,而在1987—1990年间,这种大洪峰已不存在。

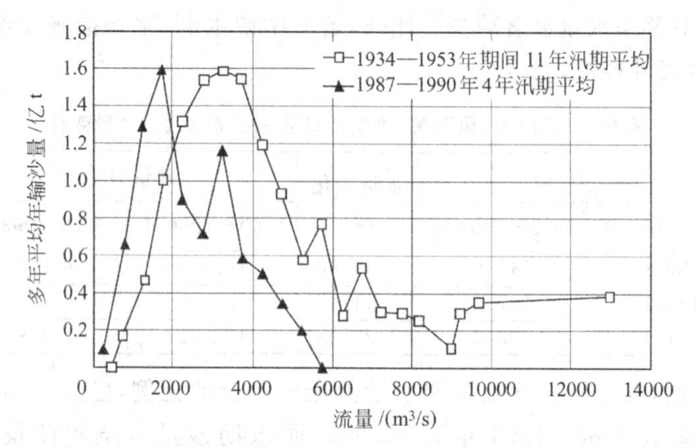

图 6-15 天然状态下和有强烈人为调节下三门峡(陕县)站各级流量的年输沙量

对比这两个时期的实测各级含沙量出现频率,尽管1934—1953年期间的年总输沙量较高(11年系列结果为平均每年16.6亿t,汛期13.9亿t),但汛期高含沙量出现的频率却小于1987—1990年系列汛期的统计值。其中1934—1953年所选11年汛期期间300kg/m³以上含沙量出现的频率仅为1987—1990年汛期的1/10(图6-16)。

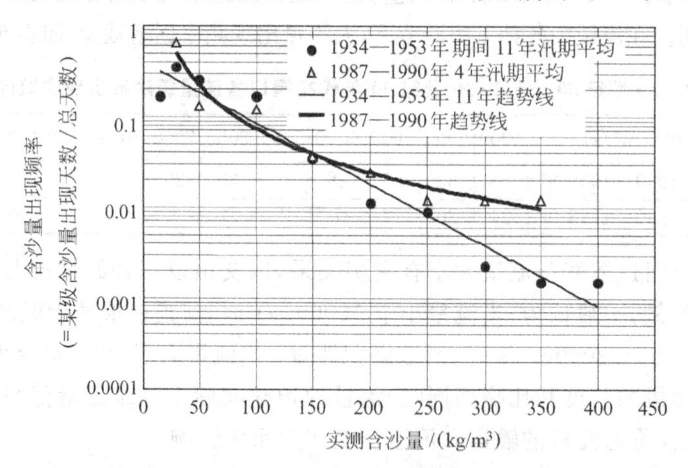

图 6-16 天然状态下和有强烈人为调节下三门峡(陕县)站各级含沙量出现频率

可见,虽然1987—1990年汛期的输沙量平均每年为8.1亿t,比天然情况下有所减少,但由于径流过程受到人为改变,汛期水量减少,导致上游来水对中游来沙的稀释作用减少,高含沙水流出现频率却增加了。

河道萎缩的一个重要表现是主槽淤积。上游水库对径流的大幅调节,加上三门峡水库对泥沙的调节作用,改变了下游河道长期以来在天然情况下形成的冲淤特性,加剧了主槽淤积。对1986—1993年黄河下游滩槽冲淤量的统计表明,主槽淤积与天然情况相比快速增加,滩地淤积则减少。其中艾山至利津河段从主槽基本不淤变为只淤主槽、不淤边滩,其他河段变为主槽淤积为主,如表6-8(赵业安、张晓华,1997)所示。主槽淤积的直接后果就是过洪能力急剧下降，河势变化更为剧烈。

表 6-8　20 世纪 50 年代和 20 世纪 90 年代滩槽冲淤量分布的变化

时段	淤积部位	铁谢—花园口	花园口—夹河滩	夹河滩—高村	高村—孙口	孙口—艾山	艾山—泺口	泺口—利津
1950—1960 年	主槽	0.32	0.16	0.14	0.15	0.04	0.01	0
	滩地	0.30	0.41	0.66	0.78	0.20	0.19	0.25
	全断面	0.62	0.57	0.08	0.93	0.24	0.20	0.25
	主槽占全断面/%	52	28	18	16	17	5	0
1986—1993 年	主槽	0.24	0.45	0.27	0.19	0.10	0.20	0.14
	滩地	0.16	0.11	0.07	−0.02	0.03	0	0.01
	全断面	0.40	0.56	0.34	0.17	0.13	0.20	0.15
	主槽占全断面/%	61	80	79	113	81	100	96

6.5　河相关系

河相关系所表达的是河道处于均衡状态时，所研究的河段上水动力因子(包括泥沙因子)和河道断面形态之间的定量因果关系。

重点关注

1. 河道处于均衡状态时，水动力因子与河道断面形态之间存在定量因果关系——河相关系。水动力因子常用流量表示。

在准衡时段上，河道演变中一系列因果关系中的自变量最终都可归结为流量和来沙量(包括流域来沙和上游河段来沙两部分)。在天然状态下，这两个变量综合反映了流域内的气候、植被、表土和岩性、地貌形态和地质构造的影响。冲积河流的河道既是输运水沙的通道，又被水沙输运过程所塑造，其形态(断面形状、平面形状和河道比降)在来水来沙作用下最终达到均衡状态，所以它是流量和来沙量的函数。如果某河段上来沙的组成以床沙质为主，则该河段自变量就仅有流量一个(因为此时含沙量与流量应有确定的关系)。

在一定条件下，例如当比降不变、沿程流速稳定时，流量大小代表了水流的功率大小，因此又可以说河道演变的根本动力来自河道中水流机械能的消耗。从这个意义上来看，河道断面几何形态与流量之间建立确定的函数关系是符合力学原理的，应该能够从本质上反映冲积过程和河道演变的内在动力原因。

6.5.1　人工渠道的均衡理论

1919 年，英国工程师 E. S. Lindley 发现印度(时为英国殖民地)冲积平原上开挖的大量输水渠道中，在稳定不变的流量和含沙量下，若渠道的宽度、水深和比降符合一定的关系，就能够使得渠道在该种来水来沙条件下保持冲淤平衡状态，成为“均衡渠道(regime channels)”。同时期的工程师 G. Lacey 从这些稳定输水渠道(stable channel)的实际观测中总结出了一系列经验关系式，用以根据渠内各种设计流量和泥沙粒径确定冲淤平衡渠道应有的断面尺寸和比降。这些关系式后来被称为“均衡理论(regime theory)”，这种处理方法常被称为 Anglo-Indian 学派。Lacey 于 1929 年提出的均衡渠道系列经验公式的最初的形式是流速 U、阻力系数 f、水力半径 R、

2. 边界可动的人工渠道和天然河道，其均衡状态都遵循相同的水力几何关系。

比降 J 等变量之间的关系式(类似于 Chezy 公式或 Darch-Weisbach 公式),后改写为以渠道中给定流量为自变量的公式如下:

$$P = 4.84Q^{1/2} \tag{6-4}$$

$$R = 0.41Q^{1/3}D^{-1/6} \tag{6-5}$$

$$U = 0.50Q^{1/6}D^{1/6} \tag{6-6}$$

$$J = 0.00065Q^{-1/3}D^{5/6} \tag{6-7}$$

其中,Q 为渠道中的给定流量;P、R、U、J 分别为给定流量下的湿周、水力半径、断面平均流速和比降;D 为泥沙粒径(mm)。对于大型渠道来说,可以用水面宽 B 和水深 h 来分别代替 P 和 R。但是,推导上述公式时所依据的实测资料中,床沙的粒径范围较窄,所以上述各式并不能推广到粒径范围变化较大的情况。

6.5.2 冲积河流的水力几何关系(hydraulic geometry)

尽管式(6-4)~式(6-7)一般只适用于流量和含沙量恒定、不冲不淤的稳定输水渠道,但 Leopold 和 Maddock 于 1953 年提出,均衡概念(regime concept)和均衡理论的关系式也同样适用于天然冲积河流的河道断面形态。对于床沙粒径变化较大、流域状况各不相同的天然河流来说,可以定义某个特征流量 Q 作为唯一自变量,建立相应的关系式,只要这个特征流量在一定程度上代表来水过程的造床流量即可。这样,在不同河流或同一河流不同沿程断面上实测的水动力要素和河道断面形态资料就可以点绘在同一关系图中,归结为普遍适用的河相关系。Leopold 和 Maddock 将这种关系称为水力几何关系(hydraulic geometry)。他们采用河流的年平均流量 Q 作为自变量,认为达到均衡形态的天然河流断面上应存在如下一系列关系式:

$$B = aQ^b \tag{6-8}$$

$$h = cQ^f \tag{6-9}$$

$$U = kQ^m \tag{6-10}$$

$$J = gQ^z \tag{6-11}$$

$$n = p_1 Q^{y_1} \tag{6-12}$$

$$f_f = p_2 Q^{y_2} \tag{6-13}$$

$$\tau_0 = tQ^x \tag{6-14}$$

其中,n、f_f 分别为 Manning 系数和 Darcy-Weisbach 阻力系数;τ_0 为床面剪切力。河流动力学中习称的河相关系主要指关于 B、h、U 的式(6-8)~式(6-10)。由于连续方程的要求($BhU=Q$),该三式的指数和系数有如下的约束:

$$b + f + m = 1$$

$$ack = 1$$

6.5.3 沿程河相关系

重点关注

1. 特征流量与断面尺寸的关系——沿程河相关系。

对于相同的特征流量(年平均流量、平滩流量等),在不同河流上或同一河流沿程的不同断面上,量测 B、h、U 等资料,将其与特征流量点绘关系,可得到沿程河相关系(downstream hydraulic geometry)。如果点绘这些关系的数据都取自河道演变达到均衡状态的河流,则沿程河相关系也可以看作是在特征流量下,冲淤平衡稳定断面的几何尺寸。

图 6-17 是 Church 点绘的不同地区、不同流域和流量大小的河流上水面宽 B 和平均水深 h 与平滩流量的关系,相关关系较好,可见河道断面形态与特征流量确实存在着因果关系。表 6-9 是实测和理论推导得到的沿程河相关系指数。

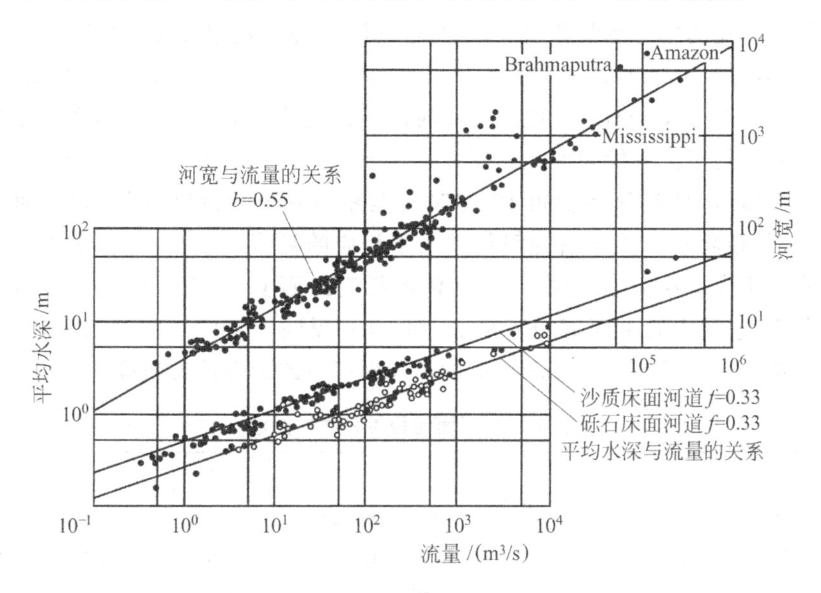

图 6-17　沿程河相关系：不同河流或同一河流沿程不同断面的实测结果

表 6-9　沿程河相关系中的指数

	地理位置	选用的特征流量	b	f	m	z
卵石床面	英国(Nixon,1959)	平滩流量	0.49	—	—	—
	英国(Charlton 等,1978)	平滩流量	0.45	0.40	0.15	−0.24
	美国东部 Appalachians 山脉	重现期 2.33 年	0.55	0.36	0.09	—
	印度、美国人工渠道(边岸为非黏性土)	接近于平滩流量	0.50	0.36	0.14	−0.24
	Salmon 河上游,美国 Idaho 州	平滩流量	0.56	0.34	0.12	—
	加拿大 Alberta 省	重现期 2 年	0.53	0.33	0.14	−0.34
	美国 Colorado 州(河岸有茂密植被)	平滩流量	0.48	0.37	0.14	−0.44
沙质床面	印度旁遮普邦	接近于平滩流量	0.50	0.33	0.17	−0.17
	巴基斯坦	接近于平滩流量	0.51	0.31	0.18	−0.09
沙卵石床面		平滩流量	0.52	0.32	0.16	−0.30
理论解	动量传递(Parker,1979)	平滩流量	0.50	0.42	0.08	−0.41
	最小河流功率(Chang,1980)	平滩流量	0.47	0.42	0.11	—
	地貌临界理论(Li 等,1976)	平滩流量	0.46	0.46	0.08	−0.46
	最小方差理论(Langbein,1965)	平滩流量	0.50	0.38	0.13	−0.55

由表 6-9 可见,河宽与流量关系式 $B=aQ^b$ 中的指数有一个比较稳定的值 $b=0.50$,实测和理论结果都基本在此值附近,略有偏差。水深与流量关系式 $h=cQ^f$ 中的指数 f 在 0.30～0.40 之间波动,流速与流量关系式 $U=kQ^m$ 中的指数 m 在 0.10～

0.20之间波动,并且其结果总是满足$b+f+m=1$。系数a为2.0~4.0,c为0.25~0.55。比降与流量的关系式$J=gQ^z$中的指数z波动范围极大,显示影响河段比降的主要因素并不仅仅是流量,需要在经验关系式或理论分析中考虑其他自变量。

6.5.4 断面河相关系

重点关注

1. 不同流量下的过水断面尺寸——(当地)断面河相关系。

在同一河流的同一量测断面上,量测不同流量Q下的水面宽、平均水深、平均流速与流量Q,点绘可得类似于式(6-8)~式(6-10)的关系式,称为断面河相关系(at-a-station hydraulic geometry)。应注意此时的流量Q不是特征流量,指数也不同于沿程河相关系中的值。一般来说水面宽关系式$B=aQ^b$中的指数值b小于沿程河相关系中相应的量值,且变化幅度很大,有时甚至相差一个数量级,而平均流速关系式$U=kQ^m$中的指数值m大于沿程河相关系中相应的量值,见表6-10。水深关系式中的指数变化不大。这实际上说明,在河流的特定断面上,断面河相关系更多的是一种几何关系,它给出的水面宽随流量的变化并不反映河道演变的动力过程,且水面宽随流量增大趋势远小于因造床流量的不同而产生的断面扩大趋势。

表6-10 断面河相关系中的指数

河流名称	测站	b	f	m
下荆江河道(长江)	监利(姚圻脑)	0.06	0.55	0.38
城陵矶水道(洞庭湖出口)	七里山	0.05	0.39	0.56
长江	张家洲河段	0.20	0.51	0.30
黄河	洛口	0.20	0.17	0.63
Powder河(美国Wyoming州)	Arvada	0.44	0.27	0.29
Powder河(美国Montana州)	Locate	0.28	0.42	0.30
Brandywine Creek (美国Maryland州)	Lenape	0.08	0.46	0.46
Rio Galisteo (美国New Mexico州)	Domingo	0.44	0.33	0.25
Rio Peurco (美国New Mexico州)	Cabezon	0.31	0.41	0.36

断面河相关系中平均水深、平均流速与流量Q的关系在双对数坐标下可能不是线性的(即不是简单的幂函数关系),断面形状的变化对断面河相关系影响较大,如图6-18和图6-19所示。

多沙河流河道冲淤比较频繁,断面形状经常发生变化,根据实测资料得到的断面河相关系比较散乱。图6-20所示为黄河花园口站1984—1985年实测的断面河相关系。可见,花园口断面相当宽浅,河宽和水深随流量变化的点据确实比较散乱,然而流速与流量的关系点据比较集中,当流量大于2000m^3/s后流速基本稳定在1.5~2.0m/s。流速比较稳定的原因是过水断面面积$A=Bh$比较稳定,也就是说虽然B和h各自随流量的变化比较散乱,但二者的乘积却是一个接近于常数的量,这表明多沙河流确实趋向于调整河道形态、维持适当的流速来输运上游的泥沙。当然,河流形态的调整过程是十分复杂的,可能包括了断面、平面、纵向三维的调整。

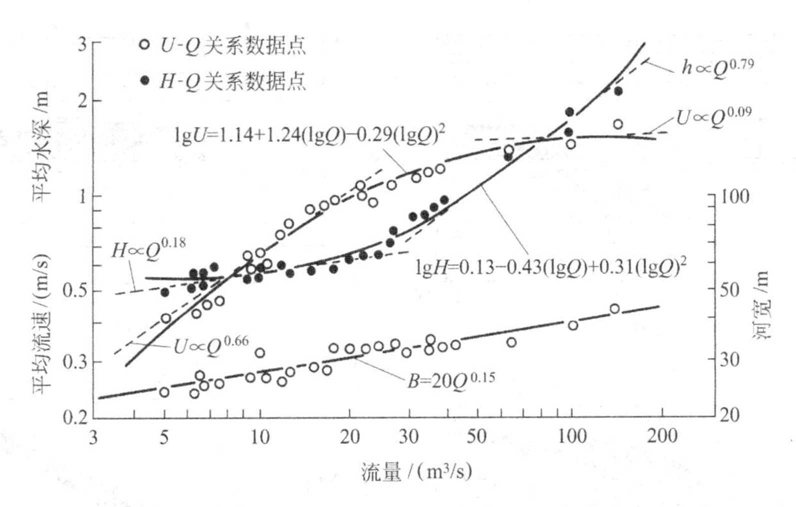

图 6-18　量测断面上断面形态基本稳定时的断面河相关系

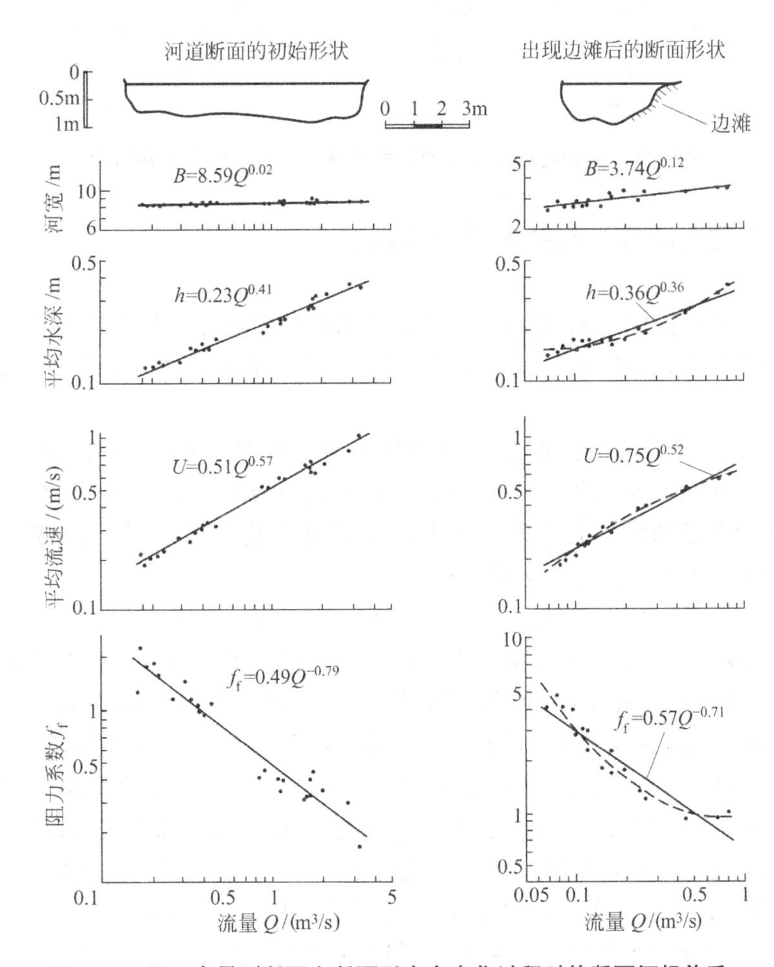

图 6-19　同一个量测断面上断面形态有变化过程时的断面河相关系

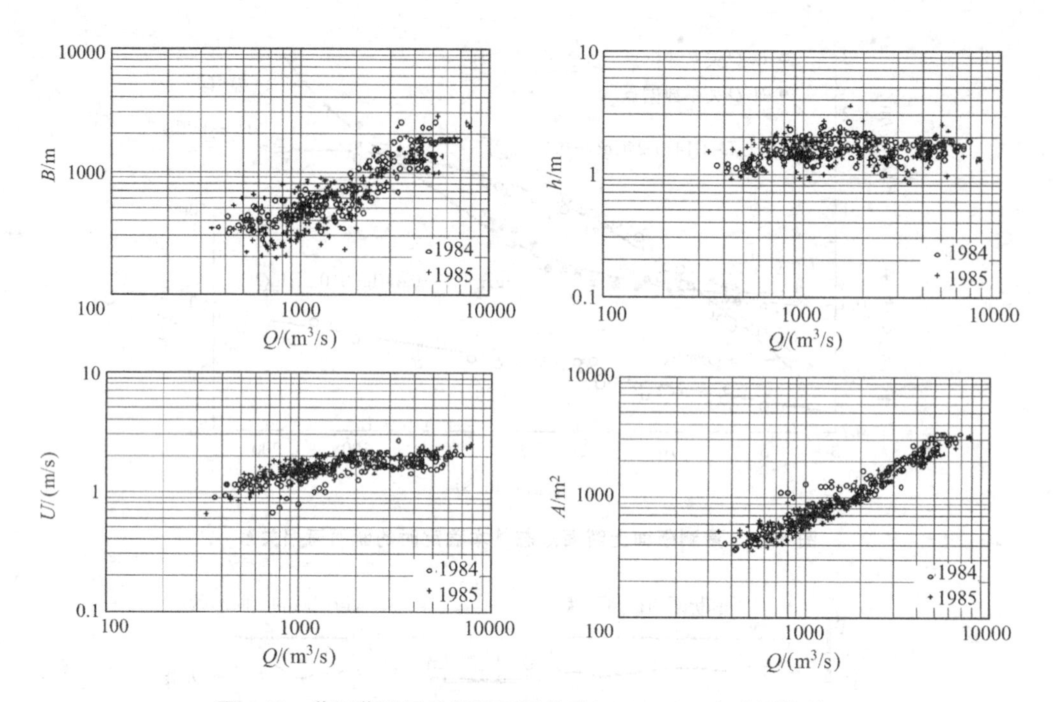

图 6-20 黄河花园口站断面河相关系(1984、1985 年实测资料)

6.5.5 沿程与断面河相关系的内在联系

重点关注

1. 同一条河流上沿程河相关系与断面河相关系之间可以相互转换。

断面河相关系中已经包含了不同重现率的流量所对应的 B、h、U 数值,已知一条河流上各测站断面河相关系,就可以得到该河流上不同频率的流量所对应的沿程河相关系。

图 6-21 以流量历时曲线上频率分别为 5% 和 50% 的大、小两种流量为例,说明了断面河相关系与沿程河相关系之间的内在联系。以 B-Q 关系为例,在上游断面 1 和下游断面 2 处分别建立 B-Q 关系并点绘在同一图上,得到 1 和 2 两条断面河相关系(图中用实线表示)。

在图 6-21 的断面 1 和断面 2 处,同频率流量的绝对量值是不同的,采用 1 和 2 两个断面上频率分别为 5% 和 50% 的两种流量来建立各自的沿程河相关系,共得到 4 个点。将同频率流量对应的点用虚线连接起来,就得到了沿程河相关系。一般情况下常采用平滩流量作为建立沿程河相关系的特征流量,其步骤是类似的。

如前所述,断面河相关系 B-Q 的指数一般小于沿程河相关系结果,在双对数坐标中表现为断面河相关系曲线的斜率较小,随流量的变化不像沿程河相关系那么剧烈。图 6-22 是 Leopold 和 Maddock 建立的 Powder 河断面河相关系(Locate 站)和用年平均流量为自变量的沿程河相关系,可以看出其中的差别。

应注意,对于沿程河相关系来说,采用不同的特征流量作自变量所得到的指数(双对数坐标下的曲线斜率)也会是不同的,即河相关系的指数值可能不同。

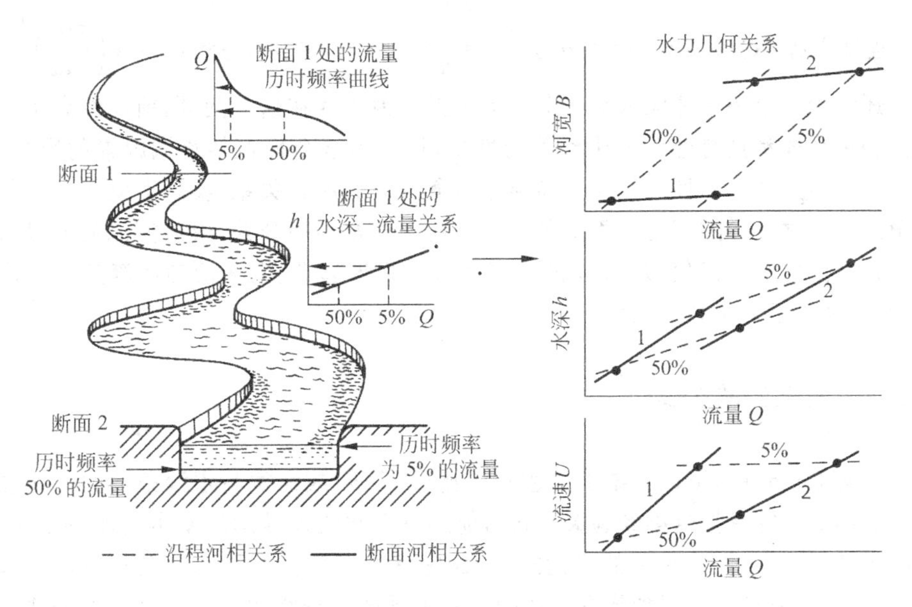

图 6-21 同一条河流上的断面和沿程河相关系

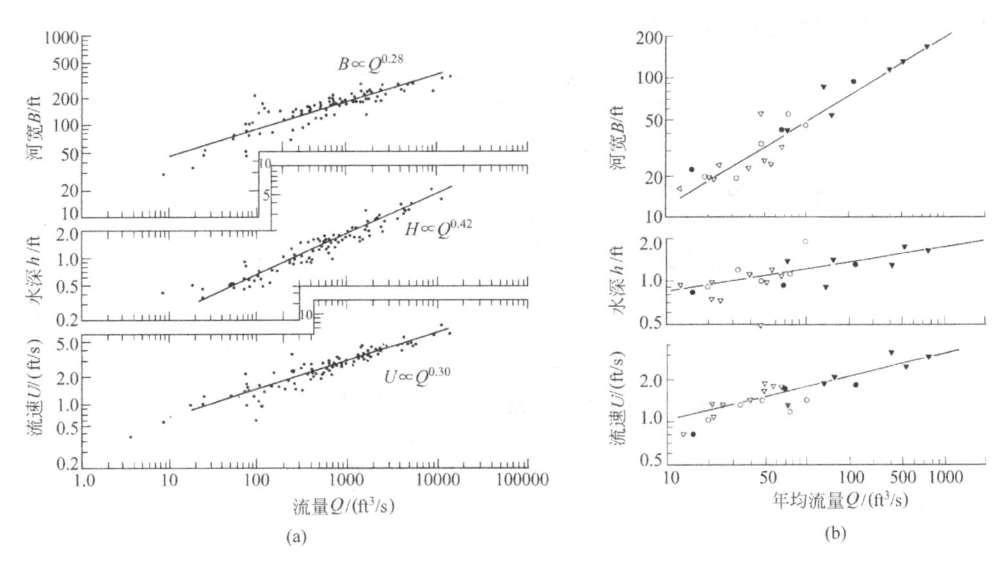

图 6-22 同一条河流(Powder River)上实测的断面和沿程河相关系

(a) 断面河相关系(Locate 站,美国 Montana 州);(b) 沿程河相关系

6.6 河相关系的理论推导方法

在河流动力学理论研究中,建立均衡河流河相关系的过程一般可归结为根据流域来水、来沙条件和河道边界约束,从已有的水流泥沙运动定律中求解 B、h、J、U 这 4 个变量。显然仅靠下面三个水流泥沙运动基本定律是不能封闭求解的:

$$连续方程：Q=UBh；运动方程：U=\frac{1}{n}h^{2/3}J^{1/2}；挟沙力方程：S=k\left(\frac{U^3}{gh\omega}\right)^m$$

重点关注

1. 从理论上推导均衡河流河相关系的问题，可归结为如何建立第4个独立条件的问题。为此提出了各种假说。

还缺少一个条件才能求解4个变量。正是因为存在这一问题，前面所介绍的大量河相关系式都具有经验或半经验的性质，往往不能全面概括流域因素的影响，在应用时有很大的局限性。如何正确推导均衡河流的河相关系，实际上就成为如何提出第4个独立条件的问题。不少研究者或利用河宽经验公式，或从河流的能量沿程消耗角度提出能量极值假说，或根据河道边界临界起动、河床活动性等角度提出起动假说，来补足这个独立条件。

6.6.1 河宽经验公式

从实测资料中，可以总结出描述宽深比($B^{1/2}/h$)或河宽与水沙条件的一些经验公式。不少研究者把这类经验关系式与前述三个水流泥沙运动基本定律联立求解，得出B、h、J、U这四个变量的表达式，构成完整的河相关系，例如，表6-11(钱宁、张仁、周志德，1987)是李保如依据河宽的经验关系式推导得出的一系列坡降公式。这样虽也能得出河床形态要素与流域因素间的关系，但河宽关系仍是经验性的，所以整个方法仍属于经验性质。

表6-11 基于河宽公式的河相关系

<table>
<tr><td colspan="2" rowspan="3">三个基本定律</td><td colspan="3">连续方程：$Q=UBh$</td></tr>
<tr><td colspan="3">运动方程：$U=\frac{1}{n}h^{2/3}J^{1/2}$</td></tr>
<tr><td colspan="3">挟沙力方程：$S=k\left(\frac{U^3}{gh\omega}\right)^m$(泥沙输运中以悬移质为主)</td></tr>
<tr><td rowspan="5">河宽经验公式</td><td>$B=\alpha_1 Q^{\beta_1}$</td><td rowspan="5">与基本定律联解得出的比降公式</td><td>$J=\frac{\alpha_1^{1/2}n^2S^{5/(6m)}(g\omega)^{5/6}}{k^{5/(6m)}Q^{(1-\beta_1)/2}}$</td></tr>
<tr><td>$B^{1/2}/h=\zeta$</td><td>$J=\left(\frac{\zeta}{Q}\right)^{1/5}n^2\left(\frac{S^{1/m}g\omega}{k^{1/m}}\right)^{11/15}$</td></tr>
<tr><td>$B^j/h=\eta$</td><td>$J=\left(\frac{\eta^{1/j}}{Q}\right)^{\frac{2}{4+3/j}}n^2\left(\frac{S^{1/m}g\omega}{k^{1/m}}\right)^{\frac{2(5+3/j)}{3(4+3/j)}}$</td></tr>
<tr><td>$B=A\frac{Q^{0.5}}{J^{0.2}}$</td><td>$J=\frac{n^{20/11}S^{25/(33m)}(g\omega)^{25/33}A^{5/11}}{k^{25/(33m)}Q^{10/44}}$</td></tr>
<tr><td>$\frac{B}{D_{50}}=A_1\left(\frac{Q}{D_{50}^2\sqrt{gD_{50}J}}\right)^{x_1}$</td><td>$J=\left[\frac{A_1^2n^8S^{10/(3m)}g^{(10-3x_1)/3}\omega^{10/3}D_{50}^{2-5x_1}}{k^{10/(3m)}Q^{2(1-x_1)}}\right]^{1/(4+x_1)}$</td></tr>
</table>

6.6.2 临界起动假说

这一假说最初的出发点是认为河道横断面湿周上各点的泥沙均处于临界起动状态，即边界剪切应力处处等于各处边界组成物质的临界起动剪切应力，从而推导得到关于B、h、J、U的河相关系式。G. Parker从理论上研究了水流动量传递向边界传递的过程，对这一假说作了修正，认为卵石河床天然河流的底面剪切应力有可能普遍超过河床组成物质的起动剪切应力，而在河床与河岸相接处两者正好相等。在河岸部分，剪切应力与重力沿斜坡方向分力的合力有可能等于也有可能小于河岸组成物质的起动剪切应力。

Parker以紊动结构的分析为基础，求出卵石河流周界上的剪切应力分布。根据河床-河岸交界处剪切应力正好等于临界剪切应力这一特定条件，对于流量和推移质输沙量为自变量的情况，与水流连续方程、水流阻力方程和推移质挟沙力方程联立求解就可以导出如下一组河相关系：

$$\frac{B}{D_{50}} = 3.09 \times 10^6 \widetilde{Q}_n^{-0.296} \widetilde{G}^{1.296} \tag{6-15}$$

$$\frac{h_0}{D_{50}} = 3.56 \times 10^6 \widetilde{Q}_n^{1.075} \widetilde{G}^{-1.075} \tag{6-16}$$

$$J = 1.37 \times 10^4 \widetilde{Q}_n^{-1.062} \widetilde{G}^{1.062} \tag{6-17}$$

$$\widetilde{Q}_n = \frac{Q_n}{D_{50}^2 \sqrt{RgD_{50}}}, \quad \widetilde{G} = \frac{G}{D_{50}^2 \sqrt{RgD_{50}}}, \quad R = \frac{\gamma_s - \gamma}{\gamma} \tag{6-18}$$

其中，h_0为河床部分的平均水深；Q_n为平滩流量；G为平滩流量下推移质的输沙量(以体积计)；D_{50}为边界组成物质的中值粒径。

可以看出，在引入推移质输沙量作为自变量以后，Parker河相关系给出的B、h、J变化规律与以往经验河相关系有所不同，即在同一流量下，推移质输运量的增大，将使坡降加陡，断面变得更为宽浅。

6.6.3　最小活动性假说

最小活动性假说由窦国仁提出，这一假说认为，在给定的来水来沙和河床边界条件下，不同的河床断面具有不同的稳定性或活动性，而河床在冲淤变化过程中力求建立活动性最小的断面形态。河床的这种变化趋势，可以称为河床最小活动性假说。假定河床的活动性指标具有如下的形式：

$$K_n = \frac{Q_{2\%}}{Q_m}\left[\left(\frac{U}{\lambda_\alpha U_{0b}}\right) + \frac{B}{h}\right] \tag{6-19}$$

其中，$Q_{2\%}$为频率为2%的洪水流量；Q_m为多年平均流量；$\lambda_\alpha = \alpha_w/\alpha_b$，为河岸土稳定系数$\alpha_w$与河床土稳定系数$\alpha_b$的比值；$U$和$U_{0b}$分别为断面平均流速和河床泥沙颗粒的止动流速。

河床最小活动性假说的数学表达形式可写为

$$\frac{\partial K_n}{\partial U} = 0 \quad 或 \quad \frac{\partial K_n}{\partial h} = 0 \quad 或 \quad \frac{\partial K_n}{\partial B} = 0 \tag{6-20}$$

这三个条件给出的结果完全相同，可以利用其中任一条件与三个基本定律联立求解，就可以求出冲积河流的宽度、深度和比降。采用如下悬移质挟沙能力公式：

$$S = k\frac{U^3}{ghU_{0s}} \tag{6-21}$$

其中,U_{0s}为悬移质泥沙的止动流速;k为参数,其值与泥沙容重、水流阻力系数、底流速与平均流速的比值以及饱和状态下平均含沙量与河底含沙量的比值有关。

最后得到的河宽、水深和比降关系式如下:

$$B = 1.33\left(\frac{gU_{0s}SQ_m^5}{k\lambda_\alpha^8U_{0b}^8}\right)^{1/9} \tag{6-22}$$

$$h = 0.81\left(\frac{k\lambda_\alpha^2U_{0b}^2Q_m}{gU_{0s}S}\right)^{1/3} \tag{6-23}$$

$$B/h = 1.65\left(\frac{g^4U_{0s}^4S^4Q_m^2}{k^4\lambda_\alpha^{14}U_{0b}^{14}}\right)^{1/9} \tag{6-24}$$

$$J = 1.15n^2\left(\frac{g^4U_{0s}^4S^4}{k^4\lambda_\alpha^2U_{0b}^2Q_m}\right)^{1/3} \tag{6-25}$$

式(6-22)~式(6-25)考虑了来水条件(Q)、来沙条件(S、U_{0s})及河床边界条件(U_{0b}、λ_α、Manning 系数 n),比较全面地概括了流域因素对河床形态塑造的影响。但需要进一步从理论上阐明所作假定的物理意义,并用实测资料进行验证。

6.6.4 能量极值假说和最小方差假说

上述几种方法都是从河道边界的某种假定(如宽深比)或河道边界上的泥沙运动入手补充定解条件,可概称为求解河相关系的泥沙运动力学方法。除此以外,还有思路迥异的一类方法,它们是从能量转换原理出发得到一个独立的定解条件。这类理论认为,冲积河流根据来水来沙条件自动调整的结果,是使河流沿程的能耗率保持最小(例如张海燕的单位河长能耗最小假说),或者认为当流量变化引起水深、河宽、比降改变时,三者各自的调整量之和应维持最小(最小方差假说)。其中最小方差假说最初由 Langbein 用来确定冲积河流在均衡状态下的平面形态,之后 G. P. Williams 给出了采用最小方差假说确定断面河相关系的算例。

在河流动力学中采用能量极值假说,能够从物理本质上更深入地理解冲积河流在准衡时段上所达到的平衡状态,所以在河型研究中有较多的应用。对这类理论的详细介绍见 7.2 节。

习 题

6.1 解释 Langbein-Schumm 定律,说明为什么最大产沙量发生在半干旱草原地区,而不是沙漠灌丛区或降雨量很大的地区。

6.2 什么是流域的泥沙输移比?宜昌站以上的长江流域的泥沙输移比约为多大?

6.3 说明河网密度和沟壑密度的定义。黄土高原丘陵沟壑区的沟壑密度为多大?

6.4　标注习题6.4图所示流域水系中河道的Strahler级别。

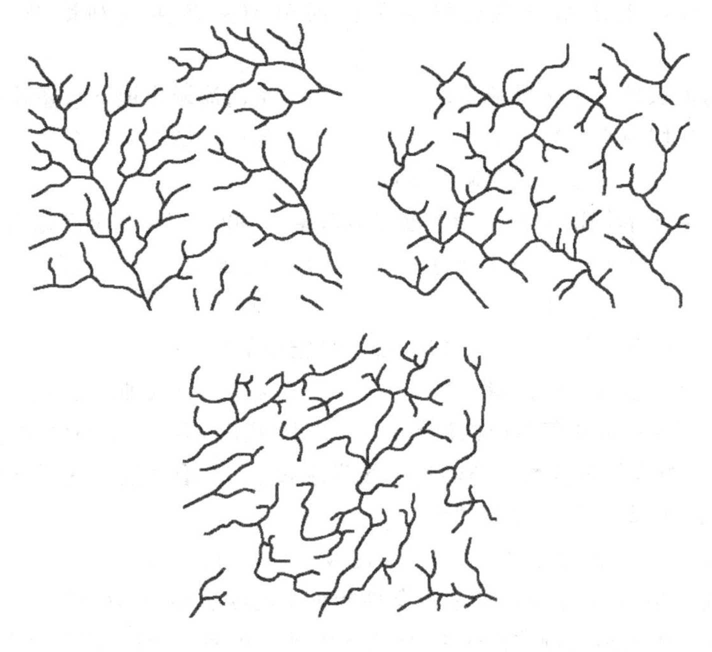

习题6.4图

6.5　在什么情况下，可以认为冲积河流处于平衡状态，形成均衡河道？说出有代表性的三种均衡河流定义。

6.6　什么是造床流量？说明其在实际工程中的重要意义。为什么可以用平滩流量表示造床流量？

6.7　习题6.7表是某河流断面的实测流量Q、水面宽B、平均水深h数值。试分别用最小宽深比法和最大$\mathrm{d}B/\mathrm{d}h$法求其平滩水位，确定平滩流量。

习题6.7表

$Q/(\mathrm{m}^3/\mathrm{s})$	B/m	h/m
500	101	2.8
750	118	3.7
1000	121	3.9
1250	137	4.3
1500	145	4.8
1750	308	4.9
2000	320	5.2

6.8　利用陕县站11年水沙资料文件，任选其中3年的水沙资料，列表、绘图计算有效输沙流量的数值。并与1987—1990年期间的数值进行比较。

6.9　沿程河相关系中，水面宽大约与特征流量的多少次方成正比？

6.10　在一条河流上，下游测站A的平滩流量是上游测站B处平滩流量的4

倍,试估算测站A处平滩流量下的水面宽比测站B处大多少。

6.11 黄河上游水资源开发对下游河道演变产生不利影响的根本原因是________。

a) 黄河流域处于半干旱地带;　　b) 黄河流域内地下水超采;

c) 黄河流域内水污染严重;　　d) 黄河流域内人口太多、垦荒过度;

e) 黄河径流和泥沙的主要源区不同。

6.12 某均衡冲积河流,上游a处平滩流量为$500m^3/s$,对应河宽为B_a;下游b处平滩流量为$50000m^3/s$,对应河宽为B_b,则B_b/B_a的值应当近似为________。

a) 4;　　b) 10;　　c) 16;　　d) 22。

6.13 下列确定平滩流量的方法,哪个是错误的?

a) 采用某一重现期的流量;　　b) 找出$Z\sim Q$曲线拐点对应的流量;

c) 找出宽深比最小值对应的流量;　　d) 找出dB/dh最小值对应的流量。

6.14 有滩有槽的天然河道经过一场洪水过后,主槽两边出现了自然堤。下列对这一现象的解释中,哪个是错的?________。

a) 水流漫滩后,滩地上的流速较小,泥沙颗粒大量落淤;

b) 全断面中,只有主槽中的水流条件能维持泥沙运动而不落淤;

c) 在主槽中输运的颗粒都较细,而进入滩地的颗粒都较粗,因而落淤在滩地上;

d) 滩地上平均流速小而主槽中平均流速大。

6.15 根据Lane提出的平衡河流关系"$Q_s\cdot D_{50}\propto Q\cdot J$"判断可知,当流量$Q$和粒径$D_{50}$不变但来沙量$Q_s$减少时,河流将发展为________。

a) 顺直型;　　b) 弯曲或蜿蜒型;　　c) 散乱游荡型。

6.16 不计地质灾害和人类活动影响,针对百年以内的河道演变过程提出以下说法,其中哪个是错误的?________

a) 山体和沟谷基底是稳定的,河谷长度不变,河谷比降不变;

b) 主河槽长度不变,沿着主河槽的平均河底比降不变;

c) 流域中的气候、植被可视为是稳定的;

d) 流域的产沙流量过程基本稳定不变。

6.17 下列用于判断河道是否处于均衡状态的判据,哪个是错误的?________。

a) 河道的平面、断面形态和沿程剖面长期稳定,基本不变;

b) 河道内的水流条件恰好能让上游来沙全部下泄;

c) 河道内沿程的冲刷量等于淤积量;

d) 河道中全部湿周的任意点上都没有颗粒起动。

第7章 冲积河流的河型

冲积河道的演变过程，从微观的角度看是河道断面的冲淤变形，从宏观的角度看则表现为河道平面形态的复杂变化和纵剖面的抬升、下切。在不同的冲积河流或同一条河流的不同河段上，河道的平面形态(planform)往往多种多样、各不相同，按照一定的分类方法可将其划分为不同的河型(channel patterns)。冲积河流的河道一般需要经过数十年、上百年的自我调整过程才能达到与流域来水来沙相适应的均衡状态，形成稳定的河型。

重点关注

1. 河型是河道的平面形态及其变化规律的统称。

7.1 不同河型及其分类

从河道水流的流路数目上可以将河道的平面形态分为两大类，即单流路河道和多流路河道。在众多的河型分类方法中，对单流路河道提出的河型分类方法较为一致，但在多流路河道的河型分类上却出现了许多不同的方法，这显然说明多流路河道的形态和成因更为多样化、不易给出一个概括性强又普遍适用的分类方法。表 7-1 总结了早期的河型研究中所提出的几种分类方法。图 7-1 是几种最基本河型的示意图。

2. 多流路河道的成因、形态和变化规律呈多样化，存在许多不同的学说。

表 7-1　早期河型研究中提出的几种分类方法

<table>
<tr><th>研究者</th><th colspan="4">单流路河道
(single-thread channels)</th><th colspan="3">多流路河道
(multi-thread channels)</th><th>年份</th></tr>
<tr><td>Россинскй & Кузьмие</td><td colspan="2">周期性展宽</td><td colspan="2">曲流</td><td colspan="3">游荡</td><td>1947</td></tr>
<tr><td>Leopold & Wolman</td><td colspan="2">顺直
(straight)</td><td colspan="2">曲流
(meandering)</td><td colspan="3">辫状(braided)</td><td>1957</td></tr>
<tr><td>Кондратьев, Попов</td><td colspan="2">顺直</td><td colspan="2">曲流</td><td>心滩型</td><td colspan="2">河漫滩分汊型</td><td>1959—1965</td></tr>
<tr><td>方宗岱</td><td colspan="2"></td><td colspan="2">曲流</td><td>摆动</td><td>宽浅</td><td>江心洲</td><td>1961</td></tr>
<tr><td>Chitale</td><td>顺直</td><td colspan="2">曲流</td><td>过渡</td><td>辫状</td><td colspan="2">分汊</td><td>1973</td></tr>
<tr><td>武汉水利学院</td><td colspan="2">顺直微弯</td><td colspan="2">曲流</td><td>游荡</td><td colspan="2">分汊</td><td>1978</td></tr>
<tr><td>钱宁</td><td colspan="2">顺直微弯</td><td colspan="2">曲流</td><td>游荡分汊</td><td colspan="2">相对稳定分汊</td><td>1978</td></tr>
</table>

资料来源：中国科学院地理研究所. 1985. 长江中下游河道特性及其演变. 北京：科学出版社，255.

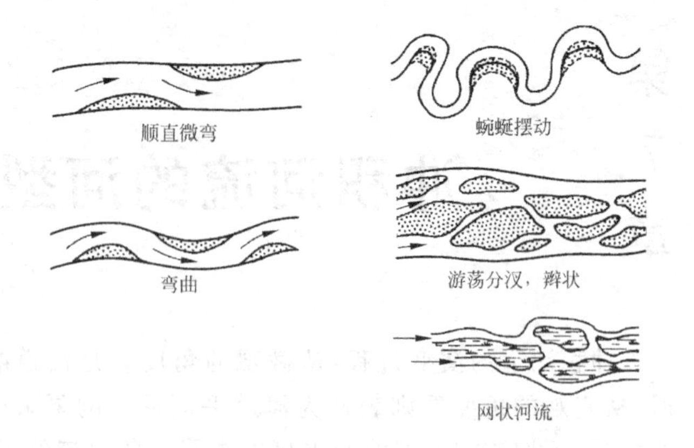

图 7-1 河道平面形态的几种基本类型

7.1.1 基于水沙运动的河型分类

重点关注

1. 河道平面形态的基本类型。
2. 河型分类与水动力因子和来水来沙条件的关系。

由图7-1可见，河道的基本平面形态包括单流路河道的顺直、弯曲、蜿蜒摆动，多流路河道的辫状等。其中顺直河道中存在边滩时，流路也是弯曲的。曲流河道常有蜿蜒或不断变化的蜿蜒摆动形态。表7-1的分类中 Leopold & Wolman 用 meandering 一词概指顺直和辫状之间的各种状态。我国科学家一般采用江心洲型、分汊型、游荡型等类别描述多流路河道的河型。Schumm 在1985年提出一种分类图解方法，把河道的平面形态按其相应的河流水动力因素和泥沙输运动力特性进行区分，认为特定河型的形成取决于该段河道内的动力条件如水动力因子、泥沙输运特性、边岸抗冲性(黏性颗粒含量)和能量耗散机理等，并给出了14种河型与动力条件的关系，如图7-2所示。图中提出的分类方法虽未必符合所有河流的实际情况，但对揭示河型成因的内在机理有很大的启发意义。

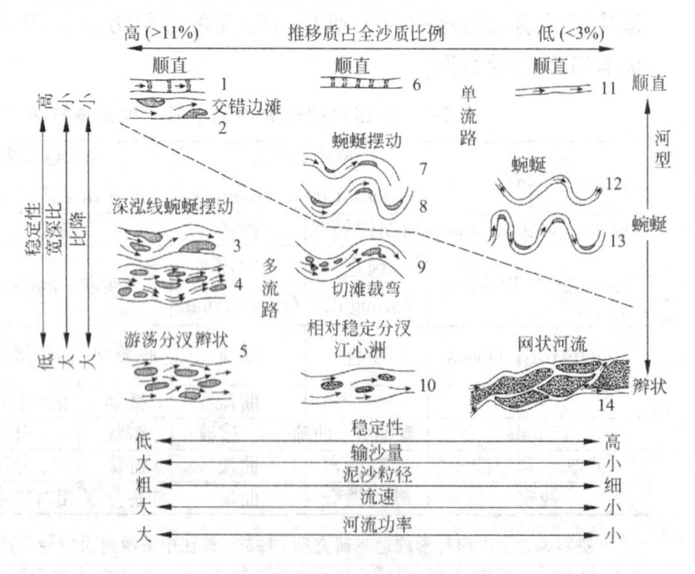

图 7-2 Schumm 提出的河型分类(Knighton,1998)

7.1.2　河流自我调整与河型的成因(钱宁、张仁、周志德,1987)

大量的观测和研究表明,天然冲积河流均衡河道的形成是一种自我调整的(self-formed)过程,即在稳定的流域来水来沙条件下,河流在数十年或百年的时间内逐渐调整其比降、断面形态、河床物质组成和河型,力求使来自上游的水流和泥沙能通过河段下泄,尽可能保持相对平衡,也就是要满足河段输沙平衡的要求。

床沙质相对来量的大小对不同河型的形成起着重要作用。由图7-2可见,在床沙质来量较多的河流中,常会发展形成游荡型河型。这样的河流河身顺直,比降陡,糙率小,流速大,具有挟沙能力较大的特点,以便适应流域来沙多的情况。同时,流域的床沙质来量越大,河流就越不稳定,表现为纵向冲淤幅度很大。另一方面,由于水流功率很大,来自流域的细颗粒泥沙无从沉淀,形成河岸的物质都是无黏性的颗粒,河岸抗冲性因而比较小,导致河流的横向摆动不受约束。这两方面的结合,就使游荡型河流具有散乱多变的特点。

河流的上、下游河段出现不同河型的原因也可以从输沙平衡角度加以解释。河流沿程一般都有支流入汇,如果假定支流的含沙量和干流相差不大,则在支流汇口的下游,干流的含沙量并没有变化,水量却加大了。从挟沙能力的角度考虑,每有支流注入,入汇口以下的挟沙能力将增加而含沙量相对不变,或者说,越到下游,随着支流的入汇和水量的增加,床沙质的相对来量就变得越来越小,而输沙能力越来越大,可能会使输走的沙量大于来沙量(即河道发生冲刷)。为了达到河段的平衡,下游河道需要不断调平比降。这种比降的调整有一部分是通过河身弯曲,流路加长来实现的。水量的不断增加使洪水漫滩的机会增多,比降的调平又使漫滩水流的流速减小,洪水中挟带的细颗粒泥沙有可能在滩地上淤积下来,形成二元结构的河漫滩沉积相,使滩岸具有一定的抗冲性,使弯曲的流路得以维持,最终发展形成弯曲型河流。

河流进入河口地区以后,在没有入汇水量加入的同时比降还将继续变小(因水面线必须与海平面相衔接),使得挟沙能力相对于床沙质来量而言变弱,导致大量淤积。此时水流为了维持平衡,流路再一次趋于顺直,河口地区的大量细颗粒沉积物也使河流的平面变形受到约束(边岸抗冲性较强),使得顺直河型得以维持。

流域床沙质来量多少是游荡分汊型与稳定分汊型河道的重要区别。如图7-2的类型5和类型10所示,这两种河型的主要差别是,游荡分汊型动态不稳定,而稳定分汊型相对来说比较稳定。河流的稳定性关键在于流域床沙质来量的多少。大量泥沙自流域进入河流下泄时,即使河流处于整体冲淤平衡状态,也会出现局部的短暂强烈冲刷与淤积、汊道的新旧交替,使得主流来回摆动,河流就会具有游荡的特性。相反地,如果相对于水量来说,流域来沙很少,在洪水过程中,虽然也有一些冲淤现象,但冲淤幅度很小,汊道的新旧交替较慢,河道相对来说比较稳定。再配合一定的边界条件,就有可能发展形成江心洲分汊河型。所以稳定分汊型河道和珠江河口三角洲稳定的河网

分析与思考

1. 床沙质来量大的河流为什么会发展成游荡型河流?
2. 多数河流的下游为什么常常发展成弯曲性河流?
3. 为什么说床沙质来量的多少决定了河道形态的相对稳定与否?

(anastomosing rivers),形成的条件都是相对水量而言,上游来沙较少。

重点关注

1. 河道形态的变化趋向于使水流挟沙能力与床沙质来量相适应。据此可以从理论上建立各种极值条件假说。

由上述分析也可知道,许多河流都是在冲积平原的上部具有游荡性的河型,而在流经一定距离以后,逐步转化成为弯曲型河流,最终在河口地区又发展形成顺直型河流。这实际上是河流通过河型的转化来使挟沙能力的沿程变化和床沙质来量的沿程变化相适应的。在掌握了挟沙能力的理论分析方法和冲积河道断面、比降自我调整的原理之后,可以采用计算分析的手段对冲积河道形态为适应来水来沙而调整演变的过程进行定量的分析。

7.2 河型成因分析中的极值条件假说

用泥沙运动力学方法通过计算来确定河型,实际上是泥沙输运计算的反问题,也就是已知流量和输沙量,求解河宽、水深和河道水力坡降。这一方法遇到的主要困难除了泥沙运动力学理论中已有的一些局限外,主要还是不能预知河道的几何形态,需要引入附加的假定。在结构力学中对静力平衡系统进行分析时,为解决静力平衡不定的问题,可采用能量极值原理(虚功原理)作为补充条件。在河流动力学的研究中,很多学者也仿照这一方法,引入各种极值条件假说(extremal hypothesis)对均衡输沙河道进行定量计算。

从均衡河流自我调整的机理出发所提出的极值条件假说有两种,即 W. R. White 等提出的最大输沙效率假说(sediment transport maximization)和张海燕(Howard H Chang)提出的单位河长水流功率最小假说(stream power minimization)。可以证明这两者实际是等价的,即河流的自我调整总是倾向于用给定的能量消耗(河道比降)输运最多的泥沙,或者用最小的功率(=最小的能量消耗)输运给定的泥沙。两者都是在给定流量和泥沙粒径的条件下进行分析,但最大输沙效率假说的前提是以河道比降为常数、令河道宽度和输沙率可变,而最小河流功率假说则以输沙率为常数、令河道宽度和比降可变。现有的理论都还不能确切地阐明河型成因的物理本质,许多问题还需进一步研究。

2. 河流功率的定义。

河流动力学中,河流功率(stream power)特指比降为 J(单位为 m/m)的单位河长上的水流功率,也就是流量为 Q 的恒定水流经过单位河道长度后发生的势能变化:

$$\Omega = \gamma Q J \tag{7-1}$$

式(7-1)中,若采用 $\gamma=9800\mathrm{N/m^3}$ 时,Ω 的单位为 W/m;若采用 $\gamma=1000\mathrm{kgf/m^3}$ 时,Ω 的单位为 kgf·m/(s·m)。有时也采用单位河流功率(unit stream power 或 specific stream power)的概念,它指单位河床面积上的水流功率,即 Ω/B(单位为 $\mathrm{W/m^2}$,或 kgf/(s·m)),可以看作是用单宽流量计算的河流功率。对于天然河流来说,河流功率相同(Q、J 相同)的情况下河宽、水深和流速不一定相同,所以输沙能力不一定相同。即使河宽相同(从而 Ω/B 相同),由于动床阻力的可变性,水深和流速仍可能不同,使得输沙能力出现较大区别,特别是两条河流的床沙组成不同的情况下。由图 7-3 可见，天然河流实测得到的 Bagnold 推移质输沙率效率因子 e_b 变化范围很大。

分析与思考

1. 在河流功率相同的情况下，为什么推移质输沙率的差别却很大？

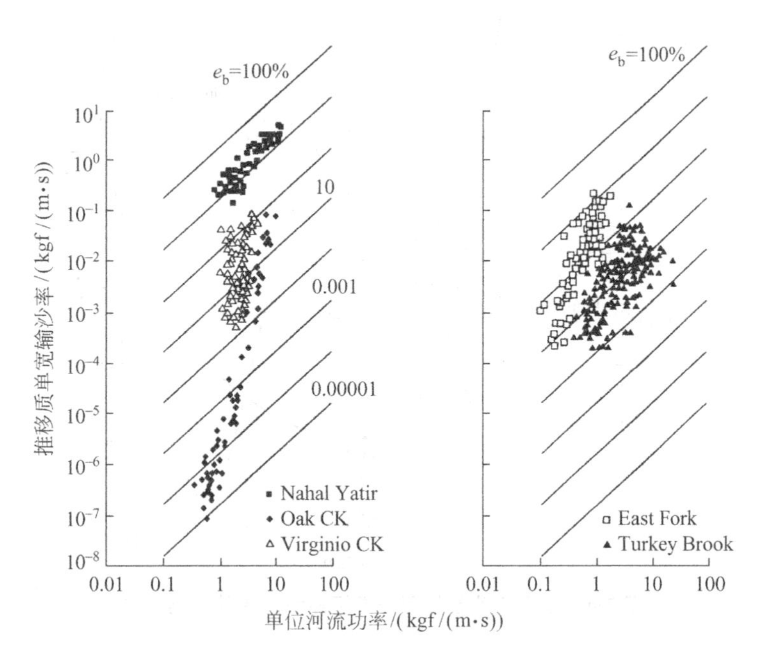

图 7-3　单位河流功率与推移质输沙率的关系

7.2.1　最大输沙效率假说

最大输沙效率假说认为在一个特定河段中，在给定的流量、比降和泥沙粒径下，河道几何形态达到稳定的充分必要条件是，该几何形态能使输沙能力达到最大。这一假说最初是为了在已知流量、边岸物质组成(卵石或沙质)和河道比降的条件下，求解稳定渠道的断面尺寸(主要是过水断面宽度)。采用此方法的一个算例如图 7-4 所示，其中 $Q=500\text{m}^3/\text{s}$，泥沙粒径 $D=40\text{mm}$(卵石河床)，比降 $J=0.00214$，计算得到的断面最优宽度为 $B=43\text{m}$，此时依据 White 等的方法得到的最大含沙量为 $S=100\text{ppm}$。

重点关注

1. 最大输沙效率假说令流量、边岸物质组成和河道比降为已知条件，求河道输沙率最大的宽度，即最优宽度。

由图 7-4 中的算例可见，在断面几何形态可变的条件下，为了使水流中的含沙量增大(即提高输沙率)，过于宽浅的河流必须束窄河道宽度，而过于窄深的河流必须扩宽河道宽度。输沙效率最大的河道断面往往趋于某种中等宽度，达到一个最优的宽深比。

如果采用最大输沙效率假说进行计算，结果表明随着流量、比降增大和泥沙粒径变细，最优宽深比也会增大。其不足之处是，用该假说计算大型河流时得到的宽度偏小，而且无法直接考虑边岸的抗冲特性。对于泥沙粒径较细，床面形态多变的沙质河床来说，沙波阻力和沙粒阻力的相对大小将对推移质输沙率产生影响，输沙效率随河宽的变化也更复杂。因而与实际情况相比，图 7-4 中的算例过于简化。

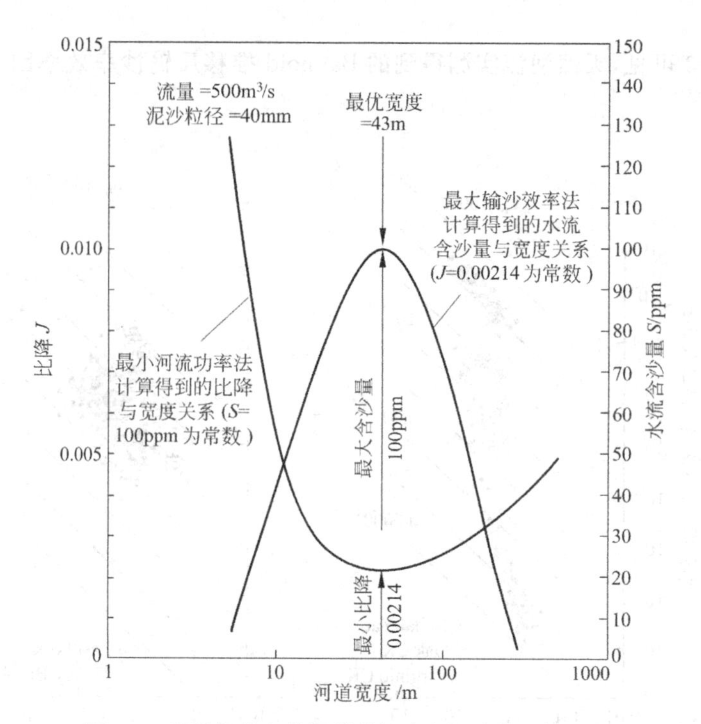

图 7-4 采用极值条件假说求解冲积河流的几何形态

7.2.2 单位河长最小水流功率假说

张海燕提出的单位河长最小水流功率假说,除了应用于稳定冲积渠道的设计外,还可以用来建立体系比较完善的均衡河道河型定量计算方法。该假说认为,当一个河段达到均衡状态时,水流和泥沙的运动应严格满足如下三个条件:

(1) 输沙率沿程相等;

(2) 在满足约束的条件下单位河长内的水流功率最小;

(3) 在满足约束的条件下水流功率损耗(或能坡)沿程均匀分布。

上述第一个条件表明河段内处处冲淤平衡,第二个和第三个条件则分别称为水流功率第一假说和第二假说,其详细定义如下。

重点关注

1. 最小水流功率假说令泥沙粒径和输沙率为已知条件,以河道宽度为变化参数,求输运相同泥沙所需的最小比降,即最小水流功率。

(1) 第一假说:单位河长的水流功率最小假说

冲积河流达到平衡的必要和充分条件是在满足给定的约束条件下,单位河长的水流功率 γQJ 达到最小值。因此,以流量 Q 和输沙率 Q_s 为自变量的冲积河道趋向于调整和建立其宽度、水深和比降以满足 γQJ 为最小。由于 Q 是已知参数,所以最小的 γQJ 意味着最小的河道比降 J。

(2) 第二假说:河段的水流功率最小假说

在满足给定的约束条件下,流量沿程不变的某一河段将按最小水流功率损失的方向调整其水力几何形态,以便达到平衡状态。就物理意义而言,一河段具有最小水流功率损失,等价于沿该河段每单位河长的水流功率损失彼此相等,或者等价于沿程具有均匀的能坡。

其中第二假说与 Langbein 和 Leopold 在 1962 年提出的河流能量分配应使熵最大的理论是等价的。实测天然河流(尤其是沙质河床)的水面线一般都是一条直线，说明这个假说是符合实际的。在出现平滩流量时，砾石河床沿程是浅滩和深潭河段水面线也都近似为一条直线。

1. 水流功率最小值的数值计算

利用水流连续方程、阻力方程和推移质输沙方程，以流量、泥沙粒径和输沙率为已知条件，即可求解不同宽度下输运泥沙所需的河道比降和相应的流速、水深。此时河道比降最小等价于单位河长水流功率最小。对顺直和不分汊的河道给出的一组不同输沙率算例如图 7-5 所示，计算条件为流量 $Q=28.3\text{m}^3/\text{s}$，泥沙粒径 $D=0.3\text{mm}$。

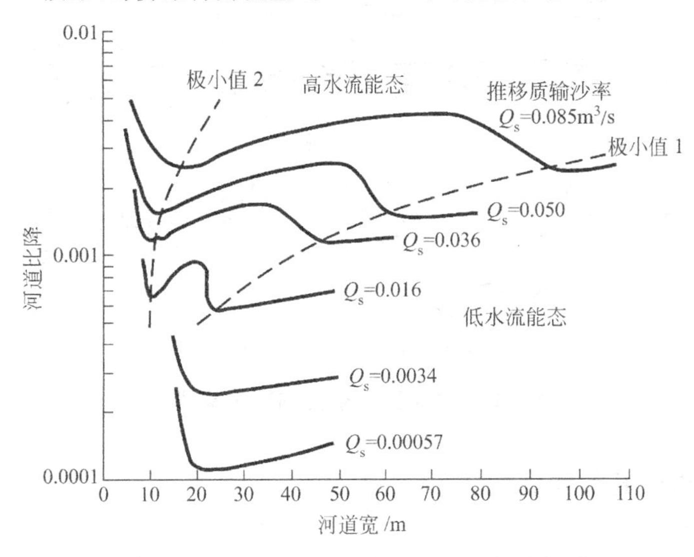

图 7-5　不同河道宽度下实现给定输沙率所需的河道比降

由图 7-5 可见，在低水流能态下和推移质输沙率较小时，河道比降在某个特定的河道宽度时有唯一的最小值。由于流量是不变的，比降最小就等于单位河长的水流功率最小，上述结果也就是说存在一个最优河宽使水流能耗最小、流动阻力最低。随着推移质输沙率的增加，所需的河道比降增大，流态的变化趋于复杂，高、低水流能态都可能出现。此时河道比降随河道宽度变化的曲线中出现了两个最小值，它们都能满足推移质输沙率的要求，但所对应的河宽、水深、流速都不同。

分析与思考

1. 最小水流功率法求出的两种极值分别代表河道的什么形态?
2. 深潭-浅滩河型和弯道河型为什么具有较好的稳定性?

2. 深潭-浅滩河型的水流功率极值解释

图 7-5 表明，对于较大的输沙率来说，在流量和泥沙粒径给定的条件下，能够满足输沙要求、且使河道比降达到最小的河道形态有两种：一种是低水流能态的宽浅型(浅滩)，另一种是高水流能态的窄深型(深潭)。也即从理论上允许这两种形态在河段中沿程交替存在。两种形态中比降较小(即单位河长水流功率较小)的那种河道形态稳定性更大，在河流自我调整过程中出现的可能性也更大。

数值计算结果表明,在顺直河道中低水流能态的宽浅河道稳定性较高(比降较小)。弯曲河道的计算结果则表明在弯段上高水流能态的窄深型河道稳定性较高,因为如果弯道上的河道是宽浅的,其横向比降会使能耗增加、输沙效率降低,与窄深型相比,为达到同样的推移质输沙率需要有较大的比降。

由于这一原因,在顺直河道上,当交错边滩的出现引起流路的弯曲后,曲率较大的地方会出现稳定的深潭形态,而在顺直处则出现稳定的浅滩,这一趋势将具有一个正反馈效应,其稳定性不断增强,直至形成典型弯道,如图 7-6 所示。

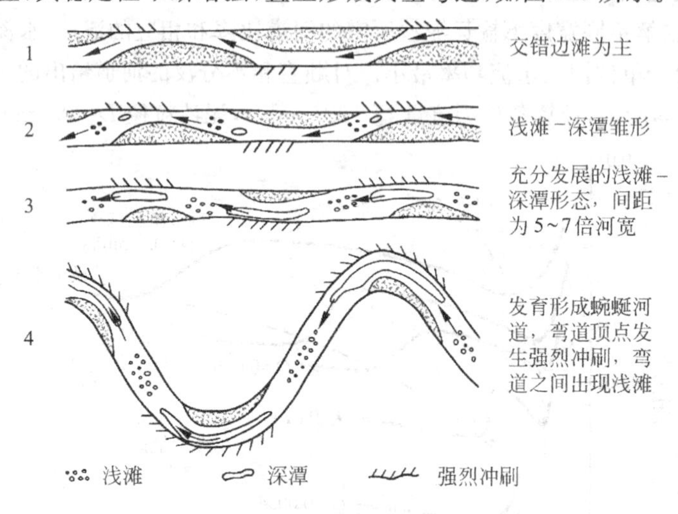

图 7-6 Keller 提出的弯道形成过程模式

7.2.3 其他极值条件假说

运用泥沙运动力学理论分析河道形态时,为补充定解条件所提出的其他假说中,较有代表性的还包括杨志达的"单位时间河流功率最小"假说和 Langbein 的"最小方差"假说。

1. 单位时间河流功率最小假说

分析与思考

1. 单位时间河流功率最小假说与最小水流功率假说的主要区别是什么?理论表达式有什么不同?

杨志达(Yang Chih-Ted)从深槽-浅滩地貌、河流几何形态、泥沙运动和冲积河流水力学等多方面论证认为,河流水力要素中起主导作用的是单位时间内单位重量的水的能耗率(势能减少量),也就是流速与比降的乘积。冲积河流将调整它的坡降和几何形态,在维持输沙平衡的前提下,力求使这个能耗率趋向于当地具体条件所许可的最小值。其中"当地具体条件"包括河岸与河床的相对可冲刷性、基岩裸露的情况以及人工建筑物等,写成数学方程如下:

$$UJ = \text{minimum} \tag{7-2}$$

其中,U 为断面平均流速。这个要求和前面所说的输沙达到相对平衡的要求是互相制约的。冲积河流的自我调整结果是在满足输水排沙的前提下,使某一个河段的平均流速和比降的乘积达到本河段所许可的最小值。在河流的不同纵向位置上,随着流域面积的增加，这个最小值不断减小。

由连续方程可知

$$U = \frac{Q}{Bh} \tag{7-3}$$

由阻力方程得到

$$U = \frac{h^{2/3} J^{1/2}}{n} \tag{7-4}$$

联解式(7-2)～式(7-4)可以得到

$$UJ = \frac{Q^{0.4} J^{1.3}}{n^{0.6} B^{0.4}} = \text{minimum} \tag{7-5}$$

式(7-5)中的流量 Q 为给定值，所以冲积河流可以自由调整的从变量包括 Manning 糙率系数 n、比降 J 和河宽 B。单位时间内单位重量水的能耗率可以通过三种方式(或它们之间的组合)达到最小值，即：①加大河流阻力；②减小比降；③增加河宽。河流向弯曲或分汊发展，也都是自动增大阻力，来减小 UJ 值的一种过程。如果最后调整的结果是以通过加大河长，减小比降为主，河流将发展成为弯曲型河流。若以增加河宽为主，则将发展成为分汊性或游荡型河流。具体的发展方向与河岸的抗冲性有很大关系。如果两岸受到约束、河谷为顺直型，河宽、河长也不可能加大，仍可以通过主流流路的弯曲来满足能耗率最小的要求。

2. 最小方差假说

最小方差假说(minimum variance hypothesis)包含了两方面的内容。一方面是在弯道成因分析中的应用。最初 von Schelling 在推求两固定点间的最可能路径问题时，将两点间的曲线分为若干段，假定在每段末尾，下一步前进方向的偏离角 $\Delta\theta$ 是符合正态分布的随机变量，如图 7-7(a)所示。这样此曲线可以有许多不同的路径形状，各种形状以一定的概率出现，图 7-7(b)是一个例子。如果两点之间出现的流路是一条连续曲线，von Schelling 认为最可能出现的流路形状应满足如下方差最小的要求：

$$\sum \frac{(\Delta\theta)^2}{\Delta x} = \sum \frac{\Delta x}{r^2} = \text{minimum} \tag{7-6}$$

其中，x 是沿流路的曲线坐标；Δx 是 x 的增量；$r = \Delta x / \Delta\theta$ 为曲率半径。

Langbein 和 Leopold 认为天然弯曲河道的流路形状，就是出现概率最大(最可能)的路径形状。用最可能流路的方差最小假说，可导出规则河弯中沿流路的方向角 θ 应满足如下方程：

$$\theta = \omega \sin\left(\frac{x}{\lambda_*} 2\pi\right) \tag{7-7}$$

其中，ω 为最大偏离角；λ_* 为一个弯道的波长(沿流路的曲线坐标上的长度)。图 7-7(c)是依据方差最小假说得到的一个最可能流路算例。得到的流路曲线是正弦派生曲线。

另一方面，W. B. Langbein 还试图用最小方差假说从理论上确定沿程河相关系中 Q 的指数(其结果见表 6-9 中的“理论解”部分)。他认为描述冲积河流的均衡形态的物理规律除了水流连续方程、水流运动方程(阻力方程)和泥沙输运方程外，还应

分析与思考

1. 最小方差假说依据的是什么基本原理？
2. 最小方差假说给出的河道流路数学表达式是如何推导出来的？

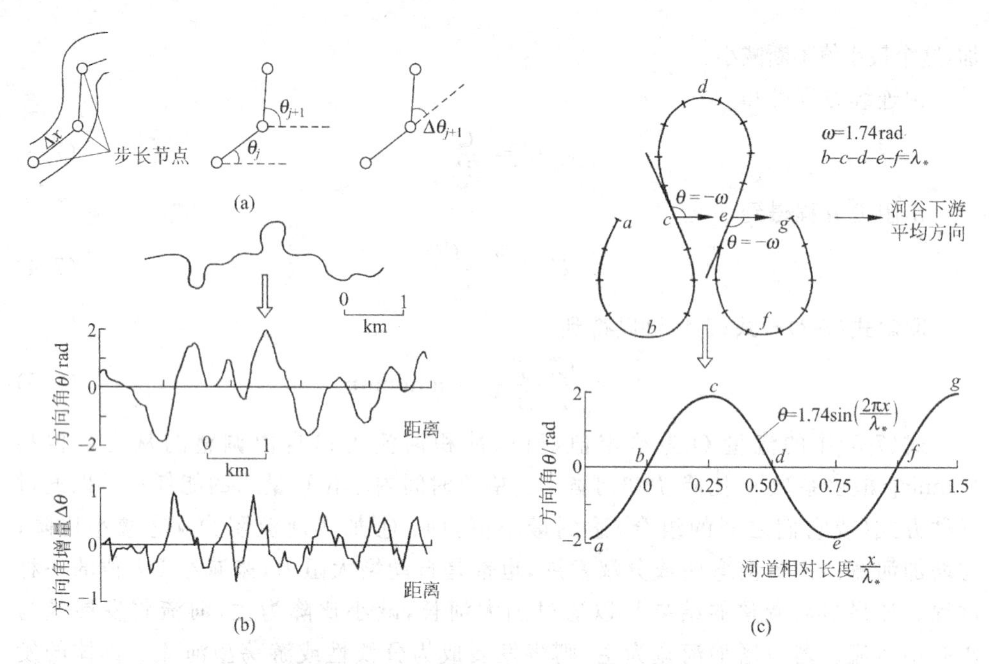

图 7-7　流路方向角的定义与最可能流路形状的算例(Knighton,1998)

满足某种“方差最小”的原则,也就是自变量 Q 的增量 ΔQ 引发式(6-8)～式(6-14)中的因变量变化时,各因变量相对增量的平方之和应为最小。

由式(6-8)

$$B = aQ^b \tag{7-8}$$

求导并取平方,以 ΔB 表示 B 的微小增量,则得到 B 相对变化量的平方为

$$\left(\frac{\Delta B}{B}\right)^2 = b^2\left(\frac{\Delta Q}{Q}\right)^2 \tag{7-9}$$

若 Q 的增量 ΔQ 能够引起因变量 B、h、U 的变化,则最小方差假说可表示为

$$\left[\left(\frac{\Delta B}{B}\right)^2 + \left(\frac{\Delta h}{h}\right)^2 + \left(\frac{\Delta U}{U}\right)^2\right] = (b^2 + f^2 + m^2)\left(\frac{\Delta Q}{Q}\right)^2 = \text{minimum} \tag{7-10}$$

因此 W. B. Langbein 认为对于河相关系来说,式(6-8)～式(6-14)中的指数平方之和应取最小值。G. P. Williams 给出的一个断面河相关系的算例如表 7-2 所示。与表 6-10 对比可见,用 Langbein 的最小方差假说求解得到的断面河相关系中 Q 的指数与部分河流的实际值基本是接近的,说明求解中用到的约束条件符合这些河流的实际情况。

分析与思考

1. 最小方差假说依据什么基本原理推导断面河相关系?

表 7-2　采用最小方差假说确定断面河相关系的算例

1. 变量分析		关系式	指数平方	约束条件
自变量	流量 Q	$Q \propto Q^1$	1^2	
因变量	水面宽 B	$B \propto Q^b$	b^2	$b=0.19f$(注) $b+f+m=1$ $(m=1-1.19f)$
	水深 h	$h \propto Q^f$	f^2	
	流速 U	$U \propto Q^m$	m^2	
	比降 J	$J \propto Q^z$	z^2	$z=0$(比降为常数)
	床面切应力 τ_0	$\tau_0 \propto Q^{f+z}$	$(f+z)^2=f^2$	因为 $z=0$
	Darch-Weisbach 系数 f_f	$f_f \propto Q^{(f+z-2m)}$	$(f+z-2m)^2=(f-2m)^2$	

续表

2. 因变量方差最小化等价于求下式的极小值 $b^2+f^2+m^2+z^2+(f+z)^2+(f+z-2m)^2=(0.19f)^2+2f^2+(1-1.19f)^2+(3.38f-2)^2$ （代入约束条件） $=14.88f^2-15.82f+5=F(f)$
3. 求极值 令 $\mathrm{d}F(f)/\mathrm{d}f=0$，有 $29.76f-15.82=0$，得 $f=0.53$，所以 $m=0.37$，$b=0.1$，$(f-2m)=-0.21$
4. 满足因变量方差最小化的河相关系为 $B\propto Q^{0.10}$，$h\propto Q^{0.53}$，$U\propto Q^{0.37}$，$\tau_0\propto Q^{0.53}$，$f_f\propto Q^{-0.21}$

注：约束条件 $b=0.19f$ 在边岸物质为黏性土时成立。它实际上反映了断面宽深比的规律。

7.3　单流路弯曲河道的演变

沙卵石河床的单一流路河流中往往发展出浅滩-深潭相间的形态，并形成一条稳定的弯曲深泓线。在适宜的边界约束条件下，流路的弯曲对河道演变产生决定性的影响，并发展成稳定的蜿蜒型河道。在这个过程中，主要的水动力原因是水流沿弯道的运动受到离心加速度的影响，产生横向比降和次生流动，使得弯道中的床面剪切应力、推移质泥沙的运动均具有明显特点，其规律不同于顺直河道情况。图7-8是弯道发展过程中各横断面上水流运动、相应的河道几何形态示意图。

分析与思考

1. 水流沿弯道运动时，为什么会出现横向比降和螺旋流动？

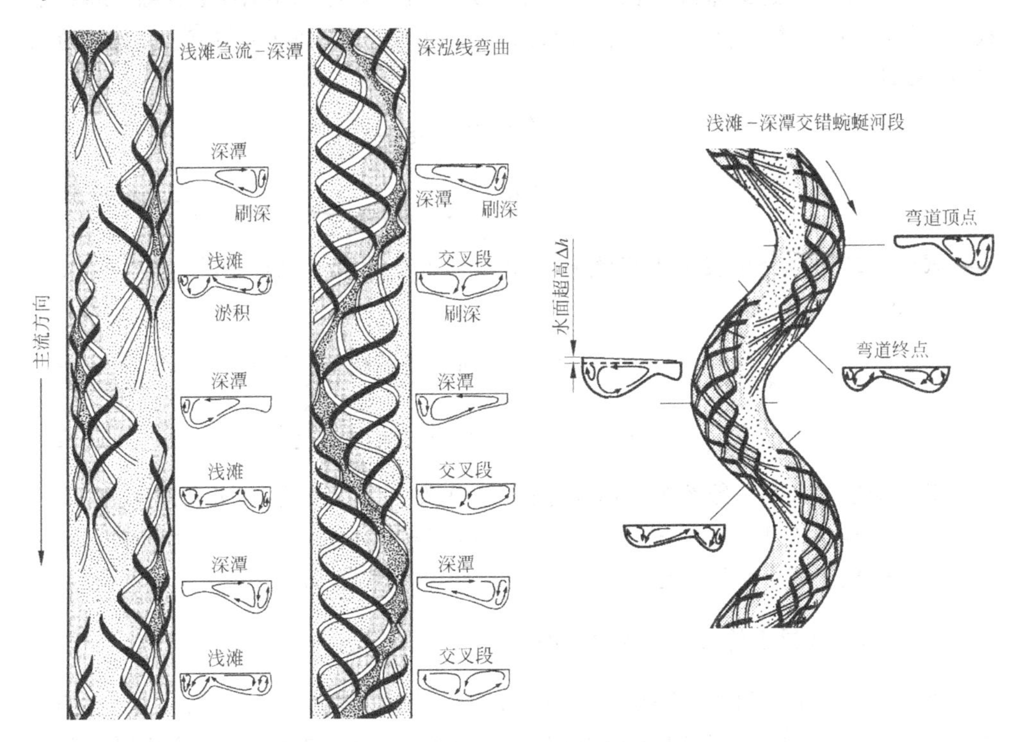

图7-8　顺直或蜿蜒河道浅滩-深潭形态中的螺旋流（Knighton，1998）

在多个弯道连接而成的连续弯道中,螺旋流的生成、传播、消散过程较为复杂,上、下游的弯道流动结构彼此相互影响。一般认为,对于上、下游均为直道的单一弯道,可以应用И. А. Розовский 的弯道流动理论来分析其流动结构,但连续弯道中的流动结构情况还有待于进一步的分析和研究。

7.3.1 弯道的水流运动和泥沙输移

在满足静水压强分布的前提下,理论推导得到如下的缓流弯道流动水面超高计算式:

$$\Delta h = \int_1^2 \left(\frac{1}{gr} \int_0^{h(r)} u^2 \mathrm{d}z \right) \mathrm{d}r \approx \int_1^2 \frac{\bar{u}^2}{gr} \mathrm{d}r \approx \frac{U^2}{g} \frac{B}{r_c} \tag{7-11}$$

其中,$u(r, z)$为纵向点流速;$\bar{u}$ 为某垂线上的平均纵向流速;U 为断面平均纵向流速;r_1、r_2、r_c 分别为凸岸、凹岸和河道中心线的半径。

在天然河道中,由于地形不规则,实际的水面超高可能略大于上式计算值。

1. 弯道中的横向流速分布

对于弯道水流运动,И. А. Розовский 运用流体力学理论进行了详细研究,推导得到光滑床面条件下弯道中横向流速 v 沿垂线的分布为

$$\frac{v}{\bar{u}} = \frac{1}{\kappa^2} \cdot \frac{h}{r} \left[F_1(\eta) - \frac{g^{1/2}}{\kappa C} F_2(\eta) \right] \tag{7-12}$$

其中,h 为水深;r 是该垂线的曲率半径;$\bar{u}$ 为垂线平均纵向流速;κ 为 Kármán 常数;C 为 Chezy 系数;$\eta = z/h$,为相对水深;z 为垂向坐标;$F_1(\eta)$和 $F_2(\eta)$为 η 的函数,定义如下:

$$F_1(\eta) = -2\left(\int_0^\eta \frac{\ln\zeta}{1-\zeta} \mathrm{d}\zeta + 1 \right)$$

$$F_2(\eta) = \int_0^\eta \frac{(\ln\zeta)^2}{1-\zeta} \mathrm{d}\zeta - 2$$

式(7-12)中,$v>0$ 表示水流流向凹岸,$v<0$ 表示水流流向凸岸。取 $\kappa=0.4$,$C=60$,得

$$\left. \frac{v}{\bar{u}} \right|_{\eta<0.001} = -10.9 \frac{h}{r} \quad \text{(河底处的横向流速)} \tag{7-13}$$

$$\left. \frac{v}{\bar{u}} \right|_{\eta>0.99} = 7.13 \frac{h}{r} \quad \text{(水面处的横向流速)} \tag{7-14}$$

横向流速的大小一般约为纵向流速的 1/10,如长江上的荆江来家铺河湾,垂线平均纵向流速为 2.1m/s 时,表面横向流速为 0.1~0.4m/s。纵向流速和横向流速叠加后的合成流速在水面附近偏向凹岸,在河底附近偏向凸岸。

2. 弯道底边界上的横向切应力分布

对于图 7-9 所示的微小隔离体 $h\Delta x\Delta r$,按照围绕其质心 O(在 1/2 水深处)的合力矩为零的原则,可以分析得到隔离体底部径向切应力 τ_{0r}的大小。首先用幂函数型的流速公式描述任意半径 r 处的纵向流速沿垂线的分布如下:

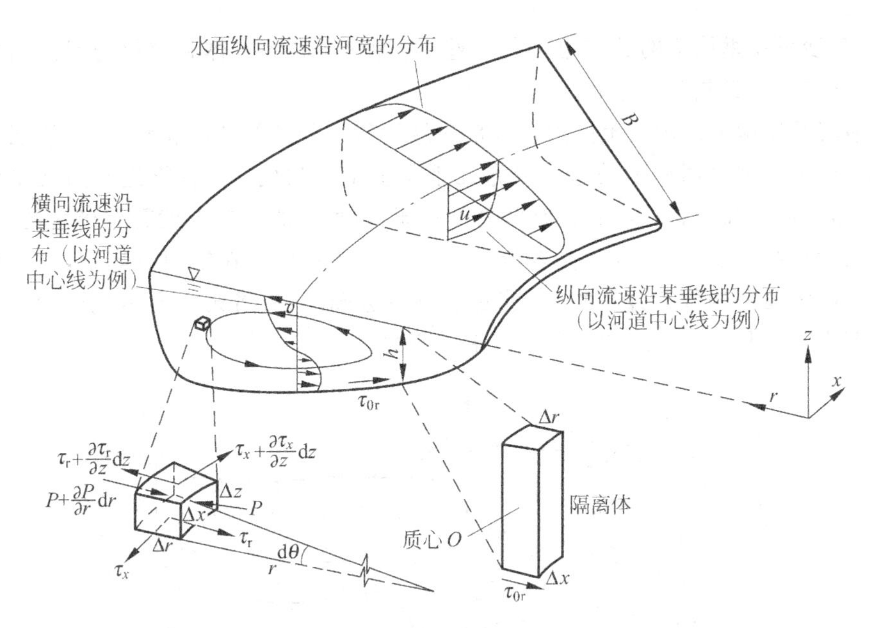

图 7-9　弯道水流的横向流速及边界径向切应力(Chang,1988)

$$\frac{u}{\bar{u}}=\frac{1+m}{m}\left(\frac{z}{h}\right)^{1/m},\quad m=\kappa\left(\frac{8}{f}\right)^{1/2} \tag{7-15}$$

其中，f 为 Darcy-Weisbach 系数；κ 为 Kármán 常数。

由于纵向流速 u 沿垂线分布上大下小，由它计算得到的离心加速度 u^2/r 在垂线上的分布是不均匀的，沿水深积分可得到垂线上由离心加速度引起的、围绕质心 O 的总力矩为

$$\rho\int_0^h\left[\frac{u^2}{r}\left(z-\frac{h}{2}\right)\mathrm{d}x\mathrm{d}r\right]\mathrm{d}z \tag{7-16}$$

式(7-16)所给出的力矩应由床面横向切应力 τ_{0r} 对质心 O 的力矩来平衡，所以有

$$\frac{1}{2}h\tau_{0r}\mathrm{d}x\mathrm{d}r=\rho\int_0^h\left[\frac{u^2}{r}\left(z-\frac{h}{2}\right)r\mathrm{d}\theta\mathrm{d}r\right]\mathrm{d}z$$

把纵向流速沿垂线的幂函数分布式代入上式，积分、化简后得

$$\tau_{0r}=\frac{1+m}{(2+m)m}\rho\frac{h}{r}\bar{u}^2 \tag{7-17}$$

3. 弯道中的泥沙输移

图 7-8 所示的弯道螺旋流的存在，使得弯道泥沙运动出现了明显特点。明渠水流中靠近水面处的悬浮泥沙浓度较小，流经弯道时水面附近含沙量小、泥沙较细的水流被螺旋流带向弯道凹岸位置。因此，弯道凹岸处含沙量和粒径较小，而流向凸岸的水流含沙量、粒径都较大。

图 7-10 是黄河下游高村至陶城埠河段上实测的弯道上纵向流速、泥沙浓度、泥沙粒径在断面上的分布(钱宁、周文浩，1965)。可见左边凹岸的水相对较清，泥沙粒

分析与思考

1. 水流沿弯道运动时的横向流速和螺旋流动，对泥沙运动产生什么影响？

径细，含沙量在垂线上的分布也均匀一些，而含沙量高的水体和较粗的泥沙集中靠近右边凸岸，尤其是其河底处。

沿着凹岸深槽的较大范围内含沙量和悬移质中径的等值线相距很远，说明它们在水面以下大部分面积上的垂向分布几乎是上下一致的；而在靠近右边凸岸的地方，较粗的泥沙和高含沙量的水流集中在底部，在垂线的分布上就有相当大的梯度。流速的测量结果显示，速度较高的流束偏向凹岸的一侧。在横向分布上，高流速区和泥沙高浓度区的位置并不重合，前者靠近左边凹岸，后者则偏向右边凸岸。这样的分布十分有利于在弯道凹岸布置引水建筑物。

分析与思考

1. 推移质的同岸输移和异岸输移各指什么现象？

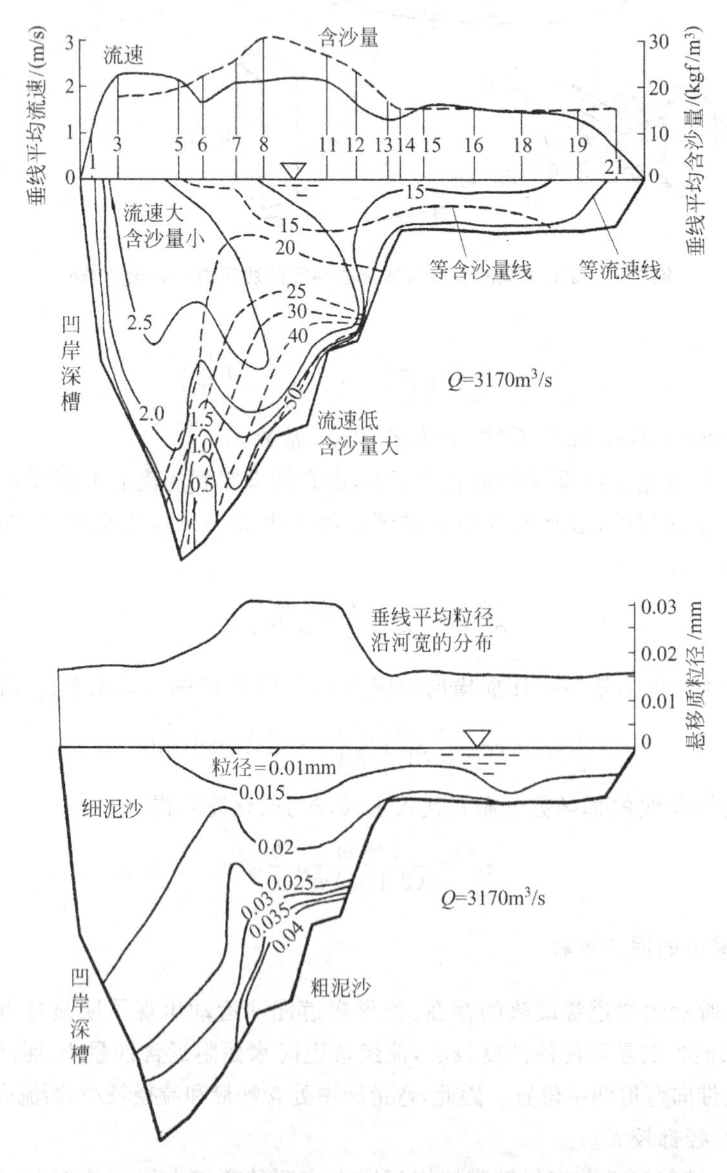

图 7-10 弯道水流的纵向流速、悬移质含沙量及粒径在断面上的分布

推移质的横向输移有同岸输移和异岸输移两种方式。泥沙由弯道凹岸输移到下游弯道同一岸(凸岸)的,称为同岸输移,输移到本河湾的凸岸和下游弯道另一岸(凹岸)的称为异岸输移。在相邻的河湾中,推移质输沙应包括两部分,由上游凸岸边滩下来的推移质以异岸输移为主。在弯道凹岸冲刷的泥沙,特别是弯道顶点稍下游处强烈冲刷产生的泥沙,其推移质部分将以同岸输移为主。

弯道凹岸稍上游处至下一个弯道凹岸的同一位置有一个床面切应力最大的区域,如图 7-11 所示。这个高剪切力区的形成是由于从凹岸深潭到下一个弯道的凸岸边滩水深逐渐减小、流速增大而造成的。最大剪切力带穿过弯道中心线,沿凹岸进入下游的凸岸边滩。

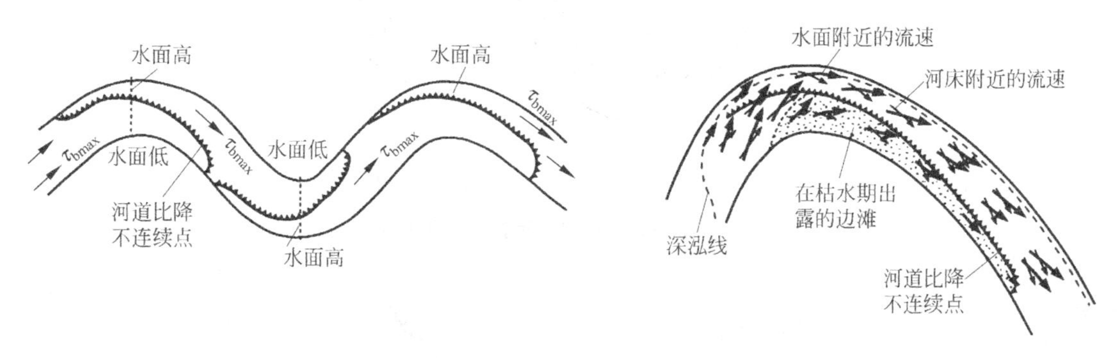

图 7-11　相邻河湾中床面切应力分布及推移质输运

横向环流将泥沙推向凸岸下游。由于水流和泥沙在运动中具有一定的动量,部分输移的泥沙将穿过弯道中心线,并沿凹岸的最大剪切力区运动,然后进入下一个凸岸。在凸岸边滩的下游,水深逐渐加大,流速减小,剪切力降低。在两个弯道的过渡段则水深减小,流速和剪切力增加,使得泥沙可以通过河道中心线。

7.3.2　蜿蜒河道演变

冲积河流的河弯平面形态处于不断发展的过程之中,又有一定的相对稳定性。很多研究表明,在弯曲型河流上,其河床形态各要素之间能自我调整形成某种相对稳定的关系。

1. 弯曲河道的平面形态参数

天然河流的弯曲程度有几种不同的表示方法,见表 7-3。

分析与思考

1. 天然河流中某一段的直线长度、河谷长度和河道长度的定义分别是什么?

表 7-3　天然河流的弯曲程度的表示方法

名　称	计算式	备　注
总弯曲系数(total sinuosity)	TS=河道长度/直线长度	
河谷弯曲系数(valley sinuosity)	VS=河谷长度/直线长度	
水力弯曲系数(hydraulic sinuosity)	$=(TS-VS)\cdot 100/(TS-1)$	Mueller,1964
地形弯曲系数(topographic sinuosity)	$=(VS-1)\cdot 100/(TS-1)$	

长江中游的微弯河段总弯曲度为1.1～1.4,而蜿蜒河段总弯曲度可达1.8～3.0。弯道相邻顶点的直线距离称为弯道波长(λ),其间的河道长度称为流路长(M_L),如图7-12所示。L. B. Leoplold(1994)点绘了不同尺度弯道流动下实测的λ-B和λ-r关系,包括了冰川(glaciers)、墨西哥湾向北流入大西洋的水流(gulf stream)、河流及水槽试验等,见图7-13。可见它们在双对数坐标下呈直线关系,如用幂函数表示,其指数近似为1.0,所以其中的两个回归关系对于不同的量纲体系都应是适用的。

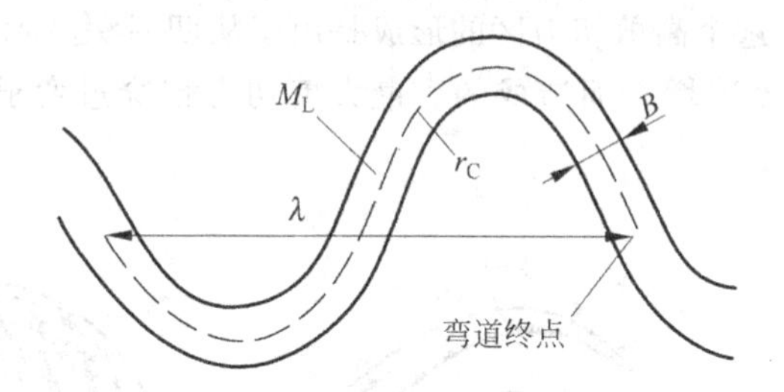

λ—弯道波长; M_L—弯道流路长; r_C—弯道曲率半径

图7-12 弯道平面形态的描述方法

分析与思考

1. 图7-13说明流路弯曲程度与河宽呈何种关系?

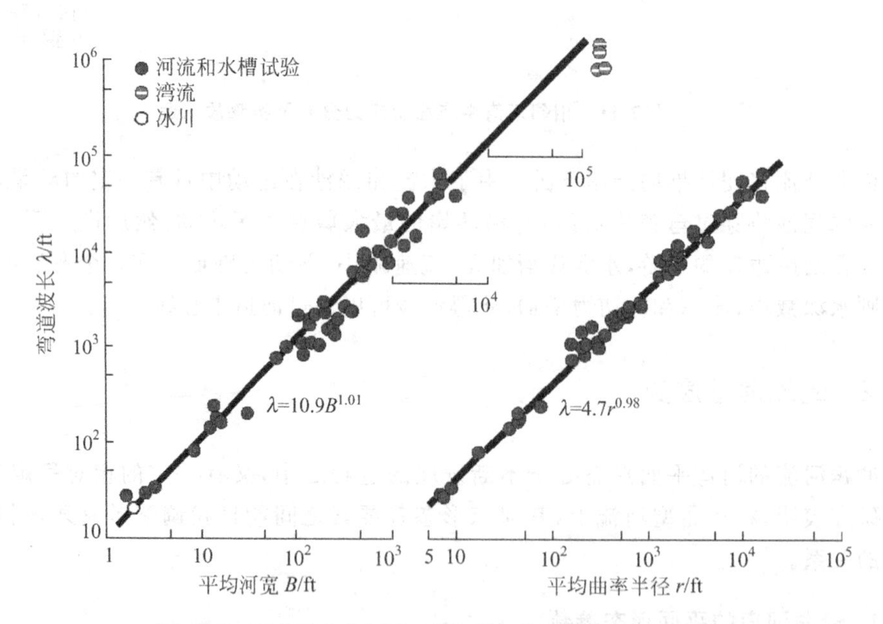

图7-13 弯道波长与河宽、曲率半径的关系(Leopold,1994)

2. 弯道的演变

2. "小水坐弯,大水趋中"所描述的是什么河道演变现象?

弯道演变过程中最为突出的是凹岸因冲刷而后退、凸岸因淤积而前进,形成弯道的横向摆动(migration),同时伴随有向河谷下游的纵向运动,如图7-14所示。

对于大型河流来说,弯道摆动是破坏河势稳定的主要威胁,例如,长江城陵矶—江阴段的崩岸,有50%是因为弯道环流引起,尤其是弯道横向流速导致凹岸处的表面顶冲水流,会引发强烈崩岸。由于水流惯性的作用,常出现"小水坐弯,大水趋中"的现象,

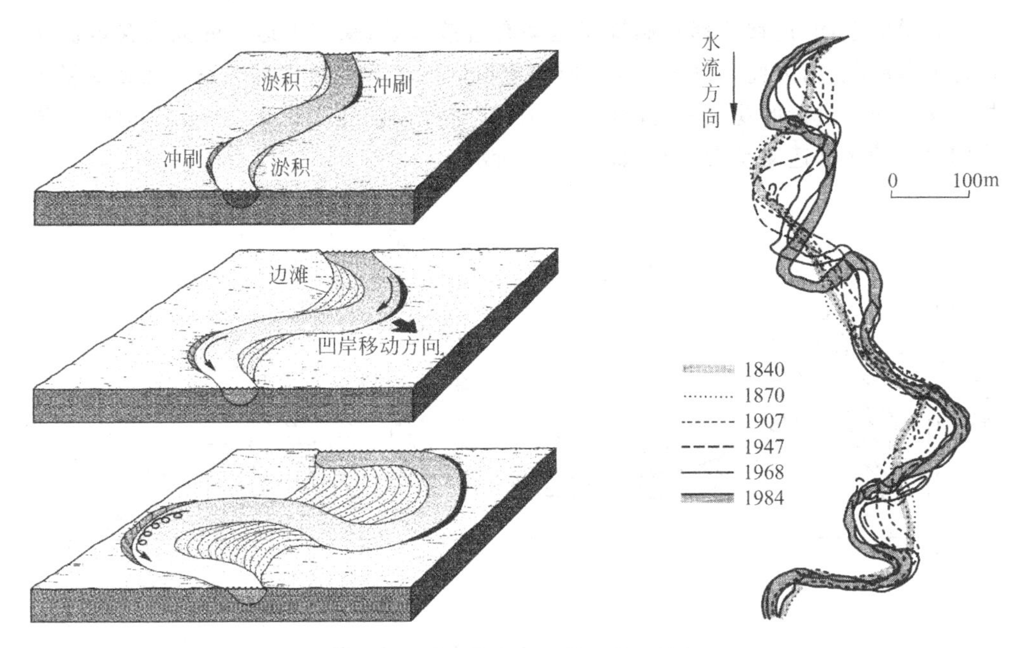

图 7-14　弯道演变过程中的横向摆动及向河谷下游的纵向运动

从而使崩岸的形式和弯道摆动趋势也有不同，如图 7-15 所示。流量较小时，冲刷发生在凹岸弯道顶点或略偏下游，见图 7-15 中的情况(1)。这种冲刷的结果使凹岸后退、凸岸前进，令弯道发生横向摆动、弯曲程度加大。在急弯上或流量较大时，主流的惯性使其在经过上一个弯道后难以迅速改变方向，因而在下一个弯道的凸岸顶点上游处发生冲刷。这种冲刷的结果，使得弯道凸岸上游处和凹岸下游处发生冲刷，结果使得弯道发生纵向平移。

分析与思考

1. 流量和曲率半径对崩岸形式及弯道演变趋势有什么影响?

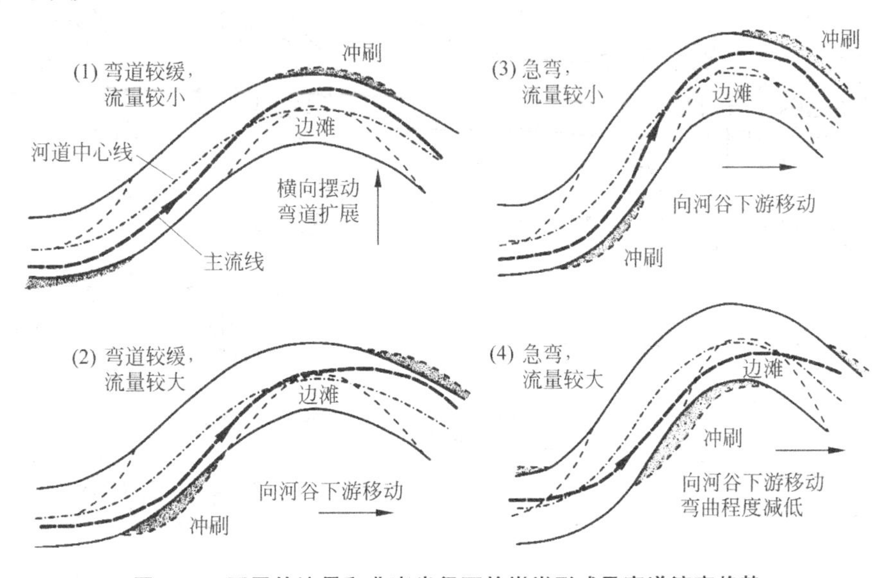

图 7-15　不同的流量和曲率半径下的崩岸形式及弯道演变趋势

分析与思考

1. 在什么情况下弯道横向摆动的运动速度最大?

弯道的摆动、迁移速率与螺旋流运动有直接关系,螺旋流运动的强度又取决于弯道的弯曲程度,因此弯道运动速度应与弯道的曲率半径有直接关系。在相对稳定的天然河流上进行的观测表明,当弯道的曲率半径与河宽之比在2~4之间时,弯道横向摆动的运动速度是最大的,如图7-16所示。

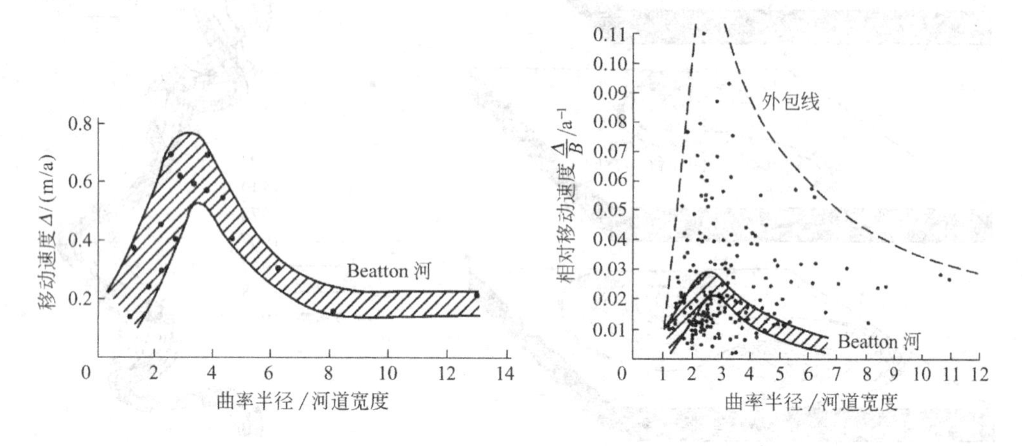

图7-16 弯道移动速度与弯曲程度的关系

弯道的发展是河流自我调整过程的一部分,当弯曲度达到某一临界值后,比降变得越来越小,弯道就变得越来越不适应水流和泥沙的运动,如图7-15中那样凸岸受到冲刷的情况将十分频繁,在适当的流量下就会发生裁弯(cutoff),降低弯曲度、增大输沙效率。裁弯分为切滩、截颈两种方式,如图7-17所示。由图中可见裁弯的发生使原河弯处的流路缩短,河道比降增大,从而输运能力增强。

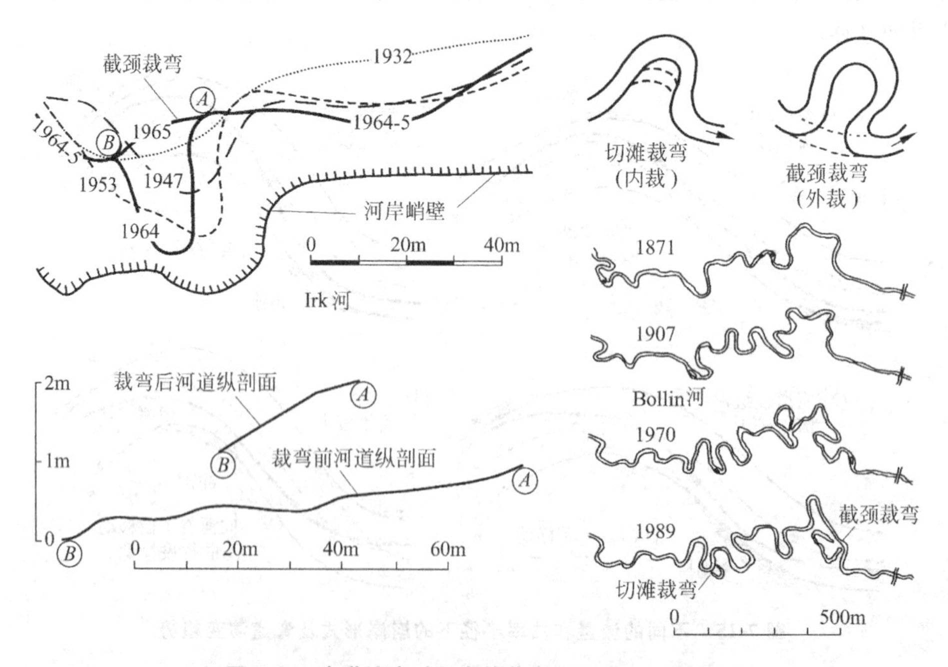

图7-17 弯道演变过程中的裁弯(Knighton,1998)

7.3.3　浅滩-深潭河段水流特性

依据单位河长水流功率最小假说进行的数值计算表明，单流路河道中能使水流功率达最低值并保持稳定的河道断面形态有两种，即低水流能态时的浅滩形态和高水流能态时的深潭形态。在自然界中，沙卵石河道内浅滩和深潭相间是一种常见的情况。例如在弯曲河道中，两个弯顶的凸岸边滩之间有相连接的沙埂，把两个弯顶深潭隔开(图7-6和图7-18)。

在河道纵剖面上，沿深泓线的河底高程表现为一系列起伏。当流量较大时，水面线基本是一条连贯的直线，能耗沿程均匀分布。在枯水期流量较小时，河底局部地形对水流产生重要影响，深潭段水深大、流速低，水面比降平缓(阻力小、能耗低)，而浅滩段则水深小、流速大，水面比降陡峻(阻力大、能耗高)，如图7-18所示。

重点关注

1. 浅滩的隔断作用对航运造成的障碍。

分析与思考

1. 从理论上指出浅滩-深潭河段存在的必然性。

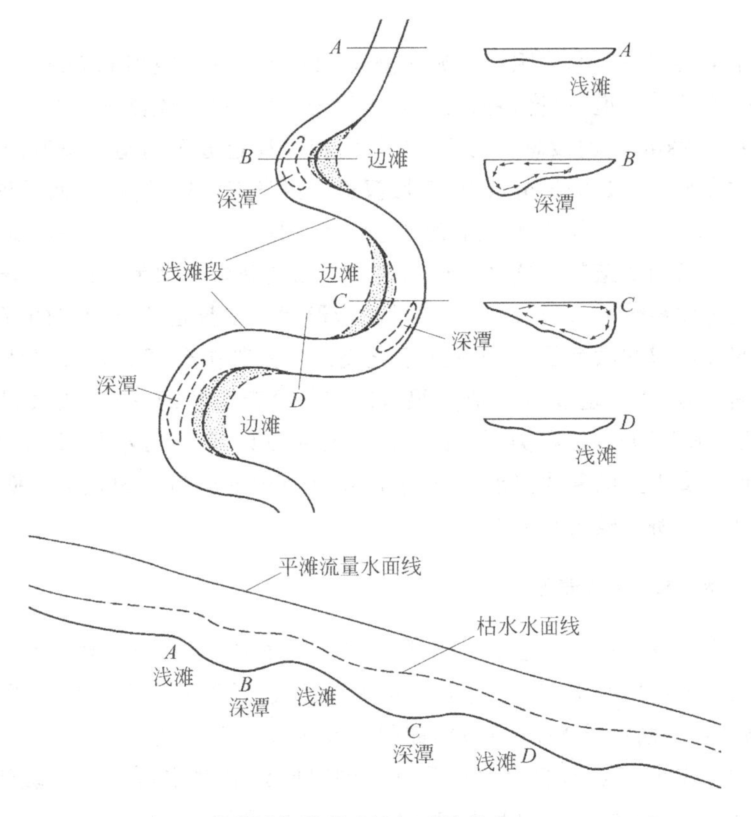

图7-18　深槽浅滩河段的水流运动特性(Morisawa,1985)

天然河流中浅滩的形态多种多样，但其共同的特点就是起到隔断作用，使河道不能形成一条连续的深槽，从而对航运造成障碍。例如长江中游宜都至江口的沙卵石河道中，共有四处碍航浅滩(宜都、芦家河、枝江、江口)，一般在每年汛后(特别是12月至次年2月期间)对长江航运造成较大影响。

7.4 多流路河道的演变特性

图7-2的河型分类中,"辫状"河流的河道稳定性较小,从江心洲型(island braided)到网状河流(anastomosing),其稳定性逐渐增强。钱宁根据我国黄河、长江的实际情况,提出图7-2中所称的辫状河流可命名为游荡性河流,而江心洲型和网状河流则合称为相对稳定分汊河流。他认为游荡性河流(下文中称为游荡分汊型)和相对稳定分汊河流是独立的两种类型。这两者的主要不同点是其河道稳定性不同;共同点是其河道中不再是单一流路,而是存在着多条流路。

7.4.1 相对稳定分汊型

重点关注

1. 相对稳定分汊河道的三种类型。
2. 鹅头型汊道的演变过程。

长江中下游城陵矶至江阴河段流路全长1120km,直线距离690km,弯曲系数为1.62。部分为单一河道(单流路河段),其余为分汊河道(多流路河段)。共有分汊河段41个,共799km,占河段总长的71.3%,为相对稳定分汊河道。按其外形来说可以分为三种类型。一是顺直分汊型,各股汊道的河身都比较顺直,弯曲系数在1.0~1.2之间。汊道基本对称,江心洲有时不止一个,但多上下按顺序排列,如长江的南阳洲汊道和铁板洲汊道就是这种汊道的典型。二是微弯分汊型,在各支分汊河道中至少有一支弯曲系数较大(1.2~1.5),呈微弯形状。多数是两支简单的汊河如武汉下游的天兴洲汊道和牧鹅洲汊道都属于此类。三是鹅头分汊型。各股汊道中至少有一股弯曲系数很大,超过1.5,成为很弯曲或甚至鹅头状的形状,如洪湖市下游的陆溪口汊道(图7-19)。这种类型的江心洲河流多数具有两个或两个以上的江心洲,分成三支或三支以上的复式汊道,弯道的出口和直道的出口交角很大。鹅头型汊道在我国长江中下游是较为常见的。

1. 江心洲的形成与演变

相对稳定分汊河道中江心洲的形成一般有三种类型:一是泥沙落淤形成心滩,二是边滩切割分离出心滩,三是因水面开阔、入汇顶托等原因河势变缓而落淤的沙洲,被多条汊道切割形成多个江心洲,如图7-20和图7-21所示。

长江中下游各江心洲的轮廓在几百年的时间内能够维持稳定或缓慢地演变,是其河道相对均衡、稳定的重要标志,与游荡分汊型河流(如黄河)大不相同。长江口的崇明岛最早出露于公元7世纪,至清康熙20年(1681年)已形成东西长60km、南北宽20km的大岛,并奠定了崇明岛的基本轮廓。虽然河道的塑造是一个长期的过程,但特大洪水由于挟带泥沙多、漫滩后会引起较多淤积,其重要作用仍然很突出。如在长江中下游的1960年大洪水后,张家洲附近淤长形成了杨家洲。

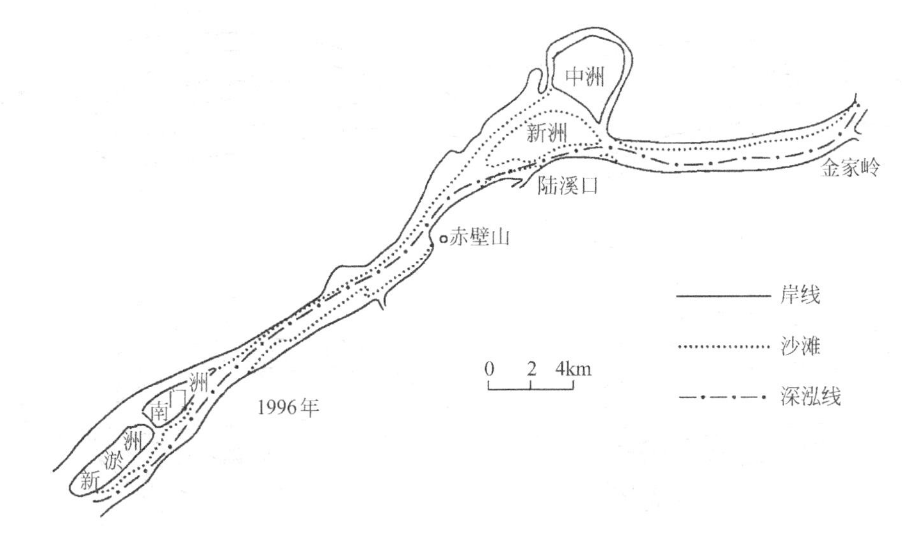

图7-19 长江中下游的鹅头型汊道

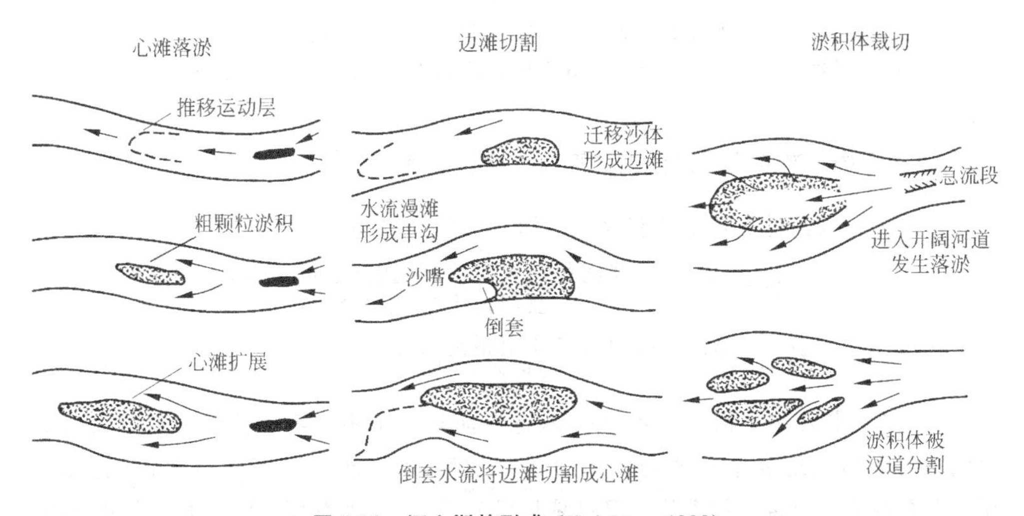

图7-20 江心洲的形成（Knighton,1998）

重点关注

1. 江心洲型河道的三种成因。

特大洪水容易切割边滩形成汊道和江心洲，团风汊道的人民洲和李家洲就是1954年的大洪水切割边滩形成的。大洪水通过以后，有些河段的平面外形也会发生很大变化，例如1860年洪水后，陆溪口汊道的弯曲率变大，1870年洪水后龙坪汊道由微弯向鹅头型汊道发展。

2. 典型的江心洲型汊道演变过程。

长江中下游的很多江心洲洲面上，可以看到由于漫洲洪水落淤的细颗粒泥沙在沙卵石河床上而形成的二元结构，洲面上的黏砂土覆盖层厚度可达2～6m，大大增强了其稳定性。例如嘉鱼的护县洲水面以上为6～8m厚的黄色砂壤土，水面以下为青灰色砂。鄂城以下的代家洲中上层为黄色黏土，下层近水部分为砂壤土。九江以下的张家洲(图7-21)已有200年以上的历史，就其土质剖面来说，水面上一层为细砂，以上5～6层为较黏的砂壤土。还有一些河流的江心洲是由卵石组成的，上面覆盖有不同厚度的砂，也有沉积黏土的，如长江的上荆江、湘江、赣江河道内一些江心洲。

3. 江心洲洲面上的“黏土-沙卵石”二元结构。

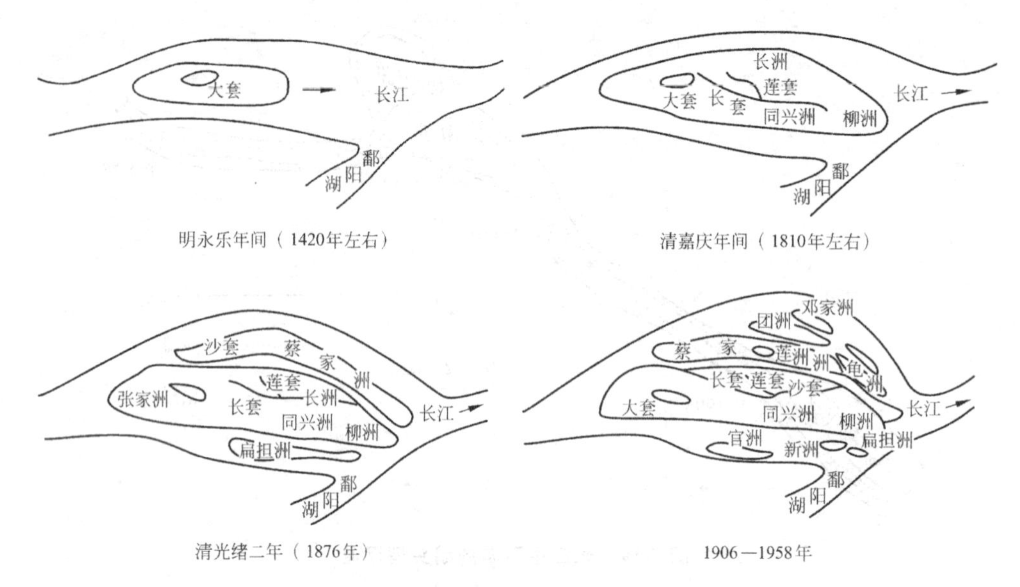

图 7-21 长江上鄱阳湖口处张家洲的演变

（中国科学院地理研究所. 1985. 长江中下游河道特性及其演变. 北京：科学出版社，175）

2. 长江中下游稳定分汊河道的形态与边界条件

常用的分汊河道定量指标有放宽率和分汊系数，其定义为

$$\text{汊河放宽率} = \frac{\text{汊河段最大宽度(包括江心洲宽度)}}{\text{汊河段上端狭段宽度}}$$

$$\text{分汊系数} = \frac{\text{汊河段各支汊道总长度}}{\text{汊河段直线长度}}$$

重点关注

1. 长江中下游分汊河道的定量指标，及其与河岸组成的关系。

表 7-4 是长江中下游河道的几何形态特征与河岸物质组成情况。其中 A_1、A_2 分别指河岸物质组成中粉沙与黏土含量之比和粉沙-沙与黏土含量之比，宽深比 $B^{1/2}/h$ 系指平滩流量下的数值。可见依照顺直分汊、微弯分汊、弯曲分汊的次序，河岸抗冲性逐渐减弱，宽浅程度有所增加。

表 7-4 长江中下游河道的几何形态特征与河岸物质组成

河型		河宽/m	水深/m	$\frac{\sqrt{B}}{h}$	平均长度/km	平均宽度/km	汊河段长宽比	平均江心洲数	平均汊道数	分汊系数	汊河最大弯曲系数	汊河放宽率	枯水位以上河岸物质组成	
													A_1	A_2
单流路	顺直型	1410	20.4	1.84	—	—	—	—	—	—	—	—	1.77	2.34
	单一弯道	1674	19.8	2.06	—	—	—	—	—	—	—	—	2.71	4.66
	弯曲型	1168	16.7	2.04	—	—	—	—	—	—	—	—	1.13	1.99
多流路	顺直	2251	13.4	3.55	18.6	3.5	5.4	1.0	2.0	2.18	1.08	2.27	1.77	2.79
	微弯	2354	13.1	3.70	18.8	5.5	3.4	1.3	2.3	2.53	1.27	4.24	2.31	4.11
	弯曲	3332	13.0	4.45	23.7	8.6	2.8	2.4	3.4	4.10	2.04	6.72	2.52	4.13

资料来源：中国科学院地理研究所. 1985. 长江中下游河道特性及其演变. 北京：科学出版社.

由表中可见，顺直分汊型河段形态较狭长，弯曲分汊型形态比较短宽，微弯分汊型则介于两者之间。由顺直到弯曲性河道，其边岸物质中黏粒的含量逐渐减少。

单流路河道的成因除较小的河岸可动性外，不同的地貌类型也有很大影响。当两岸均受山丘矶头的严格控制，或一岸有走向顺直的山丘连续分布时，对河势有较强的控制作用。对于长江中下游的汊河来说，它们都位于节点之间，其情况与弦振动相类似，节点距离越长，可达到的振幅也越大。汊河段最大可能摆幅取决于上、下节点间的距离，从而影响着汊河的平面形态。

7.4.2　游荡分汊型

游荡分汊型河流一般比较顺直，有两股或两股以上的汊道，纵向比降较陡，挟带的床沙质泥沙数量大，水文过程常为急涨急落型。边岸物质含黏粒少、抗冲性差。国际上一些地理学家倾向于用“braided”一词特指游荡分汊型河流，如图 7-2 所示。在横向形态上，游荡分汊型河流的宽深比高于单一流路弯曲型和相对稳定分汊型的河流。游荡分汊型虽然同样具有分汊的平面形态，但河道中沙洲的数量多、面积小，沙洲上的沉积物颗粒粗，植被稀少，在流量变化时，沙洲形态容易随之改变，整个外形显得十分散乱。河道中主流的位置经常迁徙变化，极不稳定，有时一场洪水即可改变其位置。汊道的弯曲率一般也要比相对稳定分汊型河流小。我国的黄河、永定河均属于这类河流，冰川沉积平原和半干旱地区的卵石河流也大多为游荡型河流。图 7-22 是钱宁、周文浩总结的黄河花园口河段 1932—1950 年期间的主流变化过程和 20 世纪 50 年代的典型河势。可见在不到 20 年的时间内，花园口河段主流线在控制节点之间呈弦振动状频繁迁徙，汊道凌乱，沙洲支离破碎。

游荡分汊型河流总的趋势比较顺直，弯曲系数仅略大于 1.0，一般都小于 1.3，例如黄河下游高村以上河段的弯曲系数是 1.15，永定河下游的弯曲系数为 1.18，渭河咸阳至径河口段的弯曲系数为 1.05，和一般单流路或稳定分汊的弯曲型河流的弯曲系数 1.5～2.5 相比小得多。弯道的演变仍遵守“小水坐弯，大水趋中”的规律，但由于冲淤变化快，流路弯曲系数对流量的响应极快。据 50 年代实测结果，在流量小于 $2000\mathrm{m}^3/\mathrm{s}$ 时，花园口主流的弯曲系数随着流量的减少迅速增加，可达 1.3 左右。而在接近平滩流量 $5000\mathrm{m}^3/\mathrm{s}$ 时，弯曲系数降低到 1.1 左右。在这个过程中，主流的方向变化很大，对防洪工程造成严重威胁。

分析与思考

1. 游荡分汊型河道的弯曲系数为什么比较小？

多沙的游荡分汊型河流的河道横断面十分宽浅。黄河下游和永定河下游在平滩流量下的宽深比 $B^{1/2}/h$ 都在 20～40 之间，相比之下长江荆江段弯曲型河流的 $B^{1/2}/h$ 值就只有2～4，相差达 10 倍左右。

为了区别游荡性河流和非游荡性河流，常常依据实测资料建立定量的判别方法，有时称为游荡指标。Leopold 和 Wolman 在 1957 年注意到游荡/分汊河流与弯曲性河流的坡降及流量往往具有不同的组合，对于流量相同的河流来说，坡降越陡，越易向分汊、游荡发展。对于同一坡降的河流来说，流量越小，越有可能保持弯曲的形状。从这一概念出发，Leopold 和 Wolman 点绘了近 50 条美国及印度河流的平滩

重点关注

1. 几种不同的游荡指标。

重点关注

1. 游荡分汊型河道的平面特性与演变特点。

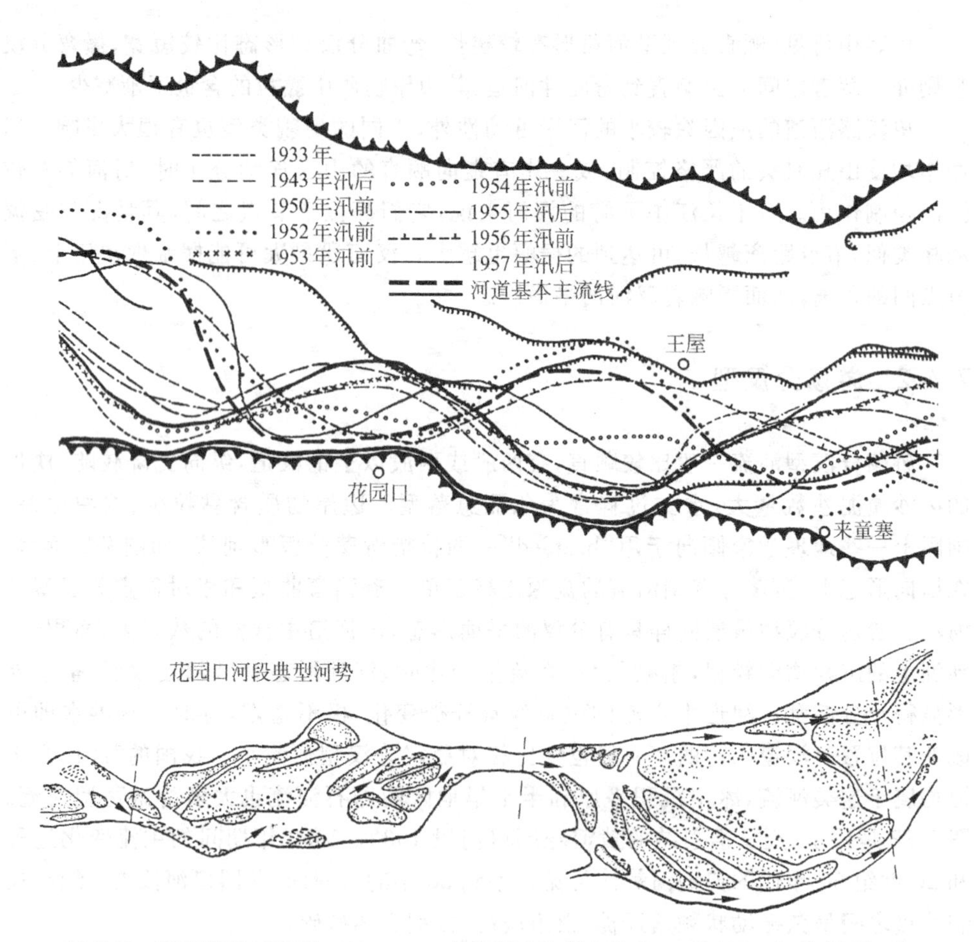

图 7-22 黄河花园口河段 1932—1950 年期间主流线变化和 20 世纪 50 年代典型河势

流量 Q 与河道比降 J 的关系,发现在双对数纸上的直线

$$J = 0.01Q^{-0.44} \tag{7-18}$$

把河流分为两个区域(图 7-23)。处于直线上方的是游荡/分汊河流,直线下方的是弯曲性河流,顺直河流横跨两区。钱宁将长江、黄河及海河水系等 10 条河流的资料点绘后,认为式(7-18)大致上可以用来作为判别游荡性与弯曲性河流的标准,但其中也有例外。

Parker 在 1976 年提出了把河道的比降、Froude 数、宽深比(B/h)等参数组合在一起的判别图,如图 7-24 所示。他认为双对数坐标下的直线

$$\frac{J}{Fr} = \frac{h}{B}$$

是区分顺直-弯曲河流与分汊-游荡河流的分界线。

上述的两种方法都没有考虑河床质粒径对河型的影响。Van den Berg 在 1995 年把单位河流功率和河床质中值粒径作为主要参数,对单流路弯曲河道和分汊河道进行了区分,如图 7-25 所示。

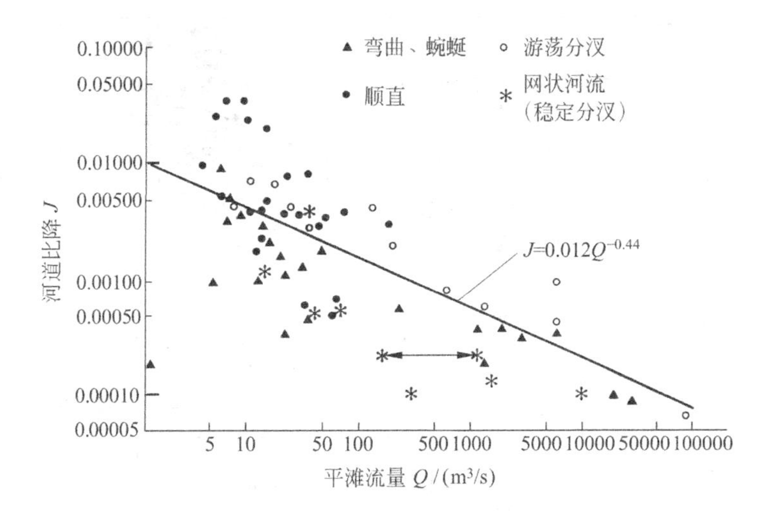

图 7-23　Leopold 和 Wolman 提出的河型区分方法

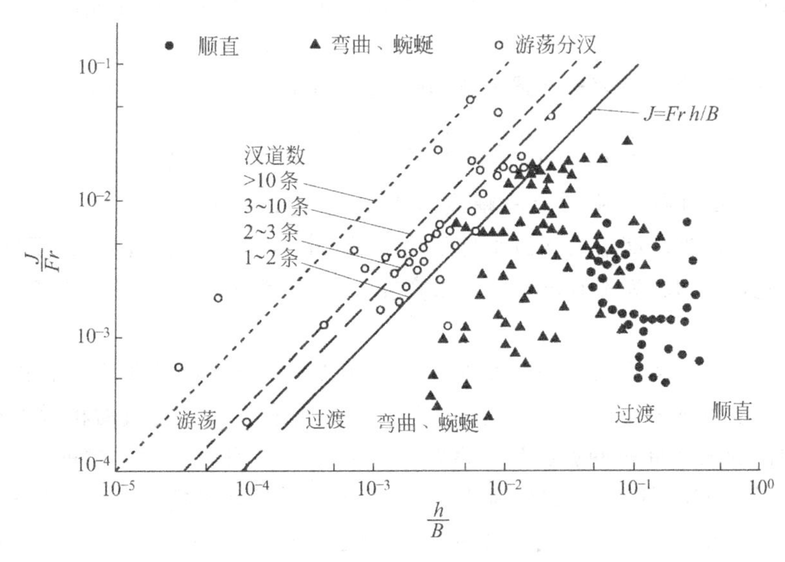

图 7-24　Parker 提出的河型区分方法

上述判别指标并没有特意区分“游荡分汊”和“相对稳定分汊”，所以还需针对我国多沙河流实际情况建立专门判别这两种情况的游荡指标。钱宁根据游荡性河道的成因分析，认为合理的游荡指标应包括下列流域因素。

分析与思考

1. 各种游荡指标的局限性是什么？合理的游荡指标应包括什么因素？

(1) 来水条件：包括流量变幅，洪峰涨落速度等，洪峰暴涨猛落可能增加河流的游荡性。

(2) 来沙条件：包括来沙量大小(相对于河槽挟沙能力而言)及其变幅、床沙质来量，流域来沙较粗和床沙质来量偏大都有可能是造成河流游荡的重要因素。

(3) 河床边界条件：包括较陡的比降或较大的河流功率、河床及滩岸泥沙的相对可冲刷性，天然及人为的约束等，较陡的比降或较大的河流功率、河岸组成物质具

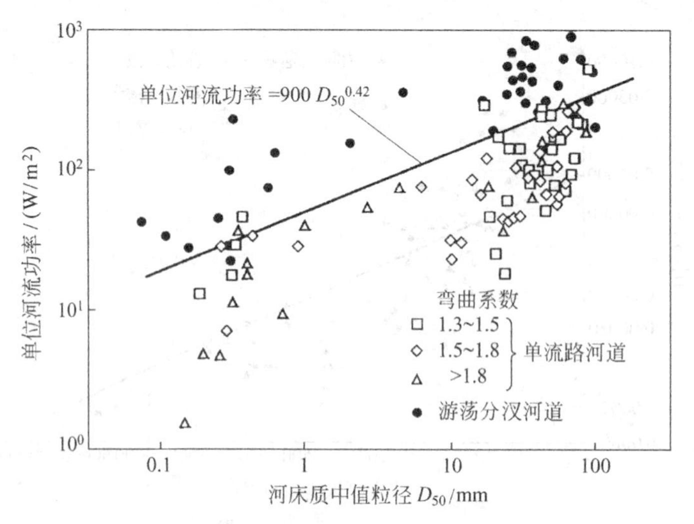

图 7-25 Van den Berg 提出的河型区分方法

有较小的抗冲性、床面物质易于运动、较差的植被条件等因素都促使河流朝游荡河型发展。

使用下列五个参量表达上述因素,并用它们建立和河流游荡性的关系:

$$\frac{\Delta Q}{TQ_n}, \quad \frac{Q_{\max}-Q_{\min}}{Q_{\max}+Q_{\min}}, \quad \frac{hJ}{D_{35}}, \quad \frac{B_{\max}}{B}, \quad \frac{B}{h}$$

其中,Q 为洪峰过程中流量上涨幅度,m^3/s;T 为洪峰历时,s;Q_n 为平滩流量,m^3/s;$Q_{\max}$、$Q_{\min}$为汛期最大和最小日平均流量,m^3/s;h、B 为平滩流量下的平均水深和水面宽,m;$B_{\max}$为稀有洪水的过水宽度,m;D_{35}为床沙组成中 35%重量较之为细的粒径,mm。

第一个参量代表洪峰上涨的相对速度;第二个参量表示汛期流量的相对变幅,它们与沙洲的发展和主流的摆动有关;第三个参量表示河床物质的相对可动性,间接反映河流的来沙量和冲淤幅度;第四个参量标志着河漫滩对主槽的相对约束程度,$B_{\max}$越大,河流可以摆动的范围就越大;第五个参量是河槽的宽深比 B/h,反映了河岸对主流摆动的约束性。钱宁采用黄河、延水、渭河、汾河、伊洛河、沁河、长江、永定河、大清河、南洋河等 10 条砂质河流上 31 个水文站的资料用多元回归方法得到了下列关系:

$$\left[\frac{\sum \Delta L}{BT}\right]^{2.58} = \left(\frac{\Delta Q}{0.5TQ_n}\right)\left(\frac{Q_{\max}-Q_{\min}}{Q_{\max}+Q_{\min}}\right)^{0.6}\left(\frac{hJ}{D_{35}}\right)^{0.6}\left(\frac{B_{\max}}{B}\right)^{0.3}\left(\frac{B}{h}\right)^{0.45} \tag{7-19}$$

其中,$\sum \Delta L$ 为洪峰过程中深泓线累积摆动的距离,m;$\sum \Delta L/(BT)$ 的涵义是河流相对游荡强度,它和五个参量之间的综合相关系数为 0.74。

若以参量的指数大小来表征其对河流游荡强度的影响,则以洪峰涨落速度影响为最大,其次为汛期流量变幅和河床可冲性,宽深比再次,两岸对河流约束性的作用为最小。式(7-19)等号右边的表达式称为游荡指标。上述资料点绘得到的相对游荡强度与游荡指标的关系见图 7-26。

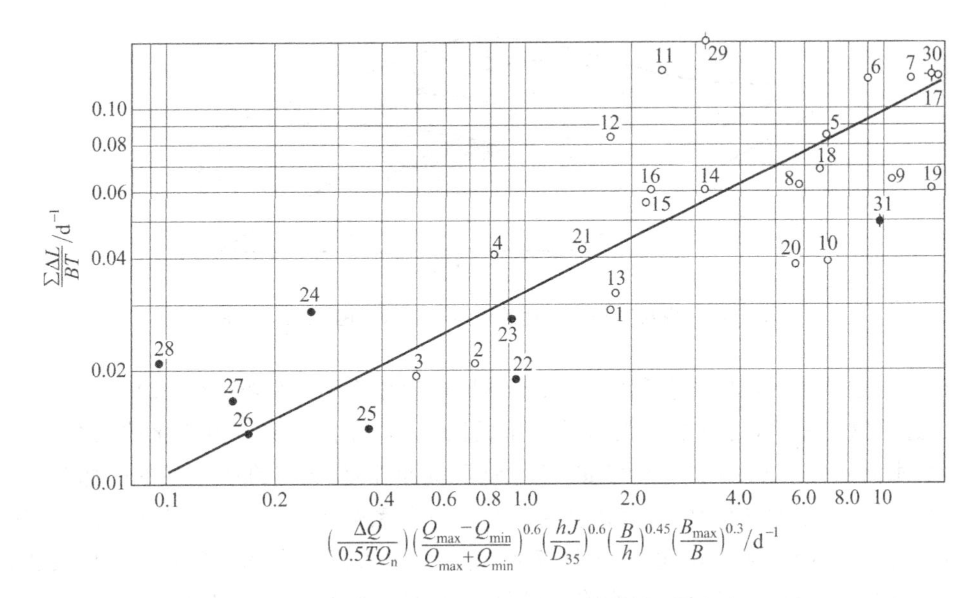

图 7-26　相对游荡强度与游荡指标的关系(钱宁、周文浩,1965)

(资料来源：点据 1～15—黄河干流；16—汾河；17—延水；18～19—渭河；20—沁河；21—伊洛河；22～28—长江干流；29—永定河；30—南洋河；31—大清河)

根据图中点群的分布位置和各水文站的河道特性,可以初步认为:

游荡指标>5,为游荡型河流;

游荡指标<2,为非游荡型河流;

游荡指标=2～5,为过渡型河流。

分析与思考

1. 如何根据游荡指标数值判断河型?

7.4.3　河型转换与控制变量的关系

对河型起控制作用的自变量,如水流功率、床沙质含沙量、边岸物质抗冲性等,如果发生逐渐的连续变化,则河型也应随之出现一个连续的渐变过程,如果仅仅把河型分成几个“离散”的大类,就无法真实说明河流的形态。为此,不少研究者提出,可用某种连续变量如弯曲系数等来描述河流形态,而借用数学中的灾变理论来解释河型的突变。

2. 为什么说河型应呈现一个连续的渐变过程?

这种理论常常用三维图形式的歧点突变面(cusp catastrophe surface)表示,其中两个坐标为自变量(常用水流功率和边岸物质抗冲性),垂向坐标为因变量(弯曲系数)。该曲面为系统在状态空间的平衡曲面,即此曲面上的系统处于系统能量的极小值(稳定平衡)或极大值(不稳定平衡)。该面上的褶皱表示地貌临界条件,相应的自变量域称为歧点区(bifurcation set),此区内同样的自变量值对应多个因变量值。即使自变量是逐渐变化的,但通过歧点区时,某些“路径”仍会引起因变量出现突变。这种理论实际上是综合了地质学中解释演变过程的两种基本学说,即灾变说(catastrophism)和均变说(uniformitarianism)。如图 7-27 所示,边岸抗冲性增强和水流功率减少会使河型逐渐从游荡分汊平滑转变为弯曲(图中路径 1)。但在同样的边岸抗冲性下增大水流功率,使

重点关注

1. 如何采用某种连续变量(如弯曲系数等)来描述河型的变化过程?

2. 如何描述河型的突变现象?

重点关注

1. 用包含歧点区的灾变曲面描述河型的突变现象。

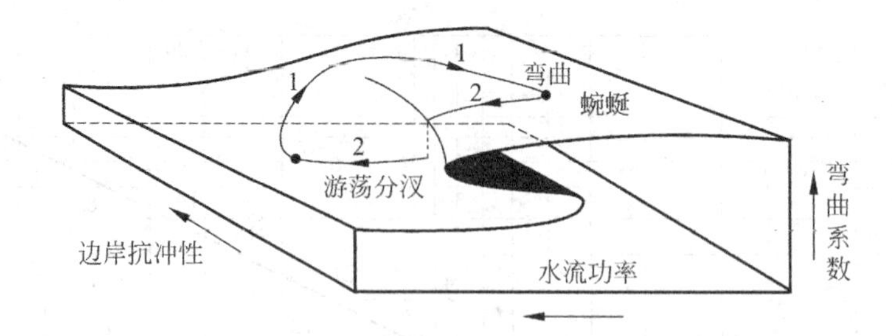

图 7-27 用灾变理论表达的河型转化示意图(Graf,1988)

因变量通过歧点区,则会使河型从蜿蜒突然剧烈变化为游荡分汊(路径2)。

遵循这一思路,可以给出类似的河型成因图解。例如,把河型变化的三个控制变量(水流功率 γQJ、床沙质含沙量、边岸物质抗冲性)作为三维坐标系的坐标轴,用曲面表示自变量的取值域,并将因变量结果用弯曲系数和河型表达,绘在曲面上,就可以得到拟4维的河型转化图,如图7-28所示。这实际上是图7-2的立体化表达,从中大致可看出三个控制变量影响下,河型变化趋势的各种可能组合。

利用图7-28作一概化的讨论,可将游荡分汊型河道可能的演变趋势分为三类:①当水流功率、床沙质含沙量均减少、边岸抗冲性增大时,河型可能从游荡分汊转化为稳定分汊、最后突变为蜿蜒型河道;②如果边岸抗冲性不变、只令水流功率和床沙质含沙量减少,则向着网状河流形态发展;③如果水流功率不变、令边岸抗冲性增大和床沙质含沙量减少,则向江心洲河型发展。反过来,对于蜿蜒河道来说,当边岸抗冲性降低、水流功率增大时,河道弯曲系数增大,但仍能够维持单一流路

2. 采用三个变量描述河型的变化过程,并包括河型的突变现象。

3. 来水来沙条件和边岸抗冲性改变可能引发的河型变化。

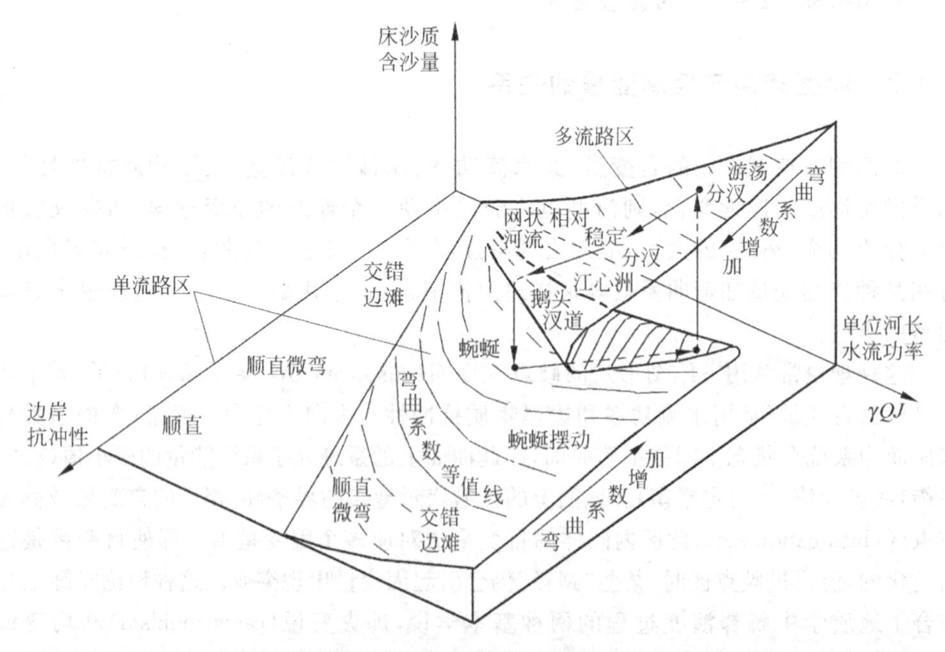

图 7-28 用三个控制变量和一个因变量表达的河型转换示意图

的蜿蜒摆动河型；如果床沙质含沙量也同时出现大幅增加，则会突变为游荡分汊型河流。

7.4.4 基于尖点突变模式的河型分类

肖毅等(2012)在建立基于尖点突变模式的河型分类理论时，所选取的第一主控变量和第二主控变量分别为

$$\phi_1 = \left(\frac{BJ^{0.2}}{Q^{0.5}}\right)^{\frac{1}{2}}, \quad \phi_2 = \left(\frac{(\gamma_s - \gamma)D_{50}}{\gamma h J}\right)^{\frac{1}{2}} \tag{7-20}$$

其中，ϕ_1 定义式括号内为 Алтунин 横向稳定性指标；B 表示河流现有宽度，m；Q 为该河流的造床流量，m^3/s；J 为该河流的水力比降。ϕ_1 是有量纲的数，计算时各物理量必须采用指定的单位。ϕ_2 定义式括号内为 Shield 数的倒数，用于河型稳定性研究时称 Орлов 纵向稳定性指标。ϕ_1 与 ϕ_2 组成的平面表示河型状态变化的条件，称为控制平面；而河流形态通常可通过弯曲系数反映，因此选取河流弯曲系数 L 作为其状态参量，表示河流形态特征。

选取了控制变量与状态参量之后，经坐标转换，可在坐标系(ϕ_1，ϕ_2，L)中得到平衡曲面方程如下：

$$\begin{aligned} f(L,\phi_1,\phi_2) &= (L - L')^3 + L(\phi_1\cos\theta - \phi_1') - \phi_2(\sec\theta - L\cos\theta) + L'^3 \\ &= 0 \end{aligned} \tag{7-21}$$

$$\theta = \arctan L' \tag{7-22}$$

其中，ϕ_1'、L'为河流达到平衡时的临界稳定指标。由该式可绘出尖点突变面，如图7-29所示。

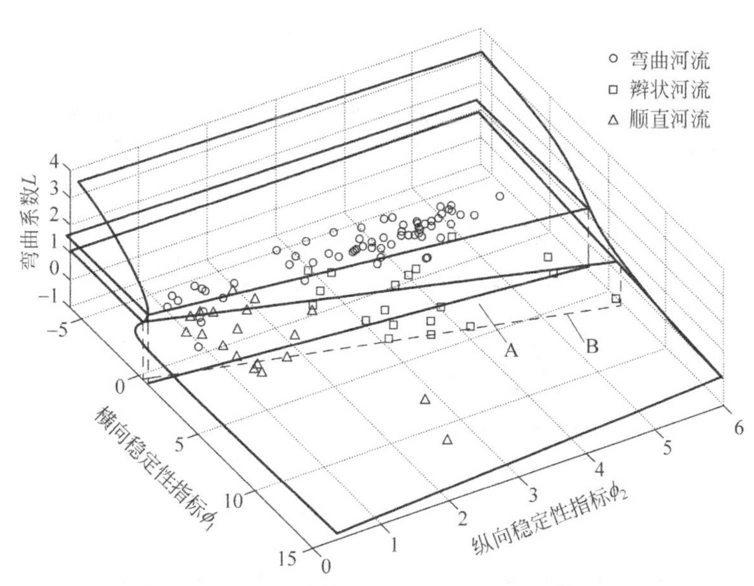

图7-29 以横向和纵向稳定性指标为主控变量得到的尖点突变面(肖毅等，2012)

根据河型状态参量弯曲系数 L 定义可知,当 $L=1$ 时,河型处于弯曲系数可达到的临界平衡状态下限;而当 $L=1.5$ 时,一般作为弯曲河型的界定点。在平衡曲面所在空间分别作 $L=1$ 和 $L=1.5$ 的平面(图 7-29),并将其代入方程(7-21)得到两条河型分区线(图 7-29 中的两条交线),其表达式分别为

当 $L=1$(曲线 B):

$$\phi_1-\phi_2=0,\quad 即\left(\frac{(\gamma_s-\gamma)D_{50}}{\gamma hJ}\right)^{\frac{1}{2}}=\left(\frac{BJ^{0.2}}{Q^{0.5}}\right)^{\frac{1}{2}}$$

当 $L=1.5$(曲线 A):

$$\phi_1-\frac{\phi_2}{3}=0.35,\quad 即\left(\frac{(\gamma_s-\gamma)D_{50}}{\gamma hJ}\right)^{\frac{1}{2}}=3\left(\frac{BJ^{0.2}}{Q^{0.5}}\right)^{\frac{1}{2}}-1.05$$

将上述两条交线和相关的中小型天然河流及实验小河资料都投影到控制参平面 ϕ_1-ϕ_2 上,如图 7-29 中所示,得到河型分区图 7-30。不同的河型点据被两条直线划分在不同的区域中,可看出存在下列关系:

弯曲型

$$\left(\frac{(\gamma_s-\gamma)D_{50}}{\gamma hJ}\right)^{\frac{1}{2}}>3\left(\frac{BJ^{0.2}}{Q^{0.5}}\right)^{\frac{1}{2}}-1.05 \tag{7-23}$$

过渡性辫状型

$$3\left(\frac{BJ^{0.2}}{Q^{0.5}}\right)^{\frac{1}{2}}-1.05>\left(\frac{(\gamma_s-\gamma)D_{50}}{\gamma hJ}\right)^{\frac{1}{2}}>\left(\frac{BJ^{0.2}}{Q^{0.5}}\right)^{\frac{1}{2}} \tag{7-24}$$

游荡型

$$\left(\frac{(\gamma_s-\gamma)D_{50}}{\gamma hJ}\right)^{\frac{1}{2}}<\left(\frac{BJ^{0.2}}{Q^{0.5}}\right)^{\frac{1}{2}} \tag{7-25}$$

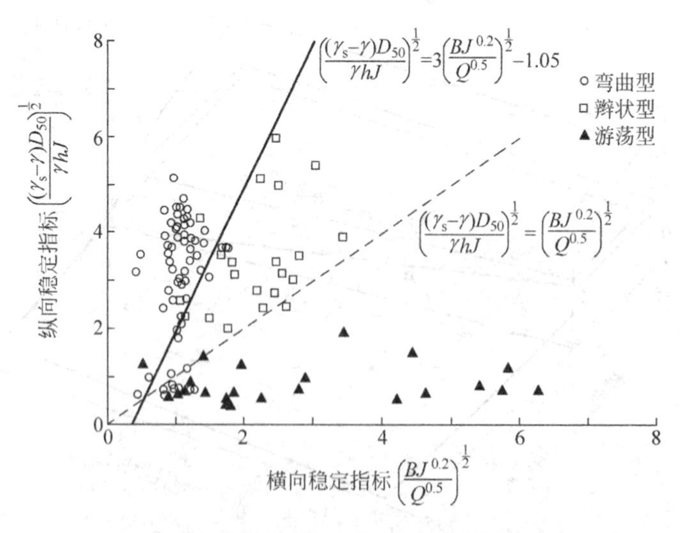

图 7-30 基于尖点突变模式的河型分类图(肖毅等,2012)

7.5　河流的纵剖面及其影响因素

河流的纵剖面形状一般都是下凹型，湿润地区的河流这一点更为明显，可以用指数型、对数型或幂函数型的曲线来描述。这是因为少沙河流越向下游水量越多而含沙量越小、泥沙越细，因而下游较小的比降有利于维持河道冲淤平衡。在干旱和半干旱地区也可以见到直线型和上凸型的河道纵剖面。

河道纵剖面的下凹度(concavity)有不同的计算方法，图7-31所示的是较简单的一种，其计算式为：下凹度$=2A/\Delta h$。其中，A为一半河道长度处，河底距纵剖面上下游端点连线的垂向距离；Δh为上下游端点总高差。显然用此法算出的下凹度是一个小于1的数值。

重点关注
1. 河道纵剖面下凹度的计算方法。

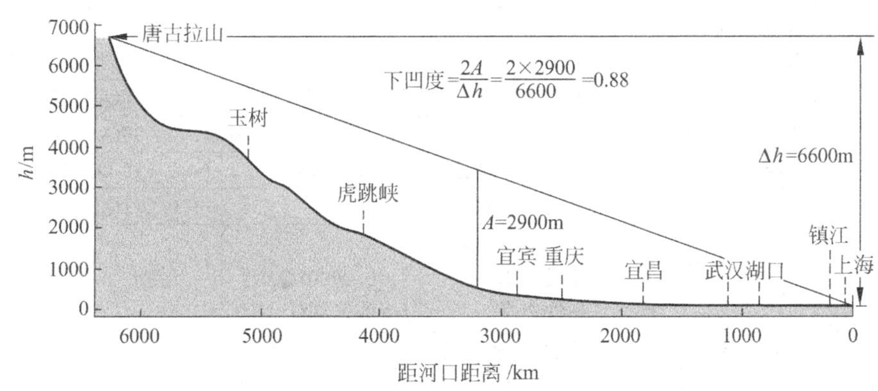

图7-31　长江河道纵剖面下凹度的一种计算方法

7.5.1　均衡纵剖面与泥沙输运特性

冲积河流的河道演变达到均衡后，泥沙粒径沿程的变化一般会与河流的水沙条件形成稳定关系。如果床沙粒径沿程很快减小，则河道纵剖面的下凹度就较大，或者说强烈下凹的河道纵剖面迫使床沙质粒径沿程迅速减小。通过数值计算，可以给出不同的泥沙输运状况下最终形成的河道纵剖面形状。

2. 来水来沙条件与河道纵剖面形状的关系。

1987年Snow和Slingerland的数值计算结果表明，指数型、对数型或幂函数型的曲线适用情况分别是：①如果河道内流量和含沙量的沿程增加是河道演变的主要控制因素，则河道纵剖面最适宜用幂函数型曲线描述；②如果床沙质粒径沿程迅速减小，对数型曲线最接近其河道纵剖面；③床沙质粒径沿程减小且输沙量很低、其他因素沿程不变时，适宜用指数型曲线描述河道纵剖面。Morris和Williams在1997年用数值计算的方法也证明，对于横向入汇不多、床沙质含沙量较小的情况，由于泥沙颗粒的沿程磨损和水力分选，河流的纵剖面最后将形成指数曲线的形状。

如果河道的比降处处已知，其纵剖面也就随之确定了，因为河道纵剖面可以通过对比降积分而得。因此可把比降作为主要研究对象。一方面，比降是河道演变中的关键因素，比降的沿程变化可以看作是冲积河流为实现均衡状态而自我调整的结果。另一方面，水利工程中设计冲淤平衡人工渠道时，也要求在给定流量、床沙粒径(边岸物质成分)的条件下，确定合理的断面形状、渠道比降，有不少研究工作致力于提出比降与水力因子和泥沙输运特性的关系。这种研究一般都把平滩流量、泥沙粒径、输沙率等作为自变量，而把比降作为因变量。研究对象以卵砾石河流居多，也有个别涉及沙质河岸和含黏粒的河岸物质，如表7-5所示。

重点关注

1. 来水来沙条件与河道纵剖面形状关系的定量表达式。

表7-5 均衡河(渠)道的比降与泥沙输运的经验关系式

项目	作者	地点/推导条件	单一自变量	多个自变量
卵石河床	Kellerhals,1967	加拿大西部		$J=0.086Q_3^{-0.40}D_{90}^{0.92}$
	Li等,1976		$J\propto Q_b^{-0.40}$	
	Charlton等,1978	英国		$J=0.40Q_b^{-0.42}D_{65}^{1.38}D_{90}^{-0.24}$
	Bray,1982	加拿大西部	$J=0.011Q_2^{-0.34}$	$J=0.060Q_2^{-0.33}D_{50}^{0.59}$
	Hey & Thorne,1986	英国		$J=0.096Q_b^{-0.31}D_{50}^{0.71}$
	Parker,1979	动量传递理论	$J=0.233Q_{b*}^{-0.41}$	$J\approx0.395\ Q_b^{-0.41}D_{50}^{1.02}$
沙质河床	Lacey,1929	印度人工渠道		$J=0.211Q_b^{-0.17}D_{50}^{0.83}$
	Simons & Albertson,1963	印度和美国渠道 沙质边岸 黏性边岸	 $J=0.00007Q^{-0.30}$ $J=0.0026Q^{-0.30}$	
	Rundquist,1975	沙质、砾质床面	$J=0.0032Q_b^{-0.30}$	$J=0.002Q_b^{-0.25}D_{50}^{0.36}$
	C. T. Алтунин	中亚河流	$J=0.000085D_{50}^{1.10}$	
	H. И. Маккавеев	俄罗斯河流	$J=0.025Q_d^{-0.43}$	
	长江水利委员会	荆江	$J=0.0025D_{50}^{2.38}$	
粉沙	钱宁	黄河干支流	$J=0.0041D_{50}^{1.30}$	

注：Q_b为平滩流量；Q_d为造床流量；Q_{b*}为无量纲平滩流量；Q_2、Q_3为重现期为2年、3年的流量。

7.5.2 纵剖面的调整

2. 引发河道纵剖面调整的主要原因。

在准衡时段上(数百年内)，如果来水来沙条件比较稳定，则河道纵剖面(或者沿程各处的河道比降)也应当是稳定不变的。若河流的上游流量、来沙量(sediment supply)或下游的侵蚀基准面发生变化，河道演变的均衡状态就会被破坏，引起河流调整其纵剖面，以适应新的条件、重新达到均衡。例如突发的灾害事件引起的来水量增加(特大洪水)、地震或火山爆发引起的泥沙输运增加等均会使原已均衡的河道纵剖面发生变化，而人类的河流工程建设(拦河大坝、水库)也迫使河道纵剖面作出响应。调整河道纵剖面与调整沿程比降是同一个过程。比降的调整可以通过河床的沿程冲刷、淤积或流路弯曲程度的变化等形式来完成，这几种形式的调整可能共同发生，也可能单独发生。

地貌变化过程中的夷平作用使得在地貌学时间尺度(数万年、数十万年)上,全河道纵剖面的比降总的来说有变缓的趋势。在上游比降较陡的河段,河床发生沿程冲刷,泥沙输运至下游后,从比降最缓处(河口、水库库尾)发生溯源淤积,例如图 7-32(a)所示的新西兰的 Waimakariri 河纵剖面的长期变化趋势。图 7-32(b)所示为美国加州北部 Eel 河 1964 年大洪水造成的河道纵剖面变化,可见该次大洪水在短时间内将这种变化趋势强化了。

重点关注

1. 一般情况下,全河道纵剖面的比降有变缓的趋势。
2. 流域产沙量突然增加引发河道纵剖面比降变陡。

在均衡河流上修建水库,一般会使库内产生三角洲淤积、上游回水区出现溯源淤积、下游出现沿程冲刷。另一方面,在流量不变的情况下若流域产沙量突然增

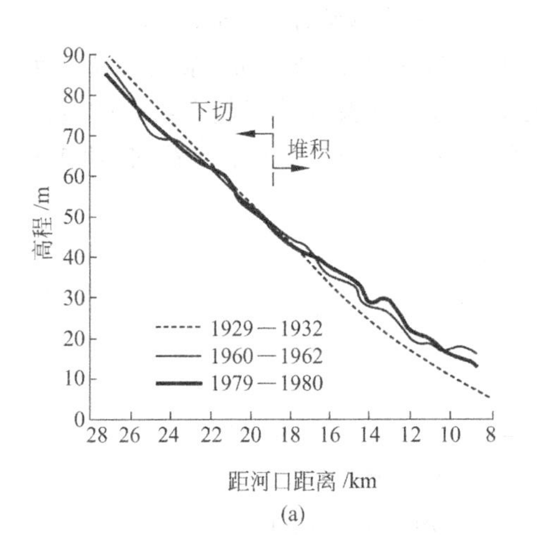

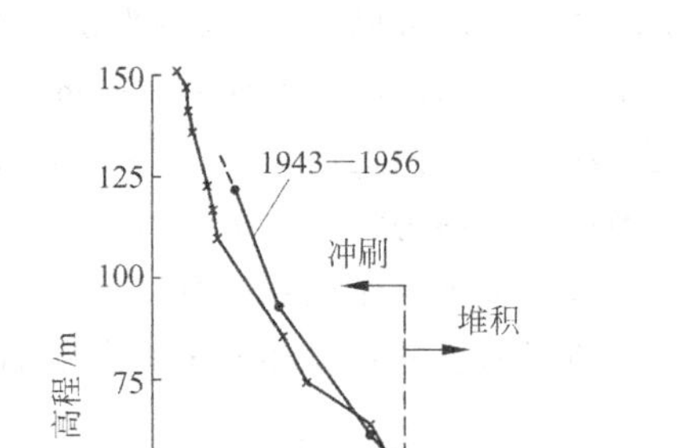
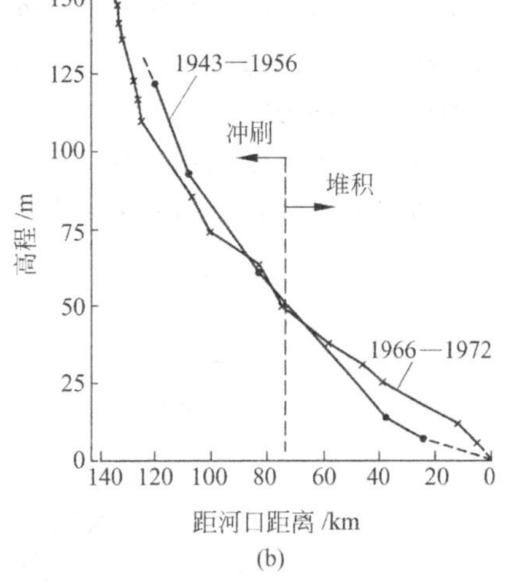

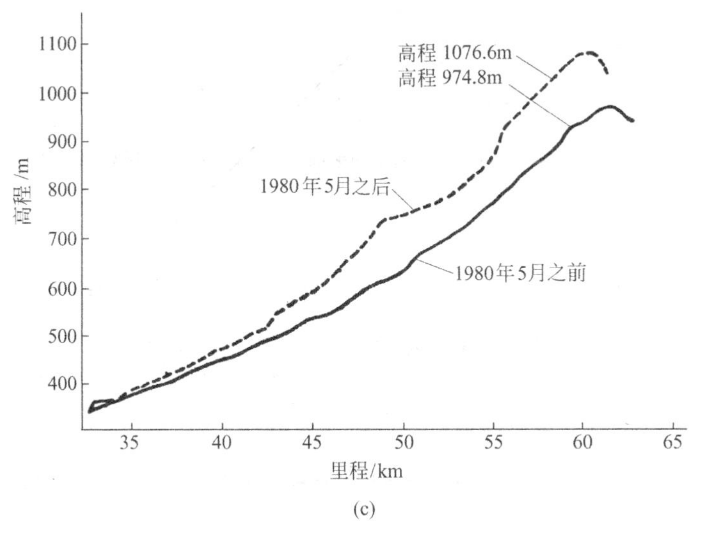

图 7-32　河道纵剖面中的沿程冲刷、溯源淤积和沿程淤积

(a) Waimakariri 河(Wilson,1985);(b) Eel 河(Patrick 等,1982);

(c) 美国 St. Helens 火山爆发引起的 Toutle 河沿程淤积(钱宁等,1987)

加,超过现有河流的输运能力,则会发生沿程淤积。美国华盛顿州 St. Helens 火山于1980年5月爆发后,引发泥流(mudflow)大量进入 Toutle 河,造成了该河在泥沙汇入点以下的沿程淤积,如图7-32(c)所示。

我国的多沙河流黄河,其下游一直处于堆积状态。为了维持输水输沙所必须的比降,在河道不断向渤海延长的过程中,黄河河床也逐渐溯源淤积抬高。根据京广铁路桥附近的地面高程(海拔90m左右)估算,在地质历史时期,没有固定堤防、不断改道和摆动的情况下,黄河河道抬升的速度大致是每年1cm。

在有固定堤防但不断发生河道决口的情况下,每次决口都产生一次沿决溢处向上的河道溯源冲刷,因此长期来说河床的抬升降低速度较低。据张仁和谢树楠对明清年间黄河南流河道的研究,在660多年中,该河道向黄海延伸了180km,东坝头到废黄河口间的河道抬高了17～18m,平均每年堆积升高2.5～2.7cm,东坝头以上河段堆积升高约为每年1.7cm。图7-33是以河南兰考东坝头为共同起点绘制的黄河故道和现今黄河滩地纵剖面。黄河故道行水的时间(660年)长于现代黄河(约150年),所以河道的长度和河床的高度都大于现代黄河。

重点关注

1. 河口延伸引起黄河下游全河道纵剖面的沿程均匀抬升。

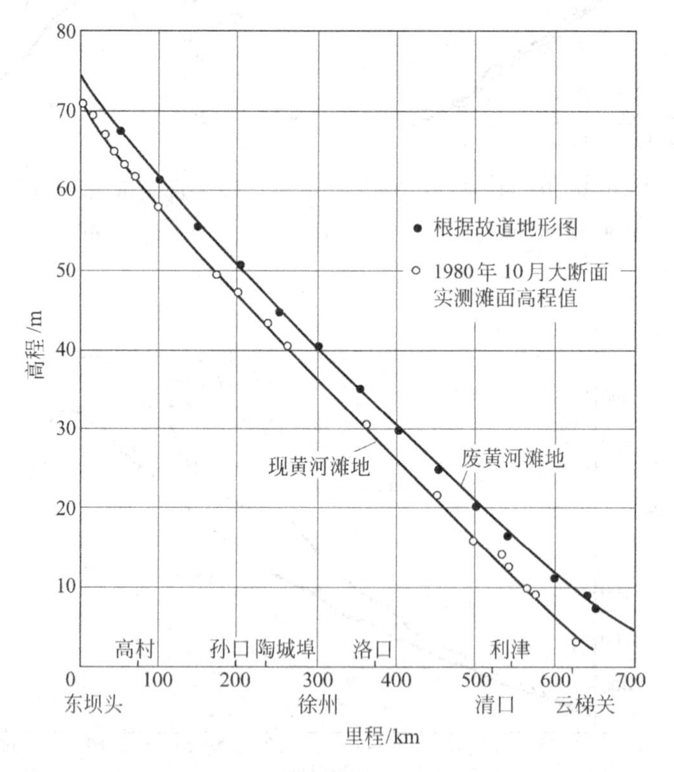

图7-33 黄河下游现河道与故道滩地高程对比(张仁、谢树楠,1985)

由于堤防的加固,黄河至今已经有50年未发生过决口,从河道演变的角度看,已经迫使泥沙堆积的范围缩小到两堤之内和狭窄的河口地区。因此这一期间河道的延伸速度和河床抬升速度之大是空前的。据1952年到1975年间23年的统计,由于泥沙在河口地区的堆积,所成的新增陆地超过1000km^2,黄河下游各水文站

$3000m^3/s$的水位在此期间抬高了0.59～1.87m。每年抬升的速度除花园口断面较小外，其他断面都达到每年7～8cm，具有沿程均匀抬升的特点。考虑到在此期间，三门峡水库的修建还起了减少来沙的作用，可以推测在天然来沙条件下，黄河下游河床抬高的速度还要更快一些。

7.6　河道横向变形及河型转化过程的数值模拟

图6-2所示的采用概化小河实体模型来研究河型转化过程的室内试验，其优点是可以直观地看到概化条件下各种河型的形成过程、探讨来水来沙或边岸抗冲性等条件对最终河型的影响，其核心问题是如何确定实体模型的水流泥沙运动、河床变形等方面的种种相似比尺或概化条件等。若采用数值模拟方法，在计算机上研究概化河流的河型转化过程，则其优点是可以在接近原型的尺度上定量地得到各种河型的形成过程、获得来水来沙或边岸抗冲性等条件对最终河型的影响，其核心问题是需要识别出河道横向变形和河型转化过程中的关键机理(例如，崩岸过程、崩岸产生的泥沙参与造床或随水流下泄的过程等)。所建立的数值模型必须既能准确解算流动结构、泥沙的悬移和推移输运、河床冲淤及变形等过程，又能较好模拟河型形成过程中的相应关键机理，从而较真实地重现河型转化的过程，定量地探讨短期内不同水沙、动力条件及边岸抗冲性的变化对河型转化过程的影响(周刚等，2010a)。图7-34所示即为数值模拟得到的在均匀床沙粒径$D=0.1mm$、恒定来流流量$Q=300m^3/s$、恒定含沙量$S=3.0\ kg/m^3$等条件下，一条长10km的概化河道在250天内由初始的顺直形态发展为游荡散乱形态的过程(周刚等，2010b)。与Friedkin(1945)的一些室内试验类似，数值模型中也需要在入口处预设一个弯道，以便在初始时刻河道为顺直状的模型小河中诱发横向变形。数值模拟的优点是可以对原型尺度的概化河道进行研究，例如图7-34中的计算区域为长10km、宽2km、历时250天，而这样大规模的实体模型试验是很不容易实现的。由图7-34可见，当入口含沙量较大时，水流挟沙力与含沙量不相适应，导致河床堆积抬高，进而分汊、游荡，始终没有形成一条单一的河道深泓线，这与人们在天然河流上多年观测所得到的实际经验是符合的。

对于不同的初始条件和边界条件，数值模拟得到的河道最终形态也表现出明显差异(图7-35)，反映出工程时间尺度上水流泥沙条件对河型的决定性影响。例如，计算结果表明，若入口处流量增大，相当于河流功率增大、河道水流挟沙能力增加。此时上游河段因入口处来沙小于本段挟沙力而出现冲刷下切，为下游段提供了泥沙补给；下游河段因获得上游段的补给而减小了本段的下切程度，甚至出现个别部位的淤积抬高。最终全河段的比降整体上调平，下游部分泥沙堆积、出现分汊或江心洲型河道，如图7-35(a)所示。又例如，对比图7-35(b)、(c)两图可见，增加河岸稳定性对抑制河道向宽浅分汊型转化的效果是显而易见的。初始河床比降越大，则河道越容易向分汊或江心洲型发展，如图7-35(b)、(d)所示。可见，对于所研究的时间尺度来说，数值模拟能够从过程机理的角度定量地解释来水来沙与最终河型的因果关

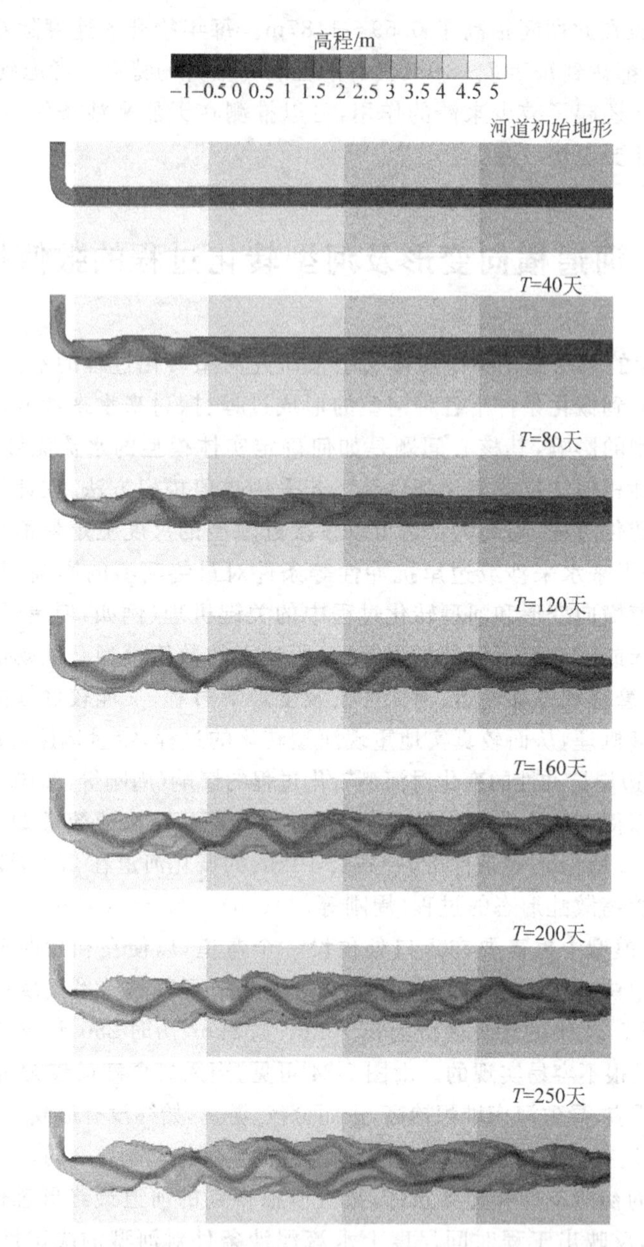

图 7-34　含沙量 $S=3kg/m^3$ 时,模型小河向游荡散乱形态发展的过程(周刚等,2010b)

系,其模拟结果在定性上也符合经典理论和以往的试验研究所指出的趋势。水沙动力学和河床变形数学模型具有从过程机理角度上反映河道演变一般趋势的作用。

由于数值模拟方法能够提供河道横向变形过程中的定量细节,因而河型转化的数值模拟方法在实际工程中有较好的应用前景。例如,在研究重点河弯处的河势变化细节时,可采用三维水流泥沙模型,结合二元河岸崩岸模型进行模拟研究,以便较准确地模拟存在弯道次生流动结构的情况下,悬移和推移泥沙的运动过程及其对河道横向变形的影响(假冬冬等,2010)。

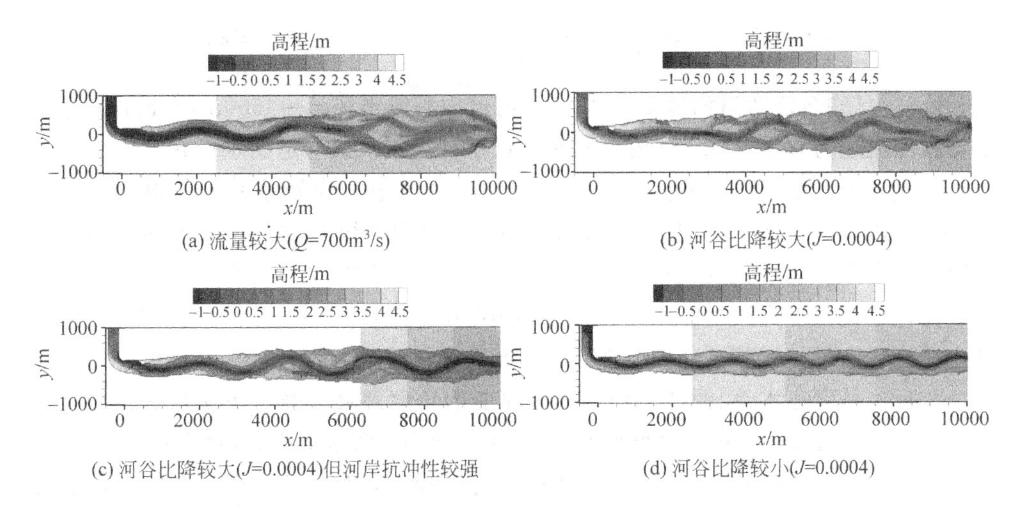

图 7-35　不同条件下，模拟得到的 250 天后模型小河最终形态（周刚等，2010b）

习　　题

7.1　判断下述说法是否正确，并给出理由和根据："流域来沙量较大的河流，其河道将发生堆积抬高，形成散乱游荡的河型"。

7.2　试说明同一条河流在上、中、下游会出现不同河型的原因。

7.3　出现散乱游荡型河道的关键条件是什么？河流向弯曲型发展的关键条件是什么？

7.4　试分析：上游的来水量不变，但因修建水库使而来沙量减小后，下游河道的平面形态最有可能发展成何种河型？不同的下游河道边界可动性对河型发展有何影响？

7.5　长江中游某河段 A 水面比降为 3/10000，流量为 3.4 万 m^3/s，求该河段的单位河长水流功率。长江上游某山区河段 B，水面比降为 0.0034，流量为 $3000m^3/s$，该河段的单位河长水流功率为多大？设水流在河段 B 中能够输运的推移质泥沙质量为 W(kg/s)且粒径沿程不变，试分析这些泥沙能否被河段 A 中的水流全部输运到下游？

7.6　在河流自我调整过程中，为什么在同一河段上，低水流能态的宽浅型（浅滩）河道和高水流能态的窄深型（深潭）河道都能够稳定存在？

7.7　试证明杨志达的单位时间河流功率最小假说可表达为下式：

$$UJ = \frac{Q^{0.4}J^{1.3}}{n^{0.6}B^{0.4}} = \text{minimum}$$

7.8　已知下列河相关系式：

$$B = aQ^b,\quad h = cQ^f,\quad U = kQ^m$$

试证明下式成立：

$$\left[\left(\frac{\Delta B}{B}\right)^2+\left(\frac{\Delta h}{h}\right)^2+\left(\frac{\Delta U}{U}\right)^2\right]=(b^2+f^2+m^2)\left(\frac{\Delta Q}{Q}\right)^2$$

7.9 已知缓流弯道河宽$B=1000\text{m}$,河道中心线半径$r_c=4500\text{m}$,弯道顶点断面平均纵向流速为$U=2.1\text{m}$,试按水面超高近似计算式求该弯道的水面超高。

7.10 上题中,Manning系数为$n=0.02$,河道中心线处垂线平均纵向流速为2.5m/s,水深$H=35.0\text{m}$,试求:(1)河道中心线处的垂线上,水面处及河底处的横向流速各为多少?(2)河道中心线处底边界上的横向剪切应力τ_{0r}为多大?

7.11 比较下列河型的相对稳定性大小,并排序:(1)单流路河流的顺直型、交错边滩型、蜿蜒摆动型;(2)多流路河流的游荡分汊型、网状河流、江心洲型。

7.12 从弯道水流、泥沙运动和河床演变的角度解释在黄河下游广为流传的说法:"小水坐弯、大水趋中";"小水上提、大水下挫";"涨水下挫、落水上提"。

7.13 试分析在边滩切割分离出心滩的过程中,"倒套"现象发生的水动力学原因。

7.14 某河流上游干流修建大型枢纽并蓄水运用后,水库下泄清水。在坝下游距坝较近的河段A内,床沙质来量突然减小,水流处于从近似清水到饱和含沙的含沙量恢复过程。而在坝下游距坝较远的河段B内,因天然水力坡降较小、而上游河床冲起的泥沙较粗,因此床沙质来量将突然增大。若天然条件下A、B两河段均为稳定分汊河道,试分析水库下泄清水后A、B两河段河型的变化趋势,及对防洪、航运可能带来的问题。

7.15 试论述И. А. Розовский弯道流动理论的局限性。

7.16 试根据7.6节中给出的数值模拟结果,分析河谷比降不变,但流量增大或边岸抗冲性增强后的河型转化趋势。

7.17 平原冲积河流和山区下切河流中都会出现弯曲河道。试从弯道成因、河道横向摆动速度、水沙条件在河道摆动过程所起的作用,所形成的地貌与生态景观等方面来论述两者的异同。

第8章 数字河流

充分利用科技发展的最新成果和海量的水利信息，在以计算机和网络技术为基础的系统上构建信息采集、传输和储存的基础信息平台；开发各类数学模型，构建专业服务平台，研究河流的演变规律和发展趋势；在虚拟仿真的场景下构建决策支持平台，为河流综合开发治理和水资源可持续利用的决策提供科学依据。以原型观测信息为依据，用数字化手段再现、复演和预报流域和河流的历史、现状和未来的相关问题，称为数字河流。

重点关注

1. “数字河流”的涵义。

8.1 数字河流的概念与框架

8.1.1 数字河流的内涵与意义

随着以“3S”技术为代表的空间信息处理技术的日益发展和完善，同时也为了适应河流综合开发治理和水资源可持续利用的需要，近年来，许多研究者纷纷提出“数字流域”的概念。数字流域是从数字地球这一概念演化而来的。“数字地球”是以地理坐标为依据的、具有多分辨率海量数据的、可多维显示和表达的虚拟系统。数字地球是人类以数字的形式再现的地球场，是信息化的地球，它包括地球信息的获取、处理、传输、存储管理、检索、决策分析表达等内容。数字地球的核心思想就是用数字化手段处理整个地球的自然和社会活动诸方面的问题，最大限度地利用资源，并使公众能够通过一定方式方便地获得所想了解的有关地球的信息；其特点是嵌入海量地理数据，实现对地球的多分辨率和三维描述。例如，Google公司推出的Google Earth平台(图8-1)和美国宇航局(NASA)的World Wind平台都属于数字地球平台的具体展现。通俗地说，数字地球就是用数字的手法将地球、地球上的活动及整个地球环境的时空变化装入计算机中，并实现网上流通，最大限度地为人类的生存、可持续发展和日常的工作、学习、生活和娱乐服务。严格地讲，数字地球是以计算机技术、多媒体技术和大规模存储技术为基础，以宽带网络为纽带，

2. “数字地球”所采用的技术手段。

运用海量地球信息对地球进行多分辨率、多尺度、多时空和多种类的三维描述系统，人们可利用它作为工具来支持和改善人类的活动和生活质量。

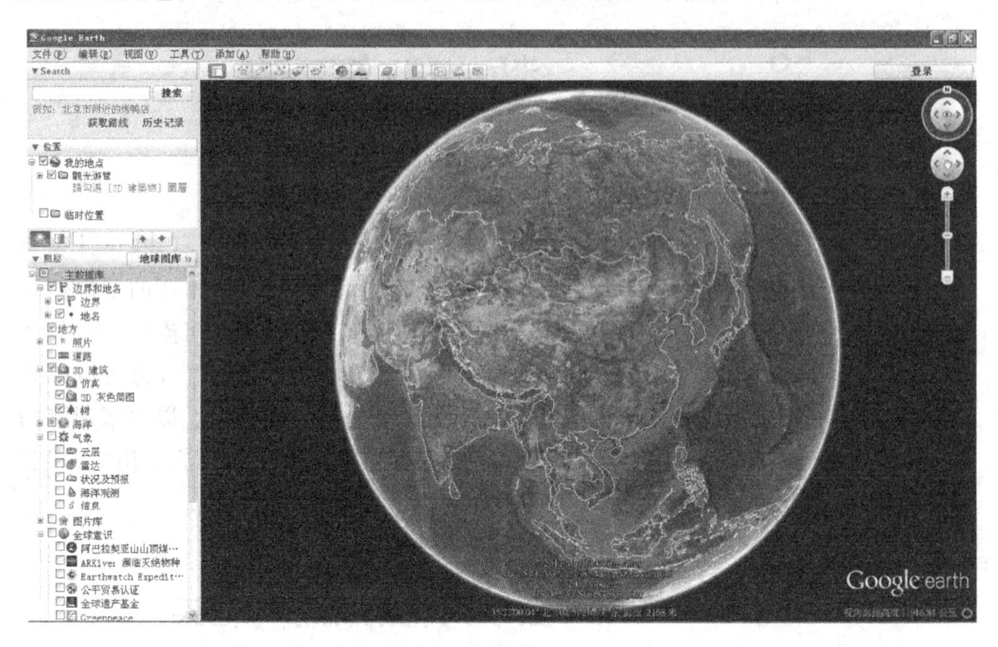

图 8-1 Google Earth 平台

数字地球概念的提出是信息技术高度综合发展的必然。数字地球概念在很多领域产生了广泛影响，衍生了数字城市、数字流域等许多概念。

数字流域是以地理空间数据为基础、具有多维显示和表达流域状况的虚拟流域，是在数字地球的概念下更专业化的数字系统。使用地理数字模型，对采集到的流域地理数据进行分析、运算、过滤和重组，并进一步把人工智能引入数字流域，组成各个专题的“高级决策系统”，最终发展为数字流域所需的“高级决策系统”，实现流域范围内各种事件的虚拟仿真。广义的数字流域，就是综合运用遥感(remote sensing，RS)、地理信息系统(geographic information system，GIS)、全球定位系统(global positioning system，GPS)、虚拟现实(virtual reality，VR)、网络和超媒体等现代高新技术，对全流域的地理环境、基础设施、自然资源、人文景观、生态环境、人口分布、社会和经济状态等各种信息进行数字化采集与存储、动态监测与处理、深层融合与挖掘、综合管理与传输分发，构建全流域可视化的基础信息平台和三维立体模型，建立开发各级政府部门的专业应用模型库和规则库及其相应的应用系统，实现全流域各类信息的可视化查询、显示和输出，将整个流域在计算机上虚拟再现，为各级政府主管部门对全流域的综合规划、设计、建设、管理和服务等提供辅助决策依据和手段，为社会公众提供关于流域信息服务，是一个大型系统工程(张秋文等，2001)。狭义的数字流域是以地理空间数据为基础，具有多维显示和表达流域状况的虚拟流域，是数字地球的重要组成部分(张勇传等，2001)。

重点关注

1. “数字流域”的定义与作用。

广义地讲，“数字河流”可以看作是“数字流域”的另一种说法，二者具有相同的概念和内涵；狭义而言，“数字河流”属于“数字流域”的一个部分，更注重于对河流综合开发治理的研究。数字河流是借助数字摄影测量、遥测、遥感、地理信息系统和全球定位系统等现代化手段及传统手段采集基础数据，通过微波、超短波、光缆、卫星等快捷传输方式，对河流及其相关地区的自然、经济、社会等要素构建一体化的数字集成平台和虚拟环境，在这一平台和环境中，以功能强大的应用软件系统与数学模型对河流治理开发和管理的各种方案进行模拟、分析和研究，并在可视化的条件下提供决策支持，增强决策的科学性和预见性。数字河流可以作为原型河流的虚拟对照体，即通过全数字化数据库平台的构建，建立河流流域及其相关地区的数字化研究环境，通过数学模拟系统对河流治理开发和管理的各种方案进行模拟、分析和研究。通俗地讲，数字河流就是把河流装进计算机，从而可方便地模拟、分析和研究河流的自然现象，探索其内在规律，为河流治理、开发和管理的各种方案决策提供科学技术支持。

数字河流的基本特征可概括为：

(1) 空间化：高精度的定点、定位。

(2) 数字化：对信息的数字化便于量化处理。

(3) 网络化：实现信息资源的共享与合理利用，实现互操作。

(4) 智能化：应用 3S 技术和模拟方法进行分析研究，提供决策支持。

(5) 可视化：在信息资源的输入、处理和输出等方面实现可视化仿真。

重点关注

1. “数字河流”的定义与基本特征。

数字河流的建立，可以实现人类与流域环境之间关系的精准的、定量的和数字化的描述，通过网络和通信协议，使它具有类似互联网的互操作性，实现对流域地理数据或信息的共享。数字河流还能演绎流域的地形、土壤类型、气候、植被和土地利用变化数据，应用空间分析与虚拟现实技术，模拟人类活动对生产和环境的影响，制定可持续发展对策。数字河流可用于防洪减灾、防汛调度、水资源及流域环境质量控制与管理、土地利用动态变化、资源调查和环境保护等方面，可对重大决策实行数字仿真预演，为流域的可持续发展提供全面、高质量的服务。具体到河流研究，“数字河流”的功能及其与“原型河流”和实验室中的“模型河流”三者的相互关系如图 8-2 所示(李国英，2001)。

2. 数字河流与原型河流、模型河流的关系。

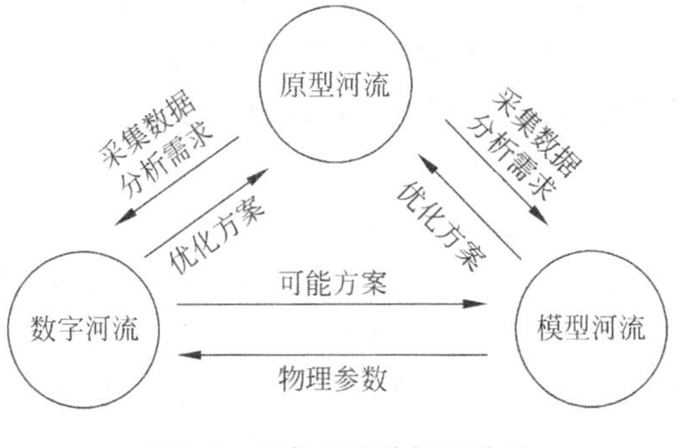

图 8-2　三条河流的相互关系

“原型河流”是自然界中的河流，是治理开发和管理的对象，治理的最终目标是维持河流健康生命，促进河流与经济社会的和谐发展。为实现“原型河流”的治理目标，必须借助现代科技手段，特别是高科技手段，及时准确地掌握和预测河流不断出现的新情况，通过广泛深入的科学研究和实践，解决好河流治理开发与管理中的一系列重大问题。

“数字河流”是“原型河流”的虚拟对照体，可以对河流治理开发与管理的各种方案进行模拟、分析和研究，并在可视化的条件下提供对“原型河流”治理的决策支持。

“模型河流”是实验室中的河流。“模型河流”主要是通过对“原型河流”所反映的自然现象进行反演、模拟和试验，从而揭示“原型河流”的内在规律。它的作用是直接为“原型河流”提供治理开发方案，同时，“模型河流”还应成为“数字河流”通过模拟分析提出“原型河流”治理开发方案的中试环节。

“原型河流”、“数字河流”和“模型河流” 相互关联、互为作用，共同构成了支持河流治理开发与管理的科学决策场。在实际应用中，通过对“原型河流”的研究，提出河流治理开发与管理的各种需求；利用“数字河流”对河流治理开发方案进行计算机模拟，提出若干可能方案或预案；利用“模型河流”对“数字河流”提出的可能方案或预案进行试验、修改和完善，提出可行方案或预案；最后将所选方案或预案在“原型河流”布置或实施，经过“原型河流”实践，逐步调整、优化，以保障治理开发方案的技术先进、经济合理、安全有效。

数字河流从地理的视角表达了自然河流，在空间上覆盖了河流流域及其相关地区，是自然界的河流在计算机和网络世界的虚拟表达，是帮助人们认识、理解并分析把握河流自然规律的平台；同时，数字河流能够以信息化为主要技术手段加速河流治理开发与管理方式的现代化，为快速采集各类数据、准确无误传输数据、安全高效地存储数据和最大限度地共享各类资源提供先进的平台，提高问题预测、决策的反应能力，为治理开发与管理河流提供了决策支持的技术环境。

8.1.2 数字河流总体框架

数字河流包括三个层次的内容：第一层是覆盖全流域的、完善的数据采集及高质量的数据通信传输系统；第二层是海量数据的存储管理与信息资源共享系统；第三层是能够对河流的现在、过去及其将来各种自然现象进行模拟仿真的数学模拟系统和各类业务应用系统(李国英，2001)。

重点关注

1. 数字河流所包含的层次与总体框架。

由数字河流的概念可以看出，数字河流密切联系着自然河流和人类经济社会两大系统，是一个开放的系统。一方面，数字河流包含了反映河流诸多自然属性的数据，在此之上，运用数学模拟仿真可以研究、分析河流对流域人类经济社会的作用；另一方面，运用数学模拟仿真可以比选在河流上的各类技术方案，分析研究人类活动(工程建设运用)对河流的反作用，以便优化帮助确定既利于维持河流健康生命、又利于流域经济社会的持续发展的河流治理开发与管理模式。自然的河流和流域社会经济环境的演变情况通过完善的数据采集系统可以不断地在数字河流中得到体现；通过优化组织数字河流中的海量数据并充分挖掘分析，可以为公众和相关利益者提供方便的数据信息访问服务；通过在 3D 环境下运行数学模拟系统可以认识、分析河流的过去、现在和未来的变化。

基于以上三个层次的内容，数字河流总体框架主要包括基础信息平台、专业服务平台和综合决策平台三层架构体系，以及与之相关的技术支持和工程保障体系等，如图 8-3 所示。

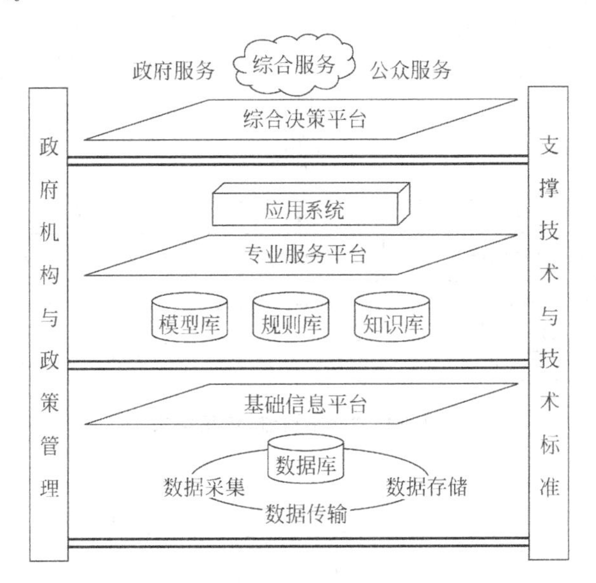

图 8-3　"数字河流"总体框架

基础信息平台由数据采集、传输、存储与管理及规范标准等部分组成；专业服务平台由流域模型库、规则库、知识库及应用系统组成；综合决策平台的主体是各类应用系统的专业决策和综合决策支持系统，包括决策支持中心和虚拟仿真中心，并通过决策支持中心协调运行；政府机构与政策管理、支持技术与技术标准则是建设"数字河流"工程必备的外部条件。

重点关注

1. "数字河流"的体系结构。

基于"数字河流"的总体框架，实现"数字河流"的体系结构见图 8-4。"数字河流"将采集到的各类信息存入数据库系统(包括基础数据库和专业数据库)，在数据共享平台下，一方面直接为专业服务平台和综合决策平台使用，另一方面，按不同的主题构建数据仓库，在模型和规则的指导下通过数据挖掘，一部分对知识库进行补充，另一部分为专业应用系统和综合决策系统服务。在基础数据库、专业数据库、模型库、知识库、规则库的支持下，实现应用系统的集成，如图 8-5 所示。

2. "数字河流"的系统集成。

8.1.3　应用程序开发模式

为适应未来功能升级的要求，"数字河流"的软件系统的开发必须在开放性、兼容性和扩展性等方面具有良好的性能。在方案总体设计过程中对软件体系结构的

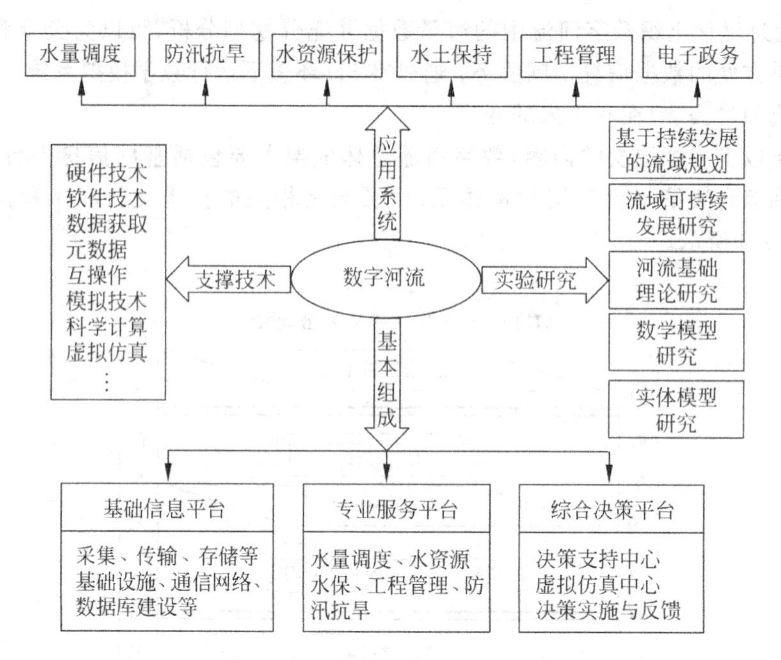

图 8-4 "数字河流"体系结构

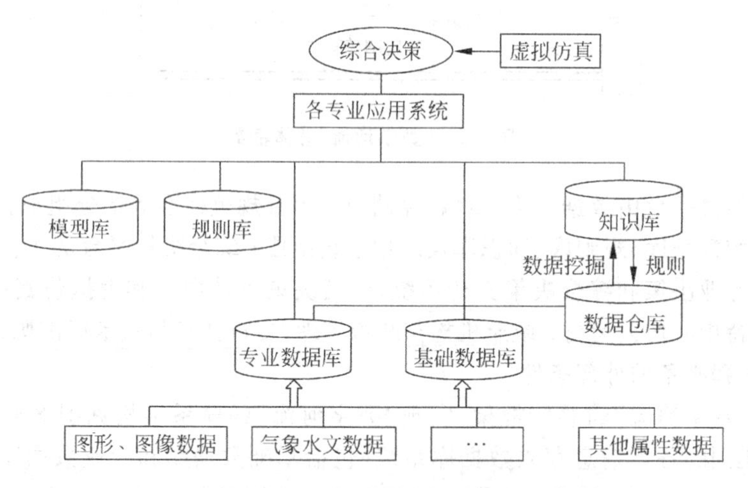

图 8-5 "数字河流"系统集成

层次进行充分的论证,结合工程的实际需求,划分出合适的应用模块和构件,制定统一的标准,统一规划、统一设计,以确保建成的"数字河流"是一个有机的、整体的应用系统。

一般的方法是采用层次结构、构件化的模式开发各种应用系统,分工程专题开展研究。对于应用系统中具有共性的模块加以抽取和分析,将它们单独设计成集代码和数据于一体的、能独立完成特定功能的和具有规范调用接口的"构件"。这些构件作为一个成熟的、规范的和可靠的软件成分,可以多次使用到不同的应用系统之中。构件的实现和使用可以加快软件开发周期,保证软件质量,改善软件的可维护特性。

一个具体的应用系统可以分为用户界面层、应用逻辑层和数据访问层。在应用系统的实现和运行中，根据这三层的不同分布模式，应用程序又具有不同的结构模式：

(1) 简单的应用程序将用户界面、应用逻辑和数据访问综合在一起的模式；

(2) 用户/服务器(Client/Server，C/S)模式；

(3) 三层应用结构C/S/S模式和多层应用结构模式；

(4) 基于Web的技术的C/S的运算模式。

基于资源共享和应用集成平台的应用系统具有四类主要的对外接口：针对使用者的用户界面、与其他应用系统进行信息交互的应用接口、用于本地数据库访问的数据接口和共享平台交换信息的接口。

重点关注

1. 应用系统层次结构、构件化的模式。

8.2 基础信息平台建设

数据采集系统的主要任务是为水利信息化的建设与发展，水源区治理，流域规划与管理，水量调度，防汛与减灾，水土保持，水资源保护，泥沙研究，生态、旅游、人居环境研究等，提供所需要的多时间空间尺度、多数据格式和记录方式、多比例尺和精度的基础信息。

基础信息按功能可分为基础数据和专业数据两大类；按储存方式可分为纸质文档和计算机介质储存的文档。

2. "数字河流"的基础信息平台建设。

8.2.1 基础数据采集

基础数据可分为空间数据、属性数据和文档数据，空间数据又可分为图形数据和图像数据。

1. 图形数据

1) 图形数据分类

图形数据在数据库中一般是以点、线、面、路径、事件、区域等表述的矢量数据；但有时也需要一些扫描栅格图形。

一是按照图形所反映的空间要素特征与专题类型分类，二是根据数据的用途确定图形内容的详细程度，将基础数据图形分为宏观、中观和微观三个比例尺系列，如1∶100万、1∶10万、1∶1万和1∶2000等。要求各个系列图形的内容相互协调。所有图形均应依据国家基本比例尺系列将地形图进行数字化，并采用统一的坐标体系，以便各种要素都能准确反映流域的客观情况。

3. "数字河流"的基础信息平台数据采集系统。

2) 采集标准

采用国家测绘局及各部委已经建立的图形空间数据的元数据标准和图形数据

采集系列标准。包括比例尺系列、坐标系统、内容系列、采集方法、质量控制、地理编码、图形数据库和图形数据更新等标准。

3) 采集方法

(1) 由专人负责GPS数据采集、全数字摄影测量、图形数字化编辑和GIS系统维护等工作,共同完成图形数据的采集;

(2) 对已有的地形地理图,可扫描后转换成矢量化数据;

(3) 对地形资料的更新和插补,则应尽可能采用全数字化航空摄影测量与高精度GPS测量的数据采集方法,直接生成数字地图;

(4) 对全流域地形数据,可以采用航天遥感三维传感器系统采集数据;

(5) 对局部河道、堤岸等图形数据的更新,可以采用近景摄影测量或实地测量的方式采集数据;

(6) 对重要的水利工程设施三维信息的获取与更新,可以应用三维激光测量仪。

2. 图像数据

图像数据形象、直观、全面,并且可实时获取,可为研究全流域宏观、中观和微观的各类问题提供信息,在实际应用研究中具有极为重要的作用。

1) 图像数据分类

(1) 航天遥感图像:包括气象卫星图像、陆地资源卫星图像、高分辨率卫星图像、高光谱卫星图像和雷达卫星图像等;

(2) 航空遥感图像:包括全色航空图像、多光谱航空图像、彩红外航空图像、雷达航空图像和激光航空图像等;

(3) 地面遥感图像:包括近景摄影测量图像等;

(4) 地面景观图像:包括自然、环境、人文和社会等方面的摄影、摄像资料。

2) 采集标准

采用国家测绘局及各部委已经建立的图像数据的元数据标准、采集系列标准来建设所需要的遥感图像数据类型体系,如空间分辨率系列、采集方法标准、系统处理标准、地理坐标标准和数据格式标准等。图像数据应采用与图形数据相同的比尺。

3) 采集方法

图像信息的获取一般有下列途径:

(1) 对流域气象及天气状况的预测预报,通过气象卫星地面接收站实时获取多光谱气象卫星遥感图像数据;

(2) 对大范围的旱灾及环境变化定性监测,可以获取气象卫星遥感图像数据或其他中低分辨率的商业或非商业卫星遥感图像数据;

(3) 对全流域环境变化或水土流失定量动态监测,需要定期购置中高分辨率的陆地资源卫星遥感图像数据,而且尽量保证其多光谱的特征;

(4) 对全流域汛期洪水演变以及灾情状况的动态监测,由于天气状况的限制,需要应用中高分辨率的微波遥感图像数据;

(5) 对大比例尺基础地形地理数据的更新,需要获取航空遥感图像,借助数字摄影测量的方式进行，同时可以制作正射影像图；

(6) 对局部的地形、地物、工程的动态监测，可以应用近景摄影方式获取图像数据。

3. 属性数据

属性数据是指通过观测、统计和调查等手段获得的大量数据，诸如水文观测数据、洪水频率统计数据和人口调查数据等。属性数据本身没有明确的空间特性，但与空间数据联系密切，可以通过多种方式相关联，进一步丰富空间数据的内容与特征。

1) 属性数据的分类

按照采集方式划分，可分为观测与监测和调查与统计两大类：

(1) 观测与监测数据：通过分布在整个流域的各种专业观测与监测站点获得，包括水文数据库、水情数据库、雨情数据库、泥沙数据库和水质数据库等。

(2) 调查与统计数据：调查统计数据主要有自然环境、社会经济和工程管理数据等。

2) 采集技术

为了获得与整个流域有关的，与流域空间数据相对应的自然环境、社会经济、水文气象、水资源管理与保护、水量调度、水土保持、生态环境、防汛和工程管理等数据，可以通过定点观测、分区统计与抽样统计、综合统计分析、3S调查和普查等技术手段进行采集。

4. 文档数据

文档数据主要是将有关的法律、法规、政策、规范和标准统一管理，为开展各项业务工作提供多方面的依据。流域发展规划、有关的业务报告、项目管理报告与业务公告、对内对外服务等亦属文档数据的范围。

一般通过文档采编服务器，实现文档数据的分布式采集、分级编辑，以便采编人员直接在浏览器上进行稿件的发布、查询和处理等，保障文档数据的实时性与权威性。

8.2.2 专题数据采集

专题数据的采集以基础数据应用为前提，根据各专业部门的研究与应用及流域规划管理应用的需要进行的专题数据采集。所采集的数据类型依然会覆盖图形数据、图像数据、属性数据和文档数据等，但其地域范围不一定是整个流域，往往是其中的局部区域或定点区域，其内容也会各有侧重。此外，专题数据的采集，虽然是由专业部门和专业人员负责，但必须与基础数据具有相同的规范标准，这就需要在数据采集技术和管理技术手段方面，具有统一的技术标准。

1. 气象数据

根据全球气候预测了解项目区季节性气候变化的大趋势。从中央气象台的天气形势分析了解项目区阶段性的气象形势变化，从中央和地方气象台站的天气预报和卫星云图掌握项目区的短期天气变化，对项目区的气象信息进行预测预报和实时监测，为相关的数学模型和制定中长期水资源调度方案提供基础数据。

2. 水文数据

在项目区内布设观测站点，观测气温、水温、地下水温、地下水位、湿度、蒸发量、降雪和霜冻等。重点实时监测降雨、径流过程、泥沙输移，加强水文测报，掌握历史水文和历史大洪水信息。

水文数据的采集主要有人工作业与自动测报，从发展趋势看，应逐步实现自动测报、定时传输。

3. 水位流量数据

水量的合理调度最终反映在各级河渠流量的调度分配，因而各级河渠的流量过程的精确测量成果就成了检验自动控制系统精度的基本参数。充分利用现有的水文测站观测水位、流量、流速、泥沙、水质、洪水过程等，定期观测典型断面的变化。

4. 水资源数据

水资源调度的最终目的是将保证水质要求的水体供给需求一定水量的用户。充分利用空中、地面和地下水资源，根据城镇饮用水、工业用水以及农作物种类、分布、生长期、土壤墒情以及水库蓄水等确定分区的需水量，实时收集各用水单元的需水量和实际可供水量，为水量调度决策提供基础信息。

5. 生态环境和水质数据

危害生态环境和水质的因素主要有城镇生活污水、工业污水和流域径流挟带的农药化肥残存物的污染。城镇生活污水、工业污水可以当作点源污染处理，农药化肥污染则属于面源污染的类型。

6. 防汛信息采集

防汛信息采集按照业务划分包括：防汛组织指挥、防汛决策支持、调度运行监控、抢险减灾和物资保障。

7. 水土保持数据

通过水土保持数据的采集、分析和统计，掌握全流域水土流失和水土保持的基本情况。采集的数据主要包括流域基本情况、水土流失防治动态、水土保持规划和水保法规及重要文件、科技文献和水土流失动态监测等方面。

水土保持数据采集技术主要包括遥感技术、监测技术和调查统计等技术，也可采用卫星照片和地理信息系统分析流域的水土流失状况。

8. 人文、社会经济信息采集

包括流域经济、人口、文化和旅游资源等各类信息，以文档数据为主。通过文档采编服务器，收集相关信息，建立文档数据库。

8.2.3 数据库建设

数据库是现代信息技术的重要组成部分，是现代计算机信息系统和计算机应用系统的基础。数据库的建设规模、数据库信息量的大小和使用程度是衡量水利建设应用系统信息化程度的一个重要标志。

1. 数据的需求与主要任务

在规范整合信息资源的基础上，建设和完善流域的基础数据库，由流域级的数据中心、相关的数据分中心和站点、各应用系统的专题数据库及各级地方数据库组成完整的信息存储管理体系，实现高效的网络数据交换和共享访问机制。在此基础上进一步实现资源共享，把整个流域的各种资源（包括计算机系统、数据存储与信息处理系统和各种数字化仪器设备等）聚合起来形成全流域的虚拟环境，从而使连接在这一平台上的众多用户能够以透明的方式共享整个系统的资源。数据库建设必须考虑数据完整性、复杂性、高可靠性、高可用性和时效的需求。

数据存储与管理的主要任务：数据设计，数据共享及应用集成平台，数据物理分布、存储和管理，数据仓库和数据挖掘，数据安全。

2. 建设目标和原则

数据库建设的总体目标是通过统一规划，以一种协调的运行机制和科学的管理模式为基础，以一套完整的技术标准与规范体系为依据，以一个有效的系统集成与应用支持平台为手段，实现整个流域的信息资源共享。

建设目标：建立一种基于 C/S 结构的面向多用户、多结点和多操作系统的分布式数据库平台；为各分系统的信息集成提供一个实用的数据库应用系统，实现全系统信息的共享，提供实时、并行访问等功能；为流域水利信息化建设提供数据库支撑环境。

主要技术指标：具有 C/S 机制的远程数据访问能力；实现异构环境下的信息集成，使集成环境具有开放性；实现各分系统的基于数据库的信息集成。

建设原则：新老数据库兼容并存；集中和分散相结合；数据库的总体设计和多样性相结合；开放性和标准化；数据库整体规划和分步实施相结合；先进性和实用性相结合。

3. 数据库体系结构

重点关注
1. 数据库体系结构。

以全流域信息集成为目标，建立一种基于 C/S 结构的面向多用户、多结点和多操作系统的异构分布式的信息管理系统,为流域各子系统的数据信息进行有效、合理的存储和管理提供应用环境,实现全系统信息的实时、并行访问。整个系统环境是一个基于C/S结构的多库、多用户和异构的分布式数据库系统。

1) 数据库结构的特点

(1) 采用C/S结构,物理上各子系统用户端只存放应用程序和部分局部专用数据信息,大部分数据的存储和管理由数据中心的数据库服务器完成;

(2) 主干网络选择运行TCP/IP通信协议的快速以太网;

(3) 数据库服务器选择高档微机服务器,采用微软Windows操作系统;

(4) 系统中各子系统应用程序,通过数据中心的开放数据接口Net Assistant存取访问数据库服务器中的数据。

数据库存储和管理的主要内容有:基础数据和专业数据的存储与管理;数据集成、共享和交换平台的建设;数据仓库与数据挖掘。

应用系统和数据的关系主要表现为:数据是客观的和相对稳定的;数据和应用是密切联系但又是相互独立的。实现异构数据源间的访问,例如通过ODBC实现对SQL Server数据库的访问,并通过调用专用函数,实现结点数据信息与异构数据服务器信息的集成。

数据库可分为基础数据、专业数据、数据仓库和知识库、模型库和规则库。基于数据库的流域信息化建设的体系结构见图8-6。

2) 数据库编码原则

(1) 保持地理空间对象的逻辑一致性和唯一性;

(2) 体现信息系统综合集成数据指标的整体系统性;

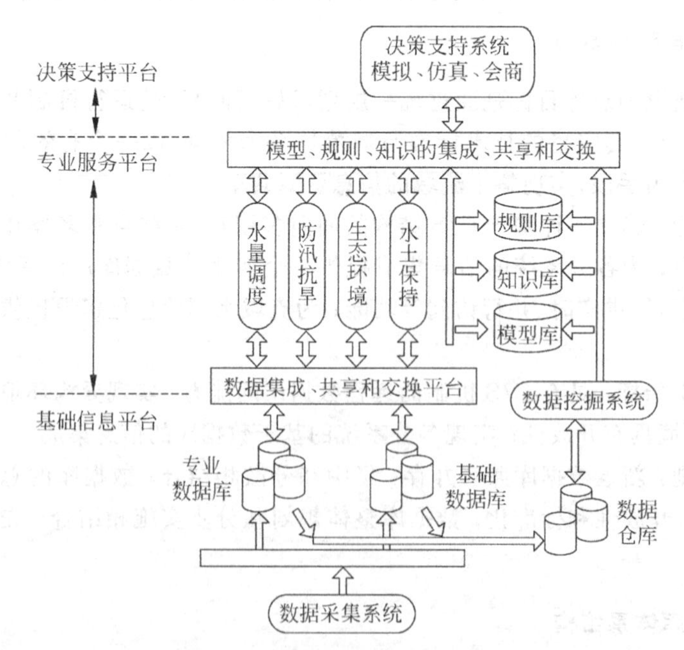

图8-6 数据库体系结构

(3) 保持数据库中数据项编码相对的稳定；

(4) 对表示空间数据值的编码采用统一的编码规则；

(5) 简化与统一结合，具有可扩充性。

8.2.4 数据存储与管理

1. 数据分布方案

为了保证时间效率，对数据进行适当的集中，形成数据中心。通过各种方式采集的数据按照基层数据汇集中心、数据分中心、主数据中心的层次从下向上逐层汇总。所有的数据中心都应当有自己的本地备份机制，重要数据还需考虑异地、交叉备份。备份数据中心是主数据中心的容灾备份。

在网络技术日益成熟、网络带宽能够充分满足越来越多的业务需求的今天，将数据集中管理是网上数据库的发展趋势。

重点关注

1. "数字河流"基础信息平台的数据存储与管理。

2. 数据存储方案

根据各个地区、各种应用以及各类数据需求的实际情况，采取不同的存储设备、管理方式和存储体系结构，分阶段地逐步提高整个信息系统的存储和管理能力。

计算机的存储设备从体系结构上看可分为内部存储器和外部存储器。内存直接与计算机的CPU相连，存取速度高，但成本高、容量不大。外存包括联机存储器、后援存储器和脱机存储器等。

将网络技术与存储技术有机地结合起来而产生了网络存储技术，为保证数据的一致性、安全性和可靠性，实现不同数据的集中管理、网络上的数据集中访问，以及不同主机类型的数据访问和保护等，提供了广泛的应用前景。

8.2.5 数据共享与管理

1. 数据共享方式

应用系统对数据的访问方式通常可以分为直接访问和间接访问两种类型。在实际设计和实现中，如果多个系统需要数据交换时，通常增加一个数据访问共享平台，统一接受各应用系统的数据请求，转发该请求并从管理数据的应用系统得到数据，然后反馈给请求数据的应用系统。

中间件(middleware)是位于硬件、操作系统平台和应用程序之间的通用服务，具有标准的程序接口和协议，并且对不同的硬件、操作系统平台应具有符合标准的接口和协议规范。中间件主要用来解决分布异构问题。

ODBC(open database connectivity)是用于在相关或不相关的数据库管理系统中存取数据的标准应用程序接口(API)。ODBC为应用程序提供了一套高层调用接口规范和基于动态链接库的运行支持环境。

一个良好的资源共享集成平台主要由四个部分组成：简单可靠的使用界面、灵活快速的资源管理系统、良好的编程模型和可靠高效的运行环境、方便有效的资源共享机制。其中资源管理系统处于核心地位，它负责整个系统中资源的描述、变动、分配与保护，与上层的运行系统密切合作，保证整个系统的正常运行。

2. 数据集成策略

对于所有需要集成的数据库，大致可以采用以下三种方式来实现。

(1) 对于支持 ODBC/JDBC 的已有数据库，向统一的平台注册之后，只要提供足够的访问权限，即可直接访问该数据库。

(2) 对于版本比较低或者非主流的不支持 ODBC/JDBC 的已有数据库，如果原有应用系统和数据库改动比较困难、或者使用广泛，接口先进，不便彻底重新构建者，可根据实际情况，开发转换接口程序。利用支持 ODBC/JDBC 的数据库管理系统为原有数据库建立新的映射数据库，平台对映射数据库进行直接访问。

(3) 对于新规划的数据库，使用支持 ODBC/JDBC 的主流数据库管理系统进行设计和开发，保证平台可以直接访问。

8.2.6 地理信息系统(GIS)

GIS系统具有强大的空间信息分析功能，如对流域的水量调度、防洪、水质、土壤侵蚀等方面的信息进行空间分析，为多种应用提供基础的共享信息。采用 ODBC 通用数据接口来访问 GIS 数据库，解决 GIS 数据库的接口问题。

1. GIS 的主要功能

GIS 信息管理系统的功能主要有：系统管理、信息查询、数据输入与更新、图表报告生成查看、空间信息分析和决策支持系统等。这些模块中有一些是建立在 GIS 的基本功能之上的，而另外一些则基于其他的模块功能。

2. GIS 应用程序

根据综合地理数据库、水文/水力学模型可以获得必要的系统数据，为建立数学模型而建造实际数据库，而实时信息、水位、降雨以及流量数据则作为计算的必要边界和初始条件。同时，GIS 系统提供良好的显示功能，可采用二维图形、三维动画来演示模拟研究的过程与结果。

重点关注

1. “数字河流”中的 GIS 应用。

3. GIS 数据库

地理信息系统数据库是 GIS 系统的基础。地理信息数据被储存在一个智能化数据管理系统中(DMBS)。所有图层、空间数据、属性数据、图像、文档和其他历史数据都可以储存在地理信息系统数据库中。

8.2.7　网络建设

1. 数据传输系统综述

数字河流的计算机广域网呈三级树状结构，如图 8-7 所示。

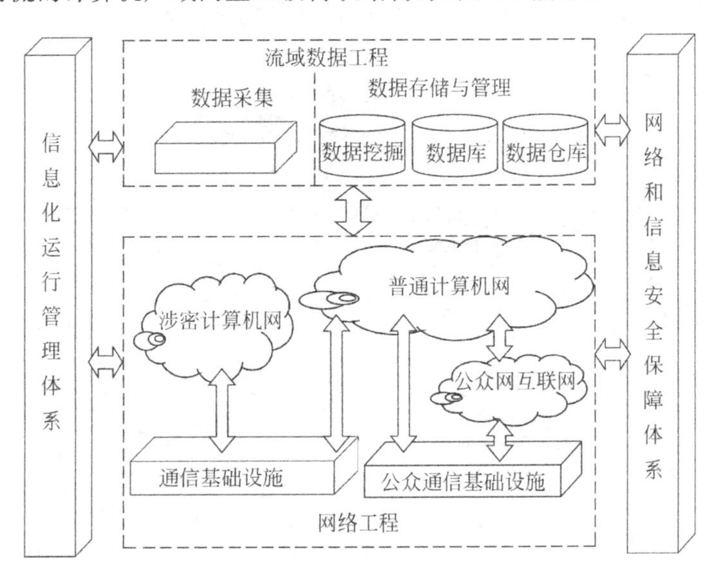

图 8-7　"数字河流"网络工程体系结构

重点关注

1. "数字河流"中的网络工程体系结构。

网络工程主要由通信基础设施、计算机网络及电话网络、与网络工程相关的安全保障体系以及运行管理体系组成。包括已有的通信基础设施和为建设专用计算机网络而建立(或租用)的通信基础设施。

通信基础设施有：光纤、微波和卫星信道等。

在组建广域计算机网时，可以选择的公众通信基础设施有：X.25 分组交换数据网(CHINAPAQ)、DDN 专线(CHINADDN)、帧中继网络(CHINAFRN)、ATM (asynchronous transfer mode)、同步数字体制(SDH)和密集波分多路复用(DWDM)。

可以租用公众基础设施组网，优点是建设成本低；缺点是需要增大运行成本，且信道的可靠性差，完全依赖于公网的服务质量。

2. 网络建设目标

计算机网络建设的总体目标是，充分利用现有的国家信息基础设施以及流域现有的通信条件，建立覆盖全流域的信息网络，满足分布在全流域的各类信息采集站点的实时数据传输需求，提高现代化管理水平，运用先进的网络技术合理、有效地提高防汛抗旱能力、内部管理能力和社会经济效益。

3. 网络总体规划

计算机网络是架构在通信基础设施之上,包括普通计算机网和涉密计算机网,采用 TCP/IP 体系结构,为各类应用系统提供数据传输与交换平台。

流域堰管理机构可以会同地方电信部门,采用不同组网技术建立覆盖全流域基层站点和县级以上机构的普通计算机网络,总体结构见图 8-8。

重点关注

1. 计算机网络总体结构。

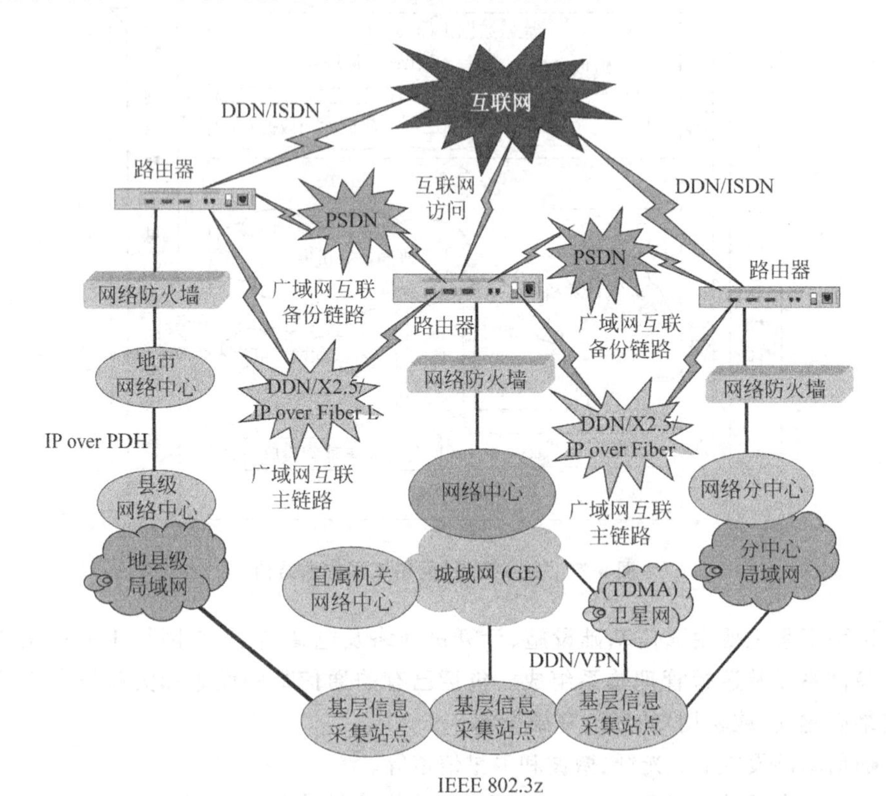

图 8-8 计算机网络总体结构

1) 广域网规划

广域网 (wide area networks, WAN)是指将分布全国甚至全球范围内的各种局域网、计算机、终端等互连在一起的计算机通信网络。如公用电话网(PSTN)、公用分组交换网(X.25)、公用数字数据网(DDN)、宽带综合业务数字网(ISDN)、公用帧中继网(frame-relay)和大量的专用网等。

根据全流域对数据、话音和视频的要求,各地与流域管理调度中心之间用广域网连接,建立全流域内的网络平台。

2) 城域网规划

城域网是架在骨干网与终端用户之间的桥梁。宽带城域网(broad-band metropolis area network, BMAN)利用光纤的巨大带宽资源和以太网等技术的成熟易用性,通过各类网关形成城市间的开放网络平台,可提供话音、数据、图像、多媒体和 IP 接入等业务，以及如电子商务、智能社区服务、呼叫中心、互联网数据中心(Internet data center，IDC)等各种增值和智能业务，从而成为一种综合业务的新一代网络解决方案。城域网主要提供数据业务和分组化的语音、图像、视频等多媒体综合业务，具有传输容量大、传输效率高和接入方式多等优点。

宽带城域网通常分为骨干层、汇聚层和接入层三层网络结构，骨干层的主要功能是给汇聚层提供高容量的业务承载与交换通道，实现各叠加网的互联互通；汇聚/传输层主要是给业务接入点提供业务的汇聚、传输、管理和分发处理；接入层则是利用传输介质实现与用户的连接，并进行业务收集和带宽的分配，城域网结构框架如图 8-9 所示。

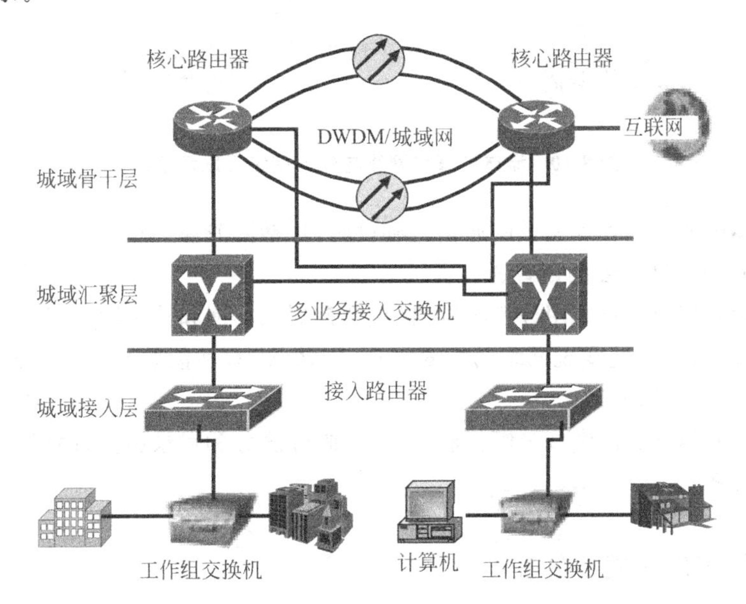

图 8-9　城域网结构框架图

重点关注

1. 城域网结构框架。

3) 局域网规划

根据机关局域网(园区网)规模的大小，可以选择 1000Mbps 以太网、10/100Mbps 以太网技术等组网技术方案。

整个网络系统为星型拓朴结构，防火墙隔离，同时划分的 VLAN 加强网络的安全性。主干网主要采用千兆位以太网络技术，采用以各处主设备间为中心通过超五类线连接提供千兆位网络主干带宽。

4) 网络互联方案

各种计算机网络只能通过流域网络中心与外部网络实现互联，包括与水利部、省市涉密网络的互联，以及与水利部普通计算机网络及公众网的互联，如图 8-10 所示。

4. 网络中心设计

流域计算机网的网络中心既是网络运行管理中心，也是数据中心，这里只涉及与网络运行管理相关的功能设计。

重点关注

1. 流域计算机网络与外部网络互联示意图。

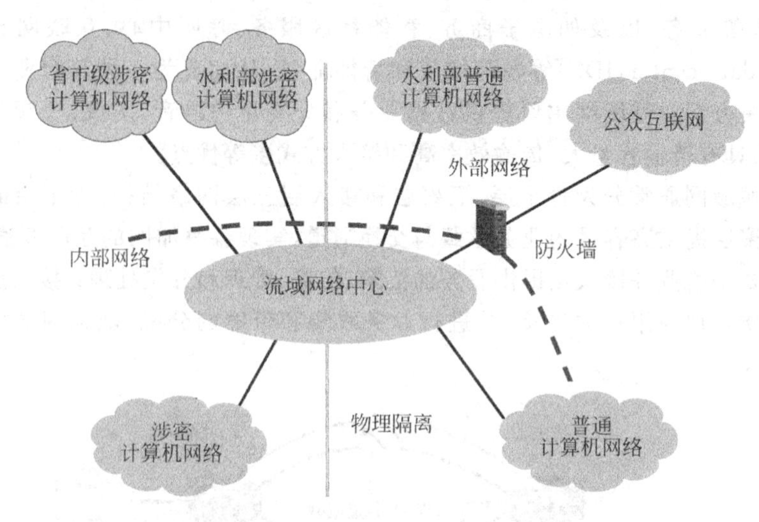

图 8-10 流域计算机网络与外部网络互联示意图

通信枢纽管理：管理流域的通信基础设施，包括微波与卫星通信，以及调度这些通信资源实现流域内部的话音通信。

网络运行管理：对专用计算机网络(包括数据采集网和涉密网)进行网络运行管理，利用网络管理系统实现网络的配置管理、失效管理、性能管理、安全管理、计费管理，分配和管理IP地址。

网络基本服务：提供域名解析服务、电子邮件服务和目录服务、网络安全服务和媒体应用服务等。

2. "数字河流"中的数据库和网络的安全问题。

8.2.8 数据库和网络的安全

信息安全包括信息的保密性、完整性、可用性、真实性和有效性。

1. 数据安全措施

1) 数据库镜像

数据库服务器的镜像技术是指为存放数据的chunk(它是数据库服务器中最小的存储单位)建立一个与之配对的chunk，分别称为主chunk和镜像chunk，使得每一个对主chunk的写操作都同时对镜像chunk做同样的写操作。这样就需要更多的硬盘资源和占用更多的网络传输设施。

2) 数据备份

对所有数据库都应进行数据备份。各级数据库除了自身定期进行本地备份以外，各数据分中心还要对数据库定期进行异地备份。对主数据中心必须在其他城市建立备份数据中心，定期进行增量方式的异地备份。在分布式环境中，数据复制技术是保证数据一致性、安全性和实现信息共享的重要手段。

3）逻辑安全

一个安全的数据库应当允许用户只访问对其授权的数据，数据库管理系统通过不同安全级别的权限管理，对用户的权利进行限制，保证系统的安全。

4）数据加密

数据安全系统的建设与系统的易用性、经济性几乎是相悖的，在设计、构建水利信息化体系的数据安全系统时，必须综合考虑安全性、易用性、经济性以及具体河流的特殊性，这样才能建设一个有个性化的、实用的安全系统。

2. 网络及信息安全

网络安全是指网络系统的硬件、软件及其系统中的数据受到保护，系统连续可靠正常地运行，网络服务不中断。网络安全是一个系统的概念，它包括实体安全、软件安全、数据安全和运行安全等几个方面。

网络系统的安全保障可以分为以“防火墙技术”为代表的被动防卫型网络安全保障系统和建立在数据加密、用户确认授权机制上的开放型网络安全保障系统两大类。

网络安全应从安全体系结构模型出发，主要考虑：保证通信子网的安全可靠运行、保护资源子网内部的资源、严格控制与公网的互连、网络安全管理与安全监测。

计算机系统的安全可靠运行是应用信息系统安全的基础，主要涉及到操作系统安全、应用软件与数据库系统安全以及系统安全管理与病毒防范等方面的内容。

3. 安全管理体制与管理制度

1）安全管理体制

为了保证各项安全技术的实施与管理，流域网络中心需要有以下三种职能：认证中心和密钥管理中心职能；网络安全管理与安全监控职能；应用系统安全管理职能。

其他备份中心、数据分中心以及各级机关局域网的网络中心也要履行相应的安全管理职能。

2）安全管理制度

为保证各项安全措施的实施并真正发挥作用，必须制定和执行以下各项规章制度：人员管理制度，文档管理制度，系统运行环境安全管理制度，软硬件系统的选购、使用与维护制度，应用系统运营安全管理制度，应用系统开发安全管理制度和应急安全管理制度等。

3）用户的教育与培训

管理员和普通用户的安全意识和所掌握的技术是整个网络和信息系统安全保障体系运行维护的前提。面向两类用户（管理员和普通用户）建立相应的培训制度，成立相应的安全培训机构，是整个网络安全实施的重要保障。

8.3 专业服务平台建设

8.3.1 平台的组成

重点关注

1. “数字河流”中的专业服务平台建设。

各专业的研究方法、技术路线、成果表述及采用的基础信息、专门设施和开发的系统软件等的有机结合即形成专业服务平台,它以流域的基础信息和数据库为基础,采用原型观测资料分析、实体模型试验和数学模型计算的方法,结合虚拟仿真技术、三维GIS技术和多维度耦合技术等,对流域的水资源规划利用、生态环境演化及社会经济发展进行综合分析研究,实现在专业服务平台基础上的资源共享,最终达到天、地、人和水协调发展的最高目标。

流域的基础信息通过采集、传输和数据库储存后即可为各专业和社会公众提供信息服务。各专业的专家将针对本专业的业务充分利用数据库的信息进行分析、研究,对流域的历史、现状和发展趋势提出客观的研究结果,为流域水利现代化的建设提供科学依据。

一般采用数学模型和实体模型的方法研究河流,随着计算技术的发展、计算水平的提高及硬件设施的增强,数学模型和仿真模拟研究方法的相对密度越来越大,并具有速度快捷、费用较少的优势。

模型库的开发平台和运行环境多采用Windows系统;开发程序采用可视化的面向对象编程语言,如VB、VC和JAVA等。建设模型库用到的主要方法和技术有:面向对象方法、COM/DCOM技术、程序开发工具和标准的数据库访问接口技术等。

8.3.2 模型库的总体结构

模型库建设的基本原则是通用性、开放性和实用性,同时也应方便地与数据库系统和各业务应用系统接口,最终满足流域水利工程的实际需要。模型库从软件工程的角度可以理解为建立一个服务于可持续发展的水行政管理的大型网络软件。通过关键软件技术的研究和成果的实施,建立完整而规范的总体软件体系,它将支持跨操作平台的应用系统的集成,实现模块、构件化建模,达到应用系统的组件式开发。

1. 模型库构建的指导思想

模型库建设的目的是为各个专业服务子系统提供“模块”、“构件”和“模型”,使各个专业服务子系统为决策支持平台提供研究成果和决策依据。为此,必须整合现有的各种模型,建立跨平台、跨系统和通用性的各种模型模块、模型构件和基础专题模型。

1) 面向对象的分层次结构

传统的数学模型是将研究对象作为一个整体对其全过程进行系统的开发,这就要求该数学模型包括所有的内容。模型库的建设思想是对现有的流域自然地理条件,水文、气象、物理、化学和管理过程进行抽象,建立不同的模块和构件,提出相应的描述模块和构件的基础模型,即面向对象的建模思路。

模型和求解模型的数值方法是模型库的两个重要组成部分。模型又可称为具有物理基础的各类方程表达式,它主要指那些依据物理学原理,包括质量守恒、动量守恒和能量守恒定律,以及流域产汇流特性,推导出相互关联的描述流域降雨、产流汇流、产沙输沙过程,以及污染物输移过程的微分方程组和各种经验关系式。将求解模型的数值方法编成具有通用性的计算程序,即将其模块化。对一些基本参数的计算和各类数据的预处理也可以写成标准程序的模块。

在面向对象的模型库建设过程中,对不同的应用系统的各种过程进行深入细致的研究,充分应用面向对象的建模思想,抽象出基本的“对象”,即基本的模块。

对一些目标明确、条理清晰的问题,可能涉及多个对象(已经建立了相应的模块),对象之间相互关联,这样就可以在一定的软件平台下,将几个模块有机地组合,成为构件。例如水面线计算的构件主要包括河道断面参数计算模块、糙率计算模块、水流运动方程求解模块和水力要素计算模块等。

对各专业而言,需要在各种软件平台的支撑下,将相关的模块和构件组合,产生专题模型,如水文气象模型、产流产沙汇流模型、水资源调度模型、生态环境模型、水土保持模型等。

为了避免基础模块或构件太杂乱,应将基础模块或构件按不同类型进行划分,各个专题模型之间进行分类。例如可以建立公共基础模块子库、构件子库、流域产流产沙、水资源调度、流域水资源保护和流域水土保持等专题模型子库。

可以采用分布式对象的标准(CORBA)构建模型库,通过 CORBA 技术可用于异构系统中部件的操作,为大型复杂应用系统提供了一个具有高度可移植性和兼容性的应用平台。研究基于 CORBA 标准的开放网络环境的软件体系结构,进行模型库总体框架的规划和实施。

2) 适应未来功能升级的要求

考虑到现代信息技术的飞速发展和水利工程的实际需求,划分出合适的应用模块,制定统一的标准。在模型库构筑过程中必须考虑到模型的变化和更新。要求模型库管理系统能够修改已存在的模型、删除过时的模型、植入新的模型。

3) 增加复用、提高效率

针对流域各专业的研究,可以提取各个专业中各应用系统的共性模块,实现这些模块在多个应用系统中的复用,提高软件生产和开发新应用系统的效率和质量,提高软件维护的效率,降低成本。利用这些模块,可以方便地构造各种应用系统,并且保证应用系统的风格和性能的一致性,为应用系统的升级和集成提供技术保障。

对于基础模块或构件要尽可能精练,减少其数量,增加复用程度。只有当现有的基础模块或构件组合仍不能描述某一现象和过程时,才考虑增加新的模块或构件。

4) 数据传输和系统集成规范

信息技术的发展正经历着从独立的应用系统到应用系统集成的变革,实现按照工作流的集成是国内外软件行业的主流,国外流域管理也基本具备或者开始具备这个特点。从流域的实际需要出发进行数据和应用系统的整合,在实际工作过程中,需要经历数据收集(采集、传输、处理和储存)、模拟、预测、仿真和决策到实施等完整的过程,通常每一个应用系统只能完成其中的一个或几个环节,因此应用系统必须按照一定的流程协调工作。为达到这个目的,需要从软件体系结构和专业需求两个方向研究,制定系统集成的规范和数据传输的规范。

由于基础理论、建模技术和服务对象等各不相同,模型与模型之间、模型类与模型类之间将产生耦合问题,即使同一问题的模型,也会产生尺度效应。因此,模型的整合与耦合,是模型库整体化仿真、统一化虚拟和标准化可视的基础。对于现有的模型和新建的模型都要进行标准化,使其有统一的入口和统一的输出,实现模型的组合。

对于比较复杂的流域现象和过程,一定要通过基础模块或构件的不同组合来构建专题模型。一个模型可能是基础模块或构件,也可能是由基础模块或构件组合而成的专题模型,但专题模型应可以逐层细分为模块或构件。

5) 模型验证

在建立模块、构件和专题模型的过程中,必然涉及一些简化和假定,如微分方程的数值解等,所以对它们的验证是极为重要的。一般应采用基础方程的解析解或公认可靠的实验资料进行检验。有必要收集可用于验证的基础资料,建立相应的验证数据子库。

2. 模型库构建目标

模型库建设的目标就是按照上述指导思想,认真研究流域的水文气象特性、水动力学特性、污染物运动力学特性和调水管理特点等与流域相关的自然地理、物理、化学和人为控制过程,从中抽象出一系列描述这些过程的基础模块或构件。通过这些基础模块或构件的组合与耦合,完成对一些特定现象或局部过程的描述;通过特定现象和局部过程的相加完成对整体的所有对象的描述。模型库建设就是要建立各种不同专业子系统的基础模型库、针对具体用途的组合模型库及其组合机制;建立模型库管理系统,实现模型新建、显示、修改、查询、打印和删除,以及模型组合、编译和保存等功能;建立模型库的驱动系统和标准数据接口,制定模型的运行机制。

3. 模型分类

1) 专题模型

建立数学模型库是为了系统研究流域的历史、现状和发展趋势,提出流域水利规划和管理的优化方案。为此,需要各专业的专家在数据库信息平台的基础上,提出本专业的专题数学模型,主要类型有:水文气象模型;流域产流产沙模型;沟道汇流和洪水演进模型;水沙输移模型;防洪模型;水资源保护模型;水土保持模型;生态环境、水质模型;水量调度模型;地下水利用模型和与各专业有关的其他模型等。

2）功能模型

按数学模型的功能划分，大致可以分为：

（1）基础数据模型：描绘流域地理、自然属性，如数字高程模型、基于GIS的求解流域分区参数的模型、生成计算网格的模型、由理论方程或经典试验资料生成数据以检验数学模型精度的模型、从基础数据库中提取某专业需要的参数组合的数据挖掘模型等；

（2）基本参数模型：包括气象水文模型、河道水流演进模型、地表（土壤、地下）水动力学模型和陆面过程等；

（3）专业应用模型：描述在水循环作用下流域自然环境的演变，如泥沙运动模型、生态演化模型、水土流失模型和水质环境模型等；

（4）社会空间结构模型：描述流域人文过程和人类社会空间结构，如人口迁移模型、旅游资源开发模型、经济发展模型和宏观决策模型等。

图8-11为模型库的组织结构图，它包括数据输入输出接口、模型库管理系统、模型库、模型字典以及模型驱动系统等。

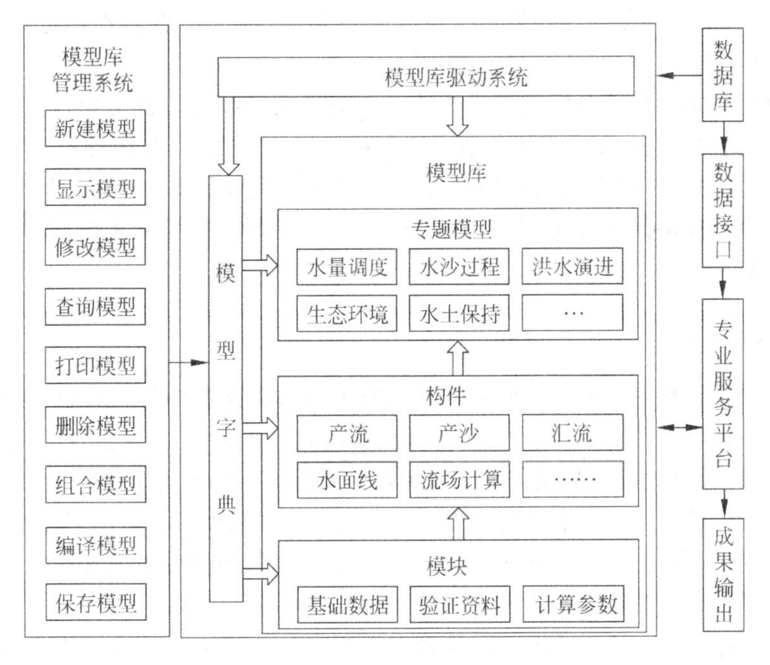

图8-11 模型库组织结构图

8.3.3 模型库管理

针对应用系统的需求，建立模型库的管理系统，如模型字典、模型类型分配表等，为应用系统调用模型库的内容提供通用的接口。模型库的构成总原则是按子专题分类，各子专题都要用到的一些通用模块或构件将分区存放，但又相互关联，便于调用。

构建模型库管理系统的主要目的是使用户能高效地使用已建立的模型,它同数据库管理信息系统有一定的类似之处。

模型库管理不同形式的计算模型和与模型相关的数据如模型字典表、模型的名称表和模型的参数表等。模型库管理信息系统涉及模型库的组织、存储和运行等方面。

1. 模型存储

模型文件按一定的规划合理存放到特定的目录中,而模型索引表和每个模型的参数表则存放到模型库的表格中。模型标识是一个关键性的标志,在调用模型计算时,用它可以创建一个模型对象,通过模型对象调用模型库中的模块、构件或专题模型进行计算。

2. 模型组合

从现象和过程中抽象出基本模块或构件后,还需要对它们进行分类和组织。通过模型字典,在可视化的操作平台上组合各种模块和构件;在管理信息系统中可以实现各个模块或构件的任意组合与删除。

构建模型库就是将分散的重复性的工作集于模型库的建设之中,将有一定通用性的各种模块和构件组成有机的整体,成为专题数学模型,其内部有严密的结构。模型库中的模型,不仅提供给应用系统调用,模型之间也可以互相调用,这样可以极大地增加模块和构件的复用,避免重复建设,大大提高系统的可靠性,降低系统建设的难度和成本。

3. 模型接口

输入数据管理:当单击模型库管理系统中的边界条件图框,系统就会以交互方式弹出输入数据对话框。操作人员可以改变组合模型对象中各边界子模型对象的输入数据,将包含此信息的文件规范化为对应模型输入参数的文件。

中间参数管理:以一定的交互方式弹出输入数据和模型参数的对话框。操作人员可以改变组合模型对象中各子模型对象的输入数据和模型中间参数,用人工或自动的方式进行基础模型参数的调节。

输出数据管理:模型输出数据的管理主要涉及选择输出的主要内容、输出的格式、输出的路径和设备等,把提供上述输出信息的文件规范化为相应的输出数据信息文件。

4. 模型库与数据库的交互

为避免模型之间大量的数据交换,所有的模型都通过数据库来交换数据,从而实现并行计算和网络运算,为发展异地操作运算奠定基础。

模型库所涉及的数据主要有:

(1) 模型输入数据,如边界条件和初始条件数据;

（2）模型所需的中间参数数据，如河道的断面数据和糙率数据等；

（3）模型计算的输出数据，如水位、流量和含沙浓度等。

对于单个模型的计算，为了保证数据的一致性，避免模型参数的重复率定和数据的重复计算，提高模型的运行效率，采用的主要手段如下：

（1）在模型运行的数据库中设立统一、标准的表格名称；

（2）在数据表格中设立时间和空间的关键字来管理数据；

（3）在具体的模型编制过程中提供对数据库中的数据选择、查询、删除等操作和数据唯一性识别等友好的界面。

对于多个模型的共同运行就有可能存在多个不同的模型同时调用相同数据库中数据的问题。为解决这一问题采用的方法如下：

（1）合理的规划数据库的访问机制，如用户访问的权限、数量等；

（2）当模型运行时，在模型运行的客户机上动态建立临时的数据文件，以减少不同客户机对数据库同时占用的机会和时间，当模型运算结束后再删除这些临时文件。

5. 应用系统集成平台

在数学模型库中，各应用软件系统之间存在必然的有机联系，这将由应用系统的集成平台来解决。该平台将提供应用系统集成的基本构架，可以在该平台之上增加新的应用信息系统以提高流域信息化的程度。建设数据共享平台，连接信息采集点、基础数据库和各种主要应用，为各软件系统提供数据传输和交换平台，为流域的水利信息化自动化建设奠定基础，其主要功能有：

（1）分层管理。按照行政划分，逐级管理和传递信息，支持多级审核。

（2）可伸缩性。根据内部机构变动调整数据传输流程。

（3）开放性。提供开放的接口标准，支持第三方软件的接入。

（4）异构支持。支持各种通信网、硬件、操作系统和应用软件。

基于CORBA标准的分布式构件平台，支持对象的静态调用和动态调用，实现异构系统中的互操作。

共享信息的管理是根据业务流程需要，确定需要传输的信息类型和数量，这些信息由各种信息系统（采集、传输和储存系统以及各种应用系统）产生和使用，也可以通过信息发布系统对内部员工和外部人员开放，平台利用大型数据库系统来管理共享信息，利用消息发布机制来传递共享信息。

信息系统接入管理平台将规定统一的应用系统接入接口，遵循该接口规定的应用系统都可以方便地插入该平台，通过数据接口实现数据库信息的传输。

6. 模型驱动

模型库中的模块、构件和模型可能由各种不同的软件平台编制，按源代码和可执行程序两种方式存放。对于简单的模块，可以将源代码嵌入到专题程序中，只需将变量定义一致即可。对较大的模块和构件，由于其变量定义、代码书写等很难与主程序匹配，直接嵌入已不现实，这就需要在一定的软件平台支撑下建立模型驱动系统，由中间连接件转化和整合异构模块和构件。常用的有VC、JAVA等软件平台。

8.3.4 数学模型库

1. 模块——单一功能的计算

对目标明确、参数简单、在很多专业的分析计算中都可能用到的基本问题，可以建立经过检验并具有足够精度的计算模块，设置标准的输入输出接口，以备调用。这样的模块可以是各种计算机语言写成的源代码，也可以是一段可执行的程序。

1）基础数据模块

对一些自然地理条件的客观描述，如流域的地形参数、河道的几何参数和随机参数的统计回归等，建立具有工具性质的模块。这些模块不会经常地调整和变动，属于基础性的工作。

DEM生成：基于GIS平台，根据矢量图生成各种尺度的格栅数字高程地图，河道断面图，沟道小流域的形状、面积、平均坡度和沟道长度。

水力参数：河道的过水面积、水面宽、平均水深和平均流速。

参数统计：均值、方差、概率、相关和能谱。

回归分析：最小二乘法回归、多项式回归、对数和指数回归。

2）验证资料模块

对数学模型采用的离散方程、基本假定及各种参数的取值等均需要进行验证，建立具有可靠性和独立性的验证资料的模块。

解析解：对少数简单的流体力学问题存在解析解，采用解析解对相应的离散方程进行检验是最直接的方法，可判断数学模型是否收敛及计算的精度。

实测资料：对世界公认的经典试验资料，可做成模块用以检验数学模型，如尼古拉兹试验、希尔兹试验、Rouse试验、Bagnold试验、Einstein和钱宁试验、Nezu & Rodi试验的结果等。

专门试验：针对一些特定的问题，设计某种条件明确、过程清楚和成果可靠的专门试验，如颗粒起动试验和阻力试验等，对数学模型的相应模块进行检验。

3）参数计算模块

在数学模型的计算中，将涉及很多计算参数，这些参数具有一定的共性，即多种数学模型可能用到同一个参数。例如阻力系数，在水流模型、泥沙模型、水质模型及水土保持模型等的计算中都会用到，所以建立这样的参数计算模块是非常必要的。

网格生成：自动生成、自适应的局部加密、与GIS和CAD数据匹配衔接；

计算方法：有限差分法、有限元法、有限体积法、有限分析法和边界元法；

阻力系数：定床、动床阻力、河槽和河漫滩阻力、河床和沙粒阻力等计算公式；

分、汇流：根据时间、空间关系计算河道的分流和汇流；

渗流模式：超渗产流、蓄满产流和渗流系数；

紊动应力：紊动剪切应力为常数的0方程、考虑紊动旋涡黏性ε的1方程及考虑紊动能量和紊动旋涡黏性的k-ε双方程；

物质扩散：紊动能量和污染物质等在紊动流体中的扩散；

颗粒沉速：单颗粒、群体颗粒、均匀沙、非均匀沙、静水和动水的沉降规律；

颗粒起动：各种条件下颗粒的起动规律；

土壤侵蚀：通用土壤流失方程等；

床沙交换：李义天、韩其为和周建军等的床沙交换模型均各具特色；

悬沙级配：Einstein 床沙质函数计算悬沙级配或其他经验公式；

悬移质挟沙力：多采用张瑞瑾公式；

推移质挟沙力：Meyer-Peter 公式和 Einstein 公式具有较高的精度；

人工神经网络：人工神经网络的研究内容相当广泛，并在各学科得到了实际应用，反映了多学科领域交叉的特点。神经网络研究热潮的兴起是近年来人类科学技术发展全面飞跃的一个组成部分，它与多种科学领域的发展密切相关。如在水利工程中，气象水文过程、坡面产流产沙过程、沟道汇流过程和 PIV 流场测量中的相关算法和纠错处理等都有许多采用人工神经网络方法进行研究的成果。

2. 构件——单一项目的计算

针对某种特定的项目进行计算，将各种单参数的计算模块有机组合、拼接或调用，建立构件模型。构件模型必须在软件平台的支持下编制完善的程序，经过严格的检验，具有标准的输入输出接口。

产流：调用地形参数模块、网格生成模块、人工神经网络模块和渗流模块，根据气象水文及降雨条件，建立沟道小流域产流构件模型。

产沙：与产流构件模型的参数相似，再调用颗粒起动模块、悬沙输移模块、床沙输移模块等，建立产沙构件模型。

汇流：根据各个沟道小流域的产流过程及时空分布关系，调用汇流模块，建立汇流构件模型。

水面线：调用地形参数模块、阻力系数模块和离散方程计算方法模块等，建立水面线计算构件模型。

流场计算：调用相关模块建立一维、二维和三维流速场计算的构件模型。

河床变形：调用与河床变形方程计算有关的各个模块建立河床变形构件模型。

3. 专题数学模型

根据专业的需要建立的各种专题数学模型，是构成专业服务平台的基础。专题数学模型将在模块、构件模型的基础上进行组装、整合。在各构件模型之间还存在耦合的过程，如水流、泥沙相互影响的本构关系，含沙量对水流紊动的影响，水流紊动的变化反之对颗粒运动的影响，以及床面形态与水流泥沙特性变化之间的相互制约和影响等。

专题数学模型的编制将用到各种软件平台，如计算用的 FORTRAN、VB、VC 系统,分析用的ArcGIS、VR-GIS,绘图软件平台Tecplot、3DS Max、OpenGVS等,这些平台就是所谓的模型驱动系统,即各种编制完成的专题数学模型需要在相应的软件平台驱动下才能运行,修改模型时也需要软件平台的支撑。对不同软件平台编制的模块和构件,还要用到异构接口软件将各部分整合在一个系统中。

专业数学模型也需要经过严格的检验,具有标准的输入输出接口,为专业服务平台提供标准化的计算成果。

1) 河道汇流演进模型

汇流过程分三个层次,即各单元的水沙向沟道汇集的沟道汇流过程、沟道的水沙向支流汇集的支流汇流过程及各支流向干流的汇流过程。

对各单元向沟道的汇流,因沟道较短,一般采用恒定非均匀水动力学模型就能满足精度的要求。

对支流和干流的水流泥沙汇流演进过程,应采用一维非恒定流水动力学模型,只要各支流出口的水沙过程预报满足精度要求,则干流的水流泥沙汇流演进过程预报将具有较高的精度。

一维非恒定流水动力学模型的基本方程、断面划分和数字计算方法等都已有大量的研究成果,只要选取适当的模型进行验证。在模型验证的过程中,需要确定河道的断面、河床质组成和分河段糙率随流量的变化。

2) 河网渠系一维水沙输运模型

对一些复杂的河网水系,河网交错、渠系纵横,既有分汊,又有汇流。在水流泥沙的输送过程中,主要受人为因素的控制。河网系统的输入为水沙时序过程,水沙在河道的输运除了与来水来沙过程的初始条件有关外,还与河道的几何特性、稳固特性、河床中的泥沙特性、河道对水流的阻力、河道下游的控制水位,以及人为的控制条件(如沿程的分、汇流)有关。水沙与河道是一对矛盾体,一方面水沙运行于河道中会受到河道的影响而改变水沙的时空分布;另一方面河道也会受到水沙的作用而调整自身的几何特性和阻力特性,调整后的河道又会对水沙运动产生新的影响。

3) 水土保持模型

(1) 基本参数模型:雨滴击溅动能、降雨强度和历时、产流模式、坡面径流、细沟分布概率和人工神经网络模型等;

(2) 统计方法模型:多元回归、非线性回归、经验公式和模糊数学方法;

(3) 与GIS有关的模型:多维属性关联挖掘模型、时空分割聚类挖掘模型、空间对比挖掘模型和空间组合挖掘模型;

(4) 监测与评价模型:常规国标法、灰色系统法、模糊评价法、层次分析法、群组决策特征根法和主成分分析综合评价法等;

(5) 规划设计模型:经验规划法、线性规划法、多目标规划法、非线性规划法、小流域坡面坝系优化规划模型、灰色预测和系统动力学模型等;

(6) 治理与监督模型:集中指数法、对应分析法、系统聚类分析法、最大似然比分类法和模糊-动态聚类方法等。

8.4 综合决策平台

8.4.1 概述

重点关注

1. “数字河流”中的综合决策平台。

决策支持系统(decision support system,DSS)的概念始于20世纪70年代初,到20世纪80年代提出基于数据库和模型库的DSS体系,将系统分析的方法和计算机技术相结合进行信息分析、方案设计和方案评价及优选,奠定了决策支持的基础。20世纪80年代以后,DSS快速发展,知识库、专家系统等人工智能技术逐步用于DSS,从而产生了智能决策支持系统(intelligent decision support system,IDSS)。IDSS在管理信息系统和运筹学的基础上,充分利用数据库技术在数据处理方面的优势,综合利用大量的知识,组合众多的信息处理模型和知识的推理机制,结合神经网络、模糊技术、遗传算法、机器学习、专家系统和分布式智能控制等人工智能技术,通过人机交互的智能用户接口和三维动态演示系统,辅助各级决策者对问题做出更合理、更有效和更科学的决策。

其实,辅助决策早已有之,古代的军师、谋士等即是决策者在决策过程中倚重的对象,如西周姜子牙、汉初张良及蜀相诸葛亮,都是凭其渊博的知识和对天文、地理、人文和历史的深入研究,为决策者提供军事、政治和管理方面的方略,辅助决策者制定治国纲领。但这些辅助决策依赖于个人的素质和知识水平,必然存在很大的局限性。在信息化时代的今天,各个行业都在进行智能决策支持系统的研究,虽成果丰富但又都不完善,如多智能的分布式群体决策支持系统体系、以自组织模糊神经网络为基础的决策支持系统等。对水利信息化智能决策支持系统的研究,必须借助各行业的优秀研究成果,融合水利行业各专业的知识进行决策支持系统平台的建设。

人们在改造客观世界中为实现主观目的而进行策略或方案选择,这种行为即决策。人们对客观事务的决策,可以根据决策的难易程度分为三个层次。

(1) 结构化决策:方案决策的目标明确,代价与后果能定量计算,方案的优劣有明确的分析比较规则,能建立逻辑和评价的计算模型,借助计算机能较容易地得出结论,如城市供水的决策;

(2) 非结构化决策:决策过程复杂、制定决策前难以准确识别决策过程的各个方面,决策过程表现为各个阶段的交叉和循环反复,一般没有固定的决策规则和模型可依,决策者的主观行为对各阶段的活动效果有较大影响,如特大洪水防洪的决策;

(3) 半结构化决策:兼有结构化决策和非结构化决策的部分特点,如流域水量调度决策。

8.4.2 功能需求

1. 目标

水利决策支持系统最新发展的特性主要有：群决策支持系统(group decision support system,GDSS)、分布式决策支持系统(distributed decision support system,DDSS)、智能型决策支持系统(intelligent decision support system,IDSS)、自组织模糊神经网络决策支持系统(SONFNDSS)、会商决策支持中心(decision support center,DSC)等,它们基本体现了当前决策支持系统的发展方向和研究重点,尤以网络为基础的分布式智能决策支持系统为代表。将新一代决策支持系统技术(GDSS、DDSS、IDSS、SONFNDSS和DSC)融合,建立功能齐全的、现代化的会商决策支持中心和三维虚拟现实的可视化平台,将是建立智能化决策支持系统的重要目标。

以数据库和模型库为基础,以知识库为依托,以规则库为原则,以各专业的应用系统为主体,采用会商的模式,在虚拟三维场景中完成对流域水事活动的监测、分析、研究、预测、决策、执行和反馈的全过程,实现水资源最优化的综合利用,达到“天、地、人和水”和谐持续发展的最高目标。

2. 任务

建设数据共享平台,连接各种主要应用系统,为各应用系统提供数据传输和交换平台,同时管理从各应用系统中提取的和决策有关的数据；支持应用系统的协调工作,控制决策的实施并进行跟踪。支持各种通信网、硬件、操作系统和应用软件；进行分层管理,按照行政划分,逐级管理和传递信息,支持多级审核；具有可伸缩性和开放性,根据内部机构变动调整数据的传输流程,提供具有异构支持的开放接口标准,支持第三方软件的接入。具体可分为三方面的任务。

共享信息的管理：根据业务流程需要,确定需要传输的信息类型和数量,这些信息由各种应用系统产生和使用,也可以通过信息发布系统内部员工和外部人员开放,利用大型数据库系统来管理共享信息,为决策支持系统提供及时、准确和完善的基础数据。

应用系统接入管理：规定统一的应用系统接入接口,遵循该接口规定的应用系统都可以方便地插入该平台,系统的信息可以由平台来管理,也可以共享其他系统的信息。

工作流程管理：对应用系统提供统一的访问控制机制、统一的信息存取方式,使用规定的信息系统标识和信息表示,并且提供并发控制规则,保证应用系统协调工作,完成决策的实施。

3. 功能

综合决策平台主要是面对流域的战略与宏观问题、专业系统冲突问题和重大突发事件的协调和决策。在各级决策者的分析与判断能力的基础上，借助智能决策支持系统，支持决策者对半结构化和非结构化问题进行有序的决策，以获得尽可能令人满意的、客观的解决方案。IDSS 选择目标要通过所提供的功能来实现，系统的功能由系统结构所决定，不同结构的 IDSS 功能不尽相同。

8.4.3　综合决策平台的总体结构

1. 决策机制

决策过程是一个半结构化、多层次、多目标和多决策者的决策问题，涉及社会、经济、生态环境和水资源等诸多问题，具有不同的时间和空间分布的复杂系统。综合处理这样复杂的决策问题的纯理论方法尚不完善，现阶段多采用半理论、半经验的交互式决策方法。即在一定的模型分析计算基础上，将不同层次、不同专业、不同利益集团的人员引入决策会商过程、形成共识，选出均可接受的协调方案，这是解决半结构化问题的一个有效途径。

综合决策的基本特征是：

(1) 面向流域决策管理人员经常面临的结构化程度不高、说明不够充分的问题，如水量调度、洪水调度、灌区宏观规划和突发事件的处理等；

(2) 把模型或分析技术与传统的数据存取技术及检索技术结合起来；

(3) 易于为非计算机专业人员以交互会话的方式使用；

(4) 强调对环境及决策方法改变的灵活性及适应性；

(5) 支持但不是代替高层决策者制定决策。

全流域水事务的决策机制可定为：

(1) 流域决策与灌区决策：属于上层与下层的层次决策问题，一般采用的决策准则是下层服从上层，上层协调指导下层的原则。

(2) 综合决策与专业决策：属于整体与局部的决策问题，专业决策支持各种专业应用系统中涉及决策和决策支持的内容和模块。综合决策支持为最高层次的决策支持，其主要功能是流域宏观问题与战略问题的决策、协调各专业决策的冲突以及处理重大突发事件等，从而保证在流域整体范围内宏观和重大问题决策的一致性。一般采用的决策准则是局部服从整体，整体协调指导局部的原则。

(3) 群决策与专家决策：流域综合决策问题涉及不同地区、不同部门和不同利益群体，参加方案决策的不仅有各地区和各部门的代表，还有各种类型的专家，属于典型的群决策问题。由于参加决策人员的职权、地位和知识的不同，因此一般采用的决策模式是在群决策的基础上，对不同的代表和专业将有区别的赋予不同的决策权重。

2. 平台框架设计

综合决策平台由会商决策中心和软件系统构成，软件系统又可分为综合决策与专业决策两个支持系统,其基本的功能构成如图8-12所示。

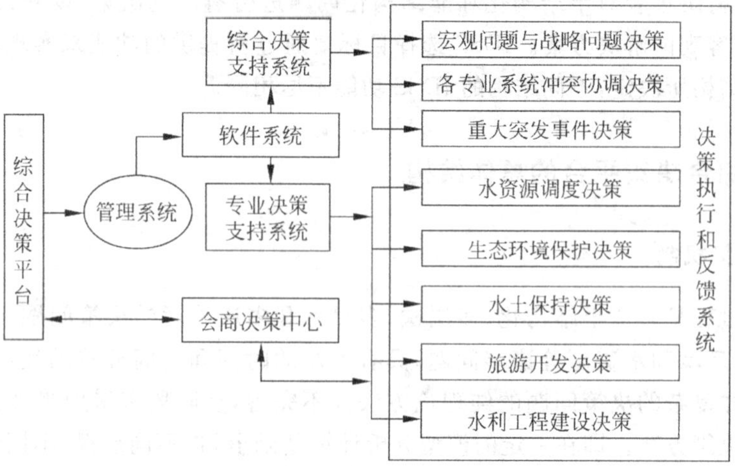

图8-12　综合决策平台的功能结构

1) 综合决策平台

综合决策平台包括:在各种管理系统(数据库、模型库、知识库和规则库)支撑下运行的软件系统;由决策者、专家组及配套设施(交互式计算机硬件及软件、虚拟仿真的硬件和软件、大屏幕投影仪等)构成的会商中心;决策执行及反馈监测系统。

重点关注

1. "数字河流"中的综合决策平台的功能结构。

2) 专业决策支持系统

各专业的决策是综合决策的支撑条件,对现阶段而言,专业决策支持是综合决策支持的核心,其最好的表达形式为分布式智能决策支持系统。专业决策是在充分享用数据库信息的前提下,采用原型观测资料分析、实体模型试验和数学模型计算的方法对涉及的目标进行研究,得出系统的研究成果,为综合决策支持系统提供科学依据。

三种方法中,数学模型具有快捷、节省的优势而最具发展前景,在模型库的论述中已进行了重点介绍。各专业的研究对象不同,决策支持系统的建设也会有差异,但都是在一定的软件平台支持下,充分利用模型库中的模块和构件建立本专题完整的数学模型。当专业决策支持系统启动时,调用相应的专题模型,根据数据的标准接口或中间件接口实现数据的传输,得出各种条件下的研究结果,为专业决策提供依据。

3) 综合决策支持系统

综合决策支持系统主要是针对流域的战略与宏观问题、各专业重大问题和专业系统之间的冲突问题以及重大的突发事件,在各专业研究成果的基础上,经决策者和专家组会商,进行协调和决策。

4) 决策执行和反馈

一旦某项决策做出之后,需要有相应的执行体系来完成,如在会商中心向各级单位发出通报,水调中心向枢纽闸群发出操作指令、向自动测报系统发出信息传输指令等，这些信息都通过流域信息网络系统进行传递。对决策的执行情况，需建立相应的监测反馈系统，使决策支持中心及时掌握各项决策的执行过程或完成的结果。

8.4.4　专题库建设

一个完整的智能决策支持系统应包括：数据库、模型库、知识库、规则库、虚拟仿真、异构数据接口及相应各库的管理系统，以及投影显示、对话管理系统等，示意如图 8-13 所示。

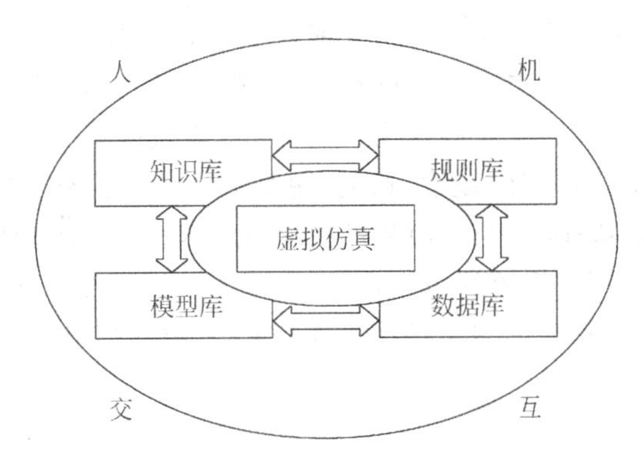

图 8-13　综合决策支持系统的组成

1. 数据库及其管理系统

1）IDSS 数据库的特点

数据库是以一定的组织方式存储在一起的数据集合，它以最佳方式、最小的数据重复为多用户（或多个程序）服务。数据库管理系统是管理和维护数据库的软件，主要是维护数据库系统的正常运行，或者说处理用户对数据库的操作。数据库系统是由数据库管理系统、数据库、异构数据接口、数据挖掘及用户和计算机系统组成的具有高度组织的整体。

2）IDSS 数据库的建造

综合决策支持系统的数据库子系统是其他软件系统的基础，它能为各个子系统提供所需的数据和信息，协调各个子系统之间的数据关系，提供一致的数据查询、管理和维护功能。

3）数据挖掘

数据挖掘（data mining，DM）的概念是知识发现（knowledge discovery）概念的深化，DM 是人的智能、机器学习与数据库技术相结合的产物。DM 充分利用了人工智能、机器学习、模糊逻辑、人工神经网络的理论和方法从数据中抽取模块。DM 可定义为：从大型数据库的数据中提取人们感兴趣的知识，这些知识是隐含的、事先未知的、潜在有用的知识，提取的知识表现为概念、规则、规律和模式。数据挖掘过程是将多个步骤相互连接起来，反复进行人机交互的过程。

2. 模型库及其管理系统

模型库是存储数学模型并进行管理的系统,其核心内容为模块、构件和专题模型。在模型库中,模型存储模式和求解过程并不相连,以基本模块和构件为存储单元的集合。模型库是IDSS的共享资源,是"产生"模型的基地,而不是预先建立的模型集合,因此,模型库具有动态特性。

管理信息系统(MIS)有多种工作模式,为用户提供接口应用程序,对各种数据库管理系统(DBMS)所管理的数据的处理和访问,而其中又以关系数据库管理系统(RDBMS)的使用最为广泛和成熟。如果能基于现有的RDBMS描述和开发智能决策支持系统,不仅能保证原有系统的正常运转,还可以充分利用RDBMS在数据处理等方面的优势,提高智能决策支持系统的性能和开发效率。

模型管理系统进行模型的提取、访问、更新和合成等操作,主要包括模型字典、模型列表、接口标准(提供异构支持)和可视化显示等。在IDSS体系中,可以采用数据库管理技术实现模型数据流的操作管理,应用人工智能和RDBMS技术实现模型管理,将二者结合,使IDSS有更强的决策支持能力,给用户以最大的帮助。

3. 规则库

规则库中储存两种类型的规则,一是相关的政策、法律、法规、各种规范集合成的条文规则,二是从知识推理得出的知识规则。

条文规则是智能决策支持系统的约束条件,是各种决策必须遵守的准则。

知识规则是对经验或常识采用条件——结论的形式给予描述,如能把知识分解为具体事实的原因和结果,即可将其表示为因果关系的规则。

IDSS引入规则知识和规则库,主要是用于开发智能决策模型,提高系统的分析能力和决策效率。规则库的构建要便于规则的提取及利用规则集对问题进行求解推理。目前在问题求解上已经有一些比较成熟的算法,如归结反演与深度优先搜索相结合的算法。对于规则相对比较简单的IDSS系统,可以将其直接用于已有问题的求解,实现所谓"松耦合"的开发过程,提高IDSS开发的效率。

规则知识的获取,一种方法是系统用户在以往决策实践的基础上,对专题知识进行总结、归纳和抽象,得出规则的表述方式,然后由IDSS系统管理员按规则的定义从用户接口输入到规则库中。另一种办法是机器学习,把人工智能中感知和学习的理论与技术引入到IDSS中,通过抽取隐含在事实知识内部的逻辑蕴含关系和隐含在用户应用程序之间的数据操作的因果联系等,来形成描述实体关系的语义知识和语义网,并将这种联系表示成规则送入规则库,给问题求解模块提供推理的依据。这是信息系统实现智能化的一个重要标准。常用的机器学习方法包括聚类、神经网络、遗传算法等。机器学习给IDSS中规则知识的获取和完善提供了新的途径,对于比较成熟的IDSS系统,可以在原有的基础上增加机器学习的功能模块,进一步提高决策支持系统的智能化水平。

根据一系列规则(过去一些行之有效的知识和经验)和用户提供的数据,一个专家或知识型系统就能从现有的事实和数据中导出或推理出新的事实或数据。

4. 知识库

在IDSS中,各种知识的表示和处理是整个系统研究和开发的基础,对需要专家辅助决策的系统,必须用到知识库。智能技术引入IDSS就是使系统能够有效的模拟决策者的思维方法和思维过程,在专家知识和专家决策思维的帮助下,通过良好的人机对话交互过程,发挥决策者的经验、推测和判断,使决策达到一个满意的且具有一定可信度的水平。知识库通常包括相关的历史经验和教训、习惯运用的方法、专家的建议等知识。图8-14为引入智能技术后的决策支持系统的工作示意图。

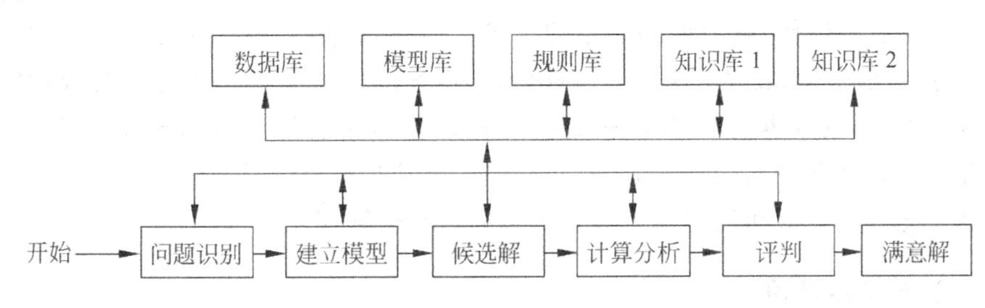

图8-14 智能型决策支持系统示意图

1)知识库的分类

可以把知识库分成两部分:知识库1为已经进入了系统的事实性知识,事实性知识是对已知事实或推理过程中的有关信息的描述,所有事实的集合形成事实库,其中成熟的部分即可转移到规则库中。而知识库2为仍然存在于决策者大脑中的知识。知识库1中知识越多,应用得越有效,则相应的决策支持系统的智能功能就越强,性能也越好。而大量具有创造性和直觉性的知识往往不容易、或在现阶段还不可能定量表示并存放在决策支持系统之中,只能通过系统的人机交互充分发挥决策者大脑中的知识。显然,系统人机交互接口的设计好坏直接影响着知识库2的工作好坏。当然,它还与决策者本身的素质、经验和知识有关。

2)知识库的建立

知识库的知识来源于书本、专家和国内外科学研究的成果,主要采用现场采访、调查、问卷咨询和专家交流等形式综合获取知识,并通过整理—反馈—调整的过程建立知识库。

建立知识库的主要问题是知识的形式化表述和知识库的构造,在现阶段,主要存在以下困难。

(1)专家陈述知识的方法和计算机表达之间的差异,甚至有的连专家自己也无法表述已掌握的知识:专家总是用他理解的方式陈述知识,这些知识包含背景、概念、关系、问题等,这很难用计算机程序形式进行描述。

(2)专家知识存在主观性、不确定性等:对于同一问题的解决方式,不同的专家有不同的看法。

(3) 知识不一致性：主要包括知识的冗余、蕴涵、矛盾和遗漏等方面。

(4) 知识库系统本身受计算机的限制：主要表现在知识的表达形式和推理。

获取知识的主要方法有：

(1) 自动获取：系统可以在运行中通过自学习积累经验，增加新知识，删除不合理的旧知识，即在人机交互过程中从专家那里自动获取知识特征。

(2) 调查访问：访问有关方面的专家来获取大量事实。

(3) 专家交流：对一些专题问题组织专家交流，得出条理化的结论。

把经过知识整理的“后知识”用知识库规定的概念、结构和方式进行形式转换，然后把形式化的知识输入计算机，形成知识文件，经修改、编译后保存为知识库文件。

3) 知识库管理

信息系统的运作，需要处理大量的真实数据，也就是上文所说的事实知识，它们是对各专题问题客观准确的反映。利用 RDBMS 可以对事实知识进行有效的管理，建立事实库，通过数据定义语言和数据操作语言对事实库中的数据进行存储和访问。现有的信息管理系统通常用 RDBMS 来管理事实知识，因此开发 IDSS 的第一步就是要把模型知识和规则知识引入到 RDBMS 的管理之中。

5. 决策支持过程

建立了数据库、模型库、知识库和规则库后，IDSS 决策支持的过程就可以定义为：提取 RDBMS 管理之下的事实库数据，综合运用模型库中的多种处理模型定量计算，同时结合利用规则库中的规则进行推理的定性分析，最后对用户提出的问题做出决策判断，并能够提供详细的决策过程和有关数据作为推理的依据，决策者通过虚拟仿真系统直接观察决策的过程和效果。

8.4.5 决策支持中心建设

重点关注

1. “数字河流”中的决策支持中心建设。

决策支持中心(DSC)由两部分组成，一部分由先进的硬件设备以及 IDSS 软件组成，另外一部分是由一批参与政策制定、决策分析和系统开发的专家，通过人机结合等多种方式支持决策者做出应急的和重要的决策。DSC 与决策者的交互方式有两种，一种与传统的 DSS 相同，决策者与 IDSS 软件直接交互；另一种是决策者通过决策支持小组间接实现与 IDSS 软件的交互。

会商决策支持中心建设的内容包括三个方面，即硬件系统建设、决策支持小组建设以及 IDSS 软件系统建设等，其结构见图 8-15。

1. 硬件环境建设

会商决策支持中心的硬件环境建设包括三个方面的内容，即房屋建筑、计算机及相应的网络通信设备和虚拟仿真及视听终端系统。

计算机及相应网络通信设备的建设可以参考通信网络规划的内容，按照 IDSS 软件系统的要求进行。

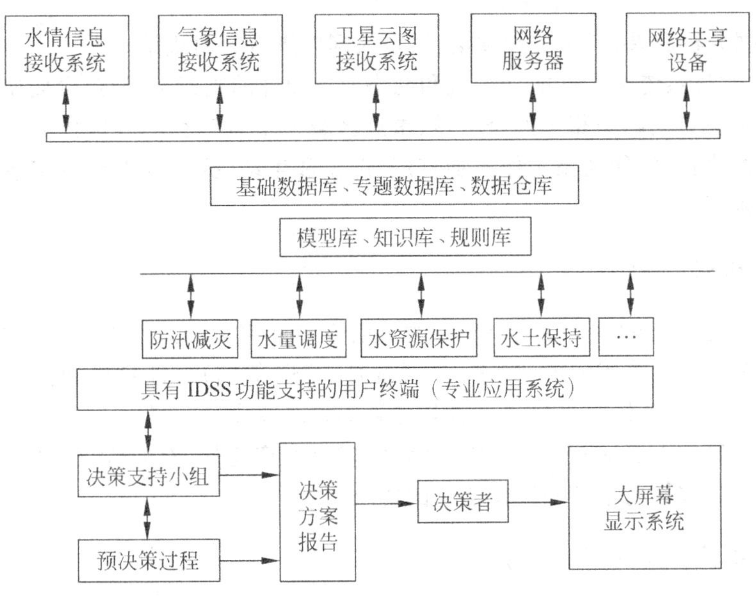

图 8-15　会商决策支持系统结构图

重点关注

1. “数字河流”中的会商决策支持系统结构。

视听终端系统为流域管理部门提供各项业务模拟、分析的软硬件环境以及虚拟现实、业务仿真的可视化环境。视听终端系统主要包括大屏幕投影显示设备、同步监视设备和中央控制设备等。大屏幕投影系统可采用多台专用的 VR 投影机，拼接投射在弧形环绕的幕墙上，形成整幅立体虚拟场景，很好地同时虚拟一个“真实”的 3D 立体场系，使决策者产生强烈的沉浸效果。

2. 决策支持小组建设

DSC 的决策支持系统是针对全过程的，由于 DSC 在 IDSS 基础上增加了决策支持小组，所以在决策过程的每个阶段都可以有人的支持活动。一般情况下，DSC 的决策成功支持率要高于一般的 IDSS，决策支持小组的分析综合在决策过程中占有重要的地位。在通常情况下，决策者提出决策问题的意向，然后通过决策支持小组对各专题研究的报告作出预决策，它包括意向问题定义、决策方案生成和评价等活动。

一般情况下，决策支持小组的成员包括政策制定者、决策分析者、相关专业的专家、软件系统开发维护者等。

3. IDSS 软件环境建设

软件环境是以计算机为基础的人-机交互作用的信息提供系统，能够在人-机交互环境下帮助决策者用实时方式提出并解决问题。其功能是以强有力的模型库、知识库与人工智能系统为辅助，引导决策支持小组和决策者完成群决策和民主协调机制的决策过程。

IDSS 软件主要功能就是运用各子系统模型库中的相应模型，对流域的水事问题进行分析计算；参照知识库中的专家知识和规则库中的规则，形成重大问题的分析成果;根据分析成果,产生决策预案,对重大问题进行会商决策。

IDSS软件系统在高性能计算机和网络通信硬件的支持下,通过会商中心的视听终端系统将决策问题中相关的全流域、重点区域或重点工程的三维仿真场景提供给会商现场的决策者,使决策工作更加直观、形象和生动,提高管理质量和效率以及决策和指挥水平。

4. 人机交互界面

人机交互界面的功能由IDSS中的对话系统来完成。人机界面是由决策者、计算机硬件和对话系统组成的,其中,决策者是IDSS的用户,计算机硬件是人机界面的物质基础,对话系统是连接决策者与计算机硬件系统的中间桥梁。

一个良好的人机交互界面通常应满足多样性、容错性、有效性、便利性、柔性、一致性以及提供较好的帮助和错误信息的要求。

5. 虚拟仿真(virtual reality)

虚拟现实地理信息系统(VR-GIS)是一种用于研究地球科学的、或以地球系统为对象的虚拟现实、计算机仿真、地理信息系统和多媒体等多种技术的综合体。VR-GIS把用户与地学数据的三维视觉、听觉等多种感觉的实时交互作为系统的存在基础,把传统GIS的空间分析与查询功能增加到虚拟环境中。虚拟现实与地理信息系统的融合,包含两者数据、模型和功能的一体化设计。这方面的研究意义重大,近年来受到了学术界和信息业界的广泛关注。

以3S技术为核心的信息化技术已广泛应用于水利行业,成为流域规划管理不可缺少的组成部分。在这些信息系统中,对二维空间信息的描述,GIS的各项技术已较为成熟,但由于二维地理信息系统采用二维的方式表示实际的三维事物,具有很大的局限性,大量的多维空间信息无法得到利用。而近年来发展迅速的虚拟现实技术,作为一种全新的人机接口技术,在信息表现与交互方面有着独特的功能。因此,VR与GIS的结合将有助于信息的综合表现。但VR与GIS的融合不是两者的简单连接,而是从空间模型分析到空间数据库的结构直至三维数据的可视化,都必须进行系统的研究。

虚拟世界是全体虚拟环境或给定仿真对象的全体,通过视、听及触觉等作用于用户,使之产生身临其境感觉的交互式视景仿真。在决策支持中心建立公用可视化平台和计算机仿真中心,为各项水事务活动提供模拟分析的软硬件环境和虚拟现实、实体仿真的可视化环境。它包括高速的数据传输系统、分布式的计算机网络系统、大屏幕显示系统;虚拟现实的三维GIS系统;计算机仿真系统。

8.4.6 地理空间信息共享技术

1. 前后端交互协议

要实现浏览器端与服务器端的信息交流,需要一整套信息交换协议。协议内容需要完整地反映系统所需要完成的功能以及一些控制过程。因此,必须对系统有比较明确的功能定义。从对系统功能的分析中,可以把这些功能大致归为数据请求、查询、计算、分析、制图、帮助、控制和元数据请求等类型,对每一种协议都应确定其结构。当构造好一个请求对象之后,由请求对象负责获取一个与之相对应的响应对象,然后响应对象自动完成相关处理。

2. 空间信息表达与综合分析

一般用栅格和矢量两种方式来表达空间信息。对于一般的查询、浏览,用户可以像操纵传统的桌面系统一样使用各种功能。涉及数据的计算分析,则需通过后端服务器代理,根据对计算分析的要求确定采用哪种方式。用户可以使用熟悉的方式进行空间查询或属性查询,并对查询结果进行地图显示或生成格式化报表。对于一些可制图的统计数据,提供专题制图工具,用户根据自己的需求对显示结果的样式、位置等进行设置,如图例、图名、制图符号、颜色等的设置,从而全面了解获取的信息。

系统的分析功能主要包括空间分析和统计分析,空间分析涉及较多的空间操作,其具体任务采用专门的 GIS 系统软件来完成,只需熟悉操作过程和专用接口,即可获得分析后的数据。对于已有的模型,需要制定一套完整的接口机制,尽可能在少改动现有模型的情况下将模型嵌入到系统中运行,并为今后的扩充提供必要的保证。

3. WebGIS 技术

WebGIS 是将地理信息系统 GIS 与 Internet/Intranet 技术相结合,使之成为大众使用的技术和工具。即在 Internet/Intranet 的任意一个节点上,人们可以浏览检索 Web 上的各种地理信息和进行各种地理空间分析与预测、空间推理和决策,以及数据库的 Web 储存等。

8.5 数字河流的应用

8.5.1 数字河流应用领域

数字河流具有十分广阔的发展前景,可以应用于政府管理、决策,科研教学和航运、气象服务等许多领域。随着技术的逐渐成熟和完善,数字河流也必将不断影响人们的生存、生活和生产方式。它的整体性和系统性的全局观念,将为水资源管理和利用带来崭新的局面。如前所述,数字河流是原型河流的虚拟对照体,是计算机和网络中的河流。因此,流域中与河流相关的重大自然事件和人类活动都应按一定的时空尺度反映在数字河流之中。同时,数字河流也必须为预测管理河流的重大自然事件、规范并优化人类影响河流的活动、进而建立和谐的社会与河流的关系提供

重点关注

1. 数字河流的应用领域。

科技支持。

数字河流可以应用于防洪减灾、防汛调度、水资源、流域环境质量控制与管理、土地利用动态变化、资源调查和环境保护等方面,可对重大决策实行全流域数字仿真预演,为流域经济带的可持续发展提供决策支持。在数字河流体系的支持下,可方便地获得地形、土壤类型、气候、植被和土地利用变化的数据,应用空间分析与虚拟现实技术,模拟人类活动对生产和环境的影响,制定可持续发展对策。同时,在国家重大项目的决策、工程项目设计与建设、社会生活等方面,数字河流也能够提供全面、高质量的服务。主要的应用领域如下。

1. 水文气象情报预报

水文气象情报预报已经由传统的仅为防汛减灾提供服务扩展为防汛、水资源管理和调度、水资源保护和监测、调水调沙等重大治河实践提供决策依据,其主要任务是接收处理各类气象、雨水情信息,制作和发布气象预报和水文预报。数字河流将解决气象、水雨情数据的采集和高效传输及处理问题。同时可以对雨情和水情的趋势变化进行模拟预测。

2. 防汛减灾

防汛减灾的核心是对洪水资源实施调度与管理,将其对人类造成的损失减少到最低程度。洪水是河流的自然现象,数字河流的应用将模拟预测洪水泥沙演进和洪水致灾情况、优化水库及相关工程的联合调度运用方案,以洪水资源利用的最大化和洪水致灾的最小化为目标,为防汛减灾提供科学高效的支持。

3. 水资源管理与调度

河流水资源的统一管理与调度是维持河流健康生命、优化水资源在河流流域及相关地区配置的重要措施和保证。其核心是根据河流水资源动态情况,优化确定河流水资源在不同时空的配水方案,实施水资源的精细调度。数字河流可以模拟河流水资源的状态、河流流域及相关地区典型的需水和用水情况,能够动态编制、管理和模拟水资源配置与调度的不同方案,同时能够监视水资源的调度情况并进行控制。

4. 水资源保护

河流水资源保护工作旨在为保证流域及相关地区的环境与社会生活引水和用水安全提供科技支持。其核心任务是对水质、水环境进行监测、监督和分析评价。数字河流能够及时采集大量的水质、水环境数据,在此基础上对其状态进行模拟、评价;可以计算模拟不同时空河流水环境的承载情况以及纳污情况,并对水资源的变化进行模拟预警预报;对污染物在特定河段的输移扩散过程进行模拟仿真、预测预报。

5. 水土保持生态环境监测

河流流域水土保持生态环境监测旨在通过相对完善的监测网络,为水土保持规划提供支持，对各类水土保持措施进行评价分析。数字河流通过建立相对完善的水土保持监测网络，采集水土流失的基本数据，准确掌握流域内的水土流失、生态环境信息。同时，通过建立土壤侵蚀模型群，模拟预测水土流失，评价、比较不同的治理方案等。

8.5.2　数字河流在防洪决策方面的应用

1. 防洪数字仿真平台

防洪信息系统建设在防洪体系建设中具有重要的地位，随着信息化技术的提高和防洪信息资源的不断膨胀，综合、直观的防洪信息平台凸显出决策支持优势。洪水预报是防洪数字仿真平台模拟的核心内容，通常洪水预报流程可以概化成：数据信息获取、洪水预报计算和计算成果综合分析三个主要业务流程。首先获得流域实时的降雨资料和流域地形地貌数据，以及上游水库的洪水调度过程，将上述信息输入水文预报模型进行流域产汇流计算和河道洪水演进计算，得到洪水传播过程。计算结果经评估后，进行洪水淹没区域分析，根据洪水趋势和堤防状况确定各区域风险等级，制定洪水调度方案和应急预案，综合地理信息、社会经济和人口分布等多种信息资源，评估淹没区财产损失。要实现上述过程，开发高效的洪水预报系统，需要集成信息采集传输系统、洪水预报模型库、综合数据库和数据动态显示系统等多个功能模块。

基于虚拟现实技术的防洪数字仿真平台构建分为数据层、工具层和应用层3个层次，总体框架如图8-16所示。系统的数据流通过综合数据库存储与中转，将洪水预报相关的各种数据源存储到综合数据库中，通过中间件技术实现防洪数学模型与数据库之间的读写功能，三维数字仿真平台读取数据库中的基础信息和数学模型计算结果进行综合分析决策。

三维仿真平台担负着信息集成表现与综合模拟分析任务，在信息集成方面，平台提供直观的地形地物、河流水系和堤防工程等场景三维显示、交互式漫游功能；实现洪水相关数据如沿程水面线、断面水位流量过程等信息的查询与图形表述功能(图8-17)。在综合模拟显示方面，三维仿真平台根据数学模型计算预报结果，在三维场景下对洪水淹没过程、典型区域流场分布特征、分洪区溃口洪水演进过程进行预演；通过与防洪工程数据和社会经济数据等信息相结合，实现灾害等级划分、损失评估和防洪调度预案模拟等功能。上述功能需要将三维可视化技术与各功能模块的算法相结合，实现与三维虚拟场景相融合的洪水模拟效果(图8-18)(张尚弘等，2011)。

2. 山洪灾害监测预警系统

山洪灾害监测预警系统主要包括水雨情监测系统和预警系统(系统结构见图8-19)。水雨情监测系统主要包括水雨情监测站网布设、信息采集、信息传输通信组网和设

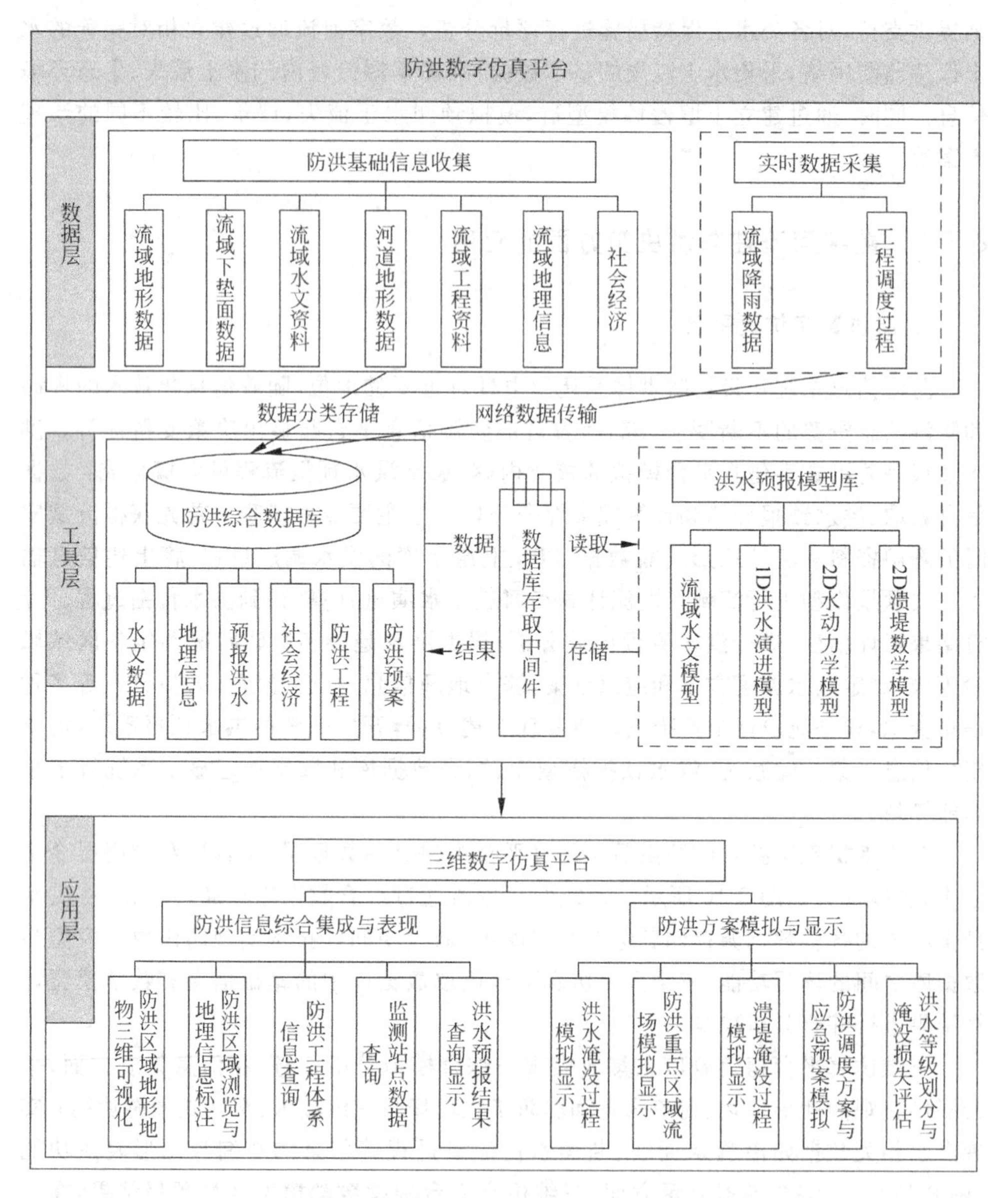

图 8-16　防洪数字仿真平台总体框架

备设施配置等。汇入山洪灾害防治信息汇集及预警平台的水雨情监测信息以自动遥测信息为主,群测群防水雨情监测信息以简易观测信息为主。根据我国山洪灾害范围广、成因复杂的特点,要加密现有水文气象部门的监测站网,以控制水雨情,及时发布预警信息。

山洪灾害预警系统由基于平台的山洪灾害防御预警系统和山洪灾害群测群防预警系统组成。山洪灾害防御预警系统中的山洪灾害防治信息汇集及预警平台是该预警系统数据信息处理和服务的核心,主要由信息汇集子系统、信息查询子系统、计算机网络子系统和数据库子系统组成;山洪灾害防御预警系统主要由信息汇集子

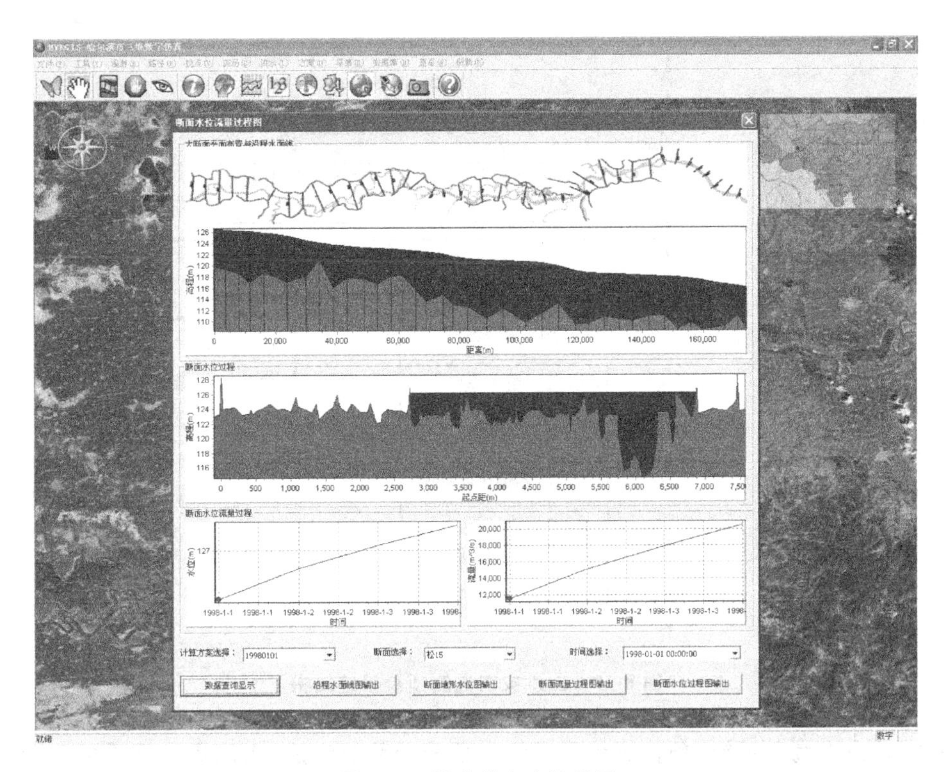

图 8-17　洪水信息查询显示

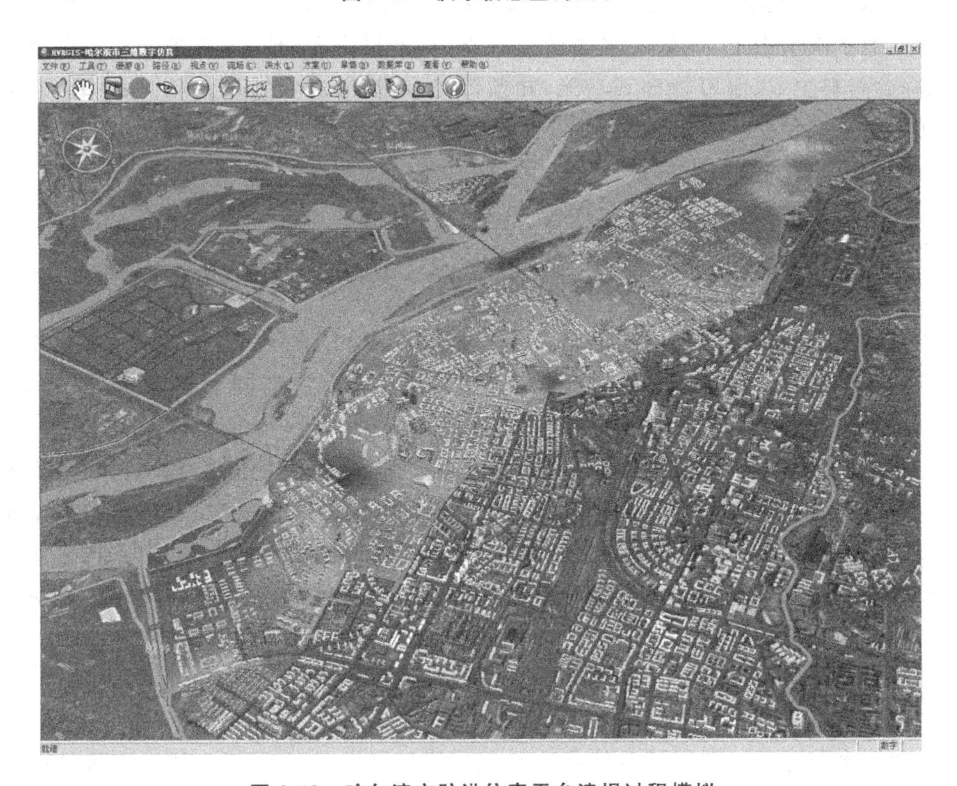

图 8-18　哈尔滨市防洪仿真平台溃堤过程模拟

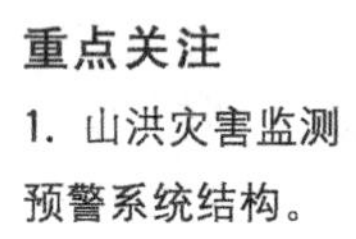

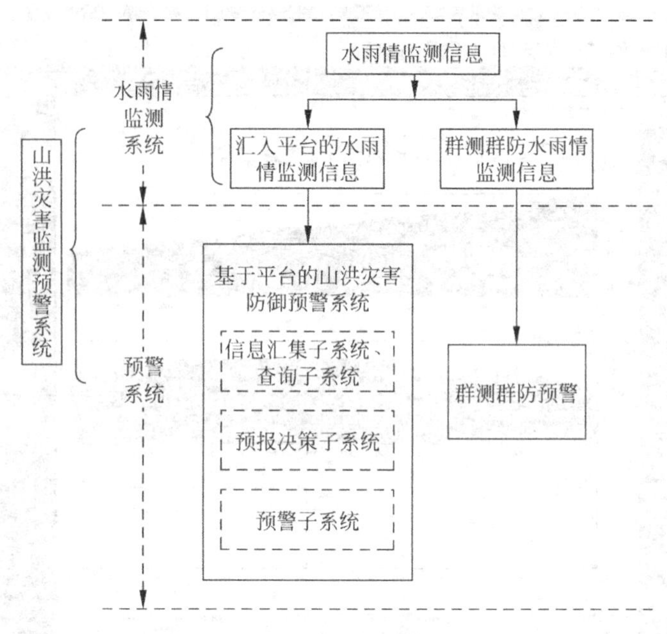

图 8-19 山洪灾害监测预警系统结构

系统、信息查询子系统、预报决策子系统和预警子系统组成，山洪灾害严重的区域应建立该系统，以获取实时水雨情信息，及时制作、发布山洪灾害预报警报；系统一般要求具有水雨情报汛、气象及水雨情信息查询、预报决策、预警、政务文档制作和发布、综合材料生成、值班管理等功能，并预留泥石流、滑坡灾害防治信息接口。群测群防预警系统包括预警发布及程序、预警方式、警报传输和信息反馈通信网、警报器设置等部分。

8.5.3 数字河流在都江堰水资源调度的应用

都江堰水利工程的主要功能是合理利用水资源，为灌区的生活用水、工业用水和农业灌溉提供优质水源。由于水资源的供应和需求存在时间上和地域上的差异，所以水资源的调度应是时空分布意义上的调度。

水量调度的总体目标就是依托都江堰灌区的水利信息化建设，利用"3S"技术和水量调度模型等手段进行径流预报和水库工程及河道的水量实时调度，实时采集水调信息，实现引水工程远程自动监控和监视，及时处理各种水调业务，对不同来水频率的水量调度方案进行虚拟仿真，提高都江堰水量调度的现代化水平和科学决策水平。

1. 水资源调度原则

我国水资源开发利用的总体战略是以水资源的可持续利用支持社会经济的可持续发展。为实现这一战略目标，水资源的开发利用必须根据人口、经济、资源、环境协调发展的原则，对灌区内的用水需要进行优化分配。

都江堰灌区现行的水资源调度原则是：根据水源条件，结合用水部门的实际情况，保障城乡居民生活用水，提供农业和工业用水，兼顾环境用水，次为水电、航运、旅游和养殖等。

根据各个时段用水单元的重要性确定供水的先后次序，如按人畜饮水、生活用水、重点工业用水、灌溉用水、环保用水及水电、航运、旅游和养殖等次序排列，定出不同的权重。利用水资源优化配置的理论和方法，建立岷江上游及都江堰灌区水资源可持续利用的评价指标体系，作为决策的参考依据。

2. 水资源调度方案

按旬或周（约半个节气）进行各用水单元的需水量预测，做出供水量过程线和相应时段各用水单元的需水量过程线。例如在该时段内供水量大于需水量，则可以保证供水。如供水量小于需水量，则有以下两种方案。

(1) 优化调度：通过对实时信息的了解，在分析模拟空中、地表、地下水运移及水质状况的基础上，根据各用水部门需水量和水利工程的可供水量，经人机交互，产生空中水、地表水、地下水、过境水的供水调度方案，并对方案的经济效益、社会效果综合评判，提供给决策者；

(2) 补充水源：根据规划，宝瓶口在 2—6 月春灌期间的引水流量为 $530m^3/s$，该时段岷江上游来流较小，需要采用其他措施补水，如上游水库补水，局部灌区抽取地下水或引用沱江和涪江的水量。

3. 水资源调度决策

1) 管理局水调中心

管理局水调中心负责全流域的水量调度，根据不同的功能区划进行调水决策，按照城镇区、平原灌区和丘陵灌区的顺序进行水量调度。充分考虑各种有关水资源利用方法、方案和成果，为决策者处理和解决重点问题提供决策支持，以有利于实现合理配置水资源，缓解供需矛盾，改善生态环境，使有限的水资源发挥更大的综合效益。其决策内容包括：

(1) 水量分配方案会商决策。当涉及水量调度预案有重大变化时，涉及地方利益与国家利益的调整，以及特殊情况下的配水方案，必须对水调中心提出的方案进行最高层次的决策会商。会商现场提供中长期径流预报成果、水量调度监测情况和方案成果的背景信息等。

(2) 应急调水会商决策。在特殊情况下，如极度干旱水量极少的情况下，为保障人民的生活用水、重点工业用水和必要的环境用水，需要对各种水资源进行调度，进行最高层次的决策会商。该会商系统的功能是在虚拟环境下，实时显示灌区旱情形势，对调水方案进行会商，最终作出调水决策。

2) 各县区水调管理部门

各功能区的市县将总水量控制指标细化，按各个地区的经济发展、人民生活条件等需求进行分水。其中,居民生活和工业用水在促进地区经济发展、保持社会稳定中占有举足轻重的作用,应保证这部分用水的供给;农业灌溉水量按比例或者按权重分配到各个灌区;兼顾生态用水。

4. 水量调度系统的内容

(1) 水量调度预案子系统:水量调度预案的生成是水量调度工作的核心,在不同的精度水平上实现年规划、月计划的调水预案和旬调水的实施方案。围绕这个目标建立的专业模型库包括径流预报模型,径流演进模型,水库调度模型,用水需求模型和水资源优化配置及综合评估模型,基于上述模型库生成实时调度模型。

(2) 水量调度运行监视子系统:在大屏幕和图形工作站环境下,以 GIS 相关软件为平台建立虚拟场景的综合监视系统。系统将实时发布调水指令、动态接收水量调度过程,以图表方式将各类水量调度信息、各项分析计算成果和水量调度运行实况等显示在大屏幕上,为会商决策、调度作业提供信息服务。调度值班人员和有关决策者可以全面掌握流域水雨情、各灌区引水实况和水质状况,通过对比分析及时发现调水过程中的问题。

(3) 水量调度业务处理子系统:针对水量调度业务处理任务,运用计算机技术建造一套方便、实用的公文处理、统计计算、文件管理和发送的工具,对调水的全过程进行实时记录和管理,以减轻作业人员在进行业务处理时的劳动强度,提高工作效率和质量。

(4) 水量调度方案评价子系统:调度方案实施后,有关人员将对其进行分析评价。因此需要建立方案评价子系统,对水资源利用的综合效益、各用水功能区的保证率和水资源动态平衡状况等进行自动分析、生成图表,进行调水方案的综合评价。

习　题

8.1 试论述数字河流的基本特征及与天然河流的差异。

8.2 简述获取基础信息的技术手段和实施方案。

8.3 结合最新的信息传播技术,构建河流信息的传输途径。

8.4 试设计在流域模型中实现模块化结构的建模方案。

8.5 综合决策支持平台建设的软硬件需求是什么?试概括说明。

8.6 以数字河流平台的框架为依托,如何构建河流研究?试提出一些构想。

第9章 河流动力学研究展望

河流动力学的定性论述虽有悠久的历史，但直到20世纪才开始采用现代科学体系进行系统的研究。河流动力学是以流体力学、地学、海洋和环境科学等为基础的交叉学科，其趋势是采用各学科之长，在理论探索、科学实验和数学模拟等方面深入发展。

9.1 研究发展趋势

河流动力学的研究包含两个方面的内容，一是在传统理论和现代化量测技术的基础上，对已有的研究成果进行系统的总结、归纳和提高，对一些假定和近似处理给出更严密的论证，对一些经典的试验成果重新进行检验。二是开拓新的研究领域和研究方向，特别注重与其他学科和最新的科学技术融会贯通。在20世纪30—50年代，Shields曲线、Rouse悬沙公式、Meyer-Peter及Einstein推移质公式基本奠定了泥沙运动力学的理论体系。半个世纪以来，研究者主要是在此基础上对这些理论进行补充和完善，除在工程应用方面取得巨大进展外，在理论体系上没有重大的突破。现在通过数十年来的理论积蓄和量测技术的时代跨越，有望在理论体系上取得突破性进展，在试验科学上获得重大的成果。

分析与思考

1. 河流动力学的研究包含哪两个方面的内容？

9.1.1 基础理论研究

河流动力学基础理论研究包括泥沙运动力学基本理论、河流演变过程原理的研究。早在20世纪30年代，Rouse应用扩散理论推导出了悬移质泥沙浓度分布公式，即扩散方程，它是进行输沙计算的基本方程。在现代两相流理论中，扩散模型只是宏观连续介质理论的一种简单模型。更一般的模型是双流体模型，两相流中关于固液两相流的基本方程、作用力分析及其应力本构关系的理论成果，极大地促进了泥沙运动力学理论的发展。但泥沙运动理论与固液两相流理论又有所区别，其内容更丰富，更具创新性。悬移质、推移质、水流

2. 为什么说扩散模型只是一种简单模型？

重点关注

1. 固液两相流的双流体模型对泥沙运动力学理论发展的促进作用。

挟沙力、动床阻力等一般两相流理论中所没有的概念是泥沙运动力学理论体系的基础,使得泥沙运动力学理论比固液两相流理论更生动、更便于在生产实际中应用。悬移质和推移质输沙理论、非平衡输沙理论、水流挟沙力、床面形态和动床阻力等都是泥沙运动力学基础理论研究的重要内容,而且在20世纪80年代以前已经发展得比较成熟,之后除了引入固液两相流的双流体模型外,并没有重大的进展,许多理论研究是低水平重复。因此,该领域的理论研究应集中在以下两个方面。

(1) 对现有的理论成果或公式进行认真总结,去伪存真,归纳提高。如钱宁(1980)关于推移质公式比较的研究堪称范例,几家著名的推移质输沙率公式尽管基于不同的理论,但都能转化为统一的结构形式,便于比较各家公式的适用范围及优缺点。倪晋仁等(1987)推导出了悬移质泥沙浓度分布的统一公式,并论证了其他著名的公式都是其特例,不论从哪一种理论出发,最后的结果都与扩散理论具有相同的形式。各公式在推导过程中都不可避免地要引入一些假设,因而理论上并不完善,适用范围也不尽相同。关于动床阻力、挟沙力等,都已经取得不少成果,也应该进行类似的归纳总结工作。

分析与思考

1. 泥沙运动力学进一步的理论研究应集中在哪两个方面?
2. 松散边界河流的冲积过程原理研究有哪些重要方向?

(2) 对不成熟的理论进行深入研究,争取取得理论上的突破。这些方面包括:非均匀沙不平衡输沙理论、高含沙水流运动理论、床面形态的空间结构及动床阻力、管道输送固体物料的减阻机理、水流相干结构对泥沙输移的影响等。

河流过程原理主要指冲积河流的自动调整原理。来水来沙作用于不同的边界条件,形成了丰富多彩的河道演变现象。河床演变学不仅仅停留在对现象的描述,更重要的是探讨控制河道演变的规律,如不同河型的形成、演变及转化条件,河流的自动调整原理等。在固壁边界条件下,水流泥沙运动参量可以通过动力学方程求解得出。但对处于不断蜿蜒展宽(或缩窄)的松散边界的冲积河流来说,还缺少一个能反映河流(横向)调整规律的动力学方程。20世纪80年代以来,以杨志达(Yang Chih-Ted)为代表的一批学者提出"能量耗散率极值"的理论(Yang等,1996),建立补充方程来封闭动力学方程组,取得了明显的进展,成为河流过程原理研究的重要方向。此外,自20世纪80年代以来,黄河频繁断流,河道断流引起河道萎缩,加重了黄河下游洪水灾害的危险。断流条件下黄河下游河道演变规律亦是一个全新课题,是值得高度重视的研究方向。

9.1.2 不平衡输沙和非恒定流输沙

1. 非恒定流输沙

一条天然的冲积河流,在恒定水流的作用下,其河床的冲淤变化总是趋向于平衡,但在非恒定流的作用下,冲刷或淤积的变化可能向单一的方向发展而造成灾害。河道的冲淤变化不仅取决于水流能量的大小,而且与其能量的变化率有直接的关系,河床的剧烈变化一般都是在洪水陡涨陡落的过程中发生的,这也是边岸坍塌甚至溃决的最危险的时期。

王兆印(1998)认为“非恒定流中的挟沙力、沙波运动和河床演变都有其特有的规律,需要专门研究”。宋天成和 Graf (1996) 的文章《明渠非恒定流的流速和紊动分布》因其“在水流研究中具有卓越的价值”而在第27届国际水力学大会上被美国土木工程师协会(ASCE)评为1997年的 Hilgard 水力学奖(每两年从全世界水利类的学术论文中评选一篇)。颁奖公告认为“在洪水(非恒定流)条件下的泥沙输移可能带来灾害性的后果和对水利工程(如大坝和水库)以及环境的实际损坏。迄今为止,人们主要进行均匀流的研究。现在,量测仪器和数据采集系统的进展使得非恒定挟沙水流的研究成为可能。该文的研究将有望开创一个新的研究领域”。

迄今为止,恒定均匀流的研究已取得了丰硕的成果,清水非恒定流的研究也有较大的进展(Nezu,1997),而非恒定挟沙水流的研究则处于刚起步阶段,代表性成果见于中-德非恒定流输沙研究成果论文集(IJSR,1994、1997、2001)。

在非恒定流的条件下,泥沙输移一定是不平衡的,即不平衡输沙是该课题研究的核心,如 Cellino 和 Graf (1999) 的水槽试验结果表明,在饱和与非饱和条件下,泥沙的输移规律是不相同的。

2. 不平衡输沙

窦国仁 (1963) 最早提出了在矩形均匀断面条件下的不平衡输沙公式:

$$\frac{\partial S_v}{\partial t}+U_L\frac{\partial S_v}{\partial x}=-\alpha\frac{\omega}{h}(S_v-S_*)\tag{9-1}$$

其中,α 为泥沙恢复饱和系数;S_* 为垂线平均的水流挟沙能力。

韩其为等(Han,1980)将方程(9-1)进一步扩展应用于天然河道,在恒定流的条件下将上式沿垂线积分,并采用在床面的泥沙扩散率和沉降率为零的条件得出

$$\frac{dS_v}{dx}=-\frac{\omega}{q}(\alpha S_v-\alpha_k S_*)\tag{9-2}$$

其中,α 为底部含沙浓度与断面平均含沙浓度的比值;α_k 为底部饱和含沙浓度与断面平均含沙浓度的比值。

若近似认为 $\alpha=\alpha_k$,即为式(9-1)中的恢复饱和系数,将上式改写成

$$\frac{d(S_v-S_*)}{dx}=-\frac{\alpha\omega}{q}(S_v-S_*)-\frac{dS_*}{dx}\tag{9-3}$$

对上式积分可得

$$S_v=S_*+(S_0-S_{*0})e^{-\frac{\alpha\omega L}{q}}+\frac{q}{\alpha\omega L}(1-e^{-\frac{\alpha\omega L}{q}})\tag{9-4}$$

式(9-4)即为恒定流动中平均含沙浓度沿程的变化。出口断面的含沙浓度取决于进口断面的含沙浓度 S_0、进口断面的饱和含沙浓度 S_{*0}、出口断面的挟沙能力 S_*、河段长度 L 及恢复饱和系数 α 等参数。韩其为(1997)对非均匀沙的二维不平衡输沙方程及边界条件进行了深入研究,较严密地推导了恢复饱和系数的表达式,较好地概括了已有的研究成果。

周建军(1990、1997)在假定的不平衡垂线浓度分布剖面的条件下,得到了不平

衡输沙方程和恢复饱和系数的近似计算公式,采取侧向积分的方法推导了适用于天然河道总流的不平衡输沙方程。研究结果表明,在二维数学模型和一维数学模型计算中,应采用不同的恢复饱和系数。

9.1.3 颗粒流研究

分析与思考

1. 什么是动理学?它的基本方程是什么?

研究河流动力学的理想方法应是分别写出两相各自的控制方程和建立两相之间的本构关系,从数学上求解方程组,以获得对两相流运动的完整描述。动理学的方法为这方面的研究提供了新的思路(傅旭东、王光谦,2002)。

1. 动理学的理论基础

固液两相流动问题在自然界和工程应用中广泛存在,相应的研究方法多种多样。这些方法基本可分为宏观描述的连续介质方法和微观描述的动理学方法。其中,连续介质方法由于在流体力学中的成功而应用较早。在近二三十年内,随着在气固两相流和快速颗粒流的研究中取得长足进展,动理学方法在固液两相流的研究中也有一定的应用,如 Wang 和 Ni (1991)、Aragon(1995) 等的研究。基于微观单颗粒分析的动理学方法,不仅能够提供单颗粒尺度上的微观信息,还可以通过对颗粒运动信息的统计平均,导出颗粒相连续介质形式的守恒型方程,并提供相应的宏观输运系数。

从描述颗粒相运动的玻耳兹曼(Boltzmann)方程出发,在一定的流动条件下求解出均匀、弹性、无黏性的球形颗粒的速度分布函数 f,那么该条件下的颗粒相运动的宏观特征参量也就随之确定下来。若单颗粒的质量为 m,则单位几何体积内的颗粒数目 n 为

$$n = \int f \mathrm{d}V_i \tag{9-5}$$

颗粒相的平均速度 $\overline{U}_i$ 为

$$\overline{U}_i = \frac{1}{n}\int U_i f \mathrm{d}V_i \tag{9-6}$$

颗粒相的体积比浓度 C、颗粒相的分密度 ρ_s 和颗粒相脉动速度 u_i 分别为

$$C = nV_s, \quad \rho_s = nm, \quad u_i = U_i - \overline{U}_i \tag{9-7}$$

其中,V_s 为单颗粒体积。

在经典的气体分子动理学理论中,通常将颗粒速度相空间内的随机速度坐标 U_i 变换为脉动速度坐标 u_i,并有下面形式的 Boltzmann 方程:

$$\frac{\mathrm{d}f}{\mathrm{d}t} + u_i\frac{\partial f}{\partial x_i} - \frac{\mathrm{d}\overline{U}_i}{\mathrm{d}t}\frac{\partial f}{\partial u_i} + \frac{\partial(F_i f)}{\partial u_i} - u_i\frac{\partial f}{\partial U_i}\frac{\partial \overline{U}_i}{\partial x_i} = \left(\frac{\partial f}{\partial t}\right)_c \tag{9-8}$$

定义颗粒属性 φ 的平均量 $\overline{\varphi} = \frac{1}{n}\int \varphi f \mathrm{d}V_i$,并将 φ 乘以方程(9-8)的两边,在整个脉动速度空间内对方程(9-8)积分,就可得到颗粒属性 φ 的输运方程:

$$\frac{\mathrm{d}}{\mathrm{d}t}(n\overline{\varphi})+n\overline{\varphi}\frac{\partial \overline{U}_i}{\partial x_i}+\frac{\partial}{\partial x_i}(n\,\overline{\varphi u_i})-n\left(\overline{\frac{\mathrm{d}\varphi}{\mathrm{d}t}}+\overline{u_i\frac{\partial \varphi}{\partial x_i}}-\frac{\mathrm{d}\,\overline{U}_i}{\mathrm{d}t}\overline{\frac{\partial \varphi}{\partial u_i}}\right)$$
$$-n\left(\overline{F_i\frac{\partial \varphi}{\partial u_i}}-\overline{\frac{\partial \varphi}{\partial u_j}u_i}\frac{\partial \overline{U}_j}{\partial x_i}\right)=\int\varphi\left(\frac{\partial f}{\partial t}\right)_{\mathrm{c}}\mathrm{d}u_i \tag{9-9}$$

在颗粒碰撞弹性、无摩擦的假定下，粒间碰撞并不改变颗粒相的数量、动量和能量。分别令 $\varphi=m,\varphi=mu_i,\varphi=mu_iu_i/2$，由输运方程就得到颗粒相的守恒方程如下：

连续方程：
$$\frac{\mathrm{d}\rho_{\mathrm{s}}}{\mathrm{d}t}+\rho_{\mathrm{s}}\frac{\partial \overline{v}_i}{\partial x_i}=0 \tag{9-10}$$

动量方程：
$$\rho_{\mathrm{s}}\frac{\mathrm{d}\overline{v}_i}{\mathrm{d}t}=\rho_{\mathrm{s}}\overline{F}_i-\frac{\partial P_{ji}}{\partial x_j} \tag{9-11}$$

脉动能方程：
$$\frac{3}{2}\rho_{\mathrm{s}}\frac{\mathrm{d}T}{\mathrm{d}t}=\rho_{\mathrm{s}}\overline{F_iv_i}-P_{ij}\frac{\partial \overline{v}_i}{\partial x_j}-\frac{\partial q_i}{\partial x_i} \tag{9-12}$$

其中，$P_{ij}=\rho_{\mathrm{s}}\overline{v_iv_j}$，为颗粒相的脉动应力张量；$q_i=\frac{1}{2}\rho_{\mathrm{s}}\overline{v_{\mathrm{s}}v_i^2}$，为颗粒相的脉动能传导通量；$T=\frac{1}{3}\overline{v_iv_i}$，为颗粒相脉动能。

在上述守恒方程中，P_{ij}、q_i 和 T 均为未知参量，$\overline{F_iv_i}$也没有确定。这样，固液两相流动的颗粒相动理学描述问题实质上就是在一定的外力 F_i 作用下，对颗粒速度分布函数 f 的求解和对这些未知物理量的确定。

2. 低浓度固液两相流的动理学理论

对于两相流中的离散颗粒相，连续介质假定在低浓度条件下难以成立，高浓度下的颗粒间作用也难以用现有的连续介质方法描述。采用动理学方法对这类问题进行研究具有明显的优势。

在两相流的动理学方法中，为了理论处理的简单，通常假定作用于颗粒上的外力与颗粒速度无关。这样，描述颗粒相运动的 Boltzmann 方程就与经典气体动理学中的方程形式相同：

$$\frac{\partial f}{\partial t}+U_i\frac{\partial f}{\partial x_i}+F_i\frac{\partial f}{\partial u_i}=\left(\frac{\partial f}{\partial t}\right)_{\mathrm{c}} \tag{9-13}$$

其中，$f=f(V_i,x_i,t)$，为颗粒速度分布函数，是颗粒的随机速度 V_i、空间坐标 x_i 和时间 t 的函数；F_i 为单位质量颗粒所受的外力；方程右边为颗粒间碰撞对速度分布函数的影响。

在这样的假定下，可以完全参照经典气体动理学的有关理论成果进行固液两相流、以重力和碰撞效应为主的气固两相流和颗粒流运动研究，这就大大推动了气固流和颗粒流研究的进展。但在固液两相流动中，相间作用力非常复杂，一般不能简化为与颗粒速度无关。相应地，描述颗粒相的 Boltzmann 方程应该采用下面的一般形式：

$$\frac{\partial f}{\partial t}+U_i\frac{\partial f}{\partial x_i}+\frac{\partial F_if}{\partial u_i}=\left(\frac{\partial f}{\partial t}\right)_{\mathrm{c}} \tag{9-14}$$

Wang 和 Ni (1991) 曾用动理学方法研究了低浓度情形下的固液两相流动。虽然采用了方程(9-14)所示的一般形式的 Boltzmann 方程,但在采用变分法求解时,他们仍然假定外力 F_i、其他变分参数均与颗粒速度无关,从而获得简单的理论解。但在固液两相流动中,很多流动特征不仅与颗粒受到的液相阻力有关,还与液相施加的其他作用力有关。

9.1.4 水利量测技术展望

重点关注

1. 水利量测新技术。

随着对水流内部结构和运动机理的深入研究,需要更精确的试验资料以检验各种假定、基本理论的推导及确定数学模型的参数。

在室内试验方面,以非接触高精度的量测仪器为主,如超稳定、高灵敏度和高频响的压力传感器是水位、水面波动测量的必备仪器。

在流速测量方面,对清水恒定流,二维和三维激光流速仪在施测频率高、施测体积小(约 $1.0mm^3$)方面仍具优势,但局限于低含沙浓度的单点测量。超声流速仪能测量垂线的瞬时流速和泥沙浓度分布,实现了从点到线的突破。其局限是施测体积较大(约 $4.5\times\phi 20mm^3$),测量频率较低(小于 20Hz)。高频率、大功率的超声流速仪具有良好的开发前景,在提高分辨率和测量频率方面都具有发展潜力,如非均匀沙群体沉速的测量,可在大直径的长沉降筒中沿高度布设超声浓度分布仪,精确测量浓度的沿程变化过程,从而计算非均匀沙的群体沉速。

随着图像的摄录频率、转换频率、分辨率的大幅度提高和大功率光源的开发,示踪图像流场测量技术将成为最有发展前途的研究方法之一,它能测量瞬时的流场剖面,即从线到面的跨越,能给出流场结构的空间信息,在研究流场的相干结构量测中具有独特的优势。例如,采用安装在水槽底部(水槽的底板为玻璃)和旁侧的两组相互垂直的摄像镜头可以测量颗粒的三维运动轨迹,采用图像同步合成和采样,经坐标系统的校正和计算,即可得出颗粒的三维运动特性,为泥沙运动的理论分析和泥沙数学模型提供基础的验证资料(禹明忠,2002)。

在野外测量方面,应将遥感(RS)、地理信息系统(GIS)、卫星定位系统(GPS)和先进的量测仪器相结合,快速准确地测量各种流动参数,如河道的流速、水深、含沙量等可用 GPS 和超声流速浓度分布仪同时进行测量;洪水的监测、河道长时段的冲淤变化可用 RS 和 GIS 的技术进行判读、分析和对比得出。

9.2 水流结构的研究

河流动力学是在水力学和流体力学的基础上发展起来的,泥沙受水流的作用而运动,故学科的发展与流体力学的进展密不可分。

9.2.1 时均流速分布基本参数的研究

1. 对数流速分布公式

大量实测资料表明，明渠时均流速可用对数流速分布公式表达为

$$\frac{U}{U_*}=\frac{1}{\kappa}\ln\left(\frac{y}{k_s}\right)+B \tag{9-15}$$

水力光滑区　$B=5.5+\frac{1}{\kappa}\ln(Re_*)$，　$Re_*=\frac{U_* k_s}{v}$　(9-16)

水力粗糙区　$B=8.5$　(9-17)

其中，U 为距理论床面 y 的时均流速；k_s 为粗糙突起高度，可由 Silberman(1963)公式计算：

$$\frac{1}{\sqrt{\lambda}}=-2\lg\left(\frac{k_s}{14.83}+\frac{2.52}{Re\sqrt{\lambda}}\right),\quad \lambda=8\left(\frac{U_*}{U_L}\right)^2,\quad Re=\frac{4RU_L}{\nu} \tag{9-18}$$

作为光滑区的下限，上式为

$$\frac{1}{\sqrt{\lambda}}=-2\lg\left(\frac{2.52}{Re\sqrt{\lambda}}\right) \tag{9-19}$$

式(9-15)中的卡门常数 κ 和积分常数 B 是需要由实验资料来确定的两个参数。许多实验结果表明，κ 值基本上不随流动条件而改变，而积分常数 B 却因床面条件的不同而有所不同。从式(9-15)可以看出，κ 与 U_* 成正比，而 B 则与 U_* 成反比，即首先必须确定摩阻流速 U_* 的数值。

重点关注

1. 时均水流的结构与流速分布。

1) U_* 的计算方法

摩阻流速 U_* 的计算主要有以下几种方法：

(1) $U_{*1}=\sqrt{gRJ}$，对于宽浅河道，$U_{*1}=\sqrt{ghJ}$；

(2) $U_{*2}=\sqrt{-\overline{uv}}\Big|_{y\to 0}$；

(3) 测量黏性底层的流速分布，从$\frac{U}{U_*}=\frac{yU_*}{\nu}$反求 U_{*3}；

(4) 测量对数流速分布区的流速分布，假定 $\kappa=0.4$，用式(9-15)反求 U_{*4}；

(5) 用 Preston 管直接测量床面的剪切应力 τ_0，则 $U_{*5}=\sqrt{\tau_0/\rho}$。

2. 摩阻流速的计算和量测方法。

上述几种方法中，U_{*5} 的测量对流场有一定的干扰，已很少有人采用；U_{*4} 要先假定$\kappa=0.4$，但在很多情况下是要研究流场的变化规律，先做此假定就达不到研究的目的；U_{*3} 只适合于光滑边壁的精确量测，一般只能用高精度的激光流速仪；在有条件的情况下，测量流场的紊动应力分布，取其回归直线趋于零时的值计算 U_{*2}；在大多数情况下，水深 h 是量测误差最小的参数之一，对恒定均匀流，如能比较准确地测量水力坡降，则 U_{*1} 是最为简单而又较为精确的测量方法，它是只与流动的平均特性有关而独立于流场内部结构的统计参数。

当确定了 U_* 以后，流速分布公式中还有三个参数必须确定，即理论床面的位置

y_0、粗糙突起高度 k_s 和积分常数 B,但如何精确定出这三个参数的值却存在很大的困难。

2) 理论床面位置

重点关注

1. 理论床面位置。

水槽试验是研究明渠水流特性的基本手段,而平均流速的半对数分布对水槽底部的起始位置是十分敏感的,如何确定床面位置长期困扰着研究者们。事实上,大多数研究者对于光滑床面多是直接测量床面位置;对于沙质平整床面则采用经验方法;对于有沙波的明渠流动,确定床面位置将更加困难。

假定槽底从入口到末端是一块平板,但由于制造工艺的限制,难于保证完全平整,例如对20m长的水槽,至少有1mm的误差。水流的流态需要一段长距离的调整才能形成,它受水槽进口条件、边界层的发展、水面波以及不光滑不平整的床面和边壁的影响。在试验段进行流速量测时,尽管局部的床面位置可以很精确地测定,但它并不能代表全流场真正的床面位置。分析表明,不论是清水还是挟沙水流的明渠流动,理论床面的位置通过试验量测是很难确定的(王殿常,1998)。Einstein 和 El-Samni(1949) 认为流速与离理论床面距离的对数值应该是直线关系,在此直线上,$U=0$ 的 y 值即为 y_0。因此可以断定,如果 U_* 能够精确确定,Einstein 和 El-Samni 确定理论床面的方法是合适的,但问题是对数流速分布公式并未得到普遍的承认,比如尾流函数的观点。

3) 粗糙突起高度 k_s

2. 粗糙高度的计算方法。

根据式(9-18)可以计算 k_s 值,但有很多实测资料表明,在 λ-Re 的关系图中,试验资料位于式(9-19)的下方,如图9-1所示,则 k_s 值无法用式(9-18)计算,即式(9-18)和式(9-19)还需经过大量高精度的试验进一步研究。

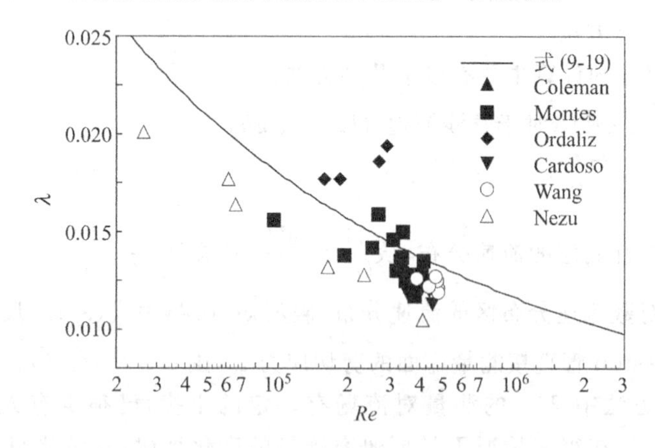

图9-1 阻力系数与 Re 的关系

3. 积分常数的确定。

4) 积分常数 B 的确定

可以根据实测资料用式(9-15)回归计算 B 值,当实测数据在图9-1曲线的下方时,取 $Re_*=1$。但大量的实测资料得不出式(9-16)和式(9-17)的关系,如图9-2所示。例如在式(9-15)中假定 $\kappa=0.4$,$k_s=0.5$mm,$B=8.5$,可得 $y_0=0.0167$mm,如 y_0 的测量误差为0.1mm(测量精度的极限),即 $y_0=0.1167$mm,则 $B=3.64$。说明在

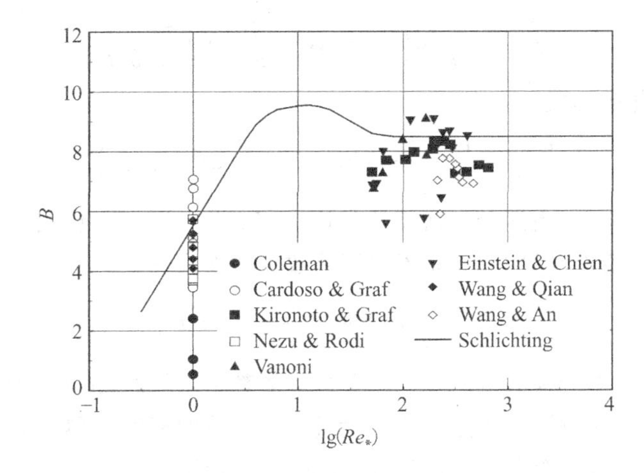

图 9-2　积分常数 B 与 Re_* 的关系

现有的试验技术水平和量测精度下，无法得出 Nicorades 试验的结果。

一种解决方法是研究明渠水流最大流速 U_{max} 的位置 δ 和数值，采用亏值律公式计算流速分布：

$$\frac{U_{max}-U}{U_*}=-\frac{1}{\kappa}\ln\frac{y}{\delta} \tag{9-20}$$

其理论床面的高度直接影响到 B 的取值，但对最大流速的数值则几乎没有影响。

王殿常等(2001) 给出了明渠水流最大流速的计算公式：

$$\frac{U_{max}}{U_*}=13\left(\lg\frac{h}{k_s}\right)^{0.54} \tag{9-21}$$

最大流速出现的位置则主要与水槽的宽深比有关(王兴奎，2001)：

$$\frac{\delta}{h}=0.44+0.106\frac{b}{h}+0.05\sin\left(\frac{2\pi b}{5.2h}\right),\quad \frac{b}{h}<5.2 \tag{9-22}$$

其中，b 为水槽宽度，当 $b>5.2$ 时，$\delta=h$。

5) 各参数的相互关系

上述分析表明，κ、U_*、B 和 k_s 四者之间均相互关联，但四个参数都没有确定性的理论值，需从实验测量中得到，而实验的流速分布还会受理论床面位置的影响。进一步的研究将需要高精度的实验设备和仪器，得出可靠的 U_* 值，用标准沙粒粘贴于床面测出 k_s 值，这样就可以从时均流速分布求出 κ 和 B 值。

2. 尾流律公式

1956 年 Coles 为解释紊流边界层流动的发展过程提出尾流函数的概念后，许多学者将其应用于明渠均匀流的时均流速分布研究。尾流函数的一般表达式为

$$\omega\left(\frac{y}{\delta}\right)=2\frac{\Pi}{\kappa}\sin^2\left(\frac{\pi}{2}\frac{y}{\delta}\right) \tag{9-23}$$

其中，δ 为边界层厚度；Π 为尾流强度系数。

垂线流速分布($y\leqslant\delta$)为式(9-15)和式(9-23)的线性组合，即

$$\frac{U}{U_*}=\frac{1}{\kappa}\ln\left(\frac{y}{k_s}\right)+B+\frac{2\Pi}{\kappa}\sin^2\left(\frac{\pi}{2}\frac{y}{\delta}\right) \tag{9-24}$$

或改写为亏值律的形式：

$$\frac{U_{\max}-U}{U_*}=-\frac{1}{\kappa}\ln\frac{y}{\delta}+\frac{2\Pi}{\kappa}\cos^2\left(\frac{\pi}{2}\frac{y}{\delta}\right) \tag{9-25}$$

当 $y/\delta\leqslant 0.15$ 时，流速分布属于边壁区，可忽略尾流的影响，则 κ 和 B 可以由这个区域内的量测资料计算获得，尾流强度系数可由下式确定：

$$\Pi=\frac{\kappa}{2}\left(\frac{U_{\max}}{U_*}-\frac{1}{\kappa}\ln\frac{\delta}{k_s}-B\right) \tag{9-26}$$

明渠流动中，垂线最大流速 $U_{\max}$ 及其位置 δ 都是未知的，Π 无法直接由水流条件计算，因而需要从实测资料确定。迄今为止，对 Π 值的研究虽然已有大量的试验结果，但其取值范围或计算公式都还没有基本一致的结论。

对于发展中的边界层流动，最大流速等于已知的外部流区流速，边界层的厚度 δ 亦可按相应的公式计算，如果已知摩阻流速 U_*，则尾流强度系数 Π 就可以唯一确定。对于明渠流动，若最大流速 $U_{\max}$ 位于水面以下，则它的大小和位置都是未知的，因而 Π 无法用式(9-26)来计算。因此，对于边界层流动，无穷远处流速 U_∞ 和 δ 为已知条件，亏值律式(9-15)是可用的，但对于明渠流动，采用式(9-25)没有实际意义。

9.2.2 挟沙水流的紊动结构和能量损失

水流的紊动结构包括其紊动强度、概率密度分布、时间空间相关和能谱分布以及大尺度的相干结构等。窦国仁(1987)对水流的紊动结构进行了理论上的探索，得出了各种紊动参数的计算公式。但更多的研究成果还是直接从实验中得出的，人们对紊流的认识也是随着量测技术的提高和实验结果的深入而逐步深化的。

挟沙水流紊动特性研究的重点是分析其紊动特性与相同时均水流条件下清水紊动特性的差异，从而找出规律性。对很多基本的问题还存在很大的分歧，如泥沙存在究竟是增加或减少水流的紊动强度；又如颗粒受力的概率密度分布，若认为流速为正态分布且式(4-11)对脉动流速也成立，则从数学上证明颗粒受力的概率密度分布一定不是正态的，但式(4-11)对脉动流速是否成立还没有论证资料，而大量的试验结果表明，颗粒受力的概率密度分布基本接近正态分布。

挟沙水流能量损失的研究已有大量的成果，但能量损失的定义、测量和计算方法、结果对比等都存在很大的差异。

9.3 交叉学科的发展

河流动力学从建立之时起，就不断地与其他学科相互交叉发展。传统意义上的泥沙学科只包括泥沙运动力学和河床演变学与治河工程两方面的内容。本学科的学术专著,如钱宁先生的《泥沙运动力学》和《河床演变学》、武汉水利电力大学的《河流泥沙动力学》、《河流泥沙工程学》、《河床演变与整治》等都全面介绍了传统泥沙学科的内容。

现阶段泥沙学科与其他学科的交叉日趋活跃,主要体现在下述几个方面。

1) 与地貌学交叉,形成河流动力地貌学

河流动力地貌学是研究全流域面及其水系的组成物质和形态在流水动力作用下的演变和分布规律的科学理论,采用固液两相流的基本理论来描述复杂多变的河流地貌形态及其发展过程。研究的主要内容有水沙运动基本理论、水系与流域、阶地与古河道、河相关系、河型过程和河口地貌过程的动力学方法。采用河流动力地貌学的基本理论对流域产沙与坡形发育的关系、流域与河流的响应关系、河型发育过程的一般规律及江心洲河型成因等方面的研究将进一步促进该交叉学科的深入发展(倪晋仁,1998)。

2) 与环境学科交叉,形成环境泥沙学

泥沙颗粒(特别是微细颗粒)具有很强的吸附能力,在运动过程中吸附和携带水体中的污染物质,其运动机理遵循泥沙输移的力学规律。但污染物的吸附过程和迁移转化、稀释降解等和污染物的物理化学性质密切相关,这些又属环境科学的研究范畴。为了深入研究泥沙运动中的环境问题,必须结合泥沙运动力学和环境学科的基本理论,发挥两个学科的综合优势,采用原形观测、室内和野外试验及数学模型计算等科学方法研究诸如推移质中重金属污染物的吸附、迁移、沉积及重新起动的二次污染;悬移质吸附和携带污染物的机理等生产实际中的重大课题(黄岁梁,1995)。

3) 与3S技术交叉,建立河流动力学信息系统

为了充分开发江河流域的自然与旅游资源,加快区域经济发展步伐,有必要建立与流域综合开发、生态环境的可持续发展、航运规划和河道整治等有关的信息系统,以对各种生产活动进行科学评价,进而提出流域的总体建设开发方案。为此需要及时掌握河流水系的基本情况,如河道在建工程前的原始情况、建设过程中的演变及港口码头的变迁等。传统的实地调查测量的方法缺乏宏观性和实时性,而且费时费钱,人工分析的手段亦难以顾及众多因素并进行大规模的快速综合分析。因此,利用遥感(RS)与地理信息系统(GIS)及卫星定位系统(GPS)技术进行与流域综合开发相关的信息调查与分析,并与传统的河流动力学及河床演变学的研究手段相结合,为规划管理决策部门提供快速准确的信息,这在生产实际中将具有重要的意义。

河流动力学信息系统综合利用遥感卫星影像数据、流域和河道实测数据及其他人文社会的相关资料,借助遥感影像解译技术及地理信息系统空间分析技术,结合泥沙一维二维数学模型及实体模型成果,对河道的动态特性进行实时预报,能够快速评价与分析一个流域规划的合理性和与河道整治的效果。

4) 与非线性数学(分维分形)交叉,研究河流的自组织机理

河流是与外界存在能量交换和物质交换的开放系统,紊动的发生是该动力系统的非线性因素造成的,确定性的非线性机制本身就包含了引发无规则运动的内因。

这种源于确定性系统内部的、在控制参数达到临界值之后通过失稳和各种类型的分叉最终表现出来的不确定性即为紊动。在自然界中,泥沙的运动绝大多数都与紊动水流有着密切的关系。河流系统存在着服务于自我调整过程的各种层次的功能自组织作用。河流通过营造沙波、增加动床阻力、削减挟沙力,使沙波运动成为河流中等尺度的功能自组织的一部分。

杨铁笙(1997)总结多年研究经验后认为:了解淤积物的形成过程及其细观结构是揭示黏性细颗粒泥沙成团起动机理的关键。初始均匀的黏性细颗粒泥沙浑水体系,在一定条件下出现的絮凝—沉降—结网—密实淤积现象,是河流系统在小尺度上的自组织过程,即一种耗散过程:体系中泥沙在粘结力驱动下耗散表面自由能,同时在重力驱动下耗散其重力势能,使二者之和即总体位能趋向最小,遂令淤积物干密度不断增大。淤积物中颗粒-颗粒集团排列位置及相对距离的随机性决定了其相互链接的强度(粘结力)亦具随机性,而非单一确定值。当水流强度达到临界条件时,床面某些弱链先遭破坏,一些颗粒或颗粒集团脱离周边泥沙,形成"局部缺陷";床面形态缺陷又反作用于水流,使局部紊动剪切强度加大,引起"缺陷扩展";局部破坏与流场畸变的交互作用构成正反馈效应,最终导致"床面崩溃"。基于上述认识,专门设计了一套实验与数值模拟相结合的研究方案,从颗粒集团的形成、形态特征、链接方式、链结强度的空间随机性,及水中阳离子影响等诸方面入手,研究黏性细颗粒泥沙淤积的自组织过程,淤积物的细观结构特征及其成团起动的机理;解释黏性细颗粒泥沙"缺陷发生—缺陷扩展—局部崩溃"的起动过程;建立成团起动的判别条件;并用可视化数值模拟复演这一过程,检验机理模型之合理性。

5) 与人工智能、人工神经网络方面的研究交叉,研究流域的产流产沙模拟方法

人工神经网络是研究生物神经系统中发展起来的一种信息处理方法。它能够靠过去的经验来学习,可以处理模糊的、非线性的和含有噪声的数据。可用于预测、模式识别、非线性回归和过程控制等各种数据处理的场合。流域产流产沙受地域、气候、植被和季节等诸多因素的影响,不管是数学模拟还是实体模型试验,都需要大量的实测资料来验证,复杂多变的边界和初始条件亦使研究结果难以达到需要的精度。应用人工神经网络方法建立模型,只注重起始条件和最终结果,能通过部分准确样本的自学习来体现各因子之间复杂的内在联系,比普通的数学模型具有更好的适应性和稳定性,王向东(1999)在这方面进行了有益的探索,取得了一些有价值的成果。

6) 海岸泥沙运动力学

海岸带一般都是一个国家社会经济发展的重点地区,河口治理与滩涂开发等都要涉及到河口海岸泥沙运动的力学规律,因而得到广泛的重视。与河流泥沙运动规律相比,有其独特之处。①从动力特性上看,受径流、潮汐与波浪的共同作用,河流泥沙运动力学中大量关于恒定均匀流的研究成果和基本概念在这里均不适用。②泥沙粒径较细,通常属于悬移质运动范畴。在泥沙来源上,运动中的泥沙,除径流带来的泥沙外,既有远距离漂移来的泥沙,也有波浪从当地掀起的泥

沙。在波浪的周期作用下，泥沙不断悬起、运动、沉降、再悬起，构成泥沙运动的复杂图景。由于泥沙很细，泥沙直接从床面扬起进入悬移运动状态，泥沙在波浪作用下的扬起运动规律是最重要的基本问题。如果像一些文献报道的那样，河口地区的底形都是由极细的泥沙形成的，那么，缺乏推移质运动的底形形成机理将与河流的床面形态不尽相同，其规律的研究还是新的课题。③河口地区细颗粒泥沙要发生絮凝，将对泥沙沉降与起动特性产生较大影响。特别是在咸淡水的交界带，大量泥沙在此沉积，形成拦门沙。颗粒的絮凝可能形成独特的泥沙运动现象，例如，底部床面形成的浮泥流层。关于浮泥流的形成机理、运动特性和阻力规律等，可信的研究成果还不多见，值得深入研究。

7）荒漠泥沙学

在风力作用下沙纹的形成机理及如何模拟沙纹的形成、演化过程一直是地学界和力学界共同关心的课题，特别是近年来沙尘暴的危害日趋严重，开展荒漠泥沙运动机理的研究已刻不容缓，其研究成果对荒漠化防治具有指导意义。

在 19 世纪末和 20 世纪早期，人们倾向于把风力作用下的沙纹形成过程与水力作用下的形成过程相比较。通常，把沙质床面看作具有极大黏滞性并允许凸起变形的流体，其上方则是黏滞性较小的空气流场，而黏滞性的差别将导致床面的不稳定。另外的一些观点认为空气流动中的波型作用是控制沙纹形成过程的外在因素。

较早以空气动力学为理论基础，利用风洞等实验手段开始对风沙运动规律进行研究。英国物理学家拜格诺（R. A. Bagnold）1935 年在利比亚等地的沙漠中进行了风沙现象野外观测，并在室内做了大量模拟实验，于 1942 年完成了名著《The Physics of Blown Sand and Desert Dunes》（钱宁、林秉南译，1959）一书，从而奠定了风沙运动研究的基础。在这本书里，拜格诺把风力作用下沙粒的基本运动方式分为三种：表层蠕移、跃移和悬移。并且得出了很多重要的论断：①跃移质是风沙运动的主要组成部分；②跃移沙粒对床面的撞击是沙纹形成的直接原因；③风成沙纹的间距等于跃移粒子的跃移距离等。拜格诺的这些观点至今还有着十分重要的意义。

计算机技术的迅猛的发展，为自然科学研究提供了新的契机和手段。沙纹形成机理的研究也出现了一种新的方法——计算机模拟。王光谦和冉启华（1998）初步建立的风沙运动的动力学模型并对复杂的非线性过程进行模拟。

人 名 索 引

名词索引

参考文献

曹伯勋. 1995. 地貌学及第四纪地质学[M]. 北京：中国地质大学出版社.

陈崇明. 1998. 云南东川市泥石流防治[J]. 中国地质灾害与防治学报，9(4)：70-73.

陈霁巍. 1998. 黄河治理与水资源开发利用(综合卷)[M]. 郑州：黄河水利出版社.

陈永宗，景可，蔡强国. 1988. 黄土高原现代侵蚀与治理[M]. 北京：科学出版社.

陈稚聪，王光谦，詹秀玲. 1996. 细颗粒塑料沙的群体沉速及起动流速试验研究[J]. 水利学报，(2)：24-28.

陈志清. 1995. 50年代以来黄河下游河道的萎缩及其原因[J]. 地理研究，14(3)：74-81.

窦国仁. 1960. 论泥沙起动流速[J]. 水利学报，(4)：45-60.

窦国仁. 1963. 潮汐水流中的悬沙运动及淤积计算[J]. 水利学报，(4)：13-24.

窦国仁. 1987. 紊流力学[M]. 北京：高等教育出版社.

窦国仁. 1999. 再论泥沙起动流速[J]. 泥沙研究，(6)：1-9.

费祥俊. 1983. 高含沙水流的颗粒组成及流动特性[C]//中国水利学会. 第二届河流泥沙国际学术讨论会论文集. 北京：水利电力出版社：296-308.

傅建利，李有利. 2001. 三门峡水库对黄河河流地貌的影响[J]. 水土保持研究，8(2)：59-65.

府仁寿，卢永清，陈稚聪. 1993. 轻质沙的起动流速[J]. 泥沙研究，(1)：84-89.

傅旭东，王光谦. 2002. 低浓度固液两相流颗粒相本构关系的动理学分析[J]. 清华大学学报，42(4)：560-563.

高树华，周有忠. 1992. 塑料沙的起动流速与沉速的试验研究[J]. 泥沙研究，(2)：69-75.

韩其为，何明民. 1984. 泥沙运动统计理论[M]. 北京：科学出版社.

韩其为，何明民. 1999. 泥沙起动规律及起动流速[M]. 北京：科学出版社.

韩其为. 1997. 淤积物干容重的分布及其应用[J]. 泥沙研究，(2)：10-16.

何文社，方铎，雷孝章，李昌志，郭志学. 2002. 均匀沙起动流速研究[J]. 人民长江，33(5)：37-38.

洪柔嘉，应永良. 1988. 水流作用下的浮泥起动流速试验研究[J]. 水利学报，(8)：49-55.

胡春宏，惠遇甲. 1995. 明渠挟沙水流运动的力学和统计规律[M]. 北京：科学出版社.

黄春长. 1998. 环境变迁[M]. 北京：科学出版社.

黄岁梁. 1995. 水环境中的泥沙问题和环境泥沙学[C]//中国水利学会泥沙专业委员会. 全国第二届泥沙基本理论研讨会论文集. 北京：中国建筑出版社：276-294.

假冬冬，邵学军，王虹，周刚. 2010. 荆江典型河湾河势变化三维数值模型[J]. 水利学报，41(12)：1451-1460.

假冬冬，邵学军，张幸农，周建银. 2011. 三峡水库蓄水初期近坝区淤积形态成因初步分析[J]. 水科学进展，22(4)：539-545.

姜国干. 1948. 水槽两壁对于临界拖曳力之影响[R]. 中央水利实验处研究报告乙种1号.

姜文来，唐曲，雷波. 2005. 水资源管理学导论[M]. 北京：化学工业出版社.

景可. 1999. 土地退化、荒漠化及土壤侵蚀的辨识与关系[J]. 中国水土保持，(2)：29-30.

李国英. 2001. 建设“数字黄河”工程[J]. 人民黄河，23(14)：1-4.

刘东生. 1985. 黄土与环境[M]. 北京：科学出版社.

倪晋仁，马蔼乃. 1998. 河流动力地貌学[M]. 北京：北京大学出版社.

倪晋仁，王光谦. 1987. 论悬移质泥沙浓度垂线分布存在的两种类型及其产生原因[J]. 水利学报，(7)：60-68.
彭润泽，吕秀贞. 1990. 长江寸滩站卵石推移质输沙规律[J]. 水利学报，(1)：34-43
钱宁. 1980. 推移质公式的比较[J]. 水利学报，(4)：1-11.
钱宁，万兆惠. 1983. 泥沙运动力学[M]. 北京：科学出版社.
钱宁，张仁，周志德. 1987. 河床演变学[M]. 北京：科学出版社.
钱宁，周文浩. 1965. 黄河下游河床演变[M]. 北京：科学出版社.
秦荣昱. 1980. 不均匀沙的起动规律[J]. 泥沙研究，复刊号：81-91.
沙玉清. 1996. 泥沙运动学引论(修订版)[M]. 西安：陕西科学技术出版社.
史德明. 1983. 红壤地区土壤侵蚀及防治[M]//李庆逵. 中国红壤. 北京：科学出版社：237-253.
史德明. 1998. 如何正确理解有关水土保持术语的讨论[J]. 土壤侵蚀与水土保持学报，4(4)：89-91.
史德明. 1999. 长江流域水土流失与洪涝灾害关系剖析[J]. 土壤侵蚀与水土保持学报，5(1)：1-7.
万兆惠(水电部第十一工程局勘测设计研究院). 1975. 黄河干支流的高浓度输沙现象[R]. 黄河泥沙研究报告选编，第一集，下册：141-158.
王殿常，王兴奎，李丹勋. 1998. 明渠时均流速分布公式对比及影响因素分析[J]. 泥沙研究，(3)：86-90.
王光谦，冉启华，刘绿波. 1998. 风成沙纹的计算机模拟[J]. 泥沙研究，(3)：1-6
王向东. 1999. 土地利用的变化对流域产流产沙及环境的影响和人工神经网络技术在流域产流产沙中的应用[D]. 北京：中国水利水电科学研究院博士论文.
王兴奎，张仁，陈稚聪. 1992. 长江寸滩站卵石推移质的运动规律[J]. 水利学报，(4)：32-38.
王兆印. 1998. 泥沙研究的发展趋势和新课题[J]. 地理学报，53(3)：245-255.
武汉水利电力学院，张瑞瑾. 1961. 河流动力学[M]. 北京：中国工业出版社.
吴钦孝，杨文治. 1998. 黄土高原植被建设与持续发展[M]. 北京：科学出版社.
席承藩，徐琪，马毅杰，陈鸿昭. 1994. 长江流域土壤与生态环境建设[M]. 北京：科学出版社.
肖毅，杨研，邵学军. 2012. 基于尖点突变模式的河型分类及转化判别[J]. 清华大学学报(自然科学版)，52(6)：753-758.
谢永生. 1999. 从 98 洪灾看洞庭湖、鄱阳湖流域水土保持问题[J]. 中国水土保持，(3)：24-26.
徐海根，徐海涛，李九发. 1994. 长江口浮泥层“适航水深”初步研究[J]. 华东师范大学学报(自然科学版)，(2)：91-97.
许炯心. 1996. 中国不同自然带的河流过程[M]. 北京：科学出版社.
殷书柏，吕宪国，武海涛. 2012. 湿地定义研究中的若干理论问题[J]. 湿地科学，8(2)：182-188.
禹明忠. 2002. PTV 技术和颗粒三维运动规律的研究[D]. 北京：清华大学工学博士学位论文.
臧启运. 1996. 黄河三角洲近岸泥沙[M]. 北京：海洋出版社.
张秋文，张勇传，王乘，刘吉平. 2001. 数字流域整体构架及实现策略[J]. 水电能源科学，19(3)：4-7.
张仁，谢树楠. 1985. 废黄河的淤积形态和黄河下游持续淤积的主要原因[J]. 泥沙研究，(3)，1-10.
张瑞瑾. 1989. 河流泥沙动力学[M]. 北京：水利电力出版社.
张尚弘，易雨君，王兴奎. 2011. 流域虚拟仿真模拟[M]. 北京：科学出版社.
张晓峰，谢葆玲. 1995，泥沙起动概率与起动流速[J]. 水利学报，(10)：53-59.
张信宝. 1999. 长江上游河流泥沙近期变化、原因及减沙对策[J]. 中国水土保持，(2)：22-24.
张勇传，王乘. 2001. 数字流域——数字地球的一个重要区域层次[J]. 水电能源科学，(19)3：1-3.

赵其国，石华，吴志东. 1992. 红黄壤地区农业资源综合发展战略与对策[C]//中国科学院红壤生态实验站. 红壤生态系统研究. 第一集. 北京：科学出版社：1-13.

赵文林. 1996. 黄河泥沙[M]. 郑州：黄河水利出版社.

赵业安，张晓华. 1997. 近期黄河下游河道演变趋势[C]//齐璞，等. 黄河水沙变化与下游河道减淤措施. 郑州：黄河水利出版社：1-26.

赵业安，申冠卿. 1998. 黄河干流大型水利水电工程对水沙条件的改变及对黄河下游的影响[C]//赵业安，等. 黄河下游河道演变基本规律. 郑州：黄河水利出版社，145-197.

赵子丹，刘同利. 1997. 淤泥流变参数的确定[J]. 海洋通报，16(5)：71-78.

中国科学院地理研究所，等. 1985. 长江中下游河道特性及其演变[M]. 北京：科学出版社.

中国科学院黄土高原综合考察队. 1991. 黄土高原地区植被资源及其合理利用[M]. 北京：中国科学技术出版社.

周刚，王虹，邵学军，假冬冬，胡德超. 2010. 河型转化机理及其数值模拟. I. 模型建立[J]. 水科学进展，21(2)：145-152.

周刚，王虹，邵学军，假冬冬，胡德超. 2010. 河型转化机理及其数值模拟. II. 模型应用[J]. 水科学进展，21(2)：153-160.

朱鉴远. 1999. 长江上游床沙变化和卵砾石推移质输移研究[J]. 水力发电学报，(3)：86-102.

朱震达. 1994. 土地荒漠化问题研究现状与展望[J]. 地理研究，13(1)：104-113.

Achers P, White W R. 1973. Sediment transport: New approach and analysis[J]. J Hydr Div, Proc ASCE, 99(11): 41-60.

Albertson M L, Simons D B, Richardson E V. 1958. Discussion-Mechanics of sediment ripple formation by H. K. Liu[J]. J Hydr Div, Proc ASCE, 84(1): 23-31.

Aragon J A G. 1995. Granular-fluid chute flow: experimental and numerical observations[J]. J Hydraulic Engineering, ASCE, 121(4): 355-364.

Aziz N M. 1996. Error estimate in Einstein's suspended sediment load method[J]. J Hydraulic Engineering, ASCE, 122(5): 282-285.

Bagnold R A. 1966. An approach to the sediment transport problem form general physics[R]. U. S. Geol. Survey, Prof Paper No 422-I: 37.

Brownlie W R. 1983. Flow depth in sand-bed channels[J]. J Hydr Div, ASCE, 109(7): 959-990.

Buffington J M, Montgomery D R. 1998. A systematic analysis of eight decades of incipient motion studies, with special reference to gravel-bedded rivers[J]. Water Resources Research, 33(7): 1993-2029.

Buringh P. 1981. An assessment of losses and degradation of productive agricultural land in the world[R]. Working Group on Soil Policy, Food and Agricultural Organization, United Nations, Rome, Italy.

Cellino M, Graf W H. 1999. Sediment-laden flow in open channel under non- capacity and capacity conditions[J]. J Hydraulic Engineering, ASCE, 125(5): 455-462.

Chabert J, Chauvin T L. 1963. Formation des dunes et des rides dans des models fluriaux[J]. Bull Du Centre de Recherches et d'Essais de Chatou, (4): 31-52.

Chang H H. 1988. Fluvial Processes in River Engineering[M]. New York: John Wiley & Sons.

Dudal R. 1981. An evaluation of conservation needs[M]// Morgan R P C. Soil Conservation, Problems and Prospects. Chichester: John Wiley & Sons, 3-12.

Einstein H A. 1942. Formula for the transportation of bed load[J]. Trans, ASCE, 107: 561-597.

Einstein H A. 1950. The bed load function for sediment transportation in open channel flows[R]. U. S. Department of Agriculture, Technical Bulletin, 1026: 71.

Einstein H A, El-Samni A. 1949. Hydrodynamic forces on a rough wall[J]. Rev Modern Physics, 21(3): 520-524.

Engelund F. 1966. Hydraulic resistance of alluvial rivers[J]. J Hydr Div, ASCE, 92(HY2): 315-327.

Engelund F, Hansen E. 1967. A monograph on sediment transport in alluvial streams[M]. Copenhagen: Teknisk Verlag.

Engelund F, Fredsøe J. 1982. Sediment Ripples and Dunes[J]. Annual Review of Fluid Mechanics, 14: 13-37.

ESCAP. 1994. Concern About Desertification and Degradation in the Asia-Pacifica Regions[M]. ESCAP, Thailand.

Friedkin J F. 1945. A laboratory study of the meandering of alluvial rivers[R]. United States Waterways Experimental Station, Vicksburg, Mississippi.

Garde R J, Albertson M L. 1959. Characteristics of bed forms and regimes of flow in alluvial channels[R]. Rep. CER 59 RJG 9, Colorado State Univ., 18.

Glover R E, Florey Q L. 1951. Stable channel profiles[R]. U. S. Bureau of Reclamation, Hydraulics Laboratory Report No. Hyd-325.

Graf W H, Cellino M. 2002. Suspension flows in open channels, experimental study[J]. J Hydraulic Research, 40(4): 435-447.

Graf W L. 1988. Applications of catastrophe theory in fluvial geomorphology[M]//Anderson M G. Modelling geomorphological systems. Chichester: Wiley: 33-47.

Guy H P, Simons D B, Richardson E V. 1966. Summary of Alluvial Channel Data from Flume Experiments, 1956-61[R]. Professional Paper 462-1, U. S. Geological Survey, Washington, D. C.

Hamblin W K, Christiansen E H. 2004. Earth's Dynamic Systems[M]. 10th ed. New Jersey: Pearson Education, Inc.

Hembree C H, Colby B R, Swenson H A, Davis J H. 1952. Sedimentation and chemical quality of water in the Powder River Drainage Basin, Wyoming and Montana[R]. Circular 170, U. S. Geological Survey, Washington, D. C.

Han Q W. 1980. A study on the nonequilibrium transport of suspended sediment[C]. 1st International Symposium on River Sedimentation, Beijing, China.

Hill H M, Robinson A J, Srinivassa V S. 1971. On the occurrence of bed-forms in alluvial channels[C]. Proc., 14th Cong. IAHR, 3: 91-100.

Hjulström F. 1935. Studies of the morphological activity of rivers as illustrated by the River Fyris [J]. Bulletin of the Geological Institute, Uppsala, Sweden, 25(3): 221-527.

INCD. 1994. International Convention to Combat Desertification in those Countries Experiencing Serious Drought or Desertification, Particulary in Africa, United Nations.

Judson S. 1981. What's happening to our continents[C]// Skinner B J. Use and Misuse of Earth's Surface. California: William Kaufman Inc., Los Altos: 12-139.

Kennedy J F. 1969. The mechanics of dunes and antidunes in erodible bed channels[J]. J Fluid Mech, 1: 147-168.

Kleinhans M G, van Rijn L C. 2002. Stochastic prediction of sediment transport in sand-gravel bed rivers[J]. J Hydraulic Engineering, ASCE, 128 (4): 412-425.

Knighton D. 1998. Fluvial forms and processes: a new perspective[M]. London: Arnold.

Keulegan G H. 1938. Laws of turbulent flow in open channels[R]. Paper RP1151, Journal of

Research, U. S. National Bureau of Standards, 21: 701-741.

Lane E W. 1953. Progress report on studies on the design of stable channels by the Bureau of Reclamation[J]. Proc ASCE, 79 (Separate no. 280): 1256-1261.

Lane E W. 1955. Design of stable channels [J]. Trans ASCE, 120: 1234-1260.

Lavelle J W, Mofjeld H O. 1987. Do critical stresses for incipient motion and erosion really exist [J]. J Hydraulic Engineering, ASCE, 113 (3): 370-385.

Leopold A. 1949. A Sandy County, Almanac and Sketches from Here and There[M]. New York: Cambridge University Press.

Leopold L B. 1994. A view of the river[M]. Massachusetts: Harvard University Press.

Liu H K. 1957. Mechanics of sediment ripple formation[J]. J Hydr Div, ASCE, 83(2): 697-703.

Marsh G P. 1864 (1965 reprint). Man and Nature[M]. New York: Charles Scribner.

Meyer-Peter E, Müller R. 1948. Formulas for Bed Load Transport[C]. Trans. of Int. Association for Hydraulic Res. , Second Meeting, Stockholm, 39-65.

Meyer-Peter E, Favre H, Einstein H A. 1934. Neuere versuchsresultate uber den gesxhiebetrieb, Schwiez[J]. Bauzeitung, 103(12): 145-150.

Morisawa M. 1985. Rivers: From and process[M]. London and New York: Longman.

Nezu I, Nakagawa H. 1997. Turbulent structure in unsteady depth varying open channel flows[J]. J Hydraulic Engineering, ASCE, 123(9): 752-763.

Off T. 1963. Rhythmic linear sand bodies caused by tidal currents[J]. Amer Assoc Petroleum Geol Bull, 47: 324-341.

Patrick D M, Smith L M, Whitten C B. 1982. Methods of studying accelerated fluvial change [C]//Hey R D, Bathurst J C, Thorne C R. Gravel bed rivers. Chichester : Wiley: 783-812.

Roehl J W. 1962. Sediment Source Areas, Delivery Ratios and Influencing Morphological Factors [M]//Publication 59, International Association of Scientific Hydrology, Commission of Land Erosion: 202-213.

Rouse H. 1938. Experiments on the mechanics of sediment suspension[C]//Proc. , 5th Intern. Cong. for Applied Mech. New York: John Wiley & Sons, 55: 550-554.

Shields A. 1936. Anwedung der aehnlichkeit mechanik und der turbulenzforschung auf die geschiebebewegung[M]. Mitteilungen der Preussischen Versuchsanstalt für Wasserbau und Schiffbau, 26, Berlin Germany.

Shumm S A. 1985. Patterns of alluvial rivers[J]. Annual Review of Earth and Planetary Sciences, 13: 5-27.

Simons D B, Richardson E V. 1960. Resistance of flow in alluvial channels[J]. J Hydr Div, ASCE, 86(5): 73-97.

Song Tiancheng, Graf W H. 1996. Velocity and turbulence distribution in unsteady open channel flows[J]. J Hydraulic Engineering, ASCE, 122(3): 141-154.

Stednick J D. 1996. Monitoring the effects of timber harvest on annual water yield[J]. Journal of Hydrology, 176: 79-95.

van Rijn L C. 1982. Equivalent Roughness of Alluvial Bed[J]. J Hydr Div, ASCE, 108(HY10): 1215-1218.

Vanoni V A. 1975. Sedimentation Engineering[M]. ASCE Task Committee for the Preparation of the Manual on Sedimentation of the Sedimentation Committee of the Hydraulics Division.

Wang Dianchang, Wang Xingkui, Yu Mingzhong, Li Danxun. 2001. Velocity profiles of turbulent open channel flows[J]. Internl Journal of Sediment Research, 16(4): 36-44.

Wang G Q, Ni J R. 1991. The kinetic theory for dilute solid/liquid two-phase flow[J]. Int J Multiphase Flow, 17(2): 273-281.

Wang Xingkui, Wang Zhaoyin, Yu Mingzhong, Li Danxun. 2001. Velocity Profile of Sediment Suspensions and Comparison of Log-Law and Wake-Law[J]. J Hydraulic Research, 39(2): 211-217.

Wilson D D. 1985. Erosional and depositional trends in rivers of the Canterbury Plains, New Zealand[J]. Journal of Hydrology (New Zealand), 24: 32-44.

Yang C T, Molinas A, Wu B S. 1996. Sediment transport in the Yellow River[J]. J Hydraulic Engineering, ASCE, 122 (5): 237-244.

Yang T S, Yang H, Yang M Q. 1997. Self-organization Mechanism during the Bed Form Process [J]. J of Tsinghua Science and Technology, 2(3): 646-650.

Zhou J. 1990. A new approach to the equation for non equilibrium transport of suspended sediment [C]. Proc of the 7th Congress of ADP-IWHR, Beijing, China: 266-272.

Zhou J, et al. 1997. Bed conditions of non-equilibrium transport of suspended sediment [J]. International Journal of Sediment Research, 12(3): 241-248.